Microsoft

# Excel 2016

# 商用範例實作

感謝您購買旗標書,
記得到旗標網站
www.flag.com.tw
更多的加值內容等著您…

<請下載 QR Code App 來掃描>

1. 建議您訂閱「旗標電子報」:精選書摘、實用電腦知識
　搶鮮讀;第一手新書資訊、優惠情報自動報到。

2. 「更正下載」專區:提供書籍的補充資料下載服務,以及
　最新的勘誤資訊。

3. 「網路購書」專區:您不用出門就可選購旗標書!

　買書也可以擁有售後服務,您不用道聽塗說,可以直接
　和我們連絡喔!

　我們所提供的售後服務範圍僅限於書籍本身或內容表達
　不清楚的地方,至於軟硬體的問題,請直接連絡廠商。

● 如您對本書內容有不明瞭或建議改進之處,請連上旗標網
　站,點選首頁的 讀者服務 ,然後再按右側 讀者留言版 ,依
　格式留言,我們得到您的資料後,將由專家為您解答。註
　明書名 (或書號) 及頁次的讀者,我們將優先為您解答。

　　學生團體　訂購專線:(02)2396-3257 轉 362
　　　　　　　傳真專線:(02)2321-1205

　　經銷商　　服務專線:(02)2396-3257 轉 331
　　　　　　　將派專人拜訪
　　　　　　　傳真專線:(02)2321-2545

國家圖書館出版品預行編目資料

Microsoft Excel 2016 商用範例實作 / 施威銘研究室 作
臺北市:旗標,2016.06　面;　公分

ISBN　978-986-312-312-5 (平裝附光碟片)

1. Excel 2016 (電腦程式)

312.49E9　　　　　　　　　　　　105006623

作　　　者/施威銘研究室

發 行 所/旗標科技股份有限公司

　　　　　台北市杭州南路一段15-1號19樓

電　　　話/(02)2396-3257(代表號)

傳　　　真/(02)2321-2545

劃撥帳號/1332727-9

帳　　　戶/旗標科技股份有限公司

監　　　督/楊中雄

執行企劃/林宛萱

執行編輯/林宛萱

美術編輯/薛詩盈・陳慧如

封面設計/古鴻杰

校　　　對/林佳怡・林宛萱

新台幣售價:490 元

西元 2020 年 7 月初版 5 刷

行政院新聞局核准登記-局版台業字第 4512 號

ISBN　978-986-312-312-5

版權所有・翻印必究

# Excel 學習地圖

★ 完整學習 Excel 功能

## Microsoft Excel 2016 使用手冊

透過函數、圖表、分析工具,便能將資料轉換成利於判斷、決策的資訊,要讓數字會説話,必定要將 Excel 的功能完整學通。

★ 用 Excel 處理辦公事務

## Microsoft Excel 2016 商用範例實作

本書帶你從實作中學會 Excel,範例包括預算管理、業績獎金計算、出缺勤統計、薪資系統建立、購屋貸款計畫等多樣的實例應用。

---

## 學習更多 Excel 高招密技

人資、秘書、行政、總務、業助必看!

時間不該浪費在「複製、貼上」的枯燥作業上

本書收錄許多使用者在整理資料時所遇到的問題,並教你用簡短又有效的方法來解決這些牽一髮就動全身的繁雜資料,從今天起你不需把時間浪費在瑣碎枯燥的工作上,準時下班沒煩惱。

三步驟搞定!
最強 Excel 資料整理術

～跟 Ctrl + F 說再見,這樣找資料快又有效率!～

只會用內建的「自動篩選」功能找資料是不夠的!

懂得運用 INDEX、VLOOKUP、MATCH 這三個函數,任何資料都能手到擒來!

三步驟搞定!
最強 Excel 查詢與篩選超實用技法

～易查‧易學‧易懂!～

● 所有函數保證學得會、立即活用!

● 不僅是函數查詢字典,也是超實用的 Excel 技巧書。

● 說明最詳盡,查詢最方便。

超實用 Excel 商務實例函數字典

～易查易懂‧立即派上用場!～

● 本書不同於一般「語法功能索引」字典,簡單易懂、不枯燥無聊。

● 本書為日本知名 VBA Expert 推薦書籍。

● 不會寫程式沒關係,只要修改範例就能立即套用!

超實用 Excel VBA 範例應用字典

# 序 Preface

　　Excel 具有非常強大的運算功能，職場上的行政、管理、財會等工作，都會運用 Excel 來進行試算、統計或分析結果。如果您只會用 Excel 建立工作表或簡單的加減計算，那麼一定要再加強 Excel 的實務應用技能，才能提升個人的職場競爭力。

　　本書採範例式的實作教學，精心規劃 19 個範例，含括財會、行政管理、銷售統計、投資理財等領域，為您整合說明 Excel 的各項功能及應用方式。藉由詳細的步驟解析，不僅可以解決職場上經常遇到的各種試算難題，更能將所學應用到日常生活中的儲蓄、投資、理財等方面。

　　此外，本書的架構雖以實例為主軸，但在編排上仍以循序漸進為原則，範例的設計從簡單到複雜，所以不必擔心一下子就得學習太艱深的題材；加上每個範例均各自獨立，因此也可以視實際需求挑選有需要的內容來閱讀。

　　在規劃本書範例期間，曾多次請教任職於公司行號的財務、行政人員，以確保範例的正確與實用性，其中更提供符合現況的試算報表，並鍵入大量的資料內容，以模擬最貼近實務的情況。因此，本書不僅可視為學生進入職場做準備、相關從業人員最佳的實務手冊，更希望藉由本書的範例及說明，讓 Excel 成為您工作與生活中的好幫手。

施威銘研究室
2016.06

# 關於光碟 About CD

　　本書光碟收錄了各章範例檔案及實力評量中的練習檔案，方便你跟著書中的內容操作，以節省輸入資料的時間，也可以迅速融入各章節的主題，提昇學習效果。另外，本書附贈 3 章 PDF 電子書，只要安裝 Adobe 公司的 **Adobe Acrobat Reader DC** 軟體，即可開啟，請連到 https://get.adobe.com/tw/reader/ 進行下載與安裝。

　　請將書附光碟放入光碟機中，稍待一會兒會出現**自動播放**交談窗，按下**開啟資料夾以檢視檔案**項目就會看到如下畫面：

　　雙按**範例檔案**或**習題練習檔案**資料夾，即可看到各章的檔案，雙按檔案即可開啟，建議你將檔案複製一份到電腦中以方便操作。

# 目錄

# Chapter 05　計算資產設備的折舊

# Chapter 06　年度預算報表

# Chapter 07　產品銷售分析

# Chapter 08　計算業績獎金

# Chapter 09　計算員工出缺勤時數

# Chapter 10　員工季考績及年度考績計算

## Chapter 11　員工旅遊調查及報名表

## Chapter 12　市場調查分析

## Chapter 13　人事薪資系統 - 建立篇

## Chapter 14　人事薪資系統 - 應用篇

# 本書各章範例導覽

## 第 1 章 | 建立教育訓練課程表

在企業內，常常需要用表格來彙整資料，像是排班表、假單、訂單、估價單…等。本章以編製**教育訓練課程表**為例，教你運用**自動完成、自動填滿、從下拉式清單挑選**的技巧來加快輸入，還有欄位寬度、高度的調整與美化，並將表格列印出來。

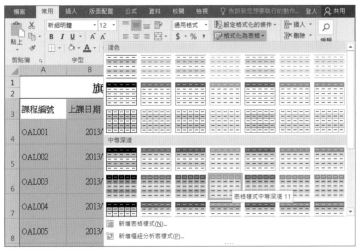

# 第2章 員工升等考核成績計算

　　升遷制度健全的公司, 通常會有一套考核辦法, 提供員工良好的升遷管道。本章以**主管培訓考核**為例, 介紹在計算成績時常用的各種技巧, 如：加總、平均、統計、排名次…, 並在成績旁邊依分數高低加上易於辨識的圖示, 然後還製作了成績查詢系統, 只要輸入員工編號, 即可查出考核成績、名次、與職等調整幅度。

| | A | B | C | D | E | F | G | H | I | J |
|---|---|---|---|---|---|---|---|---|---|---|
| 1 | 富達公司年度考核成績計算 | | | | | | | | | |
| 2 | 員工編號 | 部門 | 姓名 | 人事規章 | 產品行銷 | 工作規劃 | 會議管理 | 筆試成績 | 口試資格 | |
| 18 | P0038 | 開發部 | 陳 仁 | 85 | 80 | 88 | 88 | 341 | 合格 | |
| 19 | P0041 | 開發部 | 張誠芳 | 70 | 70 | 75 | 80 | 295 | 不合格 | |
| 20 | P0042 | 開發部 | 李佳怡 | 70 | 72 | 70 | 78 | 290 | 不合格 | |
| 21 | P0044 | 開發部 | 陳書翊 | 70 | 80 | 75 | 72 | 297 | 不合格 | |
| 22 | P0045 | 開發部 | 徐文進 | 65 | 65 | 0 | 65 | 195 | 不合格 | |
| 23 | P0047 | 開發部 | 李仁俠 | 70 | 0 | 70 | 0 | 140 | 不合格 | |
| 24 | P0050 | 開發部 | 周士雄 | 70 | 70 | 75 | 80 | 295 | 不合格 | |
| 25 | 考核人員各科平均 | | | 75.09 | 72.55 | 68.05 | 66.86 | | | |
| 26 | | | | | | | | | | |
| 27 | 人數統計表 | | | | | | | | | |
| 28 | 筆試合格人數 | | 10 | | | | | | | |
| 29 | 筆試不合格人數 | | 12 | | | | | | | |

成績計算 | 總成績

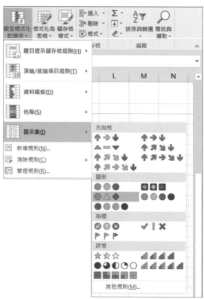

# 第 3 章 ｜ 製作網路拍賣產品訂單

　　本章以製作網拍產品的目錄、訂購單為例，學習如何設計公式來做單品小計與類別合計，並自動判斷消費金額是否達到折扣門檻。此外還有如何保護工作表不被任意修改，以及利用**合併彙算**來彙整多張工作表的資料。你可將本章的技巧應用到類似的單據處理作業中。

# 第4章 列印產品目錄

本章將以列印團購產品目錄為例, 解說如何印出容易閱讀的文件, 包括: 在報表頭尾加上製表日期、頁碼等資訊, 讓每一頁都能印出欄位標題, 設定留白邊界, 橫向或直向列印, 以及調整分頁的位置, 避免有一、兩欄單獨印成一頁的情況…等, 以後在列印的時候就可以注意這些細節, 也能防止印壞浪費紙張。

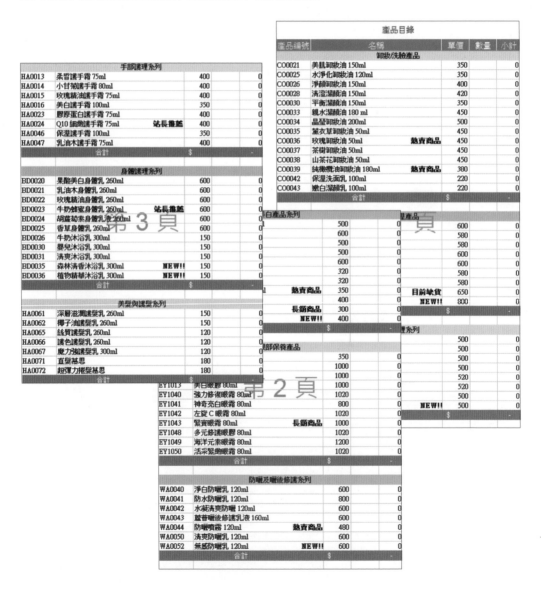

# 第 5 章 │ 計算資產設備的折舊

「折舊」是指將運輸設備、辦公設備、房屋建築…等營運用的固定資產, 依據可使用的年限和估計最後的殘值, 用合理的方式分攤其成本。目前企業常用的折舊法有**直線法、年數合計法、倍數餘額遞減法**…等, 本章就為您說明如何利用公式及函數計算固定資產的折舊。

| E6 | | ▾ | : | × | ✓ | $fx$ | =(B4-C4)/D4 |

| ▲ | A | B | C | D | E | F |
|---|---|---|---|---|---|---|
| 1 | | 安達公司固定資產折舊表(直線法) | | | | |
| 2 | | | | | | |
| 3 | 固定資產項目 | 成本 | 殘值 | 可用年限 | 折舊額 | |
| 4 | 自動化機器設備 | $ 20,000,000 | $ 3,000,000 | 15 | | |
| 5 | 第 1 年 (2013年) | | | | $850,000.00 | |
| 6 | 第 2 年 (2014年) | | | | $1,133,333.33 | |
| 7 | 第 3 年 (2015年) | | | | $1,133,333.33 | |
| 8 | 第 4 年 (2016年) | | | | $1,133,333.33 | |
| 9 | 第 5 年 (2017年) | | | | $1,133,333.33 | |
| 10 | 第 6 年 (2018年) | | | | $1,133,333.33 | |
| 11 | 第 7 年 (2019年) | | | | $1,133,333.33 | |

| 安達公司固定資產折舊表(年數合計法) | | | | | |
|---|---|---|---|---|---|
| 使用期數 | 固定資產項目 | 成本 | 殘值 | 可用年限 | 折舊額 |
| 新購(年) | | $ 1,560,000 | $ 200,000 | 8 | |
| 1 | | $ 1,560,000 | $ 200,000 | 8 | $302,222.22 |
| 2 | | $ 1,560,000 | $ 200,000 | 8 | $264,444.44 |
| 3 | | $ 1,560,000 | $ 200,000 | 8 | $226,666.67 |
| 4 | 運輸設備 | $ 1,560,000 | $ 200,000 | 8 | $188,888.89 |
| 5 | | $ 1,560,000 | $ 200,000 | 8 | $151,111.11 |
| 6 | | $ 1,560,000 | $ 200,000 | 8 | $113,333.33 |

| 安達公司固定資產折舊表(倍數餘額遞減法) | | | | |
|---|---|---|---|---|
| 使用期數 | 固定資產項目 | 成本 | 殘值 | 可用年限 |
| 新購 | 辦公設備 | $3,200,000 | $400,000 | 10 |
| | 折舊金額 | | | |
| 第 1 年 | $640,000.00 | | | |
| 第 2 年 | $512,000.00 | | | |

| 安達公司固定資產折舊表(定率遞減法) | | | | | |
|---|---|---|---|---|---|
| 使用期數 | 固定資產項目 | 成本 | 殘值 | 可用年限 | 折舊額 |
| 新購(年) | | $ 1,360,000 | $ 280,000 | 15 | |
| 1 | | $ 1,360,000 | $ 280,000 | 15 | $102,000.00 |
| 2 | | $ 1,360,000 | $ 280,000 | 15 | $125,800.00 |
| 3 | | $ 1,360,000 | $ 280,000 | 15 | $113,220.00 |
| 4 | | $ 1,360,000 | $ 280,000 | 15 | $101,898.00 |
| 5 | | $ 1,360,000 | $ 280,000 | 15 | $91,708.20 |
| 6 | | $ 1,360,000 | $ 280,000 | 15 | $82,537.38 |
| 7 | 消防設備 | $ 1,360,000 | $ 280,000 | 15 | $74,283.64 |
| 8 | | $ 1,360,000 | $ 280,000 | 15 | $66,855.28 |
| 9 | | $ 1,360,000 | $ 280,000 | 15 | $60,169.75 |

# 第 6 章 | 年度預算報表

　　編列預算是企業為達營運績效的一個積極手段,對於控管營運費用的支出相當有效。本章以編列部門年度預算為例,示範如何編製預算底稿,詳列預算的用途、使用人員、歸屬的會計科目、金額…等,然後再依類別 (如人員別、專案別、科目別) 製作成彙總表。相關技巧也可以運用到專案、研究計畫的預算編列作業。

| | A | B | C | D | E | F | G | H | I | J | K | L | M | N | O | P | Q | R |
|---|---|---|---|---|---|---|---|---|---|---|---|---|---|---|---|---|---|---|
| 1 | | | | | | 預算總額 | 1月 | 2月 | 3月 | 4月 | 5月 | 6月 | 7月 | 8月 | 9月 | 10月 | 11月 | 12月 |
| 2 | | | | | | $2,580,590 | $791,879 | $158,201 | $158,201 | $162,701 | $166,701 | $162,701 | $162,701 | $166,701 | $162,701 | $162,701 | $162,701 | $162,701 |
| 3 | | | | | | | | | | | | | | | | | | |
| 4 | 人員 | 專案名稱 | 案序 | 科目名稱 | 科目代號 | 預算合計金額 | 201601 | 201602 | 201603 | 201604 | 201605 | 201606 | 201607 | 201608 | 201609 | 201610 | 201611 | 201612 |
| 5 | 鄭運升 | HiNet ADSL租費 | P-01 | 郵電費 | 6206000 | $24,000 | $2,000 | $2,000 | $2,000 | $2,000 | $2,000 | $2,000 | $2,000 | $2,000 | $2,000 | $2,000 | $2,000 | $2,000 |
| 6 | 鄭運升 | 名片製作 | P-02 | 文具用品 | 6203000 | $900 | $900 | | | | | | | | | | | |
| 7 | 鄭運升 | 印表機墨水匣 | P-03 | 文具用品 | 6203000 | $12,800 | $12,800 | | | | | | | | | | | |
| 8 | 鄭運升 | 傳真紙 | P-04 | 文具用品 | 6203000 | $180 | $180 | | | | | | | | | | | |
| 9 | 鄭運升 | 購買光碟片 | P-05 | 文具用品 | 6203000 | $2,160 | $2,160 | | | | | | | | | | | |
| 10 | 鄭運升 | 廠商贈品-文零 | P-06 | 運費 | 6205000 | $2,500 | $2,500 | | | | | | | | | | | |
| 11 | 鄭運升 | 廠商贈品-廣告 | P-06 | 廣告費 | 6208000 | $36,000 | $3,000 | $3,000 | $3,000 | $3,000 | $3,000 | $3,000 | $3,000 | $3,000 | $3,000 | $3,000 | $3,000 | $3,000 |
| 12 | 鄭運升 | 例行郵電費 | P-07 | 郵電費 | 6206000 | $10,800 | $900 | $900 | $900 | $900 | $900 | $900 | $900 | $900 | $900 | $900 | $900 | $900 |
| 13 | 鄭運升 | 快遞費 | P-08 | 運費 | 6205000 | $3,600 | $300 | $300 | $300 | $300 | $300 | $300 | $300 | $300 | $300 | $300 | $300 | $300 |
| 14 | 鄭運升 | 網域申請費與年費 | P-09 | 郵電費 | 6206000 | $800 | $800 | | | | | | | | | | | |

| | A | B | C | D | E | F | G | H | I | J | K |
|---|---|---|---|---|---|---|---|---|---|---|---|
| 1 | 2016 產品部科目別預算總表 | | | | 2016 產品部專案別預算總表 | | | | 2016年 產品部個員別預算總表 | | |
| 2 | 部門名稱:產品部 | | $2,580,590 | | 部門名稱:產品部 | | $2,580,590 | | 部門名稱:產品部 | | $2,580,590 |
| 3 | 會計科目 | 科目代號 | 科目別預算總額 | | 案序 | 專案名稱 | 專案別預算總額 | | 編號 | 員工姓名 | 個員別預算總額 |
| 4 | 薪資支出 | 6201000 | $1,976,500 | | P-01 | HiNet ADSL 租金 | $24,000 | | 001 | 鄭運升 | $1,189,054 |
| 5 | 租金支出 | 6202000 | $60,000 | | P-02 | 名片製作 | $900 | | 002 | 黃榮捷 | $477,144 |
| 6 | 文具用品 | 6203000 | $16,040 | | P-03 | 印表機墨水匣 | $12,800 | | 003 | 葉恩慈 | $437,248 |
| 7 | 旅費 | 6204000 | | | P-04 | 傳真紙 | $180 | | 004 | 李明晃 | $477,144 |
| 8 | 運費 | 6205000 | $6,100 | | P-05 | 購買光碟片 | $2,160 | | | | |
| 9 | 郵電費 | 6206000 | $35,600 | | P-06 | 廠商贈品 | $38,500 | | | | |
| 10 | 修繕費 | 6207000 | $0 | | P-07 | 例行郵電費 | $10,800 | | | | |
| 11 | 廣告費 | 6208000 | $36,000 | | P-08 | 快遞費 | $3,600 | | | | |
| 12 | 水電費 | 6209000 | $0 | | P-09 | 網域申請費與年費 | $800 | | | | |
| 13 | 保險費 | 6210000 | $154,812 | | P-10 | 大宗電腦採購 | $100,000 | | | | |
| 14 | 交際費 | 6211000 | $0 | | P-11 | 周邊電腦採購 | $30,000 | | | | |
| 15 | 捐贈 | 6212000 | $0 | | P-12 | 外包製作 | $60,000 | | | | |
| 16 | 稅捐 | 6213000 | $0 | | P-13 | 部門訂閱的雜誌費 | $4,838 | | | | |
| 17 | 折舊-運輸設備 | 6215000 | $0 | | P-14 | 購買書籍雜誌 | $20,000 | | | | |
| 18 | 雜項購置 | 6217000 | $130,000 | | P-15 | 例行交通費 | $8,200 | | | | |
| 19 | 伙食費 | 6218000 | $0 | | P-16 | 軟體採購 | $40,000 | | | | |
| 20 | 職工福利 | 6219000 | $4,000 | | P-17 | 薪資支出 | $1,576,500 | | | | |
| 21 | 研究費 | 6220000 | $40,000 | | P-18 | 停車位 | $66,000 | | | | |
| 22 | 職業訓練費 | 6222000 | $0 | | P-19 | 勞保費 | $72,828 | | | | |
| 23 | 勞務費 | 6223000 | $60,000 | | P-20 | 健保費 | $81,984 | | | | |
| 24 | 加班費 (免稅) | 6224000 | $0 | | P-21 | 端午禮品 | $2,000 | | | | |
| 25 | 書報雜誌 | 6226000 | $24,838 | | P-22 | 中秋禮品 | $2,000 | | | | |
| 26 | 退休金 | 6227000 | $22,500 | | P-23 | 旅遊補助 | $20,000 | | | | |
| 27 | 交通費 | 6228000 | $8,200 | | P-24 | 端午禮金 | $2,000 | | | | |
| 28 | 其他費用 | 6249000 | $6,000 | | P-25 | 中秋禮金 | $2,000 | | | | |
| 29 | | | | | P-26 | 退休金 | $22,500 | | | | |
| 30 | | | | | P-27 | 年終獎金 | $376,000 | | | | |
| 31 | | | | | | | | | | | |

# 第 7 章 ｜ 產品銷售分析

　　在工作表中建立一筆又一筆的銷售資料只是第一步, 經由彙整才能變成有意義的數據。本章運用**篩選**、**排序**、**小計**、**設定格式化的條件**等功能來製作業績排行榜, 並建立**樞紐分析表**和**樞紐分析圖**來了解各種銷售層面的資訊, 幫助主管根據這些報表來研擬行銷策略。

| 加總 - 合計 | 銷售地區 ▼ | | | |
|---|---|---|---|---|
| 產品名稱 ▼ | 中區 | 北區 | 東區 | 南區 |
| ⊞ 印表機 | 325000 | 200000 | 263500 | 42000 |
| ⊞ 掃描器 | 217740 | 227640 | 149790 | 69930 |
| ⊞ 傳真機 | 76700 | 82420 | 282100 | 87360 |
| ⊞ 燒錄機 | 31393 | 47976 | 61785 | 70384 |
| 總計 | 650833 | 558036 | 757175 | 269674 |

| 加總 - 數量 | 銷售地區 ▼ | | | | |
|---|---|---|---|---|---|
| 產品名稱 ▼ | 中區 | 北區 | 東區 | 南區 | 總計 |
| ⊟ 印表機 | | 41 | 42 | 36 | 12 | 131 |
| PBW300 | ▶ | 8 ▶ | 28 ▶ | 14 ▶ | 12 | 62 |
| PCR500 | ▶ | 18 ▶ | 12 ▶ | 9 | | 39 |
| PCR700 | ▶ | 15 ▶ | 2 ▶ | 13 | | 30 |
| ⊟ 掃描器 | | 26 | 36 | 21 | 7 | 90 |
| SCAN100 | ▶ | 7 ▶ | 22 ▶ | 10 | | 39 |
| SCAN300 | ▶ | 19 ▶ | 14 ▶ | 11 ▶ | 7 | 51 |
| ⊟ 傳真機 | | 17 | 19 | 59 | 16 | 111 |
| FX100 | ▶ | 12 ▶ | 15 ▶ | 34 ▶ | 4 | 65 |
| FX300 | ▶ | 5 ▶ | 4 ▶ | 25 ▶ | 12 | 46 |
| ⊟ 燒錄機 | | 16 | 30 | 32 | 36 | 114 |
| DRW16 | ▶ | 7 ▶ | 24 ▶ | 15 ▶ | 16 | 62 |
| DRW32 | ▶ | 9 ▶ | 6 ▶ | 17 ▶ | 20 | 52 |
| 總計 | | 100 | 127 | 148 | 71 | 446 |

| 2月份業務銷售業績排行榜 | | |
|---|---|---|
| 名次 | 業務員編號 | 銷售總額 |
| 1 | A002 | 197360 |
| 2 | A004 | 186670 |
| 3 | A001 | 141779 |
| 4 | A003 | 79164 |

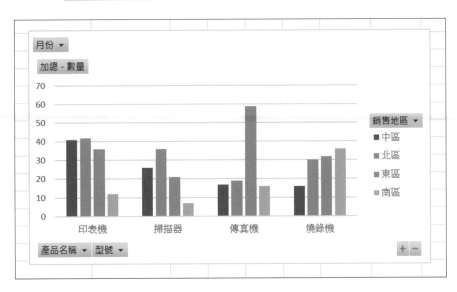

# 第 8 章 | 計算業績獎金

　　為了激勵業務人員，公司通常會製定業績獎金發放標準，譬如從業績提撥固定比例當作獎金、或者每達一個水準，就可領取對應額度的獎金、另外也有論件計酬的方式。本章大量利用查表函數來設計公式，完成繁瑣的獎金計算工作，並找出表現亮眼的超級業務員。

| 第一階段標準 | |
|---|---|
| 終身會員 | 500 |
| 5 年期會員 | 100 |
| 第二階段標準 | |
| 業績標準 | 獎金 |
| 5000 | 3500 |
| 8000 | 5000 |
| 12000 | 8000 |
| 20000 | 13000 |
| 50000 | 25000 |

| 業績獎金發放標準 | | | | | |
|---|---|---|---|---|---|
| | 第一段 | 第二段 | 第三段 | 第四段 | 第五段 |
| | 100,000 以下 | 100,000 – 149,999 | 150,000 – 249,000 | 250,000 – 349,999 | 350,000 以上 |
| 銷售業績 | 0 | 100,000 | 150,000 | 250,000 | 350,000 |
| 獎金比例 | 10% | 12% | 15% | 20% | 30% |
| 累進差額 | 0 | 2,000 | 6,500 | 19,000 | 54,000 |

| | A | B | C | D | E | F | G |
|---|---|---|---|---|---|---|---|
| 1 | 業務員業績獎金一覽表 | | | | | | |
| 2 | 姓名 | 上月 | 本月 | 兩月平均 | 獎金比例 | 累進差額 | 業績獎金 |
| 3 | 陳艾齡 | 365,000 | 284,600 | 324,800 | 20% | 19000 | 45960 |
| 4 | 李育祥 | 369,000 | 344,100 | 356,550 | 30% | 54000 | 52965 |
| 5 | 莊維德 | 215,600 | 195,000 | 205,300 | 15% | 6500 | 24295 |
| 6 | 林錦華 | 102,500 | 89,000 | 95,750 | 10% | 0 | 9575 |

| 超莒會員人數業績獎金計算 | | | | | | | |
|---|---|---|---|---|---|---|---|
| 區別 | 姓名 | | | 終身會員人數 | 5 年期會員人數 | 第一階段獎金 | 第二階段獎金 | 獎金合計 |
| 中區 | 江海忠 | | | 24 | 65 | 18500 | 8000 | 26500 |
| 中區 | 李信民 | 91/09/10 | 13.8 | 21 | 18 | 12300 | 8000 | 20300 |
| 中區 | 丁小文 | 94/08/02 | 10.9 | 15 | 45 | 12000 | 8000 | 20000 |
| 中區 | 陳如芸 | 95/07/22 | 9.9 | 7 | 59 | 9400 | 5000 | 14400 |

Admin:
橘色人員的獎金高於平均

# 第 9 章 │ 計算員工出缺勤時數

一家制度化的公司, 通常會擬定明確的請假流程與辦法讓員工遵循。負責處理請假單的行政人員, 該怎麼登錄員工的請假時數、假別等資訊, 並製作出缺勤報表？這類例行性的事務, 當然要利用 Excel 設計公式來自動處理, 效率高又不容易出錯, 資料筆數再多也不怕！

### 九月份出缺勤統計表

| 加總 - 天數 | 欄標籤 | | | | | | | |
|---|---|---|---|---|---|---|---|---|
| 列標籤 | 公假 | 事假 | 特休假 | 病假 | 婚假 | 陪產假 | 喪假 | 曠職 | 總計 |
| F2130 | | | 1 | | | | | | 1 |
| F2131 | | | | | | | | | |
| F2132 | | | | 3 | | | | | 3 |
| F2133 | | | | | | | | | |
| F2134 | | | | | | | | | |
| F2135 | | | | 4 | | | | | 4 |
| F2136 | | 1 | | | | | 1.5 | | 2.5 |
| F2137 | | | | | | | | | |
| F2138 | | 0.5 | | | | | | | 0.5 |
| F2139 | | | | | | | | | |
| F2140 | | | | | | | | | |

C / D 姓名 假別 陳東和 / 事假 病假 婚假 喪假 公假 產假 陪產假 特休假

### 九~十一月份出缺勤考核表

| 加總 - 扣分 | 假別 | | | | | | | | |
|---|---|---|---|---|---|---|---|---|---|
| 員工編號 | 姓名 | 公假 | 事假 | 特休假 | 病假 | 婚假 | 陪產假 | 喪假 | 曠職 | 總計 |
| F2130 | 林愛嘉 | 0 | 0 | 0 | 0 | 0 | 0 | 0 | 0 | 0 |
| F2131 | 郝立贏 | 0 | 0 | 0 | 0 | 0 | 0 | 0 | 0 | 0 |
| F2132 | 陳東和 | 0 | 0 | 0 | 3 | 0 | 0 | 0 | 0 | 3 |
| F2133 | 王永聰 | 0 | 0 | 0 | 0 | 0 | 0 | 0 | 0 | 0 |
| F2134 | 林成禾 | 0 | 0 | 0 | 0 | 0 | 0 | 0 | 0 | 0 |
| F2135 | 周金姍 | 0 | 0.5 | 0 | 0 | 0 | 0 | 0 | 0 | 0.5 |
| F2136 | 王妮彩 | 0 | 1 | 0 | 0 | 0 | 0 | 0 | 4.5 | 5.5 |
| F2137 | 縈依茹 | 0 | 0 | 0 | 7 | 0 | 0 | 0 | 0 | 7 |
| F2185 | 吳治艾 | 0 | 0 | 0 | 1 | 0 | 0 | 0 | 0 | 1 |
| F2186 | 鄭嘉慶 | 0 | 0 | 0 | 3 | 0 | 0 | 0 | 0 | 3 |
| F2187 | 楊鳴玉 | 0 | 0 | 0 | 0 | 0 | 0 | 0 | 0 | 0 |
| F2188 | 江育鈴 | 0 | 0 | 0 | 0 | 0 | 0 | 0 | 0 | 0 |
| F2189 | 史益治 | 0 | 0 | 0 | 4 | 0 | 0 | 0 | 0 | 4 |
| F2190 | 吳勝兵 | 0 | 0 | 0 | 0 | 0 | 0 | 0 | 0 | 0 |
| F2191 | 賴洲書 | 0 | 0 | 0 | 0 | 0 | 0 | 0 | 0 | 0 |
| F2192 | 石賓佳 | 0 | 0 | 0 | 0 | 0 | 0 | 0 | 0 | 0 |
| F2193 | 黃青霈 | 0 | 0 | 0 | 0 | 0 | 0 | 0 | 0 | 0 |
| F2194 | 史宜均 | 0 | 0 | 0 | 0 | 0 | 0 | 0 | 0 | 0 |
| F2195 | 賴國志 | 0 | 0 | 0 | 0 | 0 | 0 | 0 | 0 | 0 |
| F2196 | 陳進濡 | 0 | 0 | 0 | 0 | 0 | 0 | 0 | 0 | 0 |
| 總計 | | 0 | 5.5 | 0 | 25 | 0 | 0 | 0 | 9 | 39.5 |

# 第 10 章 | 員工季考績及年度考績計算

每家公司對員工的考評項目與週期不盡相同，但需要使用的技巧則是共通的。本章的案例是每季考評工作與出勤表現，到了年底再結算年度考績，做為年終發放依據，範例過程中會學到**合併彙算**、判斷式、查表函數、與跨工作表的應用，各位可依實際狀況再做調整、變化。

### 第一季

| 日期 | 員工編號 | 假別 | 天數 | 扣分 |
|---|---|---|---|---|
| 1月5日 | A5015 | 病假 | 2 | 2 |
| 1月6日 | A5002 | 病假 | 2 | 2 |
| 1月8日 | A5020 | 事假 | 0.5 | 0.5 |
| 1月8日 | A5016 | 婚假 | 4 | 0 |
| 1月18日 | A5011 | 特休假 | 2 | 0 |
| 2月7日 | A5019 | 曠職 | 1.5 | 4.5 |
| 2月9日 | A5017 | 陪產假 | 1 | 0 |
| 2月10日 | A5020 | 喪假 | 5 | 0 |
| 2月22日 | A5011 | 特休假 | 2 | 0 |

請假記錄 第一季 第二季 第三季 第四

## 員工第一季考績一覽表

| 員工編號 | 姓名 | 工作表現 | 出勤扣分 | 出勤得分 | 本季考績 |
|---|---|---|---|---|---|
| A5001 | 張清儀 | 82 | 0 | 20 | 85.6 |
| A5002 | 李玫陵 | 75 | 2 | 18 | 78 |
| A5003 | 林飛隆 | 71 | 0 | 20 | 76.8 |
| A5004 | 吳佩清 | 89 | 0 | 20 | 91.2 |
| A5005 | 周雪華 | 90 | | | |
| A5006 | 陳佳怡 | 77 | | | |
| A5007 | 楊海明 | 69 | | | |
| A5008 | 林波特 | 71 | | | |
| A5009 | 魏妙麗 | 89 | | | |
| A5010 | 張榮恩 | 90 | | | |
| A5011 | 魏斯理 | 82 | | | |
| A5012 | 翁海格 | 81 | | | |

| 成績 | 等級與獎金 |
|---|---|
| 60 ~69 | 丁=無 |
| 70 ~74 | 丙=0.5個月 |
| 75 ~79 | 乙=1.5個月 |
| 80 ~84 | 甲=3個月 |
| 85 ~100 | 優=4個月 |

## 員工年度總考績計算

| 員工編號 | 姓名 | 年度考績 | 等級與獎金 |
|---|---|---|---|
| A5001 | 張清儀 | 87 | 優=4個月 |
| A5002 | 李玫陵 | 76 | 乙=1.5個月 |
| A5003 | 林飛隆 | 69 | 丁=無 |
| A5004 | 吳佩清 | 85 | 優=4個月 |
| A5005 | 周雪華 | 93 | 優=4個月 |
| A5006 | 陳佳怡 | 85 | 甲=3個月 |
| A5007 | 楊海明 | 81 | 甲=3個月 |
| A5008 | 林波特 | 77 | 乙=1.5個月 |
| A5009 | 魏妙麗 | 84 | 甲=3個月 |
| A5010 | 張榮恩 | 88 | 優=4個月 |
| A5011 | 魏斯理 | 87 | 優=4個月 |

# 第 11 章 ｜ 員工旅遊調查及報名表

　　企業 e 化、無紙化可提高效率、降低成本。只要有架設網路，搭配 Excel，就能讓許多工作 e 化。本章以員工旅遊調查為例，介紹如何透過區域網路開放活頁簿給員工投票、填寫，然後回收彙整、完成統計。此外，也可以將活頁簿放在免費的 OneDrive 網路空間，即使沒有安裝 Excel，也可以在雲端編輯與瀏覽檔案。

# 第 12 章 ｜ 市場調查分析

透過「市場調查」可了解消費者的喜好，才能在市場上生存。而「市場調查」從問題分析、決定抽樣方法、決定樣本大小、問卷設計、進行問卷、問卷回收與結果分析…，每一個細節都要注意，才能避免誤差造成不正確的判斷。本章示範如何利用 Excel 來做問卷的統計與交叉分析！

| 性別分析 | 百分比 | 人數 |
|---|---|---|
| 女 | 41.33% | 62 |
| 男 | 58.67% | 88 |
| 總計 | 100.00% | 150 |

此次問卷調查共有150份有效問卷，其中受訪者以男生為居多佔了一半以上

| 年齡分析 | 百分比 | 人數 |
|---|---|---|
| 15歲以下 | 14.67% | 22 |
| 16～30歲 | 32.00% | 48 |
| 31～45歲 | 28.00% | 42 |
| 46歲以上 | 25.33% | 38 |
| 總計 | 100.00% | 150 |

受訪者的年齡層以16～30歲居多，其次為31～45歲，總體來看受訪者在年齡層上的分配還算平均

| 計數 - 年齡 | 欄標籤 | | | | |
|---|---|---|---|---|---|
| 列標籤 | 15歲以下 | 16～30歲 | 31～45歲 | 46歲以上 | 總計 |
| 包裝設計 | 2 | 7 | 5 | 11 | 25 |
| 平面設計 | 7 | 7 | 4 | 9 | 27 |
| 多媒體 | 1 | 3 | 3 | 2 | 9 |
| 其他 | | 1 | | 2 | 3 |
| 居家設計 | | 7 | 3 | 1 | 11 |
| 服裝設計 | 1 | 5 | 5 | 2 | 13 |
| 空間規劃 | 7 | 1 | 4 | 3 | 15 |
| 建築設計 | | 6 | 4 | 5 | 15 |
| 廣告設計 | 4 | 11 | 14 | 3 | 32 |
| 總計 | 22 | 48 | 42 | 38 | 150 |

性別：女 男

月收入：16,000以下　16,001～30,000　30,001～50,000　50,001以上

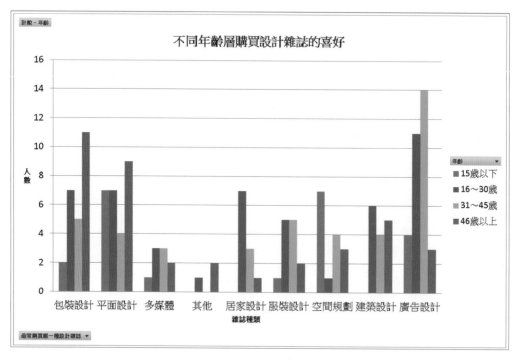

計數 - 年齡

不同年齡層購買設計雜誌的喜好

年齡
■ 15歲以下
■ 16～30歲
■ 31～45歲
■ 46歲以上

人數

雜誌種類

經常購買哪一種設計雜誌

# 第 13 章 │ 人事薪資系統 - 建立篇

發薪水是上班族最開心的時候, 但對會計人員來說, 計算公司員工薪水是一件繁瑣又不容出錯的工作, 必須按每個人的薪資, 查詢應扣的所得稅、健保、勞保費用, 並製作出薪資明細表。本章將帶您活用查表函數, 以正確、有效率的方式完成薪資的核算工作!

| | A | B | C | D | E | F |
|---|---|---|---|---|---|---|
| 1 | SoGood 公司員工基本資料 | | | | | |
| 2 | 員工姓名 | 部門 | 銀行帳號 | 扶養人數 | 健保眷口人數 | 本薪 |
| 3 | 吳美麗 | 產品部 | 205-163401 | 2 | 2 | 36000 |
| 4 | 呂小婷 | 財務部 | 205-161403 | 0 | 0 | 39540 |
| 5 | 林裕暐 | 財務部 | 205-163561 | 1 | 0 | 26000 |
| 6 | 徐誌明 | 電腦室 | 205-161204 | 1 | 2 | 33000 |
| 7 | 鍾小評 | 產品部 | 205-163303 | 2 | 2 | 40000 |
| 8 | 沈威威 | 電腦室 | 205-163883 | 3 | 2 | 55000 |
| 9 | 施慧慧 | 財務部 | 205-163425 | 3 | 1 | 53000 |

員工基本資料 │ 所得扣繳稅額表 │ 勞保負擔金額表 │ 健保負擔金額表

| | A | B | C | D | E | F | G | H | I | J | K | L |
|---|---|---|---|---|---|---|---|---|---|---|---|---|
| 1 | SoGood 公司員工薪資表 | | | | | | | | | | | |
| 2 | 員工姓名 | 本薪 | 職務津貼 | 薪資總額 | 所得稅 | 健保 | 勞保 | 請假 | 應扣小計 | 應付薪資 | | |
| 3 | 吳美麗 | 36000 | 3200 | 39200 | 0 | 1611 | 764 | 300 | 2675 | 36525 | | |
| 4 | 呂小婷 | 39540 | | 39540 | 0 | 537 | 764 | 800 | 2101 | 37439 | | |
| 5 | 林裕暐 | 26000 | | 26000 | 0 | 355 | 504 | | 859 | 25141 | | |
| 6 | 徐誌明 | 33000 | 450 | 33450 | 0 | 1407 | 666 | | 2073 | 31377 | | |
| 7 | 鍾小評 | 40000 | | 40000 | 0 | 1611 | 764 | 300 | 2675 | 37325 | | |
| 8 | 沈威威 | 55000 | 5000 | 60000 | 0 | 2439 | 916 | | 3355 | 56645 | | |
| 9 | 施慧慧 | 53000 | | 53000 | 0 | 1492 | 916 | 450 | 2858 | 50142 | | |
| 10 | 劉淑容 | 26400 | | 26400 | 0 | 371 | 528 | | 899 | 25501 | | |

員工基本資料 │ 所得扣繳稅額表 │ 健保負擔金額表 │ 勞保負擔金額表 │ 薪資表

| | A | B | C | D | E | F | G | H | I |
|---|---|---|---|---|---|---|---|---|---|
| 1 | 月投保 | 員工 | 雇主 | | 普通事故費率 | 9.0% | 就業保險費率 | 1.0% | 勞工保險職業災害保險費 |
| 2 | 金額 | 自付 | 負擔 | | 員工分攤費率 | 20% | 雇主分攤費率 | 70% | 工資墊償基金提繳費率 |
| 3 | 20,008 | 400 | 1,432 | | ◎被保險人每月應繳保險費＝勞工保險普通事故保險費＋就業保險費 | | | | |
| 4 | 20,100 | 402 | 1,438 | | | | ＝（月投保薪資×9.0%×20%）＋（月投保薪 | | |
| 5 | 21,000 | 420 | 1,502 | | ◎投保單位每月應繳保險費＝勞工保險普通事故保險費＋就業保險 | | | | |
| 6 | 21,900 | 438 | 1,566 | | | | ＋勞工保險職業災害保險費＋工資墊償基金提 | | |
| 7 | 22,800 | 456 | 1,632 | | | | ＝（月投保薪資×9.0%×70%）＋（月投保 | | |
| 8 | 24,000 | 480 | 1,717 | | | | ＋（月投保薪資×0.13%）＋（月投保薪資×0 | | |
| 9 | 25,200 | 504 | 1,803 | | | | | | |
| 10 | 26,400 | 528 | 1,889 | | | | | | |
| 11 | 27,600 | 552 | 1,975 | | | | | | |

員工基本資料　所得扣繳稅額表　健保負擔金額表　**勞保負擔金額表**　薪資表

| | A | B | C | D | E | F | G | H | I | J | K |
|---|---|---|---|---|---|---|---|---|---|---|---|
| 1 | 薪資 | | | 扶養人數 | | | | | 附註 | | |
| 2 | 所得 | 0 | 1 | 2 | 3 | 4 | 5 | | 薪資所得範圍 | | |
| 3 | 0 | 0 | 0 | 0 | 0 | 0 | 0 | | 0~70,000 | | |
| 4 | 70,001 | 0 | 0 | 0 | 0 | 0 | 0 | | 70,001~70,500 | | |
| 5 | 70,501 | 0 | 0 | 0 | 0 | 0 | 0 | | 70,501~71,000 | | |
| 6 | 71,001 | 0 | 0 | 0 | 0 | 0 | 0 | | 71,001~71,500 | | |
| 7 | 71,501 | 0 | 0 | 0 | 0 | 0 | 0 | | 71,501~72,000 | | |
| 8 | 72,001 | 0 | 0 | 0 | 0 | 0 | 0 | | 72,001~72,500 | | |
| 9 | 72,501 | 0 | 0 | 0 | 0 | 0 | 0 | | 72,501~73,000 | | |
| 10 | 73,001 | 2,010 | 0 | 0 | 0 | 0 | 0 | | 73,001~73,500 | | |
| 11 | 73,501 | 2,030 | 0 | 0 | 0 | 0 | 0 | | 73,501~74,000 | | |
| 12 | 74,001 | 2,060 | 0 | 0 | 0 | 0 | 0 | | 74,001~74,500 | | |

員工基本資料　**所得扣繳稅額表**　健保負擔金額表　勞保負擔金額表　薪資表

# 全民健康保險保險費負擔金額表

〔公、民營事業、機構及有一定雇主之受雇者適用〕

單位：新台幣元

| | B | C | D | E | F | G | H | I |
|---|---|---|---|---|---|---|---|---|
| 4 | | | 被保險人及眷屬負擔金額〔負擔比率30%〕 | | | | 投保單位負擔金額〔負擔比率60%〕 | 政府補助金額〔補助比率10%〕 |
| 5 | 投保金額等級 | 月投保金額 | 本人 | 本人+1眷口 | 本人+2眷口 | 本人+3眷口 | | |
| 6 | 1 | 20,008 | 282 | 564 | 846 | 1,128 | 906 | 151 |
| 7 | 2 | 20,100 | 283 | 566 | 849 | 1,132 | 911 | 152 |
| 8 | 3 | 21,000 | 295 | 590 | 885 | 1,180 | 951 | 159 |
| 9 | 4 | 21,900 | 308 | 616 | 924 | 1,232 | 992 | 165 |
| 10 | 5 | 22,800 | 321 | 642 | 963 | 1,284 | 1,033 | 172 |
| 11 | 6 | 24,000 | 338 | 676 | 1,014 | 1,352 | 1,087 | 181 |

員工基本資料　所得扣繳稅額表　勞保負擔金額表　**健保負擔金額表**　…

# 第 14 章 | 人事薪資系統 – 應用篇

　　許多公司行號都直接將員工薪水匯入銀行, 發薪水時, 只給員工一張薪資單做為入帳通知。本章要來製作轉帳明細給銀行, 讓銀行根據這張明細將薪水匯入每個人的戶頭, 並建立薪資查詢系統, 結合 Word **合併列印**功能, 一次印好所有員工的薪資單。

## SoGood 公司薪資轉帳明細表

| 日期 | 本公司帳號 | 轉帳總金額 |
|---|---|---|
| 2016/6/1 | 123-45678 | 1216931 |

| 姓名 | 帳號 | 金額 |
|---|---|---|
| 吳美麗 | 205-163401 | 36525 |
| 呂小婷 | 205-161403 | 37439 |
| 林裕暐 | 205-163561 | 25141 |
| 徐誌明 | 205-161204 | 31377 |
| 鍾小評 | 205-163303 | 37325 |
| 沈威威 | 205-163883 | 56645 |
| 施慧慧 | 205-163425 | 50142 |
| 劉淑容 | 206-134565 | 25501 |
| 黃震琪 | 206-213659 | 29308 |

## SoGood 公司薪資明細表

| 年度：2016　　月份：6 | | 本月勞退提撥金額 |
|---|---|---|
| 姓名：吳美麗 | 部門：產品部 | |
| 本薪：36000 | 所得稅：0 | |
| 職務津貼：3200 | 勞保自付：764 | |
| | 健保自付：1611 | |
| | 請假：300 | |
| 應付小計 (A)　39200 | 應扣小計 (B)　2675 | 2406 |

| | 實領金額： | |
|---|---|---|
| (A)-(B)= | 36525 | |

# 第 15 章 | 個人投資理財試算

　　有句理財名言「你不理財、財不理你」, 看到市面上各種投資理財工具, 雖然感興趣卻遲遲不敢跟進？本章將會介紹幾個生活中常見的理財、投資範例, 包括計算投資方案的淨現值、外幣存款的本利總和、以及熱門的共同基金收益估算。

| 向陽花店投資計劃 | |
|---|---|
| 投資成本 | $500,000 |
| 年利率 | 2.0% |
| 期數 | 5 |
| 每期得款 | $110,000 |
| | |
| 投資現值 | -$ 518,481 |

| 小瑩定期定額基金投資計劃 | |
|---|---|
| 每月購買金額 | -10000 |
| 預計購買期數 | 36 |
| 預估報酬率 | 15.0% |
| | |
| 投資收益 | $451,155.05 |

| 雙變數之本利和 | | | | | | | | |
|---|---|---|---|---|---|---|---|---|
| 年利率 | 總期數 | 每期存款 | | | | | | |
| 0.90% | 24 | -10000 | | | | | | |
| | | | | | | | | |
| | 年利率 | | 存款金額 | | | | | |
| | $242,081.43 | -$ 5,000 | -$ 8,000 | -$ 10,000 | -$ 12,000 | | | |
| 美元 | 0.90% | $ 121,041 | $ 193,665 | $ 242,081 | $ 290,498 | | | |
| 加拿大幣 | 0.60% | $ 120,693 | $ 193,108 | $ 241,385 | $ 289,662 | | | |
| 澳幣 | 1.65% | $ 121,917 | $ 195,067 | $ 243,834 | $ 292,600 | | | |
| 紐西蘭幣 | 1.65% | $ 121,917 | $ 195,067 | $ 243,834 | $ 292,600 | | | |
| 南非幣 | 4.50% | $ 125,320 | $ 200,512 | $ 250,640 | $ 300,768 | | | |

# 第 16 章 ｜ 保險方案評估

　　琳瑯滿目的投資型保單商品, 究竟要怎麼評估做選擇？本章教你算出市面上很常見的
儲蓄型保險利率, 以及還本型保險的淨現值, 以便客觀判斷是否值得參加這類投資型保單。

| 保險理財專案名稱 | 8 年穩健儲蓄方案 | |
|---|---|---|
| 投資金額 | 24000 | 60000 |
| 期間 | 8 | 8 |
| 到期可領回之金額 | 220000 | 560000 |
| | | |
| 利率 | 3.02% | 3.42% |

| 安心保險投資方案 | | |
|---|---|---|
| 年度折扣率 | | 1.21% |
| 保單金額 | $ | 319,560 |
| 每 2 年可回收金額 | | |
| 每 3 年可回收金額 | $ | 15,000 |
| 20 年總共可回收金額 | $ | 300,000 |
| 保單現值 | | |
| 保單淨現值 | | |

| 安心保險投資方案 | | |
|---|---|---|
| 年度折扣率 | | 0.74% |
| 保單金額 | $ | 100,000 |
| 每年可回收金額 | | |
| 第 1 年 | $ | - |
| 第 2 年 | $ | - |
| 第 3 年 | $ | - |
| 第 4 年 | $ | 12,000 |
| 第 5 年 | $ | 12,000 |
| 第 6 年 | $ | 12,000 |
| 第 7 年 | $ | 15,000 |
| 第 8 年 | $ | 15,000 |
| 第 9 年 | $ | 25,000 |
| 第 10 年 | $ | 25,000 |
| 保單現值 | $ | 109,702 |
| 保單淨現值 | $ | 9,702 |

# 第 17 章 | 現金卡、信用卡、小額信貸還款評估

　　假如需要利用貸款來解決燃眉之急, 信用卡、現金卡與小額信貸都是常見的途徑。為了做好還款規劃, 本章就以這 3 種貸款方式為例, 教你比較各家銀行的貸款方式、利率與每期應繳金額, 選擇最符合個人經濟能力的方案。

| | A | B | C | D | E | F | G |
|---|---|---|---|---|---|---|---|
| 1 | 借款金額 | 100000 | | | | | |
| 2 | 利率 | 10.55% | | | | | |
| 3 | 每期最低應繳金額 | 2000 | | | | | |
| 4 | 手續費 | 0 | | | | | |
| 5 | 預計還款時間 | 24期 | | | | | |
| 6 | 利息總額 | 11358 | | | | | |
| 7 | 實際支付總額 | 111316 | | | | | |
| 8 | | | | | | | |
| 9 | | | | | | | |
| 10 | 期數 | 還款日 | 借款金額 | 每期還款金額 | 利息 | 還款本金 | |
| 11 | (借款日) | 2016/1/8 | 100000 | | | | |
| 12 | 1 | 2016/2/8 | 96239 | $4,640 | 879 | 3761 | |
| 13 | 2 | 2016/3/8 | 92445 | $4,640 | 846 | 3794 | |
| 14 | 3 | 2016/4/8 | 88618 | $4,640 | 813 | 3827 | |

現金卡　預借現金　小額信貸　比較

### 分析藍本摘要

| | 現用值: | 旗旗銀行 | 萬太銀行 | 會峰銀行 | 天山銀行 |
|---|---|---|---|---|---|
| **變數儲存格:** | | | | | |
| **貸款金額** | 100000 | 100000 | 80000 | 120000 | 100000 |
| **付款期數** | 72 | 48 | 36 | 60 | 72 |
| **年利率** | 0.14 | 0.12 | 0.11 | 0.13 | 0.14 |
| **目標儲存格:** | | | | | |
| **$B$6** | -$2,060.57 | -$2,633.38 | -$2,619.10 | -$2,730.37 | -$2,060.57 |

| | 現金卡 | 預借現金 | 小額信貸 |
|---|---|---|---|
| 借款金額 | 100000 | 120000 | 100000 |
| 利率 | 15.00% | | 10.55% |
| 每期最低應繳金額 | 3000 | 5000 | 2000 |
| 手續費 | 100 | 14400 | 0 |
| 預計還款時間 | 24期 | 24期 | 24 期 |
| 利息總額 | 15828 | 14400 | 11358 |
| 實際支付總額 | 115917 | 134400 | 111316 |

| | |
|---|---|
| 借款金額 | 120000 |
| 利率 | |
| 每期最低應繳金額 | 5000 |
| 手續費 | 14400 |
| 預計還款時間 | 24期 |
| 利息總額 | 14400 |
| 實際支付總額 | 134400 |

| 期數 | 還款日 | 借款金額 |
|---|---|---|
| (借款日) | 2016/1/8 | 120000 |
| 1 | 2016/2/8 | 115000 |

# 第 18 章 | 購屋貸款計劃

購屋是人生大事，面對鉅額的房價，通常需要向銀行辦理貸款。本章會從擬定購屋存款計劃開始，先試算要如何存到足夠的頭期款，再依個人還款能力找出最適當的貸款總額，並算出每期的還款本金與利息。而企業使用貸款來購買資產設備的情況，亦可套用本章的技巧來試算。

| 陳先生購屋計劃 | | |
|---|---|---|
| 購屋目標 | $ | 6,000,000 |
| | | |
| 目前存款 | $ | 1,200,000 |
| 零存整付存款計劃 | | |
| 每期付款 | -$ | 20,000 |
| 期數 (年) | 5 | |
| 利率 | 1.50% | |
| 存款總和 | $ | 1,245,339 |
| | | |
| 需貸款金額 | $ | 3,554,661 |

| 每期償還能力評估表 | | |
|---|---|---|
| 每期償還金額 | -$ | 15,000 |
| 利率 | | 3.50% |
| 期數 | | 20 |
| 可貸款金額 | | 2586386.526 |

| 寬限期貸款試算表 | | |
|---|---|---|
| 總貸款金額 | 利率 | 貸款年數 |
| $3,500,000 | 4.5% | 20 |
| 寬限期 | | |
| 寬限年數 | 3 | |
| 每期應繳利息 | $13,125 | |

| 提前還款試算表 | | |
|---|---|---|
| 總貸款金額 | 利率 | 貸款年數 |
| $3,500,000 | 4.5% | 20 |
| 已繳貸款 | | |
| 已繳期數 | 60 | |
| 已還本金 | $605,500 | |
| 剩餘貸款 | | |
| 提前還款 | $1,000,000 | |
| 剩餘貸款 | $1,894,500 | |
| 剩餘每期應繳 | $14,493 | |

| | 年利率 | 年數 | 貸款金額 | | | |
|---|---|---|---|---|---|---|
| | 3.50% | 20 | $3,500,000 | | | |
| | | | | | | |
| | 每期還款 | 貸款金額 | | | | |
| | -$20,299 | $3,600,000 | $3,800,000 | $4,000,000 | $4,500,000 | |
| 償還年限 | 15 | -$25,736 | -$27,166 | -$28,595 | -$32,170 | |
| | 18 | -$22,488 | -$23,737 | -$24,986 | -$28,110 | |
| | 20 | -$20,879 | -$22,038 | -$23,198 | -$26,098 | |
| | 25 | -$18,022 | -$19,024 | -$20,025 | -$22,528 | |
| | 30 | -$16,166 | -$17,064 | -$17,962 | -$20,207 | |

# 第 19 章 | 錄製巨集加速完成重複性工時統計作業

例行工作經常是重複性的操作, 如果程序繁瑣、資料量又大, 就很容易發生錯誤。此時可以使用**巨集**來幫你, 例如本章範例教你錄製好巨集, 只要按下巨集鈕, 就可自動結算一週的上班時數, 將工時不足的記錄標示出來, 做為核算出勤的依據。

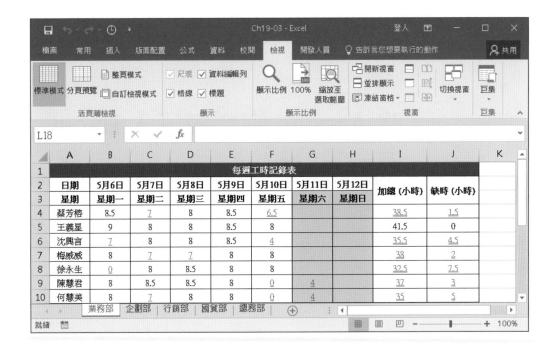

# 電子書 1 | 規劃求解求算最大生產利潤

每一家公司, 總是希望在有限的生產資源下, 創造出最大利潤。本章以飲料公司為例, 教你使用**規劃求解**功能, 在生產原料、製造時間、與生產毛利之間找出能帶來最大獲利的產量。

## 尚泉飲料公司生產規劃求解

| | 所需原料 | 所需時間 | 單位毛利 | 應生產量 | 毛利合計 | (單位:每打) |
|---|---|---|---|---|---|---|
| 梅子烏龍茶 | 3.2 | 2 | 100 | 100 | 10000 | |
| 無糖綠茶 | 4 | 3.5 | 130 | 142 | 18460 | |
| | | | | | | |
| 原料配額 | 1000 | | | | | |
| 時間配額 | 700 | | | | | |
| 實際原料用量 | 888 | | | | | |
| 實際生產時間 | 697 | | | | | |
| 總收益 | | | | | | |

# 電子書2 | 將 Access 資料庫匯入 Excel 做銷售分析

　　許多中小企業會用 Access 來建立資料庫, 假如需要做統計、分析、繪製圖表, 找出幫助決策的資訊, 可以將 Access 的資料匯入到 Excel 裡面做應用, 例如:製作成樞紐分析表、繪製銷售走勢圖、計算目標達成率…等, 而且可隨時更新連結的資料庫, 取得最新資訊。

| ▲ | A | B | C | D | E | F | G | H | I |
|---|---|---|---|---|---|---|---|---|---|
| 1 | 加總 - 銷貨收入 | 欄標籤 ▼ | | | | | | | |
| 2 | 列標籤 ▼ | 2008年 | 2009年 | 2010年 | 2011年 | 2012年 | 2013年 | 總計 | |
| 3 | ⊟一般家電 | 1406780 | 2707910 | 3053850 | 2132100 | 3001150 | 2380640 | 14682430 | |
| 4 | 冰箱 | 596200 | 1611600 | 1650400 | 1250300 | 1597700 | 1693500 | 8399700 | |
| 5 | 洗衣機 | 769500 | 1026000 | 1320500 | 826500 | 1320500 | 674500 | 5937500 | |
| 6 | 熱水瓶 | 41080 | 70310 | 82950 | 55300 | 82950 | 12640 | 345230 | |
| 7 | ⊟空調設備 | 3833760 | 5201980 | 5715020 | 5236740 | 7050880 | 8387300 | 35425680 | |
| 8 | 冷氣機 | 2978800 | 4080900 | 4365500 | 3809200 | 4998900 | 6417200 | 26650500 | |
| 9 | 空氣清淨機 | 854960 | 1121080 | 1349520 | 1427540 | 2051980 | 1970100 | 8775180 | |
| 10 | ⊟視聽設備 | 1857500 | 4536300 | 4706700 | 5051000 | 5049000 | 4089800 | 25290300 | |
| 11 | DVD | 600600 | 990000 | 990000 | 1155000 | 2442000 | 2983200 | 9160800 | |
| 12 | VCD | 471900 | 651300 | 479700 | 228000 | 39000 | 3600 | 1873500 | |
| 13 | 電視機 | 785000 | 2895000 | 3237000 | 3668000 | 2568000 | 1103000 | 14256000 | |
| 14 | 總計 | | 7098040 | 12446190 | 13475570 | 12419840 | 15101030 | 14857740 | 75398410 |

# 電子書 3 | 將工作表、圖表製作成 PowerPoint 簡報

　　Excel 是我們統計數據、製作圖表的最佳幫手，假如想在簡報會議中引用 Excel 的統計圖表，請看本章教你怎麼把工作表資料轉換到投影片中，並做適度的美化，讓你的簡報更具說服力。

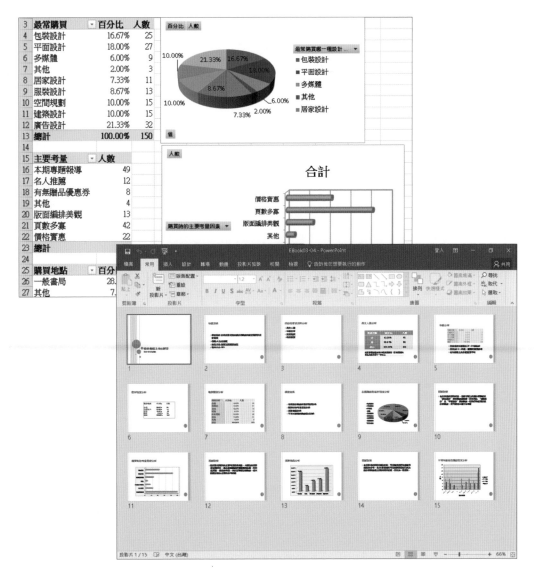

# 01 建立教育訓練課程表

**本章學習提要**

- 選取與輸入資料的技巧
- 利用「自動填滿」功能快速輸入連續編號
- 利用「自動完成」功能快速輸入相同的資料
- 利用「下拉式清單」功能挑選欲輸入的資料
- 調整欄位寬度及列的高度
- 套用表格樣式來美化工作表
- 儲存檔案及開啟既有檔案
- 將工作表列印出來

在企業內, 常常遇到需要用表格彙整資料的情況, 像是請假單、會議記錄、產品訂單、估價單…等, 本章我們就來學習如何製作一份教育訓練課程表。下圖就是本章完成的結果：

| | A | B | C | D | E |
|---|---|---|---|---|---|
| 1 2 | 旗旗公司教育訓練課程表 | | | | |
| 3 | 課程編號 | 上課日期 | 課程名稱 | 上課時間 | 受訓單位 |
| 4 | OAL001 | 2013/7/1 | 辦公室人際關係 | 19:30~21:30 | 管理部 |
| 5 | OAL002 | 2013/7/2 | 辦公室人際關係 | 19:30~21:30 | 財務部 |
| 6 | OAL003 | 2013/7/3 | 魅力公關與溝通高手 | 19:30~21:30 | 業務部 |
| 7 | OAL004 | 2013/7/4 | 魅力公關與溝通高手 | 19:30~21:30 | 業務部 |
| 8 | OAL005 | 2013/7/5 | 客戶滿意的關鍵 | 19:30~21:30 | 業務部 開發部 |
| 9 | OAL006 | 2013/7/8 | 簡報模擬訓練營 | 19:30~21:30 | 業務部 |
| 10 | OAL007 | 2013/7/9 | 全方位理財規劃 | 19:30~21:30 | 財務部 |
| 11 | OAL008 | 2013/7/10 | 投資風險講座 | 19:30~21:30 | 財務部 |
| 12 | OAL009 | 2013/7/11 | 投資風險講座 | 19:30~21:30 | 財務部 |

在課程表的製作過程中, 我們將學會在 Excel 中輸入資料、加快或自動填入資料、美化工作表, 以及存檔、開檔的方法, 最後會將表格列印出來。以上這些都是使用 Excel 的基本操作, 本書以此範例對於這些基本操作做一個完整的說明與示範, 讀者學到這些技巧後, 就可以自行運用到本書往後的範例, 或日常的工作中。而本書之後的範例, 我們就不再對這些基本操作多做說明了。

## 1-1 建立課程表

請執行 『**開始/所有程式/Excel 2016**』命令, 開啟 Excel 後, 請點選**空白活頁簿**, 來建立這個課程表。

## 選定儲存格輸入資料

輸入資料的第一步, 就是選定要存放該筆資料的儲存格 (即**作用儲存格**)。我們可以將滑鼠指標移到想要存放資料的儲存格內 (指標呈 ✛ 狀), 並按一下左鈕, 就可選定該儲存格為作用儲存格。

**STEP 01** 首先請在 A1 儲存格按一下, 選定 A1 為作用儲存格:

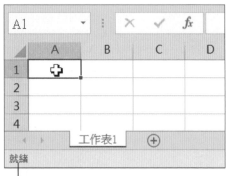

> **TIP** 儲存格的位置是用欄標題 (A、B、C⋯) 加上列編號 (1、2、3⋯) 的方式來表示, 因此 A 欄第一列的儲存格就稱為 A1 儲存格。

當**狀態列**顯示**就緒**, 表示可以開始輸入資料了

**STEP 02** 輸入 "課成編號表" ("程" 先刻意打錯為 "成")。在輸入資料時, 環境會有一些變化, 我們以下圖來說明:

在這裡請先如圖輸入錯別字, 以便稍後練習修改的方法

**資料編輯列**會出現**取消**及**輸入**鈕

輸入的資料會同時顯示在**資料編輯列**及儲存格中

**狀態列**會由**就緒**變成**輸入**

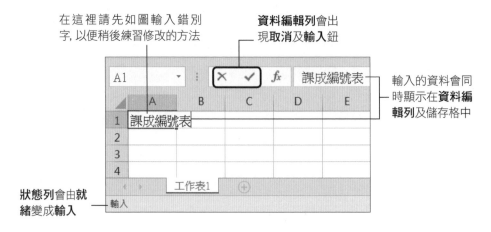

**STEP 03** 輸入完後, 可以按 Enter 或 Tab 鍵, 或**資料編輯列**的**輸入鈕** ✓ 確認, Excel 便會將資料存入 A1 儲存格並回到**就緒**模式:

└── 回到**就緒**模式

TIP 在**輸入**模式下, 若資料尚未輸入完畢, 請勿按下 ↑、↓、←、→ 方向鍵, 否則會移動作用儲存格, 並回到**就緒**模式。

**STEP 04** 繼續如圖輸入課程表的其它欄位標題:

| | A | B | C | D | E | F |
|---|---|---|---|---|---|---|
| 1 | 課成編號 | 上課日期 | 課程名稱 | 上課時間 | 受訓單位 | |
| 2 | | | | | | |
| 3 | | | | | | |
| 4 | | | | | | |

## 修改及刪除儲存格資料

在輸入資料時若發現輸入錯誤, 可按下 ←Backspace 鍵刪除插入點的前一個字元, 或按下 Delete 鍵刪除插入點的後一個字元, 並重新輸入。若要刪改已經確認輸入的資料, 請先選定要修改的儲存格, 然後用滑鼠指標在儲存格內雙按, 或在**資料編輯列**上要修改的地方按一下, 出現插入點後即可刪改內容。

現在我們就來練習將 A1 儲存格的內容修改為 "課程編號":

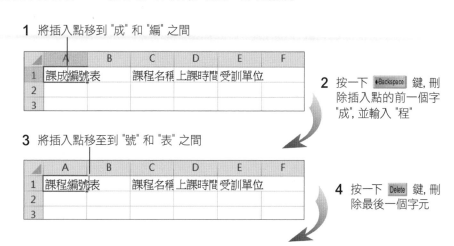

**1** 將插入點移到 "成" 和 "編" 之間

**2** 按一下 ←Backspace 鍵, 刪除插入點的前一個字 "成", 並輸入 "程"

**3** 將插入點移至到 "號" 和 "表" 之間

**4** 按一下 Delete 鍵, 刪除最後一個字元

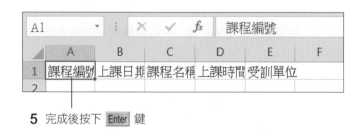

5 完成後按下 Enter 鍵

### 清除儲存格資料

若要清除某儲存格或範圍的內容時, 請先選定要清除的儲存格或範圍, 再按下 Delete 鍵, 即可將範圍內的儲存格資料都清空。

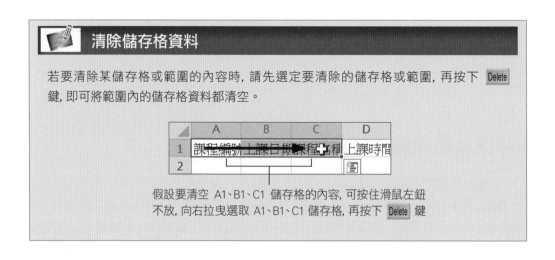

假設要清空 A1、B1、C1 儲存格的內容, 可按住滑鼠左鈕不放, 向右拉曳選取 A1、B1、C1 儲存格, 再按下 Delete 鍵

# 用「自動填滿」功能快速輸入連續編號

接下來要介紹**自動填滿**功能, 幫助您更有效率的完成工作。首先要填入課程編號:

**STEP 01** 請選取儲存格 A2, 輸入 "OAL001", 按 Enter 鍵後, 再將指標移至粗框線右下角的**填滿控點**上 (此時指標會變成 ✚ 狀)。

這就是填滿控點

**STEP 02** 將指標移至填滿控點上後, 按住左鈕不放, 向下拉曳至 A10 儲存格, 即可在 A2：A10 的範圍內填滿編號：

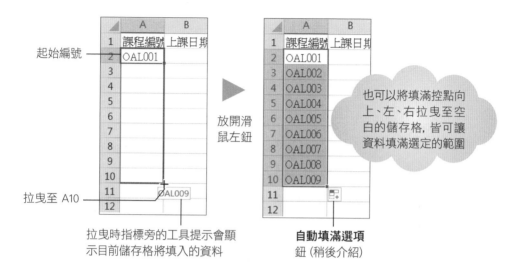

起始編號

放開滑鼠左鈕

也可以將填滿控點向上、左、右拉曳至空白的儲存格, 皆可讓資料填滿選定的範圍

拉曳至 A10

拉曳時指標旁的工具提示會顯示目前儲存格將填入的資料

**自動填滿選項** 鈕 (稍後介紹)

## 設定「自動填滿選項」鈕 — 填入工作日

將資料自動填滿後, 儲存格 A10 的右下角會出現一個**自動填滿選項**鈕 , 它提供您選擇自動填滿的方式, 只要按下此鈕, 即可開啟下拉選單, 從中改變自動填滿的方式, 且會因資料內容不同, 顯示不同的選項。

我們來實際練習看看, 請利用剛才學習的技巧, 在儲存格 B2 填入日期 2013/7/1, 同樣拉曳填滿控點至儲存格 B10, 此時儲存格附近亦會出現**自動填滿選項**鈕, 利用這個按鈕, 我們可以讓日期只填入工作日的日期 (跳過周末與假日)：

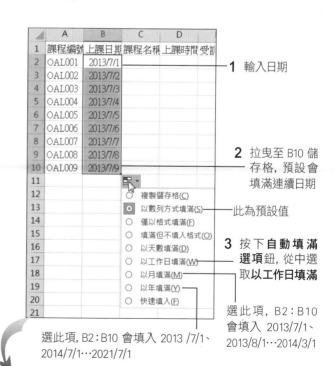

**1** 輸入日期

**2** 拉曳至 B10 儲存格, 預設會填滿連續日期

此為預設值

**3** 按下**自動填滿選項**鈕, 從中選取**以工作日填滿**

選此項, B2：B10 會填入 2013/7/1、2013/8/1…2014/3/1

選此項, B2：B10 會填入 2013 /7/1、2014/7/1…2021/7/1

已自動跳過六、日
(非工作日)

**TIP** 如果在填滿資料後, 沒有顯示**自動填滿選項**鈕, 請按下**檔案**頁次中的**選項**, 開啟交談窗後, 在**進階**頁次中確認是否已勾選**剪下、複製與貼上**區的**內容貼上時, 顯示 [貼上選項] 按鈕**項目。

## 設定「自動填滿選項」鈕 — 填入相同資料

　　為了讓您更熟悉**自動填滿選項**鈕的作用, 請繼續在儲存格 D2 中輸入上課時間 "19:30~21:30", 並拉曳**填滿控點**至儲存格 D10:

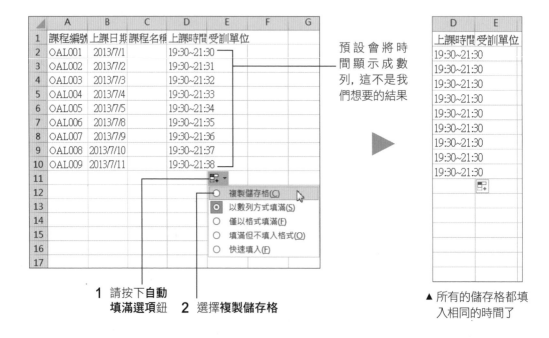

預設會將時間顯示成數列, 這不是我們想要的結果

**1** 請按下**自動填滿選項**鈕

**2** 選擇**複製儲存格**

▲ 所有的儲存格都填入相同的時間了

# 利用「自動完成」快速輸入相同資料

接下來我們要輸入 **課程名稱**, 由於名稱較長, 請您先拉曳 C 欄儲存格的右框線, 使其可顯示較多的文字, 完成後請在儲存格 C2 輸入 "辦公室人際關係":

拉曳框線可調整欄位寬度

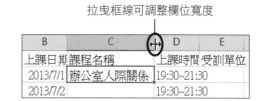

當我們要在儲存格中 C3 輸入課程名稱時, Excel 會把目前輸入的資料和同欄中其它的儲存格資料做比較, 若發現有相同的部份, 就會為該儲存格填入剩餘的部份。例如, 在 C3 輸入 "辦":

| | A | B | C | D | E |
|---|---|---|---|---|---|
| 1 | 課程編號 | 上課日期 | 課程名稱 | 上課時間 | 受訓單位 |
| 2 | OAL001 | 2013/7/1 | 辦公室人際關係 | 19:30~21:30 | |
| 3 | OAL002 | 2013/7/2 | 辦公室人際關係 | 19:30~21:30 | |
| 4 | OAL003 | 2013/7/3 | | 19:30~21:30 | |

輸入第 1 個字　　自動填入剩餘的部份

若自動填入的資料恰巧是您接著想輸入的字, 就可直接按下 Enter 鍵, 將資料存入儲存格中; 反之若不是您想要的資料, 則可以不理會自動填入的字, 繼續輸入即可, 在此例請按下 Enter 鍵。

接下來請參考下圖練習輸入課程名稱:

| | A | B | C | D | E |
|---|---|---|---|---|---|
| 1 | 課程編號 | 上課日期 | 課程名稱 | 上課時間 | 受訓單位 |
| 2 | OAL001 | 2013/7/1 | 辦公室人際關係 | 19:30~21:30 | |
| 3 | OAL002 | 2013/7/2 | 辦公室人際關係 | 19:30~21:30 | |
| 4 | OAL003 | 2013/7/3 | 魅力公關與溝通高手 | 19:30~21:30 | |
| 5 | OAL004 | 2013/7/4 | 魅力公關與溝通高手 | 19:30~21:30 | |
| 6 | OAL005 | 2013/7/5 | 客戶滿意的關鍵 | 19:30~21:30 | |
| 7 | OAL006 | 2013/7/8 | 簡報模擬訓練營 | 19:30~21:30 | |
| 8 | OAL007 | 2013/7/9 | 全方位理財規劃 | 19:30~21:30 | |
| 9 | OAL008 | 2013/7/10 | 投資風險講座 | 19:30~21:30 | |
| 10 | OAL009 | 2013/7/11 | 投資風險講座 | 19:30~21:30 | |

▲ 拉曳各欄位的右框線調整欄寬, 使資料完整顯示, 稍後我們會針對欄寬設定做更進一步的說明

# 從下拉式清單挑選欲輸入的資料

除了一筆筆輸入資料, 以及利用**自動完成**來輸入外, 我們還可以從清單來挑選, 省卻輸入資料的繁複步驟。請開啟範例檔案 Ch01-01, 我們已經在 E 欄輸入了 3 個受訓單位。接著, 我們要利用清單功能來繼續輸入其它的資料。

選定 E5 儲存格, 然後按下滑鼠右鈕, 選擇快顯功能表中的『**從下拉式清單挑選**』命令, 此時作用儲存格 E5 下方會出現一張清單, 記錄著同一欄 (此處為 E 欄) 中已出現過的資料, 只要由清單中選取, 即可完成資料的輸入:

| | A | B | C | D | E |
|---|---|---|---|---|---|
| 1 | 課程編號 | 上課日期 | 課程名稱 | 上課時間 | 受訓單位 |
| 2 | OAL001 | 2013/7/1 | 辦公室人際關係 | 19:30~21:30 | 管理部 |
| 3 | OAL002 | 2013/7/2 | 辦公室人際關係 | 19:30~21:30 | 財務部 |
| 4 | OAL003 | 2013/7/3 | 魅力公關與溝通高手 | 19:30~21:30 | 業務部 |
| 5 | OAL004 | 2013/7/4 | 魅力公關與溝通高手 | 19:30~21:30 | |
| 6 | OAL005 | 2013/7/5 | 客戶滿意的關鍵 | 19:30~21:30 | 財務部 |
| 7 | OAL006 | 2013/7/8 | 簡報模擬訓練營 | 19:30~21:30 | 業務部 |
| 8 | OAL007 | 2013/7/9 | 全方位理財規劃 | 19:30~21:30 | 管理部 |
| 9 | OAL008 | 2013/7/10 | 投資風險講座 | 19:30~21:30 | |
| 10 | OAL009 | 2013/7/11 | 投資風險講座 | 19:30~21:30 | |

清單的內容

選取的資料

## 下拉式清單中的資料是怎麼來的?

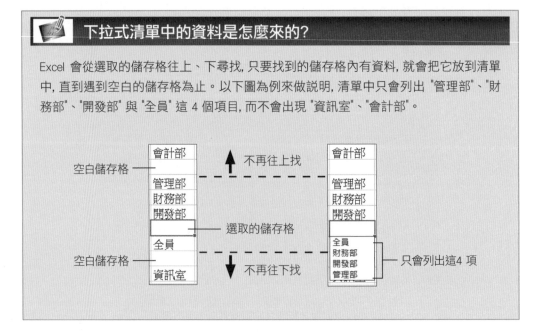

Excel 會從選取的儲存格往上、下尋找, 只要找到的儲存格內有資料, 就會把它放到清單中, 直到遇到空白的儲存格為止。以下圖為例來做說明, 清單中只會列出 "管理部"、"財務部"、"開發部" 與 "全員" 這 4 個項目, 而不會出現 "資訊室"、"會計部"。

空白儲存格 ⎯⎯ 會計部 / 管理部 / 財務部 / 開發部 / 選取的儲存格 / 全員 / 空白儲存格 ⎯⎯ 資訊室

不再往上找 ↑

不再往下找 ↓

會計部 / 管理部 / 財務部 / 開發部 / 全員 / 財務部 / 開發部 / 管理部

只會列出這 4 項

# 在一個儲存格中輸入多行資料

如果同時要指派 2 個單位的人員上課, 也可以在同一個儲存格中輸入 2 個單位。為看清楚效果, 請先將**資料編輯列**的範圍拉高至約 2 列的高度:

向下拉曳

接著, 請選定 E6 儲存格, 然後如下操作:

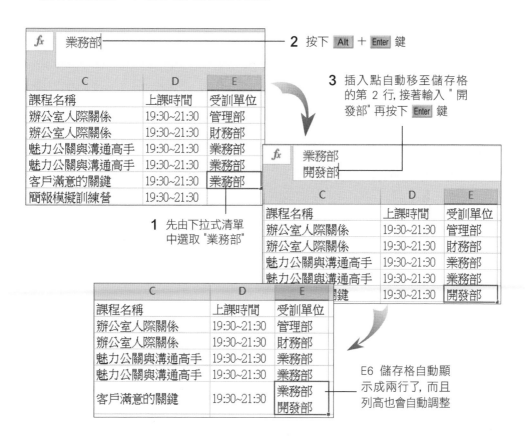

**2** 按下 Alt + Enter 鍵

**3** 插入點自動移至儲存格的第 2 行, 接著輸入 " 開發部 " 再按下 Enter 鍵

**1** 先由下拉式清單中選取 "業務部"

E6 儲存格自動顯示成兩行了, 而且列高也會自動調整

您可以利用以上介紹的幾種方式, 輸入完整的課程表, 下一節我們將要介紹調整儲存格的技巧。

# 1-2 | 調整儲存格的寬度和高度

　　當資料內容超出儲存格寬度而被右邊的儲存格遮住, 或是覺得儲存格的欄位太寬、列的高度不夠時, 都可以藉由調整儲存格的欄寬及列高來修正, 這樣不僅讓表格看起來美觀, 閱讀起來也會感覺較舒適。

## 調整最適欄寬、列高

　　在操作的過程中, 我們曾經提醒過可以拉曳儲存格的右框線來調整欄寬, 但手動調整時, 難免調得太過或是不及, 這時你可以試著在欄的右框線上雙按, 讓 Excel 依內容自動調整最適合的欄寬。你可以利用範例檔案 Ch01-02 來進行以下的練習：

| | A | B | C | D |
|---|---|---|---|---|
| 1 | 課程編號 | 上課日期 | 課程名稱 | 上課時間 |
| 2 | OAL001 | 2013/7/1 | 辦公室人際關係 | 19:30~21:30 |
| 3 | OAL002 | 2013/7/2 | 辦公室人際關係 | 19:30~21:30 |
| 4 | OAL003 | 2013/7/3 | 魅力公關與溝通高手 | 19:30~21:30 |
| 5 | OAL004 | 2013/7/4 | 魅力公關與溝通高手 | 19:30~21:30 |

雙按此處可調整至最適合的欄寬

| | A | B | C | D |
|---|---|---|---|---|
| 1 | 課程編號 | 上課日期 | 課程名稱 | 上課時間 |
| 2 | OAL001 | 2013/7/1 | 辦公室人際關係 | 19:30~21:30 |
| 3 | OAL002 | 2013/7/2 | 辦公室人際關係 | 19:30~21:30 |
| 4 | OAL003 | 2013/7/3 | 魅力公關與溝通高手 | 19:30~21:30 |
| 5 | OAL004 | 2013/7/4 | 魅力公關與溝通高手 | 19:30~21:30 |

依內容調整了

　　若是要調整列高, 可雙按列編號的下框線來調整。

## 指定欄寬、列高

　　若要一次將多個欄位或好幾列的高度調成一樣大小, 可透過底下的方法來做調整會比較有效率。

## 指定欄寬

將 C 欄調整到最適欄寬後, 接著調整一下 A、B、D、E 共 4 欄的欄寬, 使這 4 欄能有相同的寬度。請先選取 A 欄, 再按住 Ctrl 鍵一一點選 B、D、E 欄的欄標題:

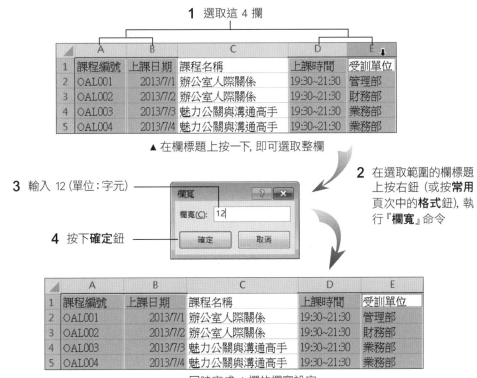

**1** 選取這 4 欄

▲ 在欄標題上按一下, 即可選取整欄

**2** 在選取範圍的欄標題上按右鈕 (或按**常用**頁次中的**格式**鈕), 執行『**欄寬**』命令

**3** 輸入 12 (單位 : 字元)

**4** 按下**確定**鈕

▲ 同時完成 4 欄的欄寬設定

## 指定列高

欄寬調整好後, 我們還可以將第 1 列的列高加大, 讓課程表的欄位標題更明顯。同樣地, 您可以透過快顯功能表中的『**列高**』命令來指定列高, 也可以採用「拉曳法」來調整；在此我們以「拉曳法」來做示範。請將指標移到第 1 列的下框線並向下拉曳:

請拉曳至 30 (單位 : 文字點數) 的高度, 拉曳時可由工具提示得知該列的高度

▲ 向下拉曳可加大列高；
向上拉曳可縮小列高

接著請連續選取 2~10 列, 再以拉曳的方式將列高調整至 36 的高度 (拉曳選取列的任一列高):

| | A | B |
|---|---|---|
| 1 | 課程編號 | 上課日期 |
| 2 | ○AL001 | 2013/7/1 |
| 3 | ○AL002 | 2013/7/2 |
| | ○AL003 | 2013/7/3 |
| 4 | ○AL004 | 2013/7/4 |
| 5 | ○AL005 | 2013/7/5 |
| 6 | ○AL006 | 2013/7/8 |
| 7 | ○AL007 | 2013/7/9 |
| 8 | ○AL008 | 2013/7/10 |
| 9 | ○AL009 | 2013/7/11 |

高度: 36.00 (60 像素)

在列標題上按一下, 即可選取整列; 按住列標題往下拉曳, 可連續選取多列

| | A | B | C |
|---|---|---|---|
| 1 | 課程編號 | 上課日期 | 課程名稱 |
| 2 | ○AL001 | 2013/7/1 | 辦公室人際關係 |
| 3 | ○AL002 | 2013/7/2 | 辦公室人際關係 |
| 4 | ○AL003 | 2013/7/3 | 魅力公關與溝通高手 |
| 5 | ○AL004 | 2013/7/4 | 魅力公關與溝通高手 |
| | ○AL005 | 2013/7/5 | 客戶滿意的關鍵 |

▲ 選取範圍的列高會一併調整

# 為課程表加上標題

課程表的內容大致完成了, 現在我們再來為課程表加上醒目的標題。

**STEP 01** 我們先在儲存格的最上面新增兩列。

由於我們選取了兩列, 所以會新增兩列

| | A | B |
|---|---|---|
| 1 | 課程編號 | 上課日期 |
| 2 | ○AL001 | 2013/7/1 |

**1** 請選取第 1、2 列

**2** 按右鈕執行『**插入**』命令 (或按**常用**頁次中的**插入**鈕)

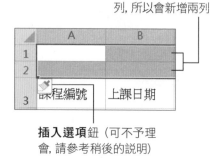

| | A | B |
|---|---|---|
| 1 | | |
| 2 | | |
| 3 | 課程編號 | 上課日期 |

**插入選項**鈕 (可不予理會, 請參考稍後的說明)

**STEP 02** 接著, 在新增的 A1 儲存格中輸入 "旗旗公司教育訓練課程表":

| | A | B | C | D | E |
|---|---|---|---|---|---|
| 1 | 旗旗公司教育訓練課程表 | | | | |
| 2 | | | | | |
| 3 | 課程編號 | 上課日期 | 課程名稱 | 上課時間 | 受訓單位 |

STEP 03 然後選取 A1：E2 的儲存格範圍, 再按下
**常用**頁次下**對齊方式**區的**跨欄置中**鈕, 即可
將標題置中對齊：

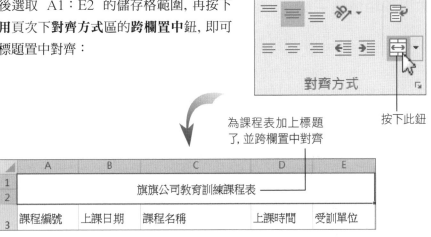

為課程表加上標題
了, 並跨欄置中對齊

按下此鈕

| | A | B | C | D | E |
|---|---|---|---|---|---|
| 1 | | | 旗旗公司教育訓練課程表 | | |
| 2 | | | | | |
| 3 | 課程編號 | 上課日期 | 課程名稱 | 上課時間 | 受訓單位 |

---

 ## 利用「插入選項」鈕快速套用格式

當我們插入新的列 (欄) 時, 可能
會在新增的列下方 (或新增的欄
右方) 看到**插入選項**按鈕 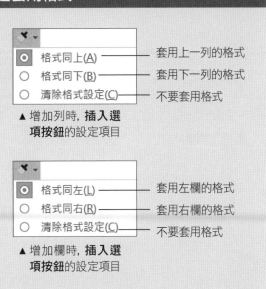。
那是因為 Excel 會自動判斷新增
列的上方列和下方列 (或是新增
欄的左方欄和右方欄) 格式是否
相同, 如果不同的話, 就會出現**插
入選項**鈕讓您選擇想要套用哪一
列 (欄) 的格式：

○ 格式同上(A) —— 套用上一列的格式
○ 格式同下(B) —— 套用下一列的格式
○ 清除格式設定(C) —— 不要套用格式

▲ 增加列時, **插入選
項按鈕**的設定項目

○ 格式同左(L) —— 套用左欄的格式
○ 格式同右(R) —— 套用右欄的格式
○ 清除格式設定(C) —— 不要套用格式

▲ 增加欄時, **插入選
項按鈕**的設定項目

您也可以不理會**插入選項**鈕, 其效果相當於選擇『**清除格式設定**』命令。

TIP 如果要新增欄、列的地方剛好是第一欄或第一列的話, 則選擇『**格式同左**』和『**格
式同上**』命令, 將會套用 Excel 預設的格式。

## 放大與加粗標題字型

我們還可以在標題的字型上做些變化，請接續上例來進行以下的練習。

**2** 切換至**常用**頁次　　**3** 將 A1 的標題設定為 16 級大小　　**1** 選取 A1 儲存格

**4** 按下**粗體**鈕

| | A | B | C | D | E |
|---|---|---|---|---|---|
| 1 2 | | 旗旗公司教育訓練課程表 | | | |
| 3 | 課程編號 | 上課日期 | 課程名稱 | 上課時間 | 受訓單位 |
| 4 | OAL001 | 2013/7/1 | 辦公室人際關係 | 19:30~21:30 | 管理部 |
| 5 | OAL002 | 2013/7/2 | 辦公室人際關係 | 19:30~21:30 | 財務部 |
| 6 | OAL003 | 2013/7/3 | 魅力公關與溝通高手 | 19:30~21:30 | 業務部 |

這樣就完成標題的設定了

# 1-3 | 美化課程表

到目前為止, 我們都著重在表格的內容, 然而內容已大致完備了, 我們再針對表格的美化工作來下點工夫, 讓表格能顯得更美觀、專業。

## 為表格加底色與框線

Excel 內建了多種表格配色, 就算對自己的配色沒有信心, 也可以輕鬆建立美觀、專業的表格樣式。你可以接續剛才的範例來練習, 或是開啟 Ch01-03 如下操作。

**STEP 01** 選取要套用表格樣式的範圍 A3：E12 (按住 A3 儲存格, 拉曳到 E12 儲存格再放開), 切換至**常用**頁次並如下操作:

**1** 按下**格式化為表格**鈕

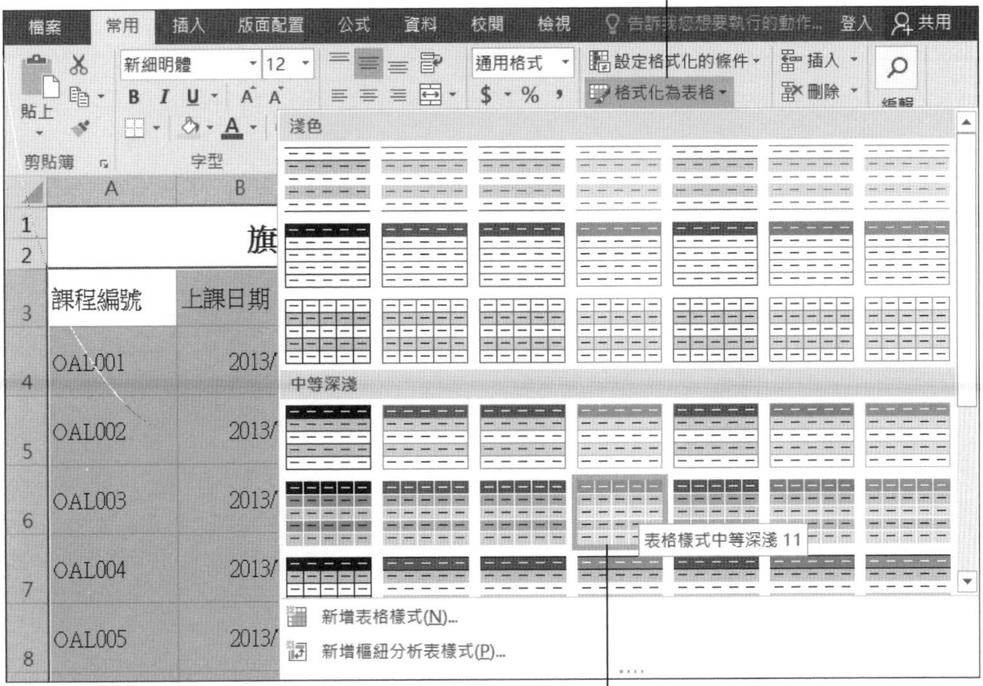

**2** 從中選取 Excel 提供的表格樣式

**STEP 02** 接著會要你確認套用表格樣式的儲存格範圍, 若沒有問題請按下**確定鈕**:

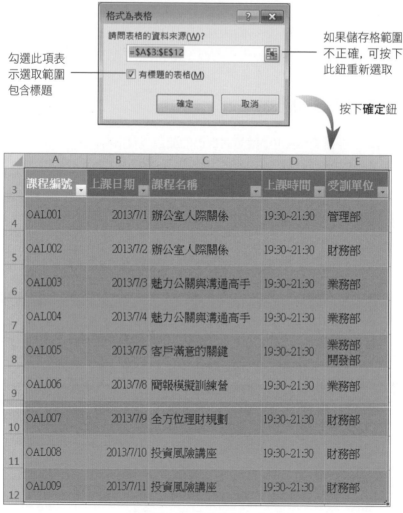

勾選此項表示選取範圍包含標題

如果儲存格範圍不正確, 可按下此鈕重新選取

按下**確定鈕**

▲ 輕鬆就設定好表格的底色、框線了

　　如果對於套用的顏色不滿意, 你可以重新選取樣式, 選取範圍就會立即套用新選取的樣式。

## 關閉篩選功能

　　套用表格樣式後, 標題會顯示**自動篩選**鈕 ▾, 不過此處我們用不到此功能, 因此可如下將篩選功能關閉:

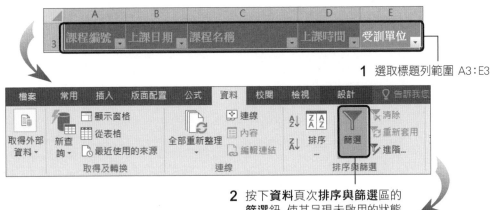

**1** 選取標題列範圍 A3：E3

**2** 按下**資料**頁次**排序與篩選**區的
**篩選**鈕, 使其呈現未啟用的狀態

## 將表格轉為一般儲存格範圍

在套用表格樣式之後, 整個範圍就轉換成「表格」了！而 Excel 所謂的「表格」
是指由數個欄、列所組成, 可用來篩選資料的表格。由於此例建立的課程表, 不需要篩
選資料, 因此我們將表格轉回一般的儲存格 (但美化的樣式仍在)：

**1** 切換至**資料表工具/設計**頁次

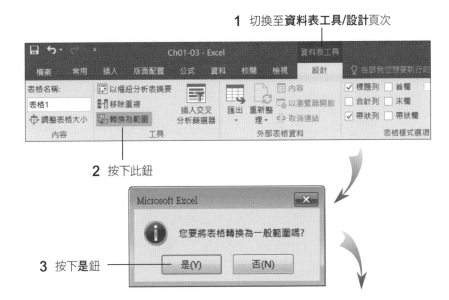

**2** 按下此鈕

**3** 按下**是**鈕

| 旗旗公司教育訓練課程表 | | | | |
|---|---|---|---|---|
| 課程編號 | 上課日期 | 課程名稱 | 上課時間 | 受訓單位 |
| OAL001 | 2013/7/1 | 辦公室人際關係 | 19:30~21:30 | 管理部 |
| OAL002 | 2013/7/2 | 辦公室人際關係 | 19:30~21:30 | 財務部 |
| OAL007 | 2013/7/9 | 全方位理財 | | |
| OAL008 | 2013/7/10 | 投資風險講座 | 19:30~21:30 | 財務部 |
| OAL009 | 2013/7/11 | 投資風險講座 | 19:30~21:30 | 財務部 |

原本表格範圍右下角的 ◢ 符號消失了, 表示已轉為一般儲存格範圍

▲ 轉換為一般範圍了

TIP 若是尚未關閉**自動篩選**功能, 將表格轉換為一般範圍時, 仍會關閉**自動篩選**功能。

## 套用儲存格樣式

如果不喜歡配套好的表格樣式, 也可以針對儲存格來設定想要呈現的格式。以課程表的標題 A1 為例, 請選取 A1 儲存格, 再切換至**常用**頁次按下**樣式**區的**儲存格樣式**鈕:

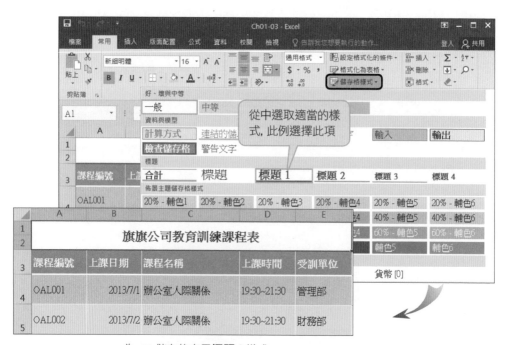

▲ 為 A1 儲存格套用**標題 1** 樣式

# ▌設定文字對齊方式

現在課程表中的文字，除了標題是對齊中央外，其它內容對齊的方式並不一致，看起來不太整齊，我們來將**課程編號、上課日期、上課時間**及**受訓單位** 4 個欄位的資料內容全都設定為置中吧！

**STEP 01** 選取 A3：B12 儲存格範圍，按下 Ctrl 鍵不放再選取 D3：E12 儲存格範圍：

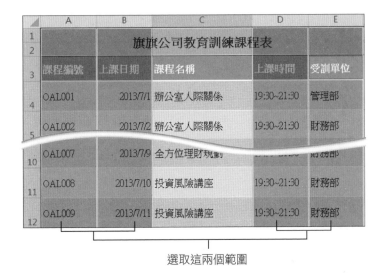

選取這兩個範圍

**STEP 02** 按下**常用**頁次下**對齊方式**區中的**置中**鈕 ：

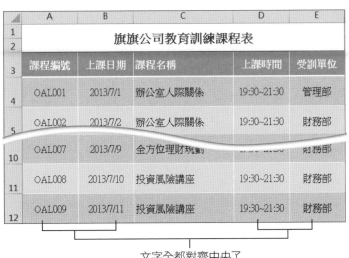

文字全都對齊中央了

# 1-4 儲存與開啟檔案

整個課程表終於編輯完成了，接著這個重要的步驟就是存檔。

## 第一次存檔

儲存檔案時，請按下**快速存取工具列**的**儲存檔案鈕** 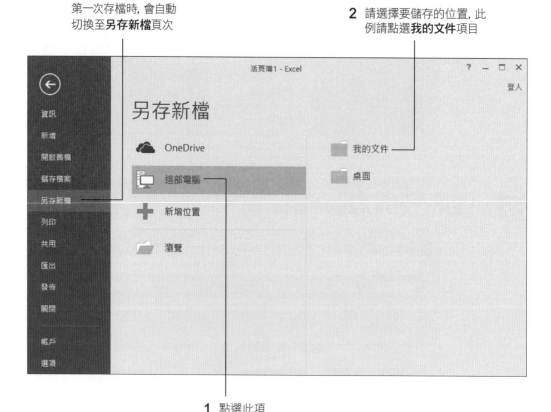 (或是切換到**檔案**頁次按下**儲存檔案**命令)。第一次存檔時，Excel 會切換到**另存新檔**頁次讓您進行儲存檔案的相關設定。

第一次存檔時，會自動
切換至**另存新檔**頁次

**2** 請選擇要儲存的位置，此
例請點選**我的文件**項目

活頁簿1 - Excel

? — □ ×

登入

## 另存新檔

- 資訊
- 新增
- 開啟舊檔
- 儲存檔案
- 另存新檔
- 列印
- 共用
- 匯出
- 發佈
- 關閉
- 帳戶
- 選項

☁ OneDrive

🖥 這部電腦

➕ 新增位置

📁 瀏覽

🗂 我的文件

🗂 桌面

**1** 點選此項

請在**檔案名稱**欄中輸入活頁簿的檔名, 接著拉下**存檔類型**列示窗選擇儲存的類型, 預設是 **Excel 活頁簿**也就是 Excel 2016 的格式, 其副檔名為 .xlsx。不過此格式只能在 Excel 2007/2010/2013/2016 中開啟, 若是需要將檔案拿到更舊版的 Excel 開啟, 那麼建議您選擇 **Excel 97-2003 活頁簿**的檔案格式。

**1** 在此輸入檔案名稱

**2** 選擇存檔類型,預設為 **Excel 活頁簿**,副檔名為 .xlsx

**3** 按下**儲存**鈕

存檔之後當您下回修改了活頁簿的內容, 且再次按下**儲存檔案**鈕 (或按快速鍵 Ctrl + S ), Excel 就會將修改後的活頁簿直接儲存, 而不會出現**另存新檔**交談窗。而在建立活頁簿的過程中, 建議你最好可以隨時存檔, 以免有當機、斷電等意外發生, 又得重新建立一次檔案囉。

**檢查檔案格式的相容性**

當你選擇將檔案存成 **Excel 97-2003 活頁簿**時, Excel 會幫你做檔案相容性檢查。假如工作表中使用了 Excel 2003 (或更舊版本) 所沒有的功能, 便會出現如下的交談窗, 告知您儲存後可能部分功能會轉變或喪失, 你可以自己決定是否仍要存成 **Excel 97-2003 活頁簿**格式:

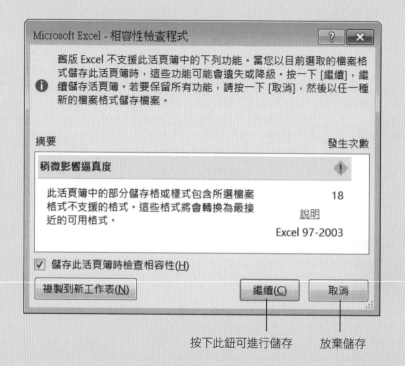

按下此鈕可進行儲存　　放棄儲存

遇到這種情況, 建議您還是先儲存一份 Excel 2016 的 **Excel 活頁簿**格式, 以便日後可完整編輯, 然後再另存成一份 **Excel 97-2003 活頁簿**格式, 以供舊版的 Excel 使用。

# 另存新檔

假設我們想要以這份 **7 月課程表**為基礎, 再建立一份 8 月份的課程表, 這時可利用「另存新檔」的方式來達成。請按下**檔案**頁次中的**另存新檔**鈕, 在開啟的**另存新檔**交談窗中, 將**檔案名稱**設定為 "8 月課程表", 然後把內容修改成新的 8 月課程。

存檔之後, 按下 Excel 視窗右上角的**關閉**鈕 **☒** 即可結束 Excel。

# 開啟既有的檔案

緊接著, 我們就要來學習如何重新開啟剛才儲存的檔案。請切換到**檔案**頁次, 再如下操作。

**1** 點選**開啟舊檔**

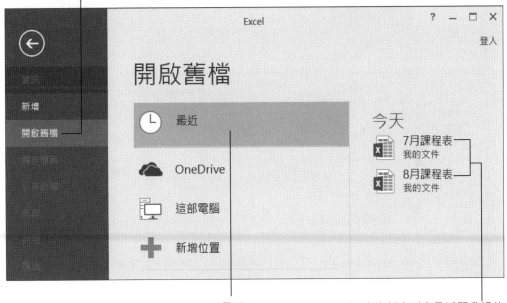

**2** 點選**最近**項目

**3** 右半部會列出最近開啟過的檔案, 點選檔名即可開啟檔案

假如想要編輯的檔案不在列表中, 請如下操作:

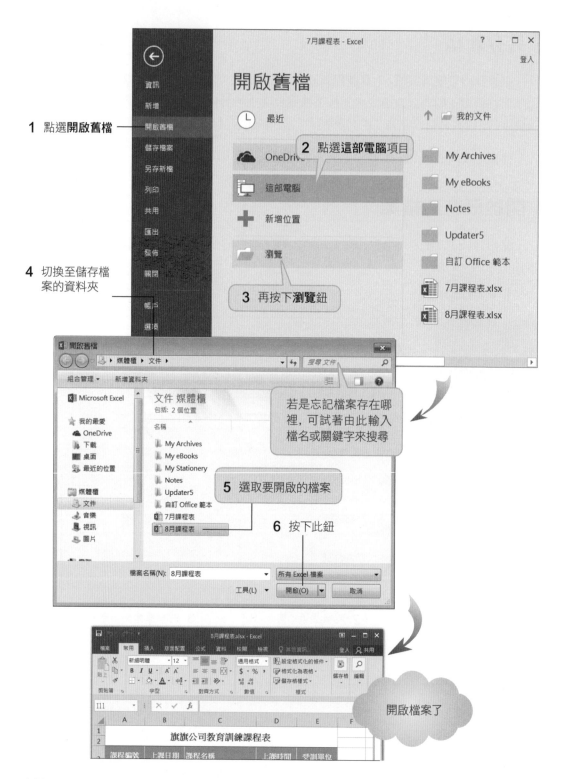

1 點選**開啟舊檔**

2 點選**這部電腦**項目

3 再按下瀏覽鈕

4 切換至儲存檔案的資料夾

若是忘記檔案存在哪裡，可試著由此輸入檔名或關鍵字來搜尋

5 選取要開啟的檔案

6 按下此鈕

開啟檔案了

# 1-5 | 列印課程表

現在我們要把課程表列印出來貼在公告欄。請開啟剛才儲存的 "7 月課程表" (或是範例檔案 Ch01-04), 然後將印表機的電源打開, 再按下**檔案**頁次的**列印鈕**:

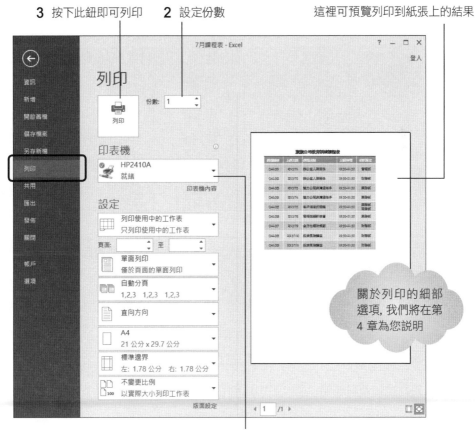

**3** 按下此鈕即可列印　　**2** 設定份數　　　　　　　　　這裡可預覽列印到紙張上的結果

**1** 指定要列印的印表機

關於列印的細部選項, 我們將在第 4 章為您說明

## 後記

透過本章的範例引導, 我們學到了輸入資料、調整儲存格、套用樣式等工作表編輯、美化技巧。輸入資料可說是建立工作表的第一步, 而適當的調整儲存格、設定格式, 也能為工作表加分, 甚至更顯得專業;儲存/開啟檔案、列印等技巧, 則是在 Excel 工作環境中不可或缺的基本操作, 只要將這些技巧靈活運用, 要做出一份清晰、明瞭的報表, 絕對難不倒你。

# 實力評量

1. 請利用練習檔案 Ex01-01, 建立如下要求的資訊展值班表。

| | A | B | C | D | E |
|---|---|---|---|---|---|
| 1 | 旗旗公司7月份資訊展值班表 | | | | |
| 2 | | | | | |
| 3 | 日期 | 負責人 | 會計員 | 銷售人員A | 銷售人員B |
| 4 | 2013/7/1 | 林志民 | 許光亦 | 蔡佩芳<br>李曉娟 | 許耀平 |
| 5 | | 林志民 | 陳文婷 | 蔡佩芳 | 吳婷豔<br>許耀平 |
| 6 | | 陳建方 | 陳文婷 | 李曉娟 | 吳婷豔 |
| 7 | | 陳建方 | 張嘉嘉 | 蔡佩芳 | 許耀平 |
| 8 | | 黃欣玲 | 許光亦 | 李曉娟 | 吳婷豔 |
| 9 | | 黃欣玲 | 張嘉嘉 | 蔡佩芳 | 許耀平 |
| 10 | | 陳建方 | 張嘉嘉 | 李曉娟 | 吳婷豔 |

(1) 日期請以**填滿控點**拉曳完成, 範圍為 A4：A10；標題需跨欄置中, 範圍為 A1：E2 。

(2) 請將 A 欄的欄寬調整成最適欄寬, 然後將 B、C、D、E 欄寬調整成 12；再將第 3 列的列高調整成 24, 4~10 的列高調整成 32。

(3) 除了標題外, 所有文字設定為靠左對齊。

(4) 請為整個資料範圍 (A3：E10) 套用**表格樣式中等深淺 14**。

(5) 為 A1 儲存格套用**標題 3** 的儲存格樣式。

(6) 將套用樣式的表格轉為一般範圍。

2. 請開啟練習檔案 Ex01-02, 再依序完成以下的練習:

| | A | B | C | D | E | F | G |
|---|---|---|---|---|---|---|---|
| 1 | | | | | | | |
| 2 | | | 企畫部每月主題會議 | | | | |
| 3 | 日期 | | | | | | |
| 4 | 會議記錄 | | | | | | |
| 5 | 與會人員 | 林渝民 | 林渝民 | 林渝民 | 林渝民 | 林渝民 | 林渝民 |
| 6 | | 陳文婷 | 陳文婷 | 陳文婷 | 陳文婷 | 陳文婷 | 陳文婷 |
| 7 | | 陳建民 | 陳建民 | 陳建民 | 陳建民 | 陳建民 | 陳建民 |
| 8 | | 張嘉嘉 | 張嘉嘉 | 張嘉嘉 | 張嘉嘉 | 張嘉嘉 | 張嘉嘉 |
| 9 | | 許光亦 | 許光亦 | 許光亦 | 許光亦 | 許光亦 | 許光亦 |
| 10 | | 黃欣玲 | 黃欣玲 | 黃欣玲 | 黃欣玲 | 黃欣玲 | 黃欣玲 |
| 11 | 主講人 | | | | | | |
| 12 | 議題 | 新品企劃 | 銷售分析 | 廣告預算 | 成本控管 | 行銷要領 | 市場概況 |

(1) 由於是每月的 1 日召開會議, 所以請在 B3:G3 範圍中以自動填滿的方式設定日期為 "2013/7/1、2013/8/1…、2013/12/1"。

(2) **會議記錄**列請以**從下拉式清單**挑選的方式, 分別在 7、8 月填入 "陳文婷"；9、10 月填入 "張嘉嘉"；11、12 月填入 "黃欣玲"。利用同樣的方式填入主講人：7、8 月填入 "林渝民"；9、10 月填入 "陳建民"；11、12 月填入 "許光亦"。

(3) 請將完成的檔案以 "企畫部每月主題會議" 為名儲存起來, 再列印一份出來。

# 02 員工升等考核成績計算

## 本章學習提要

- 利用「加總」鈕算出每個人的筆試成績
- 利用「格式化的條件」依數據高低加上圖示
- 利用 IF 函數判斷筆試成績是否合格
- 善用「自動計算」功能求算總分、平均
- 使用 COUNTIF 函數計算筆試合格與不合格的人數
- 利用「自動篩選」功能篩選出筆試合格的人
- 利用排序和數列填滿功能排名次
- 套用表格樣式美化成績表
- 活用 VLOOKUP 函數, 查詢個人考核成績

升遷制度健全的公司, 通常會有一套考核辦法, 提供員工良好的升遷管道。本章我們要以公司的考核成績為例, 來介紹計算成績常用的各種技巧。

**富達公司**固定會在每年的 4 月舉辦一次員工考核, 召集各部門主管推薦的人選, 進行一連串的主管培訓課程, 課程結束後, 會舉行每一個課程的測驗, 如果測驗成績合乎標準, 將可接受口試。假如口試也過關, 表示通過升等考核。所有通過升等考核的人皆獲得基層主管資格, 日後若有主管職的職缺, 這些通過升等考核者將是優先考慮的人選。而對於考核中表現優異的人, 也會提升職等以茲獎勵。

雖說有升遷機會對個員來說是件好事, 但是計算考核的各科成績、製作報表, 可苦了主辦單位, 其實只要善用 Excel 函數、計算公式, 這些都將是容易解決的問題哦！以下是本章完成的範例:

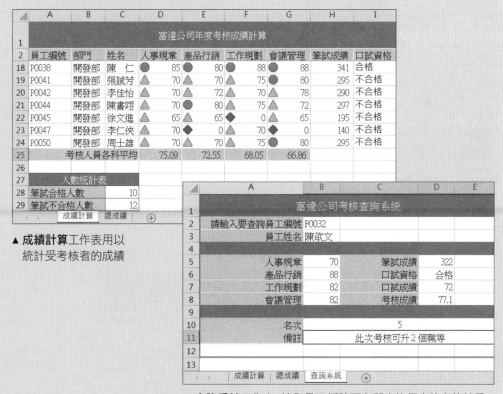

▲ **成績計算**工作表用以統計受考核者的成績

▲ **查詢系統**工作表, 輸入員工編號可立即查詢個人的考核結果

# 2-1 求算個人筆試總分及各科平均成績

為了得知此次受考核者的素質, 我們先針對受考核者計算每個人的測驗總分, 再來計算每個課程的平均成績。

## 計算受考核者的筆試總分

這裡我們要算出每位受考核者的測驗總分。課程共分成**人事規章**、**產品行銷**、**工作規劃**及**會議管理** 4 個科目, 每個人各科目的筆試測驗分數我們已分別填入範例檔案 Ch02-01 中 D、E、F、G 欄。

**STEP 01** 請開啟範例檔案 Ch02-01, 如下操作將 4 個課程的筆試測驗總分合計到 H 欄的**筆試成績欄**中:

**2** 按下**常用**頁次**編輯**區的**加總**鈕

**1** 選取儲存格 H3

**3** 自動偵測出要計算的範圍, 確認加總的範圍無誤後, 請按下 Enter 鍵

| | A | B | C | D | E | F | G | H | I |
|---|---|---|---|---|---|---|---|---|---|
| 1 | | | | 富達公司年度考核成績計算 | | | | | |
| 2 | 員工編號 | 部門 | 姓名 | 人事規章 | 產品行銷 | 工作規劃 | 會議管理 | 筆試成績 | 口試資格 |
| 3 | M0012 | 管理部 | 陳淑貞 | 80 | 75 | 72 | 70 | 297 | |
| 4 | M0013 | 管理部 | 王心如 | 85 | 78 | 70 | 80 | | |
| 5 | M0014 | 管理部 | 劉怡珍 | 85 | 85 | 75 | 80 | | |
| 6 | M0015 | 管理部 | 陳進文 | 70 | 75 | 65 | 0 | | |

計算出第 1 個受考核者的筆試總分了

**STEP 02** 接著拉曳儲存格 H3 的填滿控點到儲存格 H24, 即可算出每個人的筆試總分:

為了方便檢視, 我們已將標題設定為凍結窗格, 讓標題可固定顯示在畫面上

| | A | B | C | D | E | F | G | H | I |
|---|---|---|---|---|---|---|---|---|---|
| 1 | | | | 富達公司年度考核成績計算 | | | | | |
| 2 | 員工編號 | 部門 | 姓名 | 人事規章 | 產品行銷 | 工作規劃 | 會議管理 | 筆試成績 | 口試資格 |
| 3 | M0012 | 管理部 | 陳淑貞 | 80 | 75 | 72 | 70 | 297 | |
| 4 | M0013 | 管理部 | 王心如 | 85 | 78 | 70 | 80 | 313 | |
| 5 | M0014 | 管理部 | 劉怡珍 | 85 | 85 | 75 | 80 | 325 | |
| 6 | M0015 | 管理部 | 陳進文 | 70 | 75 | 65 | 0 | 210 | |
| 7 | M0017 | 管理部 | 李佳琪 | 80 | 80 | 85 | 75 | 320 | |
| 8 | A0005 | 開發部 | 吳文欽 | 85 | 75 | 80 | 88 | 328 | |
| 9 | A0008 | 開發部 | 陳芳瑜 | 75 | 72 | 74 | 85 | 306 | |
| 10 | A0009 | 開發部 | 陳　敏 | 88 | 78 | 65 | 70 | 301 | |
| 11 | A0012 | 開發部 | 高玉珍 | 74 | 80 | 0 | 0 | 154 | |
| 12 | F0023 | 財務部 | 錢尚仁 | 80 | 75 | 78 | 74 | 307 | |
| 13 | F0028 | 財務部 | 李小雯 | 65 | 70 | 80 | 75 | 290 | |
| 14 | F0032 | 財務部 | 陳欲文 | 70 | 88 | 82 | 82 | 322 | |
| 15 | F0054 | 財務部 | 吳國榮 | 75 | 75 | 65 | 65 | 280 | |
| 16 | F0055 | 財務部 | 李佳欣 | 65 | 88 | 80 | 88 | 321 | |
| 17 | F0056 | 財務部 | 簡志奇 | 75 | 65 | 73 | 76 | 289 | |
| 18 | P0038 | 產品部 | 陳　仁 | 85 | 80 | 88 | 88 | 341 | |
| 19 | P0041 | 產品部 | 張誠芳 | 70 | 70 | 75 | 80 | 295 | |
| 20 | P0042 | 產品部 | 李佳怡 | 70 | 72 | 70 | 78 | 290 | |
| 21 | P0044 | 產品部 | 陳書翊 | 70 | 80 | 75 | 72 | 297 | |
| 22 | P0045 | 產品部 | 徐文進 | 65 | 65 | 0 | 65 | 195 | |
| 23 | P0047 | 產品部 | 李仁俠 | 70 | 0 | 70 | 0 | 140 | |
| 24 | P0050 | 產品部 | 周士雄 | 70 | 70 | 75 | 80 | 295 | |
| 25 | | 考核人員各科平均 | | | | | | | |
| 26 | | | | | | | | | |

每個人的筆試總分都算出來了

# 計算各課程的平均分數

再來計算每個課程的平均分數, 以了解課程的成效。請如下操作:

**1** 選取儲存格 D25

**2** 按下**常用**頁次**編輯**區 **加總**鈕旁邊的下拉鈕

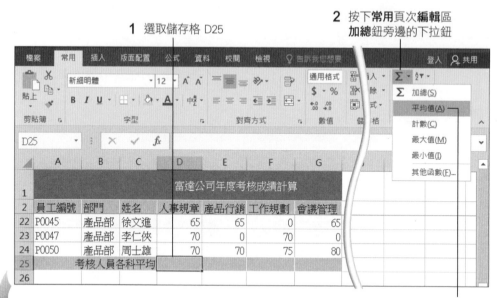

**3** 選擇『**平均值**』命令

計算平均分數的公式

自動偵測出要計算的範圍, 確認範圍無誤後, 請按下 Enter 鍵

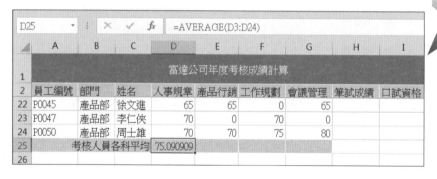

拉曳 D25 儲存格的填滿控點至 G25, 將所有課程的平均分數都算出來。

| | A | B | C | D | E | F | G | H | I |
|---|---|---|---|---|---|---|---|---|---|
| 1 | | | | 富達公司年度考核成績計算 | | | | | |
| 2 | 員工編號 | 部門 | 姓名 | 人事規章 | 產品行銷 | 工作規劃 | 會議管理 | 筆試成績 | 口試資格 |
| 22 | P0045 | 產品部 | 徐文進 | 65 | 65 | 0 | 65 | | |
| 23 | P0047 | 產品部 | 李仁俠 | 70 | 0 | 70 | 0 | | |
| 24 | P0050 | 產品部 | 周士雄 | 70 | 70 | 75 | 80 | | |
| 25 | | 考核人員各科平均 | | 75.090909 | 72.54545 | 68.045455 | 66.863636 | | |
| 26 | | | | | | | | | |
| 27 | | 人數統計表 | | | | | | | |
| 28 | 筆試合格人數 | | | | | | | | |

# 設定小數位數

目前平均分數的小數位數太多了, 我們希望只顯示到小數第 2 位就好。請選取儲存格 D25：G25 範圍, 然後如下操作：

**1** 按下**常用**頁次**數值**區的右下角, 開啟**儲存格格式**交談窗

| | A | B | C | D | E | F | G | H | I | J |
|---|---|---|---|---|---|---|---|---|---|---|
| 1 | | | | 富達公司年度考核成績計算 | | | | | | |
| 2 | 員工編號 | 部門 | 姓名 | 人事規章 | 產品行銷 | 工作規劃 | 會議管理 | 筆試成績 | 口試資格 | |
| 22 | P0045 | 產品部 | 徐文進 | 65 | 65 | 0 | 65 | | | |
| 23 | P0047 | 產品部 | 李仁俠 | 70 | 0 | 70 | 0 | | | |
| 24 | P0050 | 產品部 | 周士雄 | 70 | 70 | 75 | 80 | | | |
| 25 | | 考核人員各科平均 | | 75.090909 | 72.54545 | 68.045455 | 66.863636 | | | |
| 26 | | | | | | | | | | |
| 27 | | 人數統計表 | | | | | | | | |
| 28 | 筆試合格人數 | | | | | | | | | |
| 29 | 筆試不合格人數 | | | | | | | | | |

D25 儲存格公式：=AVERAGE(D3:D24)

**2** 切換至**數值**頁次

**3** 選擇**數值**類別

**4** 設定顯示 2 位小數, 按下**確定**鈕

---

TIP 你也可以在選取儲存格之後, 按下**常用**頁次**數值**區中的**減少小數位數**鈕 ⌊.00→.0⌋ , 每按一次就會減少一位小數。

---

## 善用「自動計算」功能快速得知運算結果

除了以**加總**鈕來計算加總、平均外, Excel 還提供**自動計算**功能, 讓您只要選取欲計算的範圍, 就能快速得到運算的結果, 其操作如右圖:

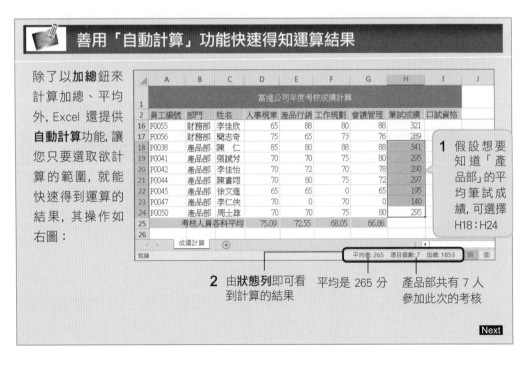

**1** 假設想要知道「產品部」的平均筆試成績, 可選擇 H18:H24

**2** 由**狀態列**即可看到計算的結果

平均是 265 分

產品部共有 7 人參加此次的考核

Next

若想了解「產品部」在此次的測驗中誰是最高分或最低分, 亦可在**狀態列**上按右鈕, 從中選取要計算的項目：

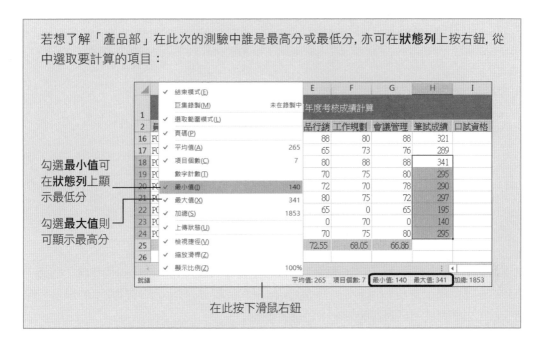

勾選**最小值**可在**狀態列**上顯示最低分

勾選**最大值**則可顯示最高分

在此按下滑鼠右鈕

## 加上易於辨識成績高低的圖示

計算出各科的平均及筆試總分了, 但是一堆的數字很難看出各員的成績表現。此時可以利用 Excel 提供的**格式化條件**功能, 依照條件在儲存格中加上圖示或色彩, 便於快速看出成績好壞。

首先請選取儲存格範圍 D3：G24, 然後切換至**常用**頁次, 按下**樣式**區的**設定格式化的條件**鈕, 再選擇**圖示集**：

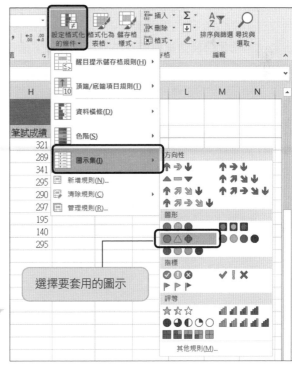

選擇要套用的圖示

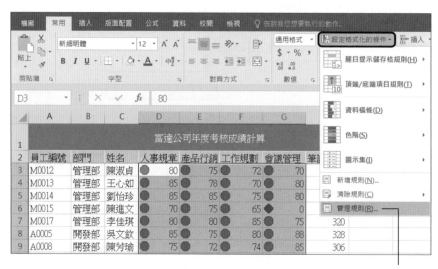

所有人的成績前都會顯示一個圖示

在這裡我們套用 ●▲◆ 格式化的條件, 會將高於 67% 的成績標示綠色圓圈; 33%~67% 標示黃色三角形; <33% 則標示紅色菱形, 所以你一看圖示的形狀和顏色, 就可以知道成績是落在前段、中段或者後段了!

## 查看與修改格式化規則

上面我們是直接套用預設的規則, 如果想要修改分段的區間, 先選取套用規則的範圍 (D3：G24), 然後按下**樣式**區的**設定格式化的條件**鈕, 再執行『**管理規則**』命令, 開啟**設定格式化的條件規則管理員**交談窗後按下**編輯規則**鈕:

**1** 點選此項

**2** 按此鈕

這裡可以查看原本的規則

▲ 我們將規則修改為：成績 80 分以上標示綠色圓圈；60~79 分標示黃色三角形；低於60 分則標示紅色菱形，**類型**更改為**數值**

| | A | B | C | D | E | F | G | H | I | J |
|---|---|---|---|---|---|---|---|---|---|---|
| 1 | | | | 富達公司年度考核成績計算 | | | | | | |
| 2 | 員工編號 | 部門 | 姓名 | 人事規章 | 產品行銷 | 工作規劃 | 會議管理 | 筆試成績 | 口試資格 | |
| 3 | M0012 | 管理部 | 陳淑貞 | ● | 80 △ | 75 △ | 72 | 70 | 297 | |
| 4 | M0013 | 管理部 | 王心如 | 85 △ | 78 △ | 70 ● | 80 | 313 | | |
| 5 | M0014 | 管理部 | 劉怡珍 | 85 ● | 85 △ | 75 ● | 80 | 325 | | |
| 6 | M0015 | 管理部 | 陳進文 | 70 △ | 75 △ | 65 ◆ | 0 | 210 | | |
| 7 | M0017 | 管理部 | 李佳琪 | 80 ● | 80 ● | 85 △ | 75 | 320 | | |
| 8 | A0005 | 開發部 | 吳文欽 | 85 △ | 75 ● | 80 ● | 88 | 328 | | |
| 9 | A0008 | 開發部 | 陳芳瑜 | 75 △ | 72 △ | 74 △ | 85 | 306 | | |
| 10 | A0009 | 開發部 | 陳 敏 | 88 ● | 78 △ | 65 △ | 70 | 301 | | |

成績前的圖示依新規則標示了

## 清除格式化條件規則

假如想要移除工作表上的條件化規則，請按下**設定格式化的條件**鈕，執行『**清除規則**』命令，再從子選單選擇要清除選取範圍或整張工作表的條件化規則：

清除選取範圍的條件化規則

清除整張工作表的條件化規則

# 2-2 | 找出符合口試資格的人

由於此次的考核規則是筆試合格, 才能參加口試, 且筆試成績若有一科為缺考 (零分), 或者是筆試總分未達 300 分, 都不能參加口試。因此接下來我們要篩選出具參加口試資格的人。

## 判斷筆試成績是否合格

了解參加口試的資格後, 這裡我們要用 IF 和 OR 函數來判斷受考核者是否符合口試資格。

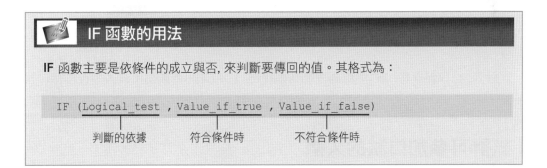

### IF 函數的用法

**IF** 函數主要是依條件的成立與否, 來判斷要傳回的值。其格式為:

```
IF (Logical_test , Value_if_true , Value_if_false)
```
　　　判斷的依據　　　符合條件時　　　不符合條件時

### OR 函數的用法

**OR** 函數是只要有任何一個引數為 TRUE (真), 便傳回 TRUE；若是所有引數都為 FALSE (假) 時, 才會傳回 FALSE 值。其格式如下:

```
OR (Logical 1 , Logical 2 ,…)
```
　　　引數 1　　　　引數 2

OR 函數最多可接受 30 個引數, Logical1, Logical2,…便是您想要測試其為 TRUE 或 FALSE 的條件。

了解 IF 及 OR 函數後, 請接續前例或開啟範例檔案 Ch02-02, 然後在儲存格 I3
輸入以下的公式:

= IF ( OR ( OR ( D3 = 0 , E3 = 0 , F3 = 0 ,G3 = 0 ) , H3 < 300 ) , "不合格" , "合格" )

有任何一科為零分　　　　或者是筆試成績　　符合前述　不符合前
　　　　　　　　　　　　低於 300 分者　　　條件時　　述條件時

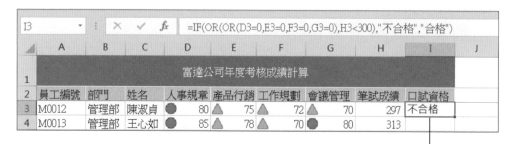

該名受考核者總分未達 300, 無法參考口試

接著, 拉曳儲存格 I3 的填滿控點到儲存格 I24, 即可判斷出所有人是否符合口試
資格。

# 統計可參加口試的人數

由於筆試合格者才能參加接下來的口試, 所以在這個階段我們要計算出筆試成績合
格的人數, 以利主辦單位估算施行口試所需要的時間。我們將使用 COUNTIF 函數來
計算。

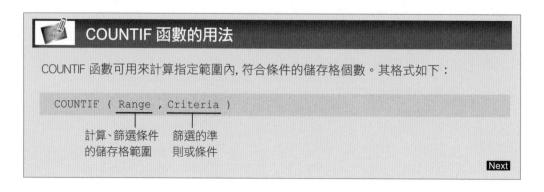

COUNTIF 函數的用法

COUNTIF 函數可用來計算指定範圍內, 符合條件的儲存格個數。其格式如下:

COUNTIF ( Range , Criteria )

計算、篩選條件　　篩選的準
的儲存格範圍　　　則或條件

Next

底下先舉一個簡單的例子來為您說明函數的用法。右圖是一份資訊展支援名單, 我們要找出此名單中, " 產品部 " 共有幾人支援, 就可以如右圖設定:

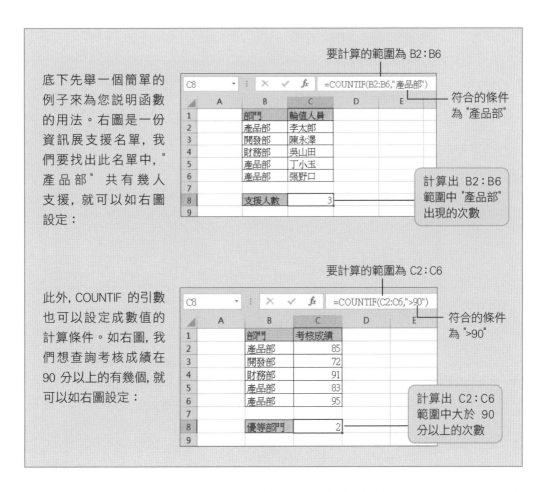

要計算的範圍為 B2:B6

符合的條件為 "產品部"

計算出 B2:B6 範圍中 "產品部" 出現的次數

此外, COUNTIF 的引數也可以設定成數值的計算條件。如右圖, 我們想查詢考核成績在 90 分以上的有幾個, 就可以如右圖設定:

要計算的範圍為 C2:C6

符合的條件為 ">90"

計算出 C2:C6 範圍中大於 90 分以上的次數

了解 COUNTIF 函數的用法後, 請接續前例 (或開啟範例檔案 Ch02-03), 然後如下操作:

**2** 按下插入函數鈕

**1** 選取儲存格 C28

**3** 請在此輸入要尋找的函數　　　　　　　　　　　　　　　**4** 按下此鈕

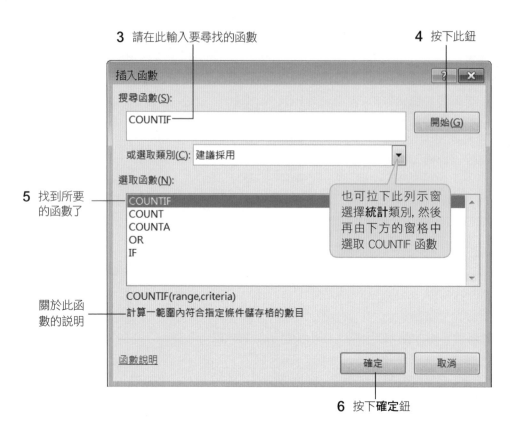

**5** 找到所要的函數了

**也可拉下此列示窗選擇統計類別, 然後再由下方的窗格中選取 COUNTIF 函數**

關於此函數的說明

COUNTIF(range,criteria)
計算一範圍內符合指定條件儲存格的數目

**6** 按下**確定**鈕

接下來會開啟**函數引數**交談窗, 請如下繼續操作:

**1** 在此輸入要統計的範圍 I3:I24　　**2** 輸入篩選條件 "合格"　　亦可按下**摺疊**鈕, 直接從工作表中選取範圍

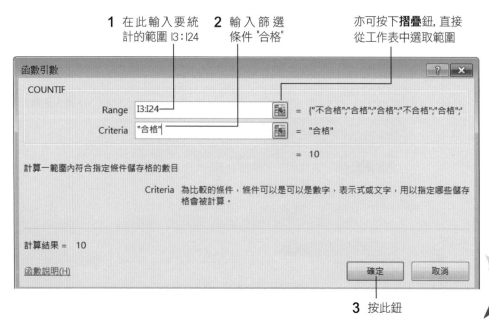

**3** 按此鈕

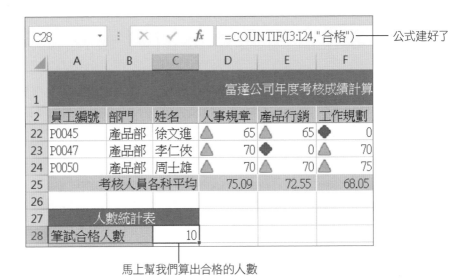

公式建好了

馬上幫我們算出合格的人數

算出合格的人數之後，不合格的人數則可以用總人數減去合格人數來求得，也可以再次使用 COUNTIF 函數來幫我們求出結果。請選定 C29 儲存格，然後輸入公式 "=COUNTIF(I3:I24,"不合格")"，即可求算出不合格的人數。

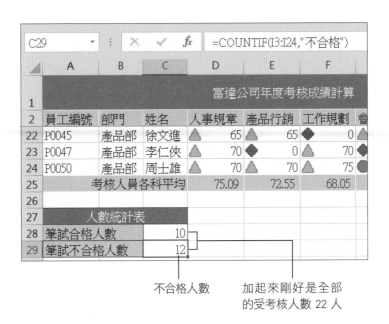

不合格人數

加起來剛好是全部
的受考核人數 22 人

# 2-3 │ 篩選合格名單並計算考核總成績

筆試成績計算完了, 我們要做一份筆試合格名單貼至公佈欄, 讓參加考核的人得知自己是否需要準備口試。最後再把筆試、口試的成績相加, 就是各員的考核結果。

## 篩選筆試合格的人

**篩選**是呈現記錄的一種方式, 透過篩選功能, 可以將不符合尋找準則的記錄暫時隱藏起來, 只留下您要的記錄。在此我們就要利用篩選功能, 將筆試合格的人篩選出來, 隱藏不合格的人, 以進行後續的計算工作。

開啟範例檔案 Ch02-04, 確認目前已切換至**成績計算**工作表, 選取資料中的任一儲存格, 切換至**資料**頁次按下**排序與篩選**區的**篩選**鈕, 則每一欄上方會出現一個**自動篩選**鈕:

按下此鈕

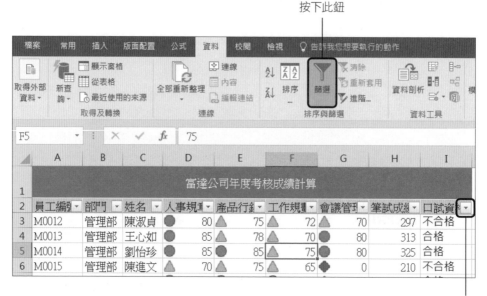

自動篩選鈕

按下**自動篩選**鈕會出現一個列示窗, 顯示該欄所有資料經過歸類整理的結果, 我們可從這些列示窗來設定自動篩選條件。例如我們要找出「合格」的記錄, 請按下**口試資格**欄的**自動篩選**鈕, 再如下操作:

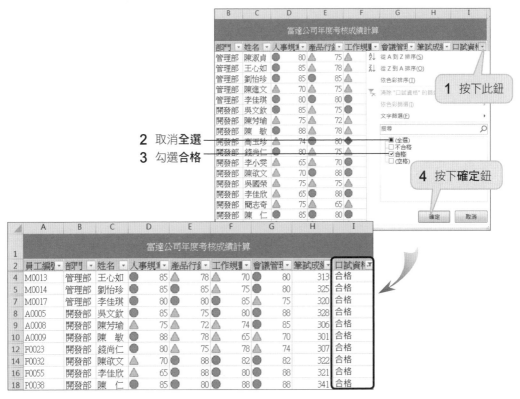

2　取消**全選**

3　勾選**合格**

▲ 只剩下「合格」的記錄了

　　符合條件的記錄其列編號會改用藍色字體顯示, 而用來設定篩選條件的欄位 (如 "口試資格" 欄), 其**自動篩選**鈕會顯示 ▼ 圖示。之後, 我們還可以在目前的篩選結果上繼續設定其他欄位的篩選條件。

## ▌複製篩選後的記錄

　　篩選出「合格」的記錄後, 我們要將**成績計算**工作表中顯示的資料複製到**總成績**工作表中。請選取 A1：I18 儲存格範圍:

選好要複製的範圍後，請按下 Ctrl + C (複製的快速鍵)，然後切換到**總成績**工作表，選定 A1 儲存格，再按下 Ctrl + V (貼上的快速鍵)，即可將資料複製過來。

將資料複製過來之後，請自行調整欄寬，並切換至**常用**頁次，按下**樣式**區的**設定格式化的條件**鈕，執行『清除規則／清除整張工作表的規則』命令，即可移除格式化規則。

| | A | B | C | D | E | F | G | H | I |
|---|---|---|---|---|---|---|---|---|---|
| 1 | | | | 富達公司年度考核成績計算 | | | | | |
| 2 | 員工編號 | 部門 | 姓名 | 人事規章 | 產品行銷 | 工作規劃 | 會議管理 | 筆試成績 | 口試資格 |
| 3 | M0013 | 管理部 | 王心如 | 85 | 78 | 70 | 80 | 313 | 合格 |
| 4 | M0014 | 管理部 | 劉怡珍 | 85 | 85 | 75 | 80 | 325 | 合格 |
| 5 | M0017 | 管理部 | 李佳琪 | 80 | 80 | 85 | 75 | 320 | 合格 |
| 6 | A0005 | 開發部 | 吳文欽 | 85 | 75 | 80 | 88 | 328 | 合格 |
| 7 | A0008 | 開發部 | 陳芳瑜 | 75 | 72 | 74 | 85 | 306 | 合格 |
| 8 | A0009 | 開發部 | 陳 敏 | 88 | 78 | 65 | 70 | 301 | 合格 |
| 9 | F0023 | 開發部 | 錢尚仁 | 80 | 75 | 78 | 74 | 307 | 合格 |
| 10 | F0032 | 開發部 | 陳欲文 | 70 | 88 | 82 | 82 | 322 | 合格 |
| 11 | F0055 | 開發部 | 李佳欣 | 65 | 88 | 80 | 88 | 321 | 合格 |
| 12 | P0038 | 開發部 | 陳 仁 | 85 | 80 | 88 | 88 | 341 | 合格 |
| 13 | | | | | | | | | |
| 14 | | | | | | | | | |

成績計算　總成績

# 移除篩選結果

篩選出需要的資料筆數後，我們要移除**成績計算**工作表中的篩選結果，讓工作表中不符合篩選條件而被暫時隱藏的記錄重新顯示出來。你可以利用以下的方法來移除某欄或全部欄位的自動篩選功能。

● **移除單欄的篩選**：若要移除某欄所設定的篩選條件，只要在該欄的**自動篩選**鈕列示窗中勾選**全選**項目，則被隱藏的記錄就會重新顯示出來。

● **移除所有欄位的篩選**：如果清單中有多個欄位都設有篩選條件，可切換至**資料**頁次，按下**排序與篩選**區的**清除**鈕，一次移除掉所有欄位的篩選條件。

# 關閉自動篩選功能

若不需要再用到自動篩選功能，請再次按下**資料**頁次**排序與篩選**區的**篩選**鈕 (使其呈未啟動的狀態)，則 Excel 會移除所有欄位的篩選條件，恢復原來的樣子，並且同時取消欄位名稱旁的**自動篩選**鈕。

# 計算考核成績

經過一番激烈的競爭，口試成績已經出爐了，請開啟範例檔案 Ch02-05，我們已經將口試成績填入**總成績**工作表 J 欄，接著我們要透過公式，在**考核成績**欄算出每個人的考核總分，請如下操作。

| | B | C | D | E | F | G | H | I | J | K |
|---|---|---|---|---|---|---|---|---|---|---|
| 2 | 部門 | 姓名 | 人事規章 | 產品行銷 | 工作規劃 | 會議管理 | 筆試成績 | 口試資格 | 口試成績 | 考核成績 |
| 3 | 管理部 | 王心如 | 85 | 78 | 70 | 80 | 313 | 合格 | 84 | |
| 4 | 管理部 | 劉怡珍 | 85 | 85 | 75 | 80 | 325 | 合格 | 70 | |
| 5 | 管理部 | 李佳琪 | 80 | 80 | 85 | 75 | 320 | 合格 | 78 | |
| 6 | 開發部 | 吳文欽 | 85 | 75 | 80 | 88 | 328 | 合格 | 66 | |
| 7 | 開發部 | 陳芳瑜 | 75 | 72 | 74 | 85 | 306 | 合格 | 76 | |
| 8 | 開發部 | 陳　敏 | 88 | 78 | 65 | 70 | 301 | 合格 | 70 | |
| 9 | 財務部 | 錢尚仁 | 80 | 75 | 78 | 74 | 307 | 合格 | 60 | |
| 10 | 財務部 | 陳欣文 | 70 | 88 | 82 | 82 | 322 | 合格 | 72 | |
| 11 | 財務部 | 李佳欣 | 65 | 88 | 80 | 88 | 321 | 合格 | 74 | |
| 12 | 產品部 | 陳　仁 | 85 | 80 | 88 | 88 | 341 | 合格 | 85 | |
| 13 | | | | | | | | | | |

口試成績

**考核成績**的計算方式如下：

考核成績 = (筆試成績的平均) * 60% + (口試成績) * 40%

**STEP 01** 請在儲存格 K3 輸入公式 "= (H3/4)*60%+J3*40%", 算出王心如的考核成績之後, 拉曳 K3 的填滿控點至 K12, 將所有人的考核成績都算出來。

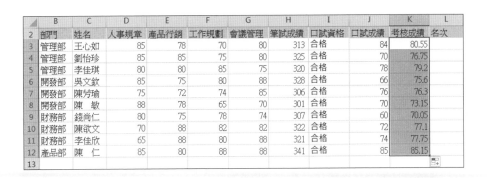

| | B | C | D | E | F | G | H | I | J | K | L |
|---|---|---|---|---|---|---|---|---|---|---|---|
| 2 | 部門 | 姓名 | 人事規章 | 產品行銷 | 工作規劃 | 會議管理 | 筆試成績 | 口試資格 | 口試成績 | 考核成績 | 名次 |
| 3 | 管理部 | 王心如 | 85 | 78 | 70 | 80 | 313 | 合格 | 84 | 80.55 | |
| 4 | 管理部 | 劉怡珍 | 85 | 85 | 75 | 80 | 325 | 合格 | 70 | 76.75 | |
| 5 | 管理部 | 李佳琪 | 80 | 80 | 85 | 75 | 320 | 合格 | 78 | 79.2 | |
| 6 | 開發部 | 吳文欽 | 85 | 75 | 80 | 88 | 328 | 合格 | 66 | 75.6 | |
| 7 | 開發部 | 陳芳瑜 | 75 | 72 | 74 | 85 | 306 | 合格 | 76 | 76.3 | |
| 8 | 開發部 | 陳　敏 | 88 | 78 | 65 | 70 | 301 | 合格 | 70 | 73.15 | |
| 9 | 財務部 | 錢尚仁 | 80 | 75 | 78 | 74 | 307 | 合格 | 60 | 70.05 | |
| 10 | 財務部 | 陳欣文 | 70 | 88 | 82 | 82 | 322 | 合格 | 72 | 77.1 | |
| 11 | 財務部 | 李佳欣 | 65 | 88 | 80 | 88 | 321 | 合格 | 74 | 77.75 | |
| 12 | 產品部 | 陳　仁 | 85 | 80 | 88 | 88 | 341 | 合格 | 85 | 85.15 | |
| 13 | | | | | | | | | | | |

**STEP 02** 切換到**常用**頁次, 再按 2 次**數值**區中的**減少小數位數**鈕 , 讓考核成績四捨五入到整數。

| F | G | H | I | J | K |
|---|---|---|---|---|---|
| 工作規劃 | 會議管理 | 筆試成績 | 口試資格 | 口試成績 | 考核成績 |
| 70 | 80 | 313 | 合格 | 84 | 81 |
| 75 | 80 | 325 | 合格 | 70 | 77 |
| 85 | 75 | 320 | 合格 | 78 | 79 |
| 80 | 88 | 328 | 合格 | 66 | 76 |
| 74 | 85 | 306 | 合格 | 76 | 76 |
| 65 | 70 | 301 | 合格 | 70 | 73 |
| 78 | 74 | 307 | 合格 | 60 | 70 |
| 82 | 82 | 322 | 合格 | 72 | 77 |
| 80 | 88 | 321 | 合格 | 74 | 78 |
| 88 | 88 | 341 | 合格 | 85 | 85 |

# 2-4 | 按成績高低排名次

　　算出每個人的考核成績之後, 接著要依照成績的高低來排名次, 再根據名次給予不同程度的獎勵。此次的獎勵辦法是前 3 名可提升 3 個職等; 4~6 名提升 2 個職等, 其餘則不調整。本節我們先來學習排名的方法, 職等調整的通知單則留待製作查詢系統 (2-5 節) 時再說明怎麼製作。

## 依成績做排序

　　在排序資料時, 一定要有所依據 (例如本例中以**考核成績**欄為依據), 這個依據就稱為「鍵值」, 一般我們都會從每個「記錄」中選取一種資料來當作「鍵值」, 或稱為「主要鍵」。若資料中「主要鍵」的值都相等, 有時還需要有「次要鍵」或是「第三鍵」才能分出高下。

　　以下繼續延用範例檔案 Ch02-05 來練習。選取**總成績**工作表中的任一儲存格, 然後切換至**資料**頁次, 按下**排序與篩選**區的**排序**鈕:

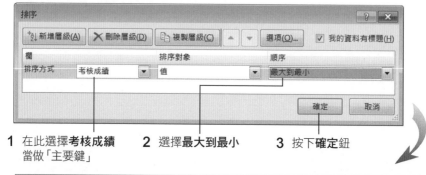

1 在此選擇**考核成績**當做「主要鍵」　　2 選擇**最大到最小**　　3 按下**確定**鈕

| | A | B | C | D | E | F | G | H | I | J | K | L |
|---|---|---|---|---|---|---|---|---|---|---|---|---|
| 1 | | | | | | 富達公司年度考核成績計算 | | | | | | |
| 2 | 員工編號 | 部門 | 姓名 | 人事規章 | 產品行銷 | 工作規劃 | 會議管理 | 筆試成績 | 口試資格 | 口試成績 | 考核成績 | 名次 |
| 3 | P0038 | 產品部 | 陳　仁 | 85 | 80 | 88 | 88 | 341 | 合格 | 85 | 85 | |
| 4 | M0013 | 管理部 | 王心如 | 85 | 78 | 70 | 80 | 313 | 合格 | 84 | 81 | |
| 5 | M0017 | 管理部 | 李佳琪 | 80 | 80 | 85 | 75 | 320 | 合格 | 78 | 79 | |
| 6 | F0055 | 財務部 | 李佳欣 | 65 | 88 | 80 | 88 | 321 | 合格 | 74 | 78 | |
| 7 | F0032 | 財務部 | 陳欣文 | 70 | 88 | 82 | 82 | 322 | 合格 | 72 | 77 | |
| 8 | M0014 | 管理部 | 劉怡珍 | 85 | 85 | 75 | 80 | 325 | 合格 | 77 | 77 | |
| 9 | A0008 | 開發部 | 陳芳瑜 | 75 | 72 | 74 | 85 | 306 | 合格 | 76 | 76 | |
| 10 | A0005 | 開發部 | 吳文欽 | 85 | 75 | 80 | 88 | 328 | 合格 | 66 | 76 | |
| 11 | A0009 | 開發部 | 陳　敏 | 88 | 78 | 65 | 70 | 301 | 合格 | 70 | 73 | |
| 12 | F0023 | 財務部 | 錢尚仁 | 80 | 75 | 78 | 74 | 307 | 合格 | 60 | 70 | |
| 13 | | | | | | | | | | | | |

按照**考核成績**由高排到低

# 填入名次與美化成績表

將成績排序好之後, 我們要在 L 欄填入名次, 並把成績表再美化得更具專業感。

**STEP 01** 請在儲存格 L3 中填入 "1", 然後拉曳填滿控點到 L12：

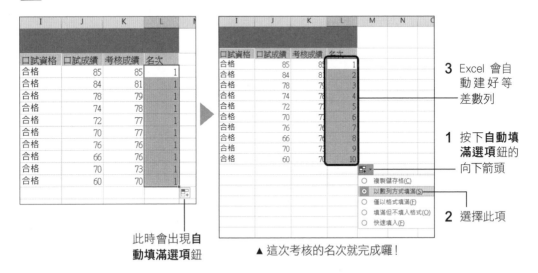

此時會出現**自動填滿選項**鈕

▲ 這次考核的名次就完成囉！

**3** Excel 會自動建好等差數列

**1** 按下**自動填滿選項**鈕的向下箭頭

**2** 選擇此項

**STEP 02** 選取儲存格範圍 A2：L12, 再切換至**常用**頁次, 按下**樣式**區的**格式化為表格**鈕, 從中選擇一個喜歡的表格樣式：

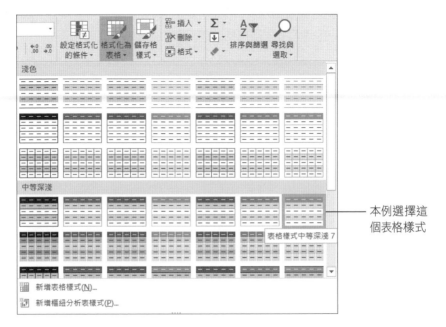

本例選擇這個表格樣式

**STEP 03** 確認要套用成表格的範圍, 若沒有問題, 請按下**確定**鈕:

由於我們已設定標題, 所以請勾選此項

按此鈕

| | A | B | C | D | E | F | G | H | I | J | K | L |
|---|---|---|---|---|---|---|---|---|---|---|---|---|
| 1 | | | | | | 富達公司年度考核成績計算 | | | | | | |
| 2 | 員工編號 | 部門 | 姓名 | 人事規章 | 產品行銷 | 工作規劃 | 會議管理 | 筆試成績 | 口試資格 | 口試成績 | 考核成績 | 名次 |
| 3 | P0038 | 產品部 | 陳 仁 | 85 | 80 | 88 | 88 | 341 | | | 85 | 85 | 1 |
| 4 | M0013 | 管理部 | 王心如 | 85 | 78 | 70 | 80 | 313 | 合格 | 84 | 81 | 2 |
| 5 | M0017 | 管理部 | 李佳琪 | 80 | 80 | 85 | 75 | 320 | 合格 | 78 | 79 | 3 |
| 6 | F0055 | 財務部 | 李佳欣 | 65 | 88 | 80 | 88 | 321 | 合格 | 74 | 78 | 4 |
| 7 | F0032 | 財務部 | 陳欣文 | 70 | 88 | 82 | 82 | 322 | 合格 | 72 | 77 | 5 |
| 8 | M0014 | 管理部 | 劉怡珍 | 85 | 85 | 75 | 80 | 325 | 合格 | 70 | 77 | 6 |
| 9 | A0008 | 開發部 | 陳芳瑜 | 75 | 72 | 74 | 85 | 306 | 合格 | 76 | 76 | 7 |
| 10 | A0005 | 開發部 | 吳文欽 | 85 | 75 | 80 | 88 | 328 | 合格 | 66 | 76 | 8 |
| 11 | A0009 | 開發部 | 陳 敏 | 88 | 78 | 65 | 70 | 301 | 合格 | 70 | 73 | 9 |
| 12 | F0023 | 財務部 | 錢尚仁 | 80 | 75 | 78 | 74 | 307 | 合格 | 60 | 70 | 10 |
| 13 | | | | | | | | | | | | |

**STEP 04** 此例不需要用到**自動篩選**功能, 因此可選取表格內的任一儲存格, 再切換至**資料**頁次按一下**篩選**鈕, 使其呈未啟用的狀態, 即可將篩選功能關閉:

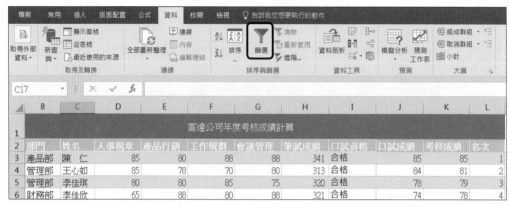

▲ 關閉了自動篩選功能

# 2-5 | 查詢個員考核成績

　　成績、名次都計算出來之後, 為了方便各級主管以及受考核者查詢, 我們來建立一個小小的成績查詢系統, 只要輸入員工編號, 就可以馬上查出該員的成績、分數, 以及調增的職級。

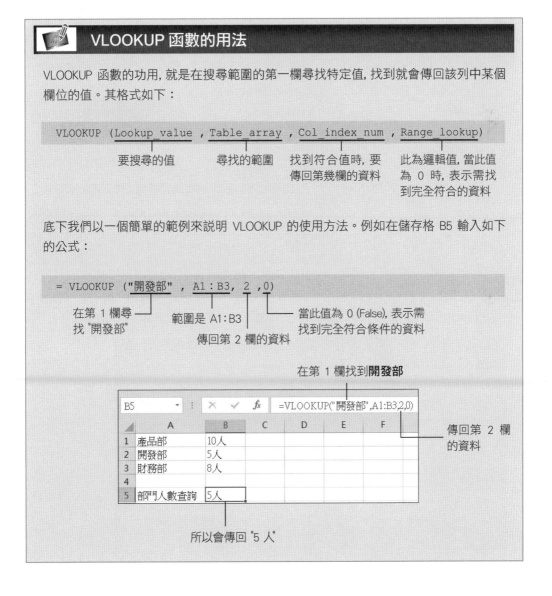

## VLOOKUP 函數的用法

VLOOKUP 函數的功用, 就是在搜尋範圍的第一欄尋找特定值, 找到就會傳回該列中某個欄位的值。其格式如下:

VLOOKUP (Lookup_value , Table_array , Col_index_num , Range_lookup)

　　要搜尋的值　　　尋找的範圍　　找到符合值時, 要　　此為邏輯值, 當此值
　　　　　　　　　　　　　　　　　傳回第幾欄的資料　　為 0 時, 表示需找
　　　　　　　　　　　　　　　　　　　　　　　　　　　到完全符合的資料

底下我們以一個簡單的範例來說明 VLOOKUP 的使用方法。例如在儲存格 B5 輸入如下的公式:

= VLOOKUP ("開發部" , A1:B3, 2 ,0)

　　在第 1 欄尋　　　　範圍是 A1:B3　　　當此值為 0 (False), 表示需
　　找 "開發部"　　　　　　　　　　　　找到完全符合條件的資料
　　　　　　　　　　傳回第 2 欄的資料

在第 1 欄找到**開發部**

| B5 | | × ✓ fx | =VLOOKUP("開發部",A1:B3,2,0) | | | |
|---|---|---|---|---|---|---|
| | A | B | C | D | E | F |
| 1 | 產品部 | 10人 | | | | |
| 2 | 開發部 | 5人 | | | | |
| 3 | 財務部 | 8人 | | | | |
| 4 | | | | | | |
| 5 | 部門人數查詢 | 5人 | | | | |

傳回第 2 欄的資料

所以會傳回 "5 人"

# 建立個人成績查詢系統

　　了解 VLOOKUP 函數的用法後，我們就可以開始來建立查詢系統了。請開啟範例檔案 Ch02-06 的**查詢系統**工作表，我們已經建立好如右的查詢表格：

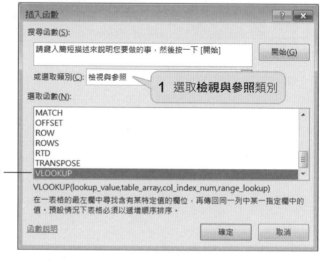

**STEP 01**　選定 B3 儲存格，然後按下**資料編輯列**上的**插入函數**鈕 *fx*，我們要利用 VLOOKUP 函數來查詢員工編號：

1　選取**檢視與參照**類別

2　點選 VLOOKUP 函數

**STEP 02**　按下**確定**鈕，即可開始輸入引數：

1　輸入 "B2"，表示要尋找我們所輸入的員工編號

2　按下此鈕選取尋找的範圍

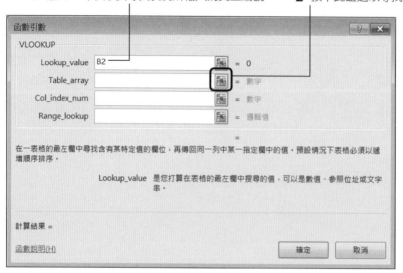

3　切換至**成績計算**工作表

可拉曳此處來移動交談窗, 以免擋住您要選取的範圍

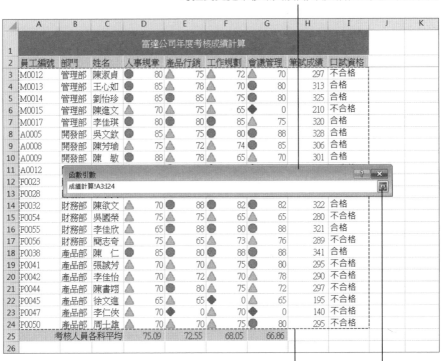

**4** 選取 A3:I24　　**5** 再按一次**摺疊**鈕

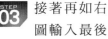接著再如右
圖輸入最後
兩個引數：

**1** 員工姓名在第 3 欄, 所以輸入 "3"

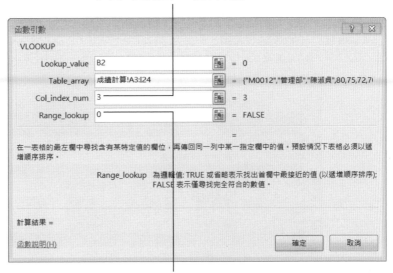

**2** 輸入 "0", 表示要找完全相符的資料

**STEP 04** 按下**確定**鈕回到工作表畫面, 會看到如下的結果:

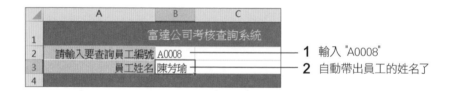

由於我們尚未輸入要查詢的編號, 所以會出現錯誤

**STEP 05** 若要試試看這個查詢系統是否可運作, 請在 B2 儲存格中輸入一個員工編號, 例如 "A0008":

| | A | B | C |
|---|---|---|---|
| 1 | 富達公司考核查詢系統 | | |
| 2 | 請輸入要查詢員工編號 | A0008 | |
| 3 | 員工姓名 | 陳芳瑜 | |
| 4 | | | |

**1** 輸入 "A0008"

**2** 自動帶出員工的姓名了

**STEP 06** 接下來的各個欄位, 都請依照同樣的方法建立公式;要改變的是 **Col_index_num** 欄的值 (例如:**人事規章**為第 4 欄、**產品行銷**為第 5 欄、…)。請依此類推, 即可查出每個課程的成績、筆試成績及口試資格。

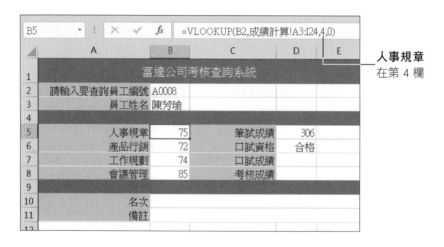

**人事規章** 在第 4 欄

STEP 07 由於此次考核得先通過筆試才能進行口試, 所以查詢口試成績時, 必須運用 IF 函數來判斷筆試是否合格, 若合格的話才有口試成績、考核成績及名次的值。

請在 D7 儲存格輸入此公式

| D7 | | × ✓ fx | =IF(D6="合格",VLOOKUP(B2,總成績!A3:L12,10,0),"無") | | |
|---|---|---|---|---|---|
| | A | B | C | D | E | F |
| 1 | 富達公司考核查詢系統 | | | | | |
| 2 | 請輸入要查詢員工編號 | A0008 | | | | |
| 3 | 員工姓名 | 陳芳瑜 | | | | |
| 4 | | | | | | |
| 5 | 人事規章 | 75 | 筆試成績 | 306 | | |
| 6 | 產品行銷 | 72 | 口試資格 | 合格 | | |
| 7 | 工作規劃 | 74 | 口試成績 | 76 | | ❶ |
| 8 | 會議管理 | 85 | 考核成績 | 76.3 | | ❷ |
| 9 | | | | | | |
| 10 | 名次 | | 7 | | | |
| 11 | 備註 | | | | | |
| 12 | | | | | | |

❸

❶ D7 儲存格的公式可判斷 D6 的值若為 "合格", 則利用 VLOOKUP 函數到**總成績**工作表中找出**口試成績**, 若筆試不合格, 則顯示 "無"。陳芳瑜因為筆試合格, 所以會找到口試成績

❷ D8 儲存格建立查詢**總成績**的公式:
= IF ( D6 = "合格", VLOOKUP ( B2 , 總成績! A3 : L12 , 11 , 0 ) , "無" )

❸ B10 儲存格建立查詢**名次**的公式:
= IF ( D6 = "合格", VLOOKUP ( B2 , 總成績! A3 : L12 , 12 , 0 ) , "無" )

## 顯示升等訊息

進行到此, 查詢系統已經完成了。不過, 為了在查詢時能夠得知個員此次是否符合升等的資格, 我們可以在**備註**欄中加以說明。

此次的升級辦法是前 3 名可升 3 個職等, 要在**備註**欄中顯示 "此次考核可升 3 個職等"; 名次為第 4 ~ 6 名則顯示 "此次考核可升 2 個職等", 其餘則只顯示 "職等不調整"。

請選定儲存格 B11, 然後輸入以下的公式:

名次在前 3 名者可升 3 個職等

= IF ( B10 <= 3 , "此次考核可升 3 個職等" , IF (AND ( B10 > 3 , B10 <= 6 ) , "此次考核可升 2 個職等" , "職等不調整" ) )

其餘不調整, 只顯示此字串　　　　　名次在 4~6 名者可升 2 個職等

實際來測試看看, 我們要查詢員工編號為 "F0032" 的成績, 請在 B2 儲存格輸入 "F0032":

查到所有成績以及考核結果了

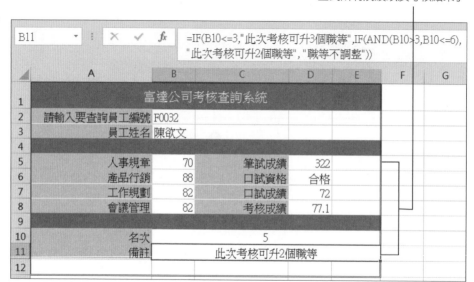

▲ 您可以開啟範例檔案 Ch02-07 來查看結果

## 後記

透過本章的內容, 你已經學會許多與計算相關的功能, 包括: 加總、平均、排名次、製作成績查詢系統, 並套上美觀的表格、儲存格樣式來美化報表。而當資料的筆數愈多, 你就愈能感受到善用函數所能節省的人工計算時間, 所以一定要好好練習函數的運用喔!

# 實力評量

1. 請開啟練習檔案 Ex02-01 的**進貨單**工作表, 利用 VLOOKUP 函數由**產品**工作表中, 自動將**產品名稱**及**價格**資料填入。

2. 請開啟練習檔案 Ex02-02, 並切換至**銷售量**工作表, 替艾美手機代理商進行如下的計算:

(1) 試計算**個人總銷售量**、**各廠牌總銷售量**。

(2) 請計算每位業務員的業績是否達到標準, 當**個人總銷售量**大於等於**目標**, 即達到標準, 反之則未達到, 請將結果放置於**是否達到標準**欄中。

(3) 試算業績達到標準 (C15 儲存格) 及未達到業績標準 (C16 儲存格) 各有幾人。

(4) 請利用自動計算功能, 分別找出**個人總銷售量**最多 (C17 儲存格) 及最少的值 (C18) 各是多少。

(5) 請依個人總銷售量由多至少排序, 並將名次填入**排名**欄中。

(6) 請計算業務員的獎金, 獎金發放標準為：達到標準時以個人總銷售量*3, 未達到標準則以個人總銷售量*1.5。

(7) 請幫**個人總銷售量**加上**設定格式化的條件**的**資料橫條/漸層填滿/紫色資料橫條**, 以便容易看出銷售量的高低。

| | A | B | C | D | E | F | G | H | I | J | K | L |
|---|---|---|---|---|---|---|---|---|---|---|---|---|
| 1 | | | | | 艾美股份有限公司 | | | | | | | |
| 2 | 員工編號 | 姓名 | Nokaya | Mikeyo | Panagome | WaWa | 個人總銷售量 | 目標 | 是否達到標準 | 排名 | 獎金 | |
| 3 | 9125 | 林義輝 | 694 | 300 | 654 | 365 | 2013 | 1800 | 達到 | 1 | 6039 | |
| 4 | 8652 | 許惠美 | 633 | 684 | 451 | 128 | 1896 | 2000 | 未達到 | 2 | 2844 | |
| 5 | 8504 | 潘千慧 | 128 | 845 | 336 | 220 | 1529 | 1400 | 達到 | 3 | 4587 | |
| 6 | 9122 | 李清玲 | 745 | 335 | 336 | 85 | 1501 | 1600 | 未達到 | 4 | 2252 | |
| 7 | 9036 | 王惠武 | 633 | 80 | 210 | 360 | 1283 | 1300 | 未達到 | 5 | 1925 | |
| 8 | 8105 | 王靜浩 | 183 | 463 | 410 | 90 | 1146 | 1000 | 達到 | 6 | 3438 | |
| 9 | 8317 | 謝輝明 | 80 | 410 | 433 | 200 | 1123 | 1300 | 未達到 | 7 | 1685 | |
| 10 | 7821 | 沈宇惠 | 455 | 182 | 320 | 128 | 1085 | 850 | 達到 | 8 | 3255 | |
| 11 | 9108 | 張琪琪 | 367 | 366 | 128 | 70 | 931 | 1200 | 未達到 | 9 | 1397 | |
| 12 | 8103 | 陳昭華 | 188 | 120 | 180 | 188 | 676 | 800 | 未達到 | 10 | 1014 | |
| 13 | | | | | | | | | | | | |
| 14 | 各廠牌總銷售量 | | 4106 | 3785 | 3458 | 1834 | | | | | | |
| 15 | 達到銷售量的人數 | | 4 | | | | | | | | | |
| 16 | 未達到銷售量的人數 | | 6 | | | | | | | | | |
| 17 | 個人總銷售量最多者 | | 2013 | | | | | | | | | |
| 18 | 個人總銷售量最少者 | | 676 | | | | | | | | | |
| 19 | | | | | | | | | | | | |

銷售量　銷售查詢

(8) 請在**銷售查詢**工作表中，建立一個可供查詢業績的系統，讓使用者可在輸入員工編號後，自動查出該名員工的所有銷售資料。

| | A | B | C | D | E |
|---|---|---|---|---|---|
| 1 | 請輸入員工編號： | | 7821 | | |
| 2 | | | | | |
| 3 | 查詢結果 | | | | |
| 4 | | | | | |
| 5 | 員工編號 | 7821 | 姓名 | 沈宇惠 | |
| 6 | Nokaya | 455 | Mikeyo | 182 | |
| 7 | Panagome | 320 | WaWa | 128 | |
| 8 | 個人總銷售量 | 1085 | 目標 | 850 | |
| 9 | 是否達到標準 | 達到 | 排名 | 8 | |
| 10 | 獎金 | | 3255 | | |
| 11 | | | | | |

銷售量　銷售查詢　⊕

# 03

# 製作網路拍賣
# 產品訂單

本章學習提要

- 使用 SUMPRODUCT 函數計算產品總額
- 凍結工作表標題欄, 以利檢視產品內容
- 保護工作表, 確保目錄單價不被任意竄改
- 新增、移除、複製工作表的相關操作
- 參照工作表計算產品金額
- 使用「合併彙算」統計產品訂購數量

相信您或多或少都有看過、買過拍賣網站的商品，甚至曾經在拍賣網站上賣掉家裡不再需要的二手貨。正因為拍賣網站的商機無限，有些店家乾脆在拍賣網站賣起店裡的東西。

但是在拍賣網站上登錄商品，有些要按筆收取登錄費、成交費，而且還有拍賣時間的限制，如果賣家的商品有上百筆，算起來可就不是小數目了。基於這一點，有許多賣家乾脆將販賣的商品製作成目錄，再以電子郵件寄送給經常光顧的老客戶，不但可以讓消費者得知最新的產品內容，還能省下拍賣網站的登錄費，且事後也能做些分析、統計的工作。這一章我們就以製作網路拍賣產品的目錄為例，來學習訂單的編制、彙整與計算作業！

▲ 設計訂購單

彙整完成的訂購明細 ▶

## 3-1 | 建立產品目錄

第一步我們要先將產品目錄製作出來, 一共包括**產品編號、名稱、單價、數量、**與**小計** 5 個欄位, 且要在**小計**欄建立運算公式, 算出「單價 × 數量」的金額, 最後還有各類產品的合計金額。

## ▍輸入產品資訊

請先開啟一份新的活頁簿, 再如下建立產品目錄。

底色改為灰色, 文字設定成白色　　在 A1、B1、C1、D1、E1 輸入欄位名稱

| | A | B | C | D | E |
|---|---|---|---|---|---|
| 1 | 產品編號 | 名稱 | 單價 | 數量 | 小計 |
| 2 | | 卸妝/洗臉產品 | | | |
| 3 | CO0021 | 美肌卸妝油 150ml | 350 | | |
| 4 | CO0025 | 水淨化卸妝油 120ml | 350 | | |
| 5 | CO0026 | 淨顏卸妝油 150ml | 400 | | |
| 6 | CO0028 | 清澄潔顏油 150ml | 420 | | |
| 7 | CO0030 | 平衡潔顏油 150ml | 350 | | |
| 8 | CO0033 | 親水潔顏油 180 ml | 450 | | |
| 9 | CO0034 | 晶瑩卸妝油 200ml | 500 | | |
| 10 | CO0035 | 薰衣草卸妝油 50ml | 450 | | |
| 11 | CO0036 | 玫瑰卸妝油 50ml　　　**熱賣商品** | 450 | | |
| 12 | CO0037 | 茶樹卸妝油 50ml | 450 | | |
| 13 | CO0038 | 山茶花卸妝油 50ml | 450 | | |
| 14 | CO0039 | 純橄欖油卸妝油 180ml　**熱賣商品** | 380 | | |
| 15 | CO0042 | 保溼洗面乳 100ml | 220 | | |
| 16 | CO0043 | 嫩白潔顏乳 100ml | 220 | | |
| 17 | | 合　　計 | | | |

在 B2 儲存格輸入此類產品的類別名稱, 並設定為**置中**對齊

B17 儲存格輸入 "合計"　　在 A3:C16 輸入各項產品的編號、名稱及單價

## ▍為目錄加上標題

這份目錄還缺少一個明顯的標題, 請如下操作, 加上一個醒目的標題。

**STEP 01** 首先要在最上面插入空白列, 以便輸入標題:

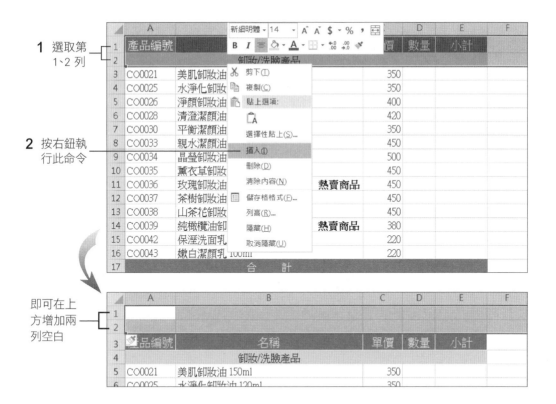

**1** 選取第 1、2 列

**2** 按右鈕執 行此命令

即可在上 方增加兩 列空白

STEP **02** 請在 A1 儲存格輸入目錄的標題 "產品目錄", 接續選取 A1：E2, 按下**常用**頁次 **對齊方式**區的**跨欄置中**鈕, 將 A1：E2 合併成一個儲存格。

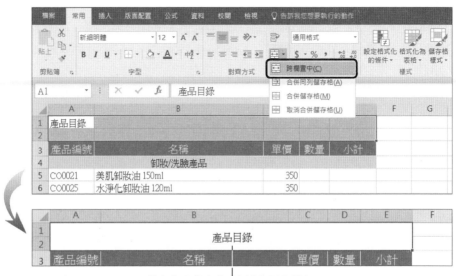

儲存格合併之後, 資料會置中對齊

**STEP 03** 接著按下**常用**頁次, **樣式**區的**儲存格樣式**鈕選擇較為醒目的樣式, 如:**標題 1**, 即可讓目錄的標題字放大、換色。

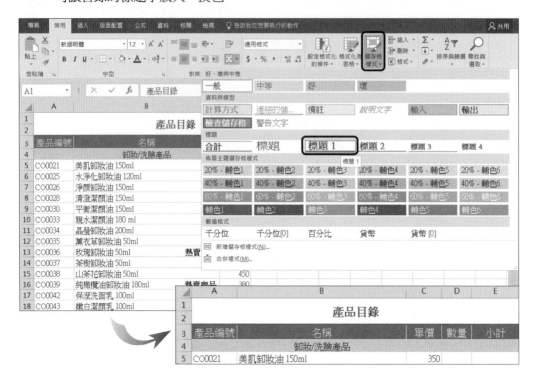

# 計算單品小計

建立好品項之後, 我們就要開始建立計算公式了。如果你還沒有依照上述的步驟建立目錄及品項, 你可以開啟範例檔案 Ch03-01 來練習。首先, 我們要建立**小計**欄的公式, **小計**的計算公式如下:

> 小計 = 單價 * 數量

**STEP 01** 請選定 E5 儲存格, 輸入公式 "=C5*D5", 然後按下 Enter 鍵:

**STEP 02** 拉曳 E5 儲存格的填滿控點至 E18, 將公式複製到 E6：E18, 完成**小計**的計算公式。你可以試著在**數量**欄填入數字, 測試計算結果是否正確。

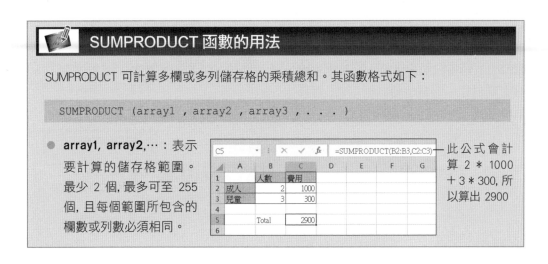

## 計算類別合計

接著我們要計算各類產品的合計總額, 你可能會想到利用**加總**鈕來算出結果, 當然是正確的, 但是這裡我們要介紹更好用的函數, 利用 SUMPRODUCT 計算出總額。

---

### SUMPRODUCT 函數的用法

SUMPRODUCT 可計算多欄或多列儲存格的乘積總和。其函數格式如下：

```
SUMPRODUCT (array1 , array2 , array3 , . . . )
```

● **array1, array2,**⋯：表示要計算的儲存格範圍。最少 2 個, 最多可至 255 個, 且每個範圍所包含的欄數或列數必須相同。

此公式會計算 2 * 1000 ＋ 3 * 300, 所以算出 2900

---

接著我們就利用 SUMPRODUCT 函數來計算合計總額。請選定 E19 儲存格, 輸入 "=SUMPRODUCT(", 然後選取 C5：C18 的儲存格範圍, 輸入 ",", 再選取 D5：D18 的儲存格範圍, 最後輸入 ")" 並按下 Enter 鍵就完成了。快來測試看看吧！

| E19 | | | fx | =SUMPRODUCT(C5:C18,D5:D18) | | | |
|---|---|---|---|---|---|---|---|
| | A | B | | | C | D | E |
| 1 | | 產品目錄 | | | | | |
| 2 | | | | | | | |
| 3 | 產品編號 | 名稱 | | | 單價 | 數量 | 小計 |
| 4 | | 卸妝/洗臉產品 | | | | | |
| 5 | CO0021 | 美肌卸妝油 150ml | | | 350 | | 0 |
| 6 | CO0025 | 水淨化卸妝油 120ml | | | 350 | | 0 |
| 7 | CO0026 | 淨顏卸妝油 150ml | | | 400 | ③ | 1200 |
| 8 | CO0028 | 清澄潔顏油 150ml | | | 420 | | 0 |
| 9 | CO0030 | 平衡潔顏油 150ml | | | 350 | | 0 |
| 10 | CO0033 | 親水潔顏油 180 ml | | | 450 | | 0 |
| 11 | CO0034 | 晶瑩卸妝油 200ml | | | 500 | ① | 500 |
| 12 | CO0035 | 薰衣草卸妝油 50ml | | | 450 | | |
| 13 | CO0036 | 玫瑰卸妝油 50ml | 熱賣商品 | | 450 | | |
| 14 | CO0037 | 茶樹卸妝油 50ml | | | 450 | | |
| 15 | CO0038 | 山茶花卸妝油 50ml | | | 450 | | |
| 16 | CO0039 | 純橄欖油卸妝油 180ml | 熱賣商品 | | 380 | | |
| 17 | CO0042 | 保溼洗面乳 100ml | | | 220 | | |
| 18 | CO0043 | 嫩白潔顏乳 100ml | | | 220 | | |
| 19 | | 合　　計 | | | | | 1700 |
| 20 | | | | | | | |

輸入測試資料

計算出 400 x 3 ＋ 500 x 1 的總額了

## 為金額加上貨幣及千分位符號

接著, 我們要將儲存格 E19 加上貨幣符號。請選取儲存格 E19, 拉下**常用**頁次**數值**區中的**數值格式**列示窗, 選擇**貨幣符號**, 即可將合計金額加上 "$" 以及千分位符號 ",":

套用**貨幣符號**之後, 會自動顯示 2 位小數, 不過在此範例中不需要計算到小數位數, 所以請再次選取儲存格 E19, 然後連按 2 下**常用**頁次**數值**區的**減少小數位數**鈕, 即可改回顯示整數值:

相反地, 若要增加小數
位數, 請按此鈕來增加

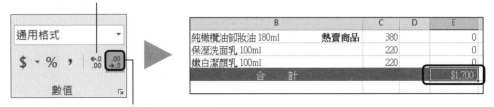

連按 2 下此鈕, 移除 2 個小數位數

為了加深你的印象, 提升學習效果, 請利用一樣的方法, 開啟練習檔案 Ch03-02, 完成其中各類品項的**小計**和**合計**公式, 並設定好**合計**欄位的數字格式。

## 利用「分割視窗」功能比對資料

若要進行產品的價格、類型等…比對, 我們可以將視窗分割成上、下兩個窗格。由於您可能尚未建立那麼多的產品名稱, 建議您利用範例檔案 Ch03-03 跟著我們進行以下的練習。

請切換到**檢視**頁次按下**視窗**區的**分割**鈕, 即可分割視窗:

點選此鈕

分割成上、下兩個視窗, 且有各自的垂直捲軸

| | A | B | C | D | E | H | I |
|---|---|---|---|---|---|---|---|
| 1 | | 產品目錄 | | | | | |
| 2 | | | | | | | |
| 3 | 產品編號 | 名稱 | 單價 | 數量 | 小計 | | |
| 4 | | 卸妝/洗臉產品 | | | | | |
| 5 | CO0021 | 美肌卸妝油 150ml | 350 | | | | |
| 6 | CO0025 | 水淨化卸妝油 120ml | 350 | | | | |
| 7 | CO0026 | 淨顏卸妝油 150ml | 400 | | | | |
| 8 | CO0028 | 清澄潔顏油 150ml | 420 | | | | |
| 9 | CO0030 | 平衡潔顏油 150ml | 350 | | | | |
| 10 | CO0033 | 親水潔顏油 180 ml | 450 | | | | |
| 11 | CO0034 | 晶瑩卸妝油 200ml | 500 | | | | |
| 12 | CO0035 | 薰衣草卸妝油 50ml | 450 | | | | |
| 13 | CO0036 | 玫瑰卸妝油 50ml 熱賣商品 | 450 | | | | |
| 14 | CO0037 | 茶樹卸妝油 50ml | 450 | | | | |
| 57 | | | | | | | |
| 58 | | 眼部保養產品 | | | | | |
| 59 | EY1010 | Q10 眼膜 (5 組) | 350 | | | | |
| 60 | EY1011 | 膠原蛋白眼霜 80ml | 1000 | | | | |
| 61 | EY1012 | 活膚眼霜 80ml | 1000 | | | | |
| 62 | EY1013 | 美白眼膠 80ml | 1000 | | | | |
| 63 | EY1040 | 強力修復眼霜 80ml | 1020 | | | | |
| 64 | EY1041 | 神奇亮白眼霜 80ml | 800 | | | | |
| 65 | EY1042 | 左旋 C 眼霜 80ml | 1020 | | | | |
| 66 | EY1043 | 緊實眼霜 80ml 長銷商品 | 1000 | | | | |

工作表1

分割視窗後, 可任意地拉曳分割線來調整分割的位置

想要移除分割線時, 雙按分割線即可移除分割狀態, 或是切換至**檢視**頁次, 再按下**視窗**區的**分割**鈕 (使其呈未啟用的狀態), 來取消分割視窗。

# 利用「凍結窗格」避免標題捲出畫面

以本例而言, 各欄位的名稱是輸入在 A3：E3 儲存格中, 當你捲動垂直捲軸瀏覽底下其他產品品項時, 欄位名稱就會被捲上去而看不到。此時, 我們可以讓標題保持在螢幕不動, 也就是將標題儲存格凍結起來。

　　由於 Excel 會由選取儲存格的上方及左方延伸出凍結線, 因此要凍結本例中的標題, 可如下操作:

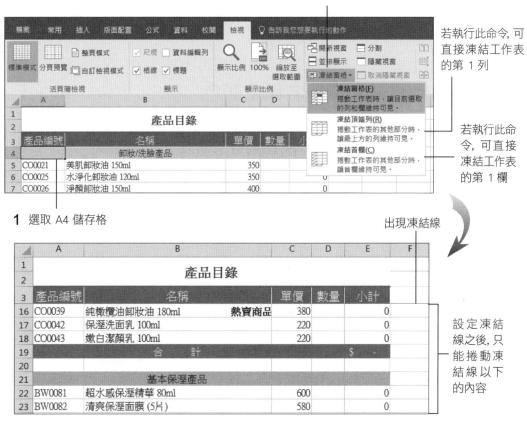

**2** 切換至**檢視**頁次按下此鈕, 執行『**凍結窗格**』命令

若執行此命令, 可直接凍結工作表的第 1 列

若執行此命令, 可直接凍結工作表的第 1 欄

**1** 選取 A4 儲存格

出現凍結線

設定凍結線之後, 只能捲動凍結線以下的內容

　　此外, 也可以利用剛才學會的分割視窗技巧, 先使用分割線將視窗分割好, 再切換至**檢視**頁次按下**視窗**區的**凍結窗格**鈕, 執行『**凍結窗格**』命令來達到凍結窗格的目的。

 若要取消凍結窗格, 請按下**檢視**頁次**視窗**區的**凍結窗格**鈕, 並執行『**取消凍結窗格**』命令, 將凍結窗格的效力取消, 恢復成先前的檢視狀態, 或是分割窗格的狀態。

---

### 「凍結窗格」與「分割視窗」的使用時機

在看完凍結窗格與分割視窗兩項技巧後, 或許您會有個疑問, 到底這兩者的使用時機有什麼差別呢? 簡單的說, 若是想要固定部份的內容 (例如標題、欄位名稱等), 您可以選擇使用**凍結窗格**的技巧; 若是想要比較兩部份的資料, 且比較的兩方需要利用捲軸才能檢視完整內容的話, 那麼選用**分割視窗**的功能會比較恰當。

# 3-2 | 製作訂購單

產品目錄完成後, 我們要接著製作客戶訂購單, 方便客戶填入個人資料、結算此次訂購金額等資訊。

## 修改工作表頁次標籤名稱及顏色

每個活頁簿檔案預設只有 1 張工作表, 名稱是**工作表 1(Sheet1)**, 我們可以按照工作表的內容重新命名, 甚至是幫頁次標籤換個醒目的顏色。

### 為頁次標籤重新命名

接續範例檔案 Ch03-03, 產品目錄目前都輸入在**工作表 1** 裡面, 為了明確表達此工作表的內容, 請雙按**工作表 1** 使其呈現選取狀態, 然後直接輸入 "產品目錄" 再按下 `Enter` 鍵, 便可將此工作表命名為 "產品目錄":

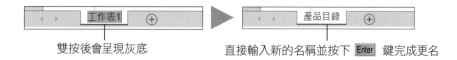

雙按後會呈現灰底　　　　　　　　直接輸入新的名稱並按下 `Enter` 鍵完成更名

### 為頁次標籤設定明顯的顏色

除了更改工作表名稱, 我們繼續為頁次標籤換個醒目的顏色吧！請在頁次標籤上按右鈕, 執行『**索引標籤色彩**』命令, 由開啟的色盤選取想要使用的顏色:

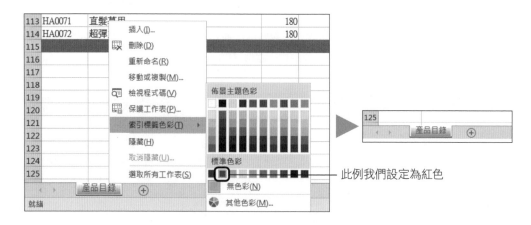

此例我們設定為紅色

# 新增、移動與刪除工作表

稍後我們還需要在另一個工作表建立訂購單, 因此請按下 **常用** 頁次 **儲存格** 區的 **插入** 鈕選擇 **插入工作表**, 便會在 **產品目錄** 工作表之前新增一張空白的工作表:

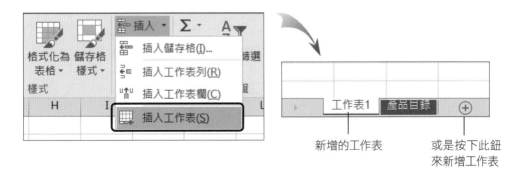

請比照剛才學會的技巧, 將新增的工作表改名為 "訂購單", 頁次標籤則改為藍色。而假如我們希望 **訂購單** 工作表排放在 **產品目錄** 之後, 請將 **訂購單** 拉曳至 **產品目錄** 的右側, 就可以調整好工作表的順序了。

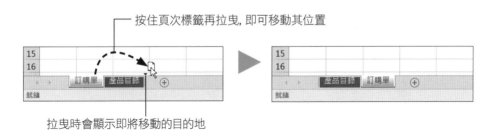

對於不需要用到的工作表, 則可在頁次標籤上按右鈕, 執行『**刪除**』命令將其刪除。

# 計算訂購金額及總額

接下來我們要建立**訂購單**的內容, 請您依下圖來輸入:

| | A | B | C | D | E | F |
|---|---|---|---|---|---|---|
| 1 | | | | | | |
| 2 | | | 甜心網路商店訂購單 | | | |
| 3 | | | | | | |
| 4 | | | | | | |
| 5 | | | 訂購注意事項及方法 | | | |
| 6 | 產品目錄有效日期 | | 至 8/31 日止 | | | |
| 7 | 訂購日期 | | | | | |
| 8 | 訂購電話 | | 2233-1688 | | | |
| 9 | 訂購傳真 | | 2233-1699 | | | |
| 10 | 郵局匯款帳戶 | | 1441-336945-66 | | | |
| 11 | 帳戶名稱/連絡人 | | 王美樂 | | | |
| 12 | | | | | | |
| 13 | | | 客戶基本資料 | | | |
| 14 | 姓名 | | | | | |
| 15 | VIP NO. (首次訂購不填) | | | | | |
| 16 | 連絡電話 | | | | | |
| 17 | 配送地址 | | | | | |
| 18 | 宅配方式 | | | | | |
| 19 | 匯款後填入帳戶後 4 碼 | | | | | |
| 20 | | | | | | |
| 21 | | | 訂單明細 | | | |
| 22 | | 1 | 卸妝/洗臉產品合計 | | | |
| 23 | | 2 | 基本保濕產品合計 | | | |
| 24 | | 3 | 基本護理系列合計 | | | |
| 25 | | 4 | 美白產品系列合計 | | | |
| 26 | | 5 | 眼部保養產品合計 | | | |
| 27 | | 6 | 防曬及曬後修護系列 | | | |
| 28 | | 7 | 手部護理系列 | | | |
| 29 | | 8 | 身體護理系列 | | | |
| 30 | | 9 | 美髮與護髮系列 | | | |
| 31 | | | | | | |
| 32 | | | 合　　計 | | | |
| 33 | | | | | | |
| 34 | | | | | | |
| 35 | | | | | | |
| 36 | 感謝你的訂購, 我們將儘快處理您的訂單！ | | | | | |
| 37 | | | | | | |
| 38 | | | 請告訴我們您的寶貴意見 | | | |
| 39 | | | | | | |
| 40 | | | | | | |
| 41 | | | | | | |
| 42 | | | | | | |
| 43 | | | | | | |
| 44 | | | | | | |
| 45 | | | ❖甜心網路商店感謝您的意見❖ | | | |

再來要建立公式, 填入**訂單明細**中各類別的合計結果。 請利用剛才輸入好的內容, 或開啟範例檔案 Ch03-04 來進行以下的操作。

**STEP 01** 選取**訂購單**工作表的儲存格 E22, 然後在**資料編輯列**中輸入 "=", 切換至**產品目錄**工作表, 再選取儲存格 E19 並按下 Enter 鍵, 回到**訂購單**工作表, 就會看到合計欄已完成計算了。

| | A | B | C | D | E | F | G |
|---|---|---|---|---|---|---|---|
| 21 | | | 訂單明細 | | | | |
| 22 | | 1 | 卸妝/洗臉產品合計 | | $ 1,400 | | |
| 23 | | 2 | 基本保溼產品合計 | | | | |
| 24 | | 3 | 基本護理系列合計 | | | | |

**STEP 02** 請分別練習將其下的 8 項類別合計, 設定至對應的工作表及儲存格, 並設定**會計數字格式**且不顯示小數位數。

| | A | B | C | D | E | |
|---|---|---|---|---|---|---|
| 21 | | | 訂單明細 | | | |
| 22 | | 1 | 卸妝/洗臉產品合計 | | $ 1,400 | 對應至 "產品目錄 E19" |
| 23 | | 2 | 基本保溼產品合計 | | $ 1,740 | 對應至 "產品目錄 E31" |
| 24 | | 3 | 基本護理系列合計 | | $ 500 | 對應至 "產品目錄 E42" |
| 25 | | 4 | 美白產品系列合計 | | $ 1,500 | 對應至 "產品目錄 E56" |
| 26 | | 5 | 眼部保養產品合計 | | $ 2,800 | 對應至 "產品目錄 E70" |
| 27 | | 6 | 防曬及曬後修護系列 | | $ 1,200 | 對應至 "產品目錄 E80" |
| | | 7 | 手部護理系列 | | $ 700 | 對應至 "產品目錄 E91" |
| | | 8 | 身體護理系列 | | $ 600 | 對應至 "產品目錄 E105" |
| | | 9 | 美髮與護髮系列 | | $ 150 | 對應至 "產品目錄 E115" |
| | | | 合　計 | | | |

> 為方便您比對, 我們已在**產品目錄**工作表輸入了品項的數量

**STEP 03** 請選取儲存格 E32, 然後在**資料編輯列**輸入 "=", 再輸入 "SUM(E22:E30)", 就完成訂單明細的**合計**欄位了。

E32　fx =SUM(E22:E30)

| | A | B | C | D | E |
|---|---|---|---|---|---|
| 22 | | 1 | 卸妝/洗臉產品合計 | | $ 1,400 |
| 23 | | 2 | 基本保溼產品合計 | | $ 1,740 |
| 24 | | 3 | 基本護理系列合計 | | $ 500 |
| 25 | | 4 | 美白產品系列合計 | | $ 1,500 |
| 26 | | 5 | 眼部保養產品合計 | | $ 2,800 |
| 27 | | 6 | 防曬及曬後修護系列 | | $ 1,200 |
| 28 | | 7 | 手部護理系列 | | $ 700 |
| 29 | | 8 | 身體護理系列 | | $ 600 |
| 30 | | 9 | 美髮與護髮系列 | | $ 150 |
| 31 | | | | | |
| 32 | | | 合　計 | | $ 10,590 |

# 判斷是否符合折扣條件

對於購買金額較高以及長期訂購的客戶來說, 優惠、折扣都將會是不小的吸引力, 也算是給客戶的一種回饋, 我們將優惠辦法定為 "當金額超過或等於 10,000 時, 總金額即可打 9 折", 在這裡利用 IF 函數來建立這個檢查的條件。

IF 函數可用來判斷是否符合設定的條件, 如果符合就執行指定的動作或傳回一個值;若不符合, 就執行另一個動作或傳回另一個值。以下就繼續利用範例檔案 Ch03-04 來進行建立公式的練習。

**STEP 01** 選定儲存格 A34, 然後切換至**公式**頁次, 按下**邏輯**鈕選取 IF 函數。

當指標移到函數上, 會顯示使用説明

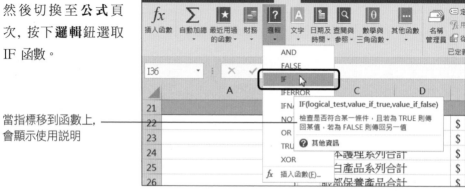

**STEP 02** 在判斷條件欄位 (Logical_test) 中輸入 "E32>=10000", 表示要判斷合計的 E32 儲存格是否大於或等於 10,000。接著設定符合條件與不符合條件時, 分別要執行的動作。請在 Value_if_true 欄位中輸入公式 "E32*90%", 表示符合條件時, 總金額要打 9 折;然後在 Value_if_false 欄位中輸入公式 "E32", 表示不符合條件時, 直接顯示總金額:

不過只是顯示金額好像還不夠, 我們再到金額前加上說明文字吧! 若要顯示文字字串, 前後必須加上 "" (引號), 與公式連接則可用 & 符號。請將 **Value_if_true** 欄位的公式改為 "恭禧您符合優惠條件, 折扣後為："&(E32*90%); 再將 **Value_if_false** 欄位改為 "請確認此次訂購金額："&(E32)。

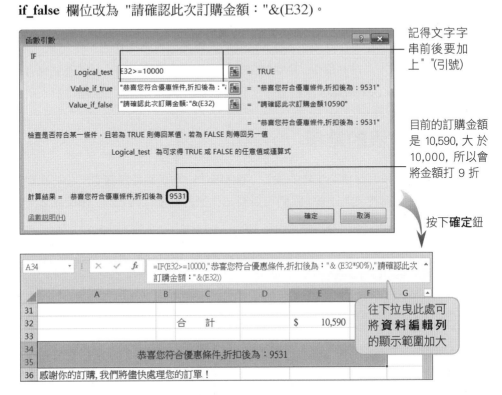

記得文字字串前後要加上 " "(引號)

目前的訂購金額是 10,590, 大於 10,000, 所以會將金額打 9 折

按下**確定**鈕

往下拉曳此處可將**資料編輯列**的顯示範圍加大

儲存格 A34 的公式設定好了, 我們希望金額的地方能加上 "$" 貨幣符號, 這時可利用 DOLLAR 函數來做。請如下修改 A34 的公式:

```
= IF(E32 > = 10000,"恭禧您符合優惠條件, 折扣後為：" &DOLLAR(E32 * 90%),
"請確認此次訂購金額：" &DOLLAR(E32))
```

計算結果就會加上貨幣符號了:

# 3-3 | 保護工作表—
確保目錄及單價不被修改

目錄及訂購單都製作完成了, 接下來我們要教您如何將工作表保護起來, 讓客戶只能填寫數量及個人資料的部份, 其他儲存格的內容則不能修改, 甚至看不到儲存格中的公式, 以確保工作表不被竄改或盜用。來看看這麼重要的工作要怎麼進行吧!

## ▌保護工作表的結構

在 3-2 節我們曾經為工作表設定了凍結窗格, 為了避免瀏覽者不小心更動了工作表的架構, 造成瀏覽上的不便, 我們可以將工作表的結構保護起來, 讓使用者無法任意的移動、新增、刪除工作表…等。

你可以接續上節的範例, 或是直接開啟範例檔案 Ch03-05 的**產品目錄**工作表來進行如下的練習, 並切換至**校閱**頁次:

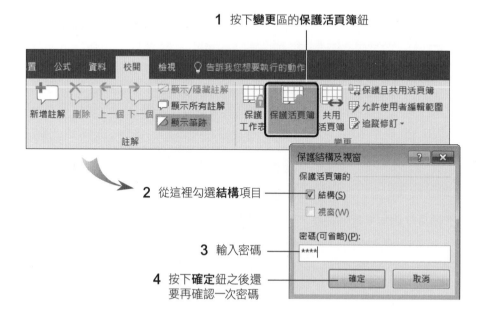

**1** 按下**變更**區的**保護活頁簿**鈕

**2** 從這裡勾選**結構**項目

**3** 輸入密碼

**4** 按下**確定**鈕之後還
要再確認一次密碼

保護活頁簿的**結構**, 表示無法移動、複製、刪除、隱藏 (或取消隱藏)、新增工作表及改變工作表名稱、頁次標籤顏色。

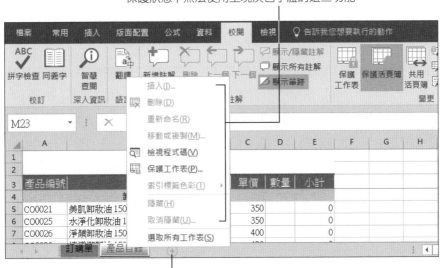

保護狀態下無法使用呈現灰色字體的這些功能

按下此鈕將無法新增工作表, 此為保護活頁簿**結構**的結果

當我們按下**保護活頁簿**鈕之後, 就進入活頁簿的保護功能了；若要取消保護狀態, 只要再次按下此鈕, 並輸入正確的密碼, 即可取消保護狀態。

## 保護工作表的部份範圍

做好目錄就可以準備寄給客戶了, 不過如果將這份目錄原封不動的寄給客戶, 那麼表示客戶也可以自由的更改品項、單價, 所以我們要針對目錄中, 不允許修改的地方加以 "保護" 才行。請切換至**產品目錄**工作表, 我們要將目錄中 D 欄以外的內容全都鎖定, 不讓客戶自行修改：

| | A | B | C | D | E | F |
|---|---|---|---|---|---|---|
| 1 | | 產品目錄 | | | | |
| 2 | | | | | | |
| 3 | 產品編號 | 名稱 | 單價 | 數量 | 小計 | |
| 21 | | 基本保溼產品 | | | | |
| 22 | BW0081 | 超水感保溼精華 80ml | 600 | | 0 | |
| 23 | BW0082 | 清爽保溼面膜 (5片) | 580 | | 0 | |
| 24 | BW0085 | 滋潤水感面膜 (5片) | 580 | | 0 | |
| 25 | BW0086 | 櫻桃C 保溼凝露 80ml | 600 | | 0 | |
| 26 | BW0090 | 蘆薈保溼精華 80ml | 600 | | 0 | |
| 27 | BW0091 | 蜂蜜保溼面膜 (5片) | 580 | 2 | 1160 | |
| 28 | BW0092 | 蘋果魔力保溼面膜 (5片) | 580 | 1 | 580 | |
| 29 | BW0098 | 玫瑰保溼露 120ml　目前缺貨 | 650 | | 0 | |
| 30 | BW0099 | 玻尿酸保溼精華液 80ml　NEW!! | 800 | | 0 | |
| 31 | | 合　　計 | | | $ 1,740 | |

只留 D 欄
供客戶填
寫數量

由於 Excel 預設會將工作表中所有的儲存格設為**鎖定**, 所以一旦啟動**保護工作表**功能, 就會將所有的儲存格鎖定 (不允許修改)。若要讓某個儲存格範圍在啟動保護後仍可編輯, 就要先把工作表中預設的鎖定狀態取消。

以本例來說, 我們只想保留**產品目錄**工作表中**數量欄**的編輯狀態, 其它儲存格則不允許修改。正因為 Excel 預設將所有儲存格都設為**鎖定**了, 所以我們只要取消工作表中**數量欄** (即 D 欄) 的鎖定狀態就可以了。來試試看吧!

**STEP 01** 請選取**產品目錄**工作表中的 D5:D115, 在選取範圍內按右鈕執行『**儲存格格式**』命令, 開啟**儲存格格式**交談窗, 並切換至**保護**頁次, 取消**鎖定**選項再按下**確定**鈕。

取消勾選此項, 解除 D5:D115 的鎖定狀態

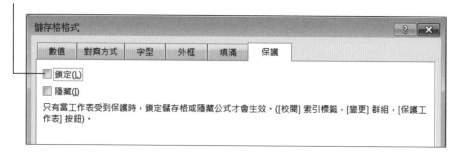

**STEP 02** 切換至**校閱**頁次, 按下**變更**區的**保護工作表**鈕, 在**保護工作表**交談窗中勾選允許使用者進行的操作:

**2** 輸入密碼

**1** 此例設定**選取未鎖定的儲存格**項目, 並取消其它選項 (意即使用者只能在未鎖定的**數量欄** (D5:D115) 中輸入資料)

**3** 按下**確定**鈕之後還要再確認一次密碼

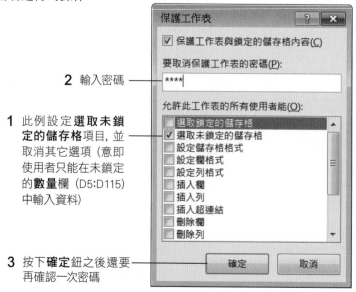

回到工作表之後, 請您實際測試看看, 保護成功的話應該只有**數量**欄可以編輯, 這樣客戶就無法自行修改品名或價格囉!

日後要修改這份工作表時, 請切換至**校閱**頁次, 按下**變更**區的**取消保護工作表**鈕, 再輸入正確的密碼, 就可以解除保護狀態了。

 **一定要設定保護密碼嗎?**

在設定工作表的保護狀態時, 請您務必設定取消保護的密碼。若是不設定密碼, 表示其他使用者只要按下**取消保護工作表**鈕, 不需要任何的驗證動作即可自行解除保護狀態, 那豈不是太沒有保障了。另外, 建議您將密碼妥善保存, 避免日後忘記密碼, 造成無法進行編輯的窘境。

請切換至**訂購單**工作表, 並自行練習將此工作表設定為保護, 只留下**客戶基本資料**與**意見**欄供客戶修改。練習之後你可以開啟我們已設定完成的 Ch03-06, 來檢視結果是否相同。

# 3-4 | 整合客戶訂購單

到此, 整個**訂購單**及**產品目錄**都建構完成了, 接下來就可以一一寄送給客戶, 讓客戶來進行訂購了。這一節我們要介紹客戶訂購之後, 該如何整合所有客戶訂單, 以利訂貨的程序。

## ▌將訂購單複製到工作表中

假設我們已收到 2 個客戶的訂單了, 由於產品項目太多, 要一筆一筆合計訂購的項目數量實在太沒效率, 這裡我們將利用「合併彙算」的功能來整合所有客戶的訂單。請開啟範例檔案 Ch03-07, 我們要以此工作表來整合其他的客戶訂單, 你可以利用**範例檔案\Ch03** 資料夾下的**訂單 1**、**訂單 2** 來練習。

以 Ch03-07 做為訂貨彙整表,目前**數量**皆為空白

訂單 1 活頁簿

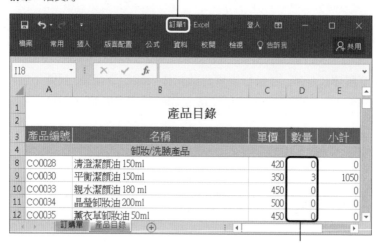

已填入訂購數量

訂單 2 活頁簿

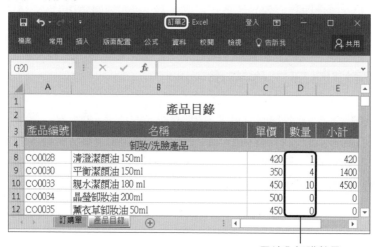

已填入訂購數量

**STEP 01** 首先我們要把客戶的訂單複製到 Ch03-07 中。請開啟範例檔案**訂單 1**, 然後在**產品目錄**工作表上按右鈕執行『**移動或複製**』命令：

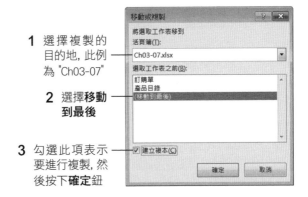

**1** 選擇複製的目的地, 此例為 "Ch03-07"

**2** 選擇**移動到最後**

**3** 勾選此項表示要進行複製, 然後按下**確定**鈕

**STEP 02** 接下來會在 Ch03-07 的工作表頁次標籤看到**產品目錄 (2)**, 即由**訂單 1** 複製過來的訂單。請利用同樣的方法, 將**訂單 2** 的**產品目錄**工作表, 也複製一份至 Ch03-07 中, 複製後會顯示為**產品目錄 (3)**。

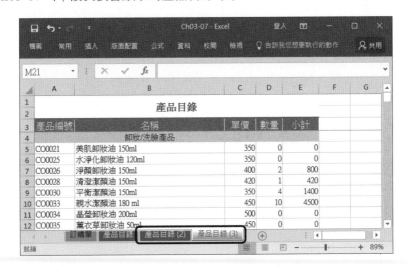

> **TIP** 有多份訂單, 請先一併複製到同一份檔案中, 以便稍後進行彙整的工作。

## 計算各單品的訂購數量

要合計各張訂單所訂購的產品數量, 使用**合併彙算**功能可說是最輕鬆容易的方法了, 請接續上例進行以下合併彙算的操作。

**STEP 01** 先切換至**產品目錄**工作表, 然後選取儲存格範圍 D5：D115, 再切換至**資料**頁次如下操作：

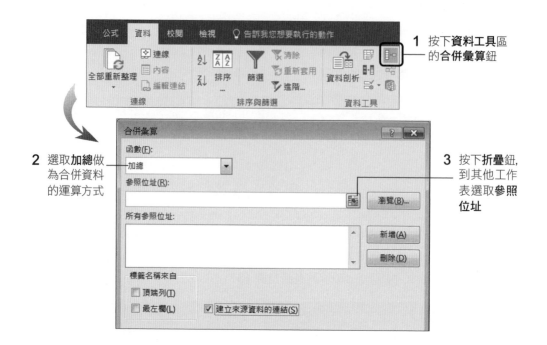

1 按下**資料工具**區的**合併彙算**鈕

2 選取**加總**做為合併資料的運算方式

3 按下**折疊**鈕,到其他工作表選取**參照位址**

**STEP 02** 由於我們要算出各個訂單的產品數量, 所以按下**折疊**鈕後請再如下操作:

3 再按下此鈕回到**合併彙算**交談窗

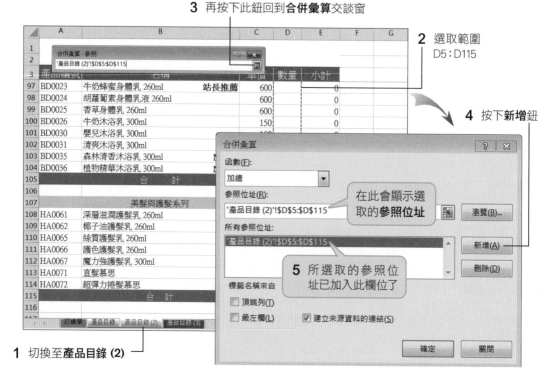

2 選取範圍 D5:D115

4 按下**新增**鈕

在此會顯示選取的**參照位址**

5 所選取的參照位址已加入此欄位了

1 切換至**產品目錄 (2)**

**STEP 03** 設定還沒完成哦！請重複步驟 2 的操作, 再加入**產品目錄 (3)** 的參照位址, 若有多個訂單工作表, 也請一併加入合併彙算的參照位址中:

目前加入 2 個參照位址

**STEP 04** 最後請按下**確定**鈕, 就會在**產品目錄**工作表看到合計的結果了:

若按下此處, 可展開查看每項產品數量合計明細

| | A | B | C | D | E | F |
|---|---|---|---|---|---|---|
| 1 | | 產品目錄 | | | | |
| 2 | | | | | | |
| 3 | 產品編號 | 名稱 | 單價 | 數量 | 小計 | |
| 4 | | 卸妝/洗臉產品 | | | | |
| 7 | CO0021 | 美肌卸妝油 150ml | 350 | 1 | 350 | |
| 10 | CO0025 | 水淨化卸妝油 120ml | 350 | 2 | 700 | |
| 13 | CO0026 | 淨顏卸妝油 150ml | 400 | 6 | 2400 | |
| 16 | CO0028 | 清澄潔顏油 150ml | 420 | 1 | 420 | |
| 19 | CO0030 | 平衡潔顏油 150ml | 350 | 7 | 2450 | |
| 22 | CO0033 | 親水潔顏油 180 ml | 450 | 10 | 4500 | |

對照 3-20 頁的訂單 1、2, 會發現此欄幫我們算出每張訂單的訂購數量合計

▲ 你可以開啟練習檔案 Ch03-08 瀏覽我們完成的結果檔

　　接下來就可以將這份訂貨總表列印出來, 準備向廠商下訂單囉！(有關列印的技巧, 請參考下一章的說明)。

## 後記

　　本章以網路拍賣產品訂單為例, 為您介紹了一連串的函數計算、資料彙整, 凍結窗格、分割視窗等操作, 你可以輕鬆將這些功能應用在日常生活中, 例如將每月的收支記錄在一個個的工作表, 再以彙整的方式結算出整年度的收支, 做為理財的參考；或是在比較兩張採購報價單時, 利用分割視窗的功能直接比對金額與規格的差異等, 都是非常實際的應用。

　　此外, 保護工作表更是不能不知道的功能, 日後只要將重要的工作表或是不允許修改的儲存格範圍保護起來, 就不必擔心工作表的內容被有心人士竄改, 造成不可彌補的損失了。

# 實力評量

1. 請開啟練習檔案 Ex03-01, 這是一份體育用品店的特賣會訂購單, 請練習在儲存格 D10 利用 SUMPRODUCT 函數, 計算出折扣後的小計金額, 並為 D10 加上貨幣符號, 且不顯示小數位數。

| | A | B | C | D |
|---|---|---|---|---|
| 1 | 特賣會訂購單 | | | |
| 2 | 品名 | 價格 | 折扣 | 數量 |
| 3 | 籃球鞋 | 600 | 90% | 2 |
| 4 | 慢跑鞋 | 800 | 90% | 1 |
| 5 | 運動上衣(男) | 300 | 80% | 3 |
| 6 | 運動褲(男) | 450 | 75% | 2 |
| 7 | 運動上衣(女) | 350 | 90% | 1 |
| 8 | 運動褲(女) | 500 | 85% | 2 |
| 9 | 運動外套 | 800 | 6% | 4 |
| 10 | 合 計 | | | |
| 11 | | | | |

2. 請開啟練習檔案 Ex03-02, 利用工作表參照的技巧, 完成如右圖**年度比較**的各項費用參照。

| | A | B | C |
|---|---|---|---|
| 1 | 明達股份有限公司 | | |
| 2 | | 2014年 | 2015年 |
| 3 | 費用 | | |
| 4 | 營業費用 | | |
| 5 | 薪資 | $ 600,500 | $ 2,800,500 |
| 6 | 文具用品 | $ 5,100 | $ 25,600 |
| 7 | 水電費 | $ 45,060 | $ 442,030 |
| 8 | 廣告費 | $ 75,000 | $ 145,000 |
| 9 | 交際費 | $ 420,000 | $ 680,000 |
| 10 | 保險費 | $ 66,080 | $ 66,080 |
| 11 | 旅費 | $ 10,000 | $ 100,000 |

2014 年　2015 年　年度比較

   (1) 新增一個工作表, 重新命名為 "年度比較", 再將各項費用參照到 **2014 年**及 **2015 年**對應的儲存格。

   (2) 請試著將 **2014 年**工作表中的**旅費**改為 100,000, 看看上題建立的**年度比較**工作表是否會自動更新。

3. 接續上題, 進行如下的各項練習。

   (1) 複製一份**年度比較**工作表, 重新命名為 "費用總表", 並設定為綠色, 位置則移動到所有工作表的前面。內容則修改成如右圖:

| | A | B | C |
|---|---|---|---|
| 1 | 明達股份有限公司 | | |
| 2 | 費用總表 | | |
| 3 | 費用 | | |
| 4 | 營業費用 | | |
| 5 | 薪資 | | |
| 6 | 文具用品 | | |
| 7 | 水電費 | | |
| 8 | 廣告費 | | |
| 9 | 交際費 | | |
| 10 | 保險費 | | |
| 11 | 旅費 | | |
| 12 | | | |

費用總表　2014 年　2015 年　年度比較

(2) 利用**合併彙算**的技巧, 合計兩年度的各項費用至**費用總表**中。

| ▲ | A | B | C |
|---|---|---|---|
| 1 | 明達股份有限公司 | | |
| 2 | 費用總表 | | |
| 3 | 費用 | | |
| 4 | 營業費用 | | |
| 5 | 　薪資 | $　　3,401,000 | |
| 6 | 　文具用品 | $　　　　30,700 | |
| 7 | 　水電費 | $　　　487,090 | |
| 8 | 　廣告費 | $　　　220,000 | |
| 9 | 　交際費 | $　　1,100,000 | |
| 10 | 　保險費 | $　　　132,160 | |
| 11 | 　旅費 | $　　　110,000 | |
| 12 | | | |

◄ ► | 費用總表 | 2014 年 | 2015 年 | 年度比較 | ⊕

4. 練習檔案 Ex03-03 是一份**光成公司**的損益表, 請如下操作為工作表進行保護設定。

(1) 將公司名稱及表格標題設定凍結窗格, 並設定為**保護活頁簿**, 不允許其他人修改。

(2) 將 A 欄設為保護的範圍, 不允許其他人選取或修改。

| ▲ | A | B | C |
|---|---|---|---|
| 1 | 光成公司 | | |
| 2 | 損益表 | | |
| 3 | | | |
| 4 | 收入 | | |
| 5 | 銷貨收入 | | |
| 6 | 　銷貨收入 | $1,860,000 | |
| 7 | 　銷貨退回 | $110,000 | |
| 8 | 　銷貨收入淨額 | | $1,750,000 |
| 9 | | | |
| 10 | 銷貨成本 | | |
| 11 | 　進貨 | $654,000 | |
| 12 | 　進貨退出 | $21,500 | |
| 13 | 　銷貨成本淨額 | | $632,500 |
| 14 | | | |
| 15 | 銷貨毛利 | | $1,117,500 |
| 16 | | | |
| 17 | 費用 | | |
| 18 | 營業費用 | | |
| 19 | 　薪資 | $205,630 | |
| 20 | 　水電費 | $80,600 | |
| 21 | 　保險費 | $5,600 | |
| 22 | 　營業費用總額 | | $291,830 |
| 23 | | | |
| 24 | 費用總額 | | $291,830 |
| 25 | | | |
| 26 | 本期損益 | | $825,670 |
| 27 | | | |

◄ ► | 損益表 | ⊕

# 04 列印產品目錄

**本章學習提要**

- 預覽列印的結果
- 指定列印對象、頁次、份數
- 在頁首、頁尾加入報表資訊
- 調整頁面四周留白的邊界
- 設定列印方向與是否列印格線
- 在分頁預覽模式調整適當的分頁位置
- 讓每一頁都能印出欄位標題

本章將學習重點放在列印的各種版面設定及技巧上, 雖然我們在第 1 章就提過列印的方法, 但此處不僅要教您將報表印出來, 還要讓您將報表 "漂漂亮亮" 地印出來, 例如：在報表頭尾加上日期、頁碼等資訊, 讓每一頁都要印出欄位標題, 以及調整分頁的位置, 避免有一、兩欄單獨印成一頁的情況…。所有的設定、列印技巧不侷限報表的種類, 也就是任何報表都適用。

　　現在精打細算的消費者越來越多, 因此團購儼然是股不可忽視的風潮, 集結眾人的力量, 就可 "以量取勝" 得到不錯的折扣。本章將以列印團購產品目錄為例, 帶您熟悉整個列印的程序與技巧。

產品目錄第 1 頁

產品目錄第 2 頁

產品目錄第 3 頁

▲ 完成跨頁標題的設定, 就可以每一頁都印出標題囉!

# 4-1 列印的基本程序

黃小姐今天收到**甜心網路商店**寄來的團購單, 品項種類豐富且吸引人, 重點是買越多還越便宜, 因此黃小姐決定把產品目錄印出來帶去公司給同事填寫, 彙整後再寄回給**甜心網路商店**, 藉此取得一些折扣。接著馬上來看看怎麼列印與設定吧!

首先請您將印表機的電源打開, 然後開啟欲列印的活頁簿檔案 Ch04-01, 並切換到**產品目錄**工作表, 再切換到**檔案**頁次接著點選**列印**頁次的**列印**鈕:

按下**列印**鈕, 即可將目前這張工作表列印出來　　　　　　　　此區可預覽列印的結果

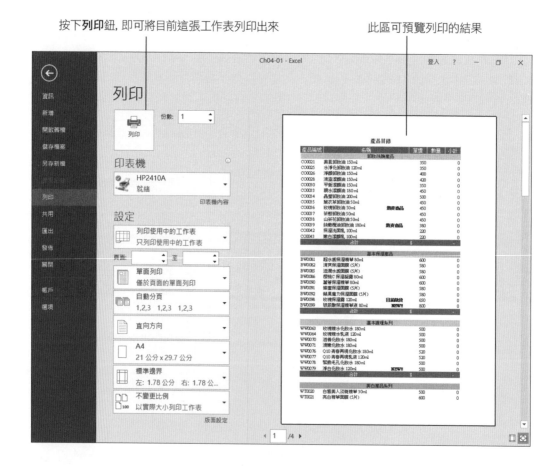

以上是最基本、快速的列印, 若還需要設定列印範圍, 或設定列印份數, 請看以下的說明。

# 指定列印對象

如果是要列印所有的工作表,或是資料內容很多,只想要列印部分需要的範圍,都可以在**設定**區指定列印對象:

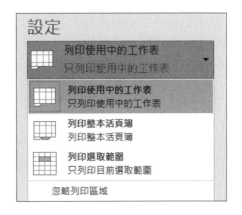

- **列印使用中的工作表**:列印目前在活頁簿視窗中選取的工作表。

- **列印整本活頁簿**:列印活頁簿中的所有工作表。

- **列印選取範圍**:列印已在工作表中選取的範圍。必須先在工作表上選取欲列印的儲存格範圍,才能選擇此項進行列印。

# 設定列印的頁次

這張工作表共有 4 頁,如果只想先列印部分的頁面,那麼我們可以指定要從第幾頁印到第幾頁:

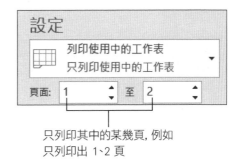

只列印其中的某幾頁,例如只列印出 1、2 頁

# 指定列印份數

若訂購單要傳給很多人看,可在**列印**鈕旁的**份數**欄設定欲列印的份數,一併列印出來。

當工作表印出來有好幾頁, 且要列印多份時, 可由**頁面**下方設定是否啟用**自動分頁**功能, 啟用後在列印時會先印完第一份再印下一份 (否則會將每一份的第一頁全部印出, 然後再印下一頁, 依此類推)。

## 預覽列印結果

都設定好之後, 請在預覽區檢查列印的結果, 若發現有任何不理想的地方可立即修改, 以節省紙張及列印時間。

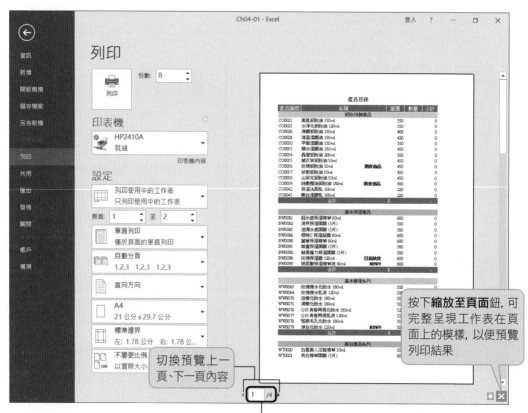

切換預覽上一頁、下一頁內容

按下**縮放至頁面**鈕, 可完整呈現工作表在頁面上的模樣, 以便預覽列印結果

顯示目前的頁次及總頁次

設定區中還有許多與版面相關的設定, 我們將在後面陸續說明。

# 4-2 在頁首、頁尾加入報表資訊

報表除了要有資料內容外, 我們還可以在報表的頁首、頁尾加上各式資訊, 例如:日期、報表名稱或頁碼, 讓參考報表時能清楚知道報表的時效性與來源出處等訊息。

## 插入內建的頁首及頁尾樣式

請切換到**插入**頁次, 再按下**文字**區的**頁首及頁尾**鈕來設定頁首及頁尾的標題內容:

按下**頁首**或**頁尾**鈕的向下箭頭, 即可
在列示窗選取各式頁首、頁尾樣式

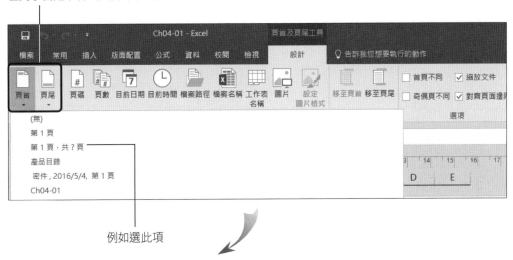

例如選此項

▲ 設定的結果

## 自訂頁首、頁尾內容

如果在**頁首**或**頁尾**列示窗中找不到合適的樣式, 也可以自己動手設計。請重新開啟檔案來練習, 亦可再次進入**頁首及頁尾工具/設計**頁次中, 按下**頁首** (或**頁尾**) 鈕套用**無**, 以取消剛才加入的內容。

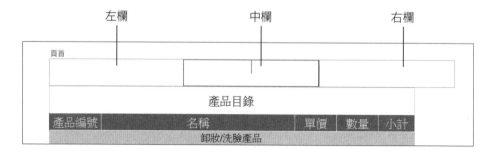

圖中 3 個空白欄分別代表頁首左、中、右 3 個位置, 因此我們不僅可以設定標題的內容, 還可以控制標題顯示的位置。

假設我們要設計的頁首如下:

**STEP 01** 按一下左欄, 輸入 "資料來源-甜心網路商店"。

| 產品編號 | 名稱 | 單價 | 數量 | 小計 |
|---|---|---|---|---|
| 卸妝/洗臉產品 | | | | |
| CO0021 | 美肌卸妝油 150ml | 350 | | 0 |
| CO0025 | 水淨化卸妝 120ml | 350 | | 0 |
| CO0026 | 淨顏卸妝油 150ml | 400 | | 0 |
| CO0028 | 清澄潔顏油 150ml | 420 | | 0 |

**STEP 02** 按一下右欄，再如下插入工作表名稱和列印日期：

**2** 按下**目前日期**鈕　　**1** 按下**工作表名稱**鈕

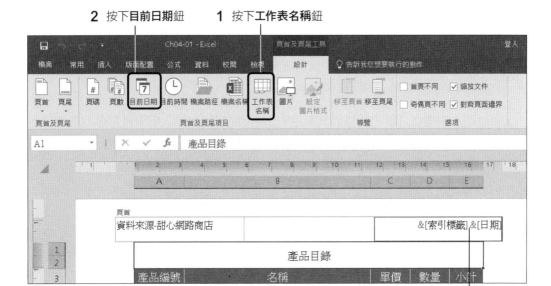

可在此處加入空格, 以利閱讀

**STEP 03** 設定完成之後, 請在頁首區以外的範圍按一下, 即可看到設定結果：

資料來源-甜心網路商店　　　　　　　　　　　　　產品目錄2016/5/4

| 產品編號 | 名稱 | 單價 | 數量 | 小計 |
|---|---|---|---|---|
| | 產品目錄 | | | |
| | 卸妝/洗臉產品 | | | |
| CO0021 | 美肌卸妝油 150ml | 350 | | 0 |
| CO0025 | 水淨化卸妝油 120ml | 350 | | 0 |
| CO0026 | 淨顏卸妝油 150ml | 400 | | 0 |
| CO0028 | 清澄潔顏油 150ml | 420 | | 0 |
| CO0030 | 平衡潔顏油 150ml | 350 | | 0 |
| CO0033 | 親水潔顏油 180 ml | 450 | | 0 |
| CO0034 | 晶瑩卸妝油 200ml | 500 | | 0 |
| CO0035 | 薰衣草卸妝油 50ml | 450 | | 0 |
| CO0036 | 玫瑰卸妝油 50ml　　**熱賣商品** | 450 | | 0 |

▲ 設計完成的頁首

自訂**頁尾**的方法和自訂**頁首**完全一樣, 有需要的話可以自己動手做做看！

# 4-3 │ 調整頁面四周留白的邊界

為求報表的美觀, 或因應裝訂的需求, 我們通常不會將一張紙列印得滿滿的, 而會在紙的四周留一些空白, 這些空白的區域就稱為**邊界**。調整邊界即在控制四周空白的大小, 也就是控制資料在紙上列印的範圍。

要設定工作表在頁面上的邊界, 請切換至**版面配置**頁次按下**版面設定**區的**邊界**鈕進行設定:

Excel 預設的邊界設定, 按下項目即可套用

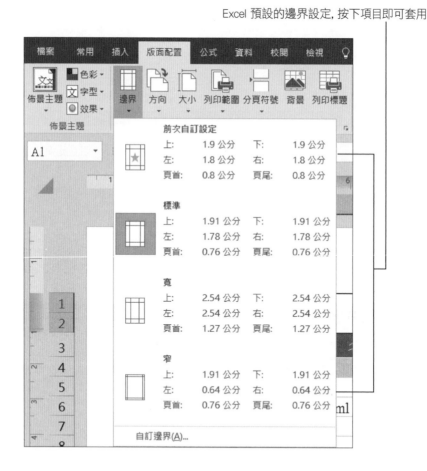

如果內建的邊界不符合需要, 或者希望內容可以印在文件的水平或垂直中央, 這時請執行上圖選單最下方的『**自訂邊界**』命令, 開啟**版面設定/邊界**交談窗來設定:

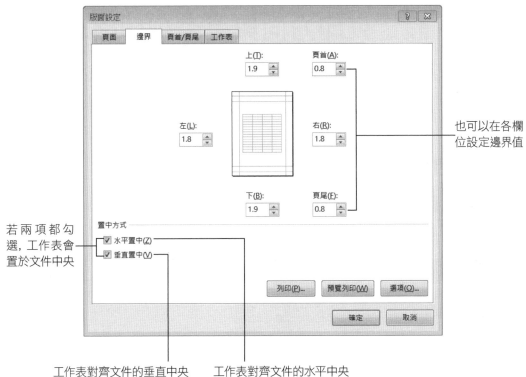

也可以在各欄
位設定邊界值

若兩項都勾
選, 工作表會
置於文件中央

工作表對齊文件的垂直中央　　工作表對齊文件的水平中央

　　不過, 此處的調整只能
看到大概樣子, 若想要預覽
工作表的邊界或以拉曳的方
式調整邊界, 那麼建議您按
下**版面設定**交談窗的**預覽列
印**鈕 (或切換到**檔案**頁次的
**列印**頁次), 再從預覽區檢視
或調整邊界會比較容易:

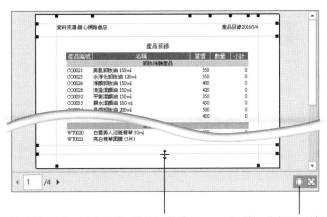

**2** 拉曳邊界或四周的控點, 就能調整邊界　　**1** 按下此鈕顯示邊界

# 4-4 | 設定列印方向與是否列印格線

當工作表的欄位比較多, 資料筆數較少時, 我們可以選擇橫式列印; 如果欄位較少, 資料筆數較多時, 那麼採直式列印會比較合適。這一節就來學習變更文件方向及縮放列印比例的技巧。

## 設定直向或橫向列印

在**版面配置**頁次下的**方向**鈕即可選擇要列印的方向, 若是在列印前預覽了結果才想要變更方向, 則可以在**列印**頁次中變更:

按此鈕選取列印方向

亦可在**檔案/列印**頁次變更方向

## 設定是否列印格線

列印工作表時, 我們可設定是否要印出格線。設定時請切換到**版面配置**頁次, 在**工作表選項**區進行設定。

控制螢幕上是否顯示格線

由此設定是否要列印格線

# 4-5 | 在分頁預覽模式手動調整資料分頁

當我們要列印的資料超過 1 頁, Excel 會自動為資料進行分頁, 這一節我們先帶您檢視資料的分頁狀況, 假如覺得自動分頁的結果不理想, 稍後可手動進行調整, 以符合實際需求。

## 在「分頁預覽」模式檢視分頁結果

請開啟範例檔案 Ch04-02, 並切換到**產品目錄**工作表, 目前所在的環境稱為**標準模式**, 也就是我們最常編輯工作表內容的操作環境：

目前在**標準模式**

請按下**狀態列**上的**分頁預覽鈕** , 我們可以在此模式用拉曳滑鼠的方式調整分頁情形:

捲動捲軸可看到冗長的目錄一共會分成 3 頁來列印

有一欄空白儲存格被歸到第 4 頁

工作表上顯示藍色的**自動分頁線**了

## 調整自動分頁線

從**分頁預覽**模式可以看出, 第 4 頁是空白欄位, 實在沒有必要, 這時我們可以直接拉曳分頁線來調整分頁的位置, 同時資料將會自動縮小列印比例:

將分頁線向左拉曳
到 E 欄的右框線上

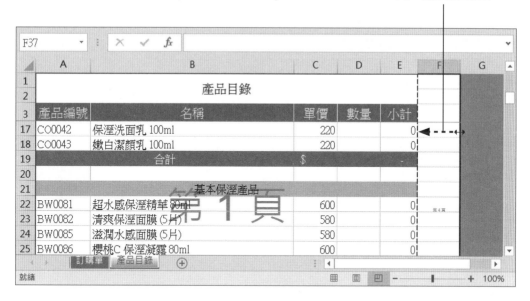

這樣就不會多印
出一頁空白頁了

當您調整過自動分頁線之後, 原本的藍色虛線會改以藍色實線顯示, 表示現在這條分頁線已變成**人工分頁線**。當您調整分頁線, 使 1 頁的資料量加大, 則 Excel 會自動縮小列印比例, 讓資料在 1 頁印出; 但若調整分頁線後, 使 1 頁的資料量減少, 並不會放大列印比例, 只是改變分頁的位置而已。

接著再檢查一下每頁的分頁位置, 會發現第 44 列 "美白產品系列" 這個標題會印在第一頁的最後一列, 實在不恰當, 因此我們可以把 44、45 列之間的分頁線往上拉曳一列:

將分頁線往上拉曳

▲ 調整結果

　　比照上述步驟, 將 87、88 列之間的分頁線往上拉曳到 81、82 之間, 讓同系列的品項都能印在同一頁中。目前各頁面的內容如下：

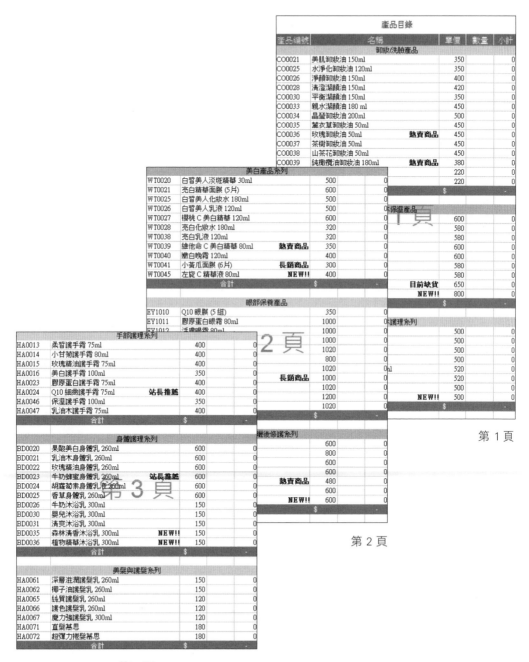

第 1 頁

第 2 頁

第 3 頁

# 4-6 讓每一頁都能印出欄位標題

經過前面的調整, 似乎已經可以將產品目錄列印出來了! 不過仔細一看, 只有第 1 頁會印出欄位的名稱, 如:產品編號、名稱、單價…。如果我們希望每一頁都能印出欄位名稱, 就要設定跨頁的欄、列標題。請開啟範例檔案 Ch04-03, 然後如下操作:

**STEP 01** 請切換到**版面配置**頁次, 按下**版面設定**區的**列印標題**鈕:

**STEP 02** 接著會開啟**版面設定/工作表**交談窗, 請在**標題列**欄設定列標題範圍:

**1** 輸入 "A1:E3" 儲存格範圍做為列標題 (儲存格範圍必須是相鄰的)

也可按下**折疊**鈕, 直接從工作表上選取第 1 列到第 3 列 ($1:$3)

**2** 按下**確定**鈕

STEP 03 請切換到**檔案**頁次再按下**列印**鈕, 就可以在**預覽區**中看到每一頁都加上「列標題」了:

第 3 頁

第 2 頁

第 1 頁

列印的相關設定都完成了, 現在就可以印出產品目錄囉!

## 後記

「列印」往往是編輯活頁簿的最後一道步驟, 儘管內容再正確, 若沒有注意到列印的一些細節, 印出來的報表還是有可能會讓人摸不著頭緒。因此藉由本章的說明, 引導你學會列印的相關技巧, 讓你印出來的報表能夠清晰又美觀。

# 實力評量

1. 請開啟練習檔案 Ex04-01, 然後如下操作:

| | A | B | C | D | E |
|---|---|---|---|---|---|
| 1 | | 暢銷書排行榜 | | | |
| 2 | | | | | |
| 3 | 排名 | 書名 | 作者 | 出版社 | |
| 4 | 1 | 不存在的女兒 | 金・愛德華茲 | 木馬文化 | |
| 5 | 2 | 禁咒師 1 | 蝴蝶 | 雅書堂 | |
| 6 | 3 | 愛是一種美麗的疼痛 | 劉墉 | 時報文化 | |
| 7 | 4 | 失竊的孩子 | 凱斯・唐納 | 遠流 | |
| 8 | 5 | 陰陽師－瀧夜叉姫 (上、下) | 夢枕獏 | 繆思文化 | |
| 9 | 6 | 追風箏的孩子 | 卡勒德胡賽 | 木馬文化 | |
| 10 | 7 | 再給我一天 | 米奇・艾爾邦 | 大塊 | |
| 11 | 8 | 我是女王-那些好女孩不懂的事 | 女王 | 圓神 | |
| 12 | 9 | 致我的男友(2) | 可愛淘 | 平裝本 | |
| 13 | 10 | 人生風景 | 余秋雨 | 時報文化 | |
| 14 | 11 | 等一個人咖啡 | 九把刀 | 春天 | |
| 15 | 12 | 佐賀的超級阿嬤 | 島田洋七 | 先覺 | |
| 16 | 13 | 佐賀阿嬤的幸福旅行箱 | 島田洋七 | 先覺 | |
| 17 | 14 | 那些年-我們一起追的女孩(1CD) | 九把刀 | 春天 | |
| 18 | 15 | 少年陰陽師3-鏡子的牢籠 | 結城光流 | 皇冠文化 | |
| 19 | 16 | 天一亮，就出發 | 張曼娟 | 皇冠文化 | |
| 20 | 17 | 長夜裡擁抱 | 張小嫻 | 皇冠文化 | |
| 21 | 18 | 新愛的教育 2愛的溝通與激勵 | 戴晨志 | 時報文化 | |
| 22 | 19 | 地獄系列(第五部)地獄浩劫 | Div | 春天 | |
| 23 | 20 | 愛情，兩好三壞(新版) | 九把刀 | 春天 | |
| 24 | 21 | 因為你-幸福近在一釐米 | 吳若權 | 方智 | |
| 25 | 22 | 流浪吧，男孩! | 俞子維 | 遠流 | |
| 26 | 23 | 放羊的星星-電視小說 | 三立電視 | 喜視文化 | |
| 27 | 24 | 鬼吹燈 (一) 精絕古城 | 天下霸唱 | 高寶 | |
| 28 | 25 | 佐賀阿嬤笑著活下去! | 島田洋七 | 先覺 | |
| 29 | 26 | 日巡者 | 盧基揚年科 | 圓神 | |

(1) 請先練習切換到**分頁預覽**模式下, 然後將版面改成**橫向**列印。

(2) 指定第 1~3 列為跨頁的標題列。

(3) 將工作表的列印位置設定成水平、垂直皆置中再列印出來。

(4) 請再列印另外一份, 這次只印出第 1 頁即可。

2. 請開啟練習檔案 Ex04-02, 再如下操作：

| | A | B | C | D | E | F | G | H | I | J | K |
|---|---|---|---|---|---|---|---|---|---|---|---|
| 1 | 問卷編號 | 性別 | 年齡 | 教育程度 | 職業 | 月收入 | 多久買一次雜誌 | 有無訂閱雜誌 | 每月會閱讀幾本雜誌 | 每月花費多少在購買雜誌 | 最常購買那一種資訊雜誌 |
| 2 | 001 | 男 | 16~30歲 | 大專 | 商 | 16,000~30,000 | 每個月 | 有 | 1本 | 300以下 | 綜合性報導 |
| 3 | 002 | 女 | 16~30歲 | 大專 | 商 | 16,000~30,000 | 二個月 | 有 | 1本 | 301~400 | 硬體情報 |
| 4 | 003 | 男 | 30~45歲 | 大專以上 | 工 | 16,000~30,000 | 二個月 | 無 | 1本 | 300以下 | 軟體應用 |
| 5 | 004 | 男 | 16~30歲 | 大專 | 工 | 16,000~30,000 | 每個月 | 無 | 2本 | 301~400 | 資訊新知 |
| 6 | 005 | 男 | 30~45歲 | 大專以上 | 商 | 16,000~30,000 | 每季 | 無 | 2本 | 401~500 | 硬體情報 |
| 7 | 006 | 女 | 46歲以上 | 大專 | 自由業 | 16,000~30,000 | 半年 | 有 | 2本 | 301~400 | 軟體應用 |
| 8 | 007 | 女 | 16~30歲 | 大專 | 商 | 30,000~50,000 | 每個月 | 有 | 3-5本 | 401~500 | 資訊新知 |
| 9 | 008 | 男 | 30~45歲 | 大專 | 工 | 16,000~30,000 | 一年 | 無 | 2本 | 301~400 | 遊戲雜誌 |
| 10 | 009 | 女 | 46歲以上 | 大專以上 | 商 | 30,000~50,000 | 每個月 | 有 | 3-5本 | 300以下 | 作業系統 |

(1) 請幫工作表加上頁首資訊：頁首的左欄插入「時間」、中欄輸入 "資訊雜誌市調結果"、右欄插入「工作表名稱」及「頁數」。

(2) 利用**頁尾**鈕的下拉式選單, 替頁尾加上文件製作者的名稱、日期及頁碼。

(3) 指定第 1 列為跨頁的標題列。

(4) 將第 1、2 頁的分頁線拉曳到第 29、30 列之間。

(5) 將第 2、3 頁的分頁線拉曳到工作表底部, 讓工作表只會分成 2 頁。

(6) 最後請將**邊界**設為內建的**寬**再列印出來。

# 05 計算資產設備的折舊

本章學習提要

- 認識「直線法」折舊的公式
- 利用 SLN 函數計算直線法折舊
- 「年數合計法」折舊的函數：SYD
- 「倍數餘額遞減法」折舊的函數：DDB
- 按「定率遞減法」折舊的函數：DB

所謂「折舊」是指將運輸設備、辦公設備、房屋建築…等營運用的固定資產, 依據可使用的年限和估計最後的殘值, 用合理的方式分攤其成本。折舊的方法有很多, 目前企業常用的有「直線法」、「年數合計法」、「倍數餘額遞減法」…等, 其中最簡單快速的折舊方法就是「直線法」; 有些企業則會選擇「倍數餘額遞減法」來加速計算固定資產的折舊額。本章就為您説明如何利用公式及函數計算固定資產的折舊。

小玉是**安達公司**的職員, 每年到了會計年度核算的時候, 她總是要把公司內所有該提列折舊的固定資產列出清單, 再算出每項資產的折舊額。這個重責大任小玉都是交給 Excel, 只要將資料建立完善, 日後這個工作就可以化繁為簡了。

### 安達公司固定資產折舊表 (直線法)

| 固定資產項目 | 成本 | 殘值 | 可用年限 | 折舊額 |
|---|---|---|---|---|
| 自動化機器設備 | $ 20,000,000 | $ 3,000,000 | 15 | |
| 第 1 年 (2013年) | | | | $850,000.00 |
| 第 2 年 (2014年) | | | | $1,133,333.33 |
| 第 3 年 (2015年) | | | | $1,133,333.33 |
| 第 4 年 (2016年) | | | | $1,133,333.33 |

### 安達公司固定資產折舊表 (年數合計法)

| 使用期數 新購(年) | 固定資產項目 | 成本 | 殘值 | 可用年限 | 折舊額 |
|---|---|---|---|---|---|
| | | $ 1,560,000 | $ 200,000 | 8 | |
| 1 | | $ 1,560,000 | $ 200,000 | 8 | $302,222.22 |
| 2 | | $ 1,560,000 | $ 200,000 | 8 | $264,444.44 |
| 3 | | $ 1,560,000 | $ 200,000 | 8 | $226,666.67 |
| 4 | 運輸設備 | $ 1,560,000 | $ 200,000 | 8 | $188,888.89 |
| 5 | | $ 1,560,000 | $ 200,000 | 8 | $151,111.11 |
| 6 | | $ 1,560,000 | $ 200,000 | 8 | $113,333.33 |
| 7 | | $ 1,560,000 | $ 200,000 | 8 | $75,555.56 |
| 8 | | $ 1,560,000 | $ 200,000 | 8 | $37,777.78 |

### 安達公司固定資產折舊表 (倍數餘額遞減法)

| 使用期數 新購 | 固定資產項目 辦公設備 | 成本 $3,200,000 | 殘值 $400,000 | 可用年限 10 |
|---|---|---|---|---|
| | 折舊金額 | | | |
| 第 1 年 | $640,000.00 | | | |
| 第 2 年 | $512,000.00 | | | |

### 安達公司固定資產折舊表 (定率遞減法)

| 使用期數 新購(年) | 固定資產項目 | 成本 | 殘值 | 可用年限 | 折舊額 |
|---|---|---|---|---|---|
| | | $ 1,360,000 | $ 280,000 | 15 | |
| 1 | | $ 1,360,000 | $ 280,000 | 15 | $102,000.00 |
| 2 | | $ 1,360,000 | $ 280,000 | 15 | $125,800.00 |
| 3 | | $ 1,360,000 | $ 280,000 | 15 | $113,220.00 |
| 4 | | $ 1,360,000 | $ 280,000 | 15 | $101,898.00 |
| 5 | | $ 1,360,000 | $ 280,000 | 15 | $91,708.20 |
| 6 | | $ 1,360,000 | $ 280,000 | 15 | $82,537.38 |
| 7 | | $ 1,360,000 | $ 280,000 | 15 | $74,283.64 |
| 8 | 消防設備 | $ 1,360,000 | $ 280,000 | 15 | $66,855.28 |
| 9 | | $ 1,360,000 | $ 280,000 | 15 | $60,169.75 |
| 10 | | $ 1,360,000 | $ 280,000 | 15 | $54,152.78 |
| 11 | | $ 1,360,000 | $ 280,000 | 15 | $48,737.50 |
| 12 | | $ 1,360,000 | $ 280,000 | 15 | $43,863.75 |
| 13 | | $ 1,360,000 | $ 280,000 | 15 | $39,477.37 |
| 14 | | $ 1,360,000 | $ 280,000 | 15 | $35,529.64 |
| 15 | | $ 1,360,000 | $ 280,000 | 15 | $31,976.67 |

# 5-1 | 利用公式計算直線法折舊

## 直線法折舊公式

「直線法」折舊的好處是快速、方便, 且計算出來的折舊額每年都相同。首先我們來認識一下直線法折舊的計算公式。

直線法折舊的公式為:

(成本 − 殘值) / 可用年限

公式中的**成本**是指固定資產購買時的原始成本;**殘值**是指估計固定資產在可用年限屆滿時最後的價值;**可用年限**就是估計固定資產可使用的年數, 只要根據這 3 個數據, 即可為固定資產算出折舊額。

## 計算直線法折舊

**安達公司**在 2013 年 4 月購買了一套自動化機器設備, 成本是 2,000 萬, 預計可使用 15 年, 估計最後的殘值為 300 萬, 那麼第 1 年要提列多少折舊?之後每年的折舊額又是多少呢?我們用直線法來算算看。

首先我們要計算第 1 年的折舊額, 請開啟範例檔案 Ch05-01, 並切換至**直線法**工作表, 然後選定 E5 儲存格, 在儲存格中輸入計算公式 "= (B4−C4)/D4":

| E5 | ▾ | ⋮ | × | ✓ | ƒx | =(B4-C4)/D4 | | |
|---|---|---|---|---|---|---|---|---|
| ▲ | A | B | C | D | E | F | G |
| 1 | | 安達公司固定資產折舊表(直線法) | | | | | |
| 2 | | | | | | | |
| 3 | 固定資產項目 | 成本 | 殘值 | 可用年限 | 折舊額 | | |
| 4 | 自動化機器設備 | $ 20,000,000 | $ 3,000,000 | 15 | | | |
| 5 | 第 1 年 (2013年) | | | | $1,133,333.33 | | |
| 6 | 第 2 年 (2014年) | | | | | | |
| 7 | | | | | | | |
| 8 | | | | | | | |

這樣算出來的結果是
每年提列的折舊額

　　由於機器設備是在 2013 年 4 月時購買的, 所以在提列 2013 年的折舊額時, 必須再將 1~3 月多提列的折舊額減掉, 實際計算折舊的期間是 4~12 月, 請再度選取 E5 儲存格, 並在**資料編輯列**修改公式:

由於 4~12 月佔了一整年的 9/12, 因此我們在公式的後方乘上 9/12

| E5 | | | $f_x$ | =(B4-C4)/D4*9/12 | | |
|---|---|---|---|---|---|---|
| | A | B | C | D | E | F |
| 1 | 安達公司固定資產折舊表 (直線法) | | | | | |
| 2 | | | | | | |
| 3 | 固定資產項目 | 成本 | 殘值 | 可用年限 | 折舊額 | |
| 4 | 自動化機器設備 | $ 20,000,000 | $ 3,000,000 | 15 | | |
| 5 | 第 1 年 (2013年) | | | | $850,000.00 | |
| 6 | 第 2 年 (2014年) | | | | | |
| 7 | | | | | | |

這才是 2013 年要提列的折舊額

　　至於之後 2014、2015 年…提列折舊時, 就不會有這樣的問題了, 因為計算的期間都是從 1 月 1 日到 12 月 31 日, 只要套上公式計算出結果, 就是正確的折舊額了, 而且每年的折舊金額都是相同的。

| E6 | | | $f_x$ | =(B4-C4)/D4 | |
|---|---|---|---|---|---|
| | A | B | C | D | E |
| 1 | 安達公司固定資產折舊表 (直線法) | | | | |
| 2 | | | | | |
| 3 | 固定資產項目 | 成本 | 殘值 | 可用年限 | 折舊額 |
| 4 | 自動化機器設備 | $ 20,000,000 | $ 3,000,000 | 15 | |
| 5 | 第 1 年 (2013年) | | | | $850,000.00 |
| 6 | 第 2 年 (2014年) | | | | $1,133,333.33 |
| 7 | 第 3 年 (2015年) | | | | $1,133,333.33 |
| 8 | 第 4 年 (2016年) | | | | $1,133,333.33 |
| 9 | 第 5 年 (2017年) | | | | $1,133,333.33 |
| 10 | 第 6 年 (2018年) | | | | $1,133,333.33 |
| 11 | 第 7 年 (2019年) | | | | $1,133,333.33 |

▲ 完成的結果可以參考範例檔案
Ch05-01 的**直線法 OK** 工作表

# 5-2 | 利用函數計算直線法折舊

除了可以利用公式來計算折舊外, Excel 也幫我們準備了現成的「折舊函數」, 只要輸入資料, 就可以不費吹灰之力算出固定資產的折舊金額了。直線法折舊可用 SLN 函數來計算。

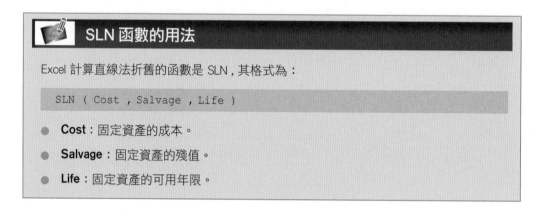

### SLN 函數的用法

Excel 計算直線法折舊的函數是 SLN, 其格式為:

```
SLN ( Cost , Salvage , Life )
```

- **Cost**: 固定資產的成本。
- **Salvage**: 固定資產的殘值。
- **Life**: 固定資產的可用年限。

請切換至範例檔案 Ch05-01 的**函數直線法**工作表來練習, 我們用相同的範例來計算自動化機器設備的折舊額, 看看計算的結果是否與公式計算的相同。請選取 E5 儲存格, 然後按下**資料編輯列**上的**插入函數鈕** *fx*, 便會開啟**插入函數**交談窗:

**1** 在此輸入 "折舊", 再按下**開始**鈕, 底下就會列出有關折舊的所有函數

這些是其他折舊法的函數

**2** 由於我們目前是要採用直線法折舊, 所以請選取 **SLN** 函數, 再按下**確定**鈕

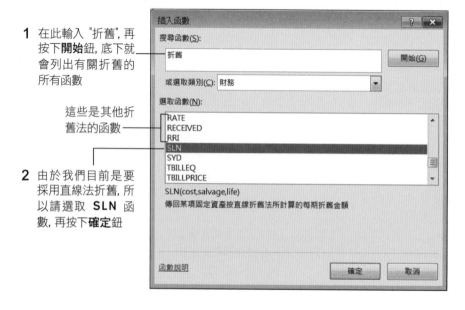

**3** 分別輸入固定資產的成本、殘值及可
用年限所在的儲存格, 再按下**確定**鈕

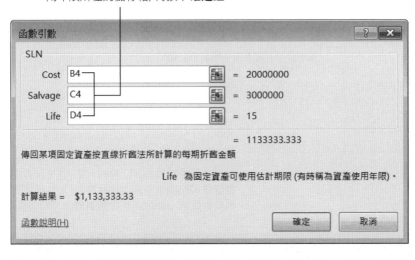

▲ 每年的折舊額計算出來了

　　剛剛提過, 由於機器設備是 2013 年 4 月時購買的, 因此 2013 年該提列的折舊
額要乘上 9/12：

將計算結果乘以 9/12

| E5 | | fx | =SLN(B4,C4,D4)*9/12 | | |
|---|---|---|---|---|---|
| | A | B | C | D | E |
| 1 | 安達公司固定資產折舊表 (直線法) | | | | |
| 2 | | | | | |
| 3 | 固定資產項目 | 成本 | 殘值 | 可用年限 | 折舊額 |
| 4 | 自動化機器設備 | $　20,000,000 | $　3,000,000 | 15 | |
| 5 | 第 1 年 (2013年) | | | | $850,000.00 |
| 6 | 第 2 年 (2014年) | | | | |

請用相同的方法計算第 2 年折舊：

| E6 | ▼ | | ✕ ✓ *fx* | =SLN(B4,C4,D4) | |
|---|---|---|---|---|---|

| ▲ | A | B | C | D | E |
|---|---|---|---|---|---|
| 1 | 安達公司固定資產折舊表 (直線法) | | | | |
| 2 | | | | | |
| 3 | 固定資產項目 | 成本 | 殘值 | 可用年限 | 折舊額 |
| 4 | 自動化機器設備 | $ 20,000,000 | $ 3,000,000 | 15 | |
| 5 | 第 1 年 (2013年) | | | | $850,000.00 |
| 6 | 第 2 年 (2014年) | | | | $1,133,333.33 |
| 7 | | | | | |

折舊金額果然和公式計算的一樣, 您可以切換回
**直線法 OK** 工作表來比較看看 (計算結果可以參
考範例檔案 Ch05-01 的**函數直線法 OK** 工作表)

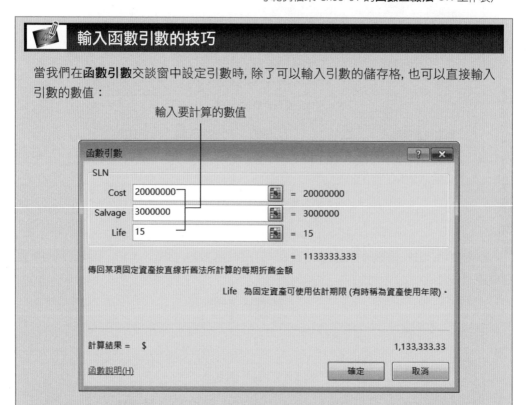

### 輸入函數引數的技巧

當我們在**函數引數**交談窗中設定引數時, 除了可以輸入引數的儲存格, 也可以直接輸入
引數的數值：

輸入要計算的數值

函數引數

SLN

Cost 20000000 = 20000000

Salvage 3000000 = 3000000

Life 15 = 15

= 1133333.333

傳回某項固定資產按直線折舊法所計算的每期折舊金額

Life 為固定資產可使用估計期限 (有時稱為資產使用年限)。

計算結果 = $ 1,133,333.33

函數說明(H)　　　　　　　　　　　確定　　取消

無論採用哪種方式, 其計算出來的結果都是相同的, 但是當您將引數設定為儲存格位
址時, 一旦更改儲存格中的數值, Excel 就會自動更新計算結果；若是當初直接輸入數
值, 就必需到公式中修改引數的數值以便重新做計算。因此, 將引數設定為儲存格位址
是較有效率的做法。

# 5-3 | 其他折舊函數應用

這一節我們將為您介紹另外 3 種折舊的方法, 分別是「年數合計法」、「倍數餘額遞減法」和「定率遞減法」。

## 年數合計法

若要用**年數合計法**來提列固定資產的折舊, 可利用 Excel 的 **SYD** 函數來計算。

 SYD 函數的用法

SYD 函數會用**年數合計法**, 計算出每期折舊金額。SYD 函數的格式為:

```
SYD (Cost , Salvage , Life , Per)
```

● **Cost**: 固定資產的成本。

● **Salvage**: 固定資產的殘值。

● **Life**: 固定資產的可用年限。

● **Per**: 要計算的期間, 此處使用的計算單位必須與 Life 相同。

假設**安達公司**要為一項運輸設備提列折舊, 成本是 156 萬, 估計可使用 8 年, 殘值為 20 萬, 那麼我們就可以利用 SYD 函數, 計算出 1~8 年的折舊金額。請開啟範例檔案 Ch05-02, 切換至**年數合計法**工作表並如下操作:

| | A | B | C | D | E | F |
|---|---|---|---|---|---|---|
| 1 | | | 安達公司固定資產折舊表(年數合計法) | | | |
| 2 | | | | | | |
| 3 | 使用期數 | 固定資產項目 | 成本 | 殘值 | 可用年限 | 折舊額 |
| 4 | 新購(年) | | $ 1,560,000 | $ 200,000 | 8 | |
| 5 | 1 | | $ 1,560,000 | $ 200,000 | 8 | |
| 6 | 2 | | $ 1,560,000 | $ 200,000 | 8 | |
| 7 | 3 | | $ 1,560,000 | $ 200,000 | 8 | |
| 8 | 4 | 運輸設備 | $ 1,560,000 | $ 200,000 | 8 | |
| 9 | 5 | | $ 1,560,000 | $ 200,000 | 8 | |
| 10 | 6 | | $ 1,560,000 | $ 200,000 | 8 | |
| 11 | 7 | | $ 1,560,000 | $ 200,000 | 8 | |
| 12 | 8 | | $ 1,560,000 | $ 200,000 | 8 | |
| 13 | | | | | | |

**STEP 01** 請選取 F5 儲存格, 然後按下**插入函數鈕** *fx*, 便會開啟**插入函數**交談窗：

輸入 "SYD", 並
按下**開始**鈕

**STEP 02** 選取 SYD 函數後按下**確定**鈕, 接著如下圖輸入引數的內容：

**1** 分別輸入固定資產的成本、殘值及使用年限

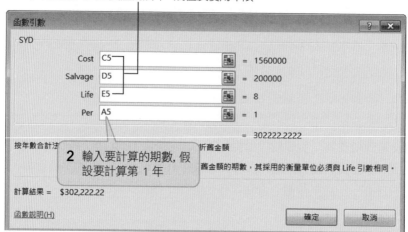

**2** 輸入要計算的期數, 假
設要計算第 1 年

**STEP 03** 按下**確定**鈕, 第 1 年的折舊額就計算出來了：

| F5 | | : | × | ✓ | fx | =SYD(C5,D5,E5,A5) | |
|---|---|---|---|---|---|---|---|
| | A | B | C | D | E | F |
| 1 | | 安達公司固定資產折舊表(年數合計法) | | | | |
| 2 | | | | | | |
| 3 | 使用期數 | 固定資產項目 | 成本 | 殘值 | 可用年限 | 折舊額 |
| 4 | 新購(年) | | $ 1,560,000 | $ 200,000 | 8 | |
| 5 | 1 | | $ 1,560,000 | $ 200,000 | 8 | $302,222.22 |
| 6 | 2 | | $ 1,560,000 | $ 200,000 | 8 | |
| 7 | 3 | | $ 1,560,000 | $ 200,000 | 8 | |
| 8 | 4 | 運輸設備 | $ 1,560,000 | $ 200,000 | 8 | |

**STEP 04** 接下來, 我們只要將 F5 儲存格的公式複製到 F6：F12, 即可算出第 2 到第 8 年的折舊額了。

| | A | B | C | D | E | F | G | H |
|---|---|---|---|---|---|---|---|---|
| 1 | 安達公司固定資產折舊表(年數合計法) | | | | | | | |
| 2 | | | | | | | | |
| 3 | 使用期數 | 固定資產項目 | 成本 | 殘值 | 可用年限 | 折舊額 | | |
| 4 | 新購(年) | | $ 1,560,000 | $ 200,000 | 8 | | | |
| 5 | 1 | | $ 1,560,000 | $ 200,000 | 8 | $302,222.22 | | |
| 6 | 2 | | $ 1,560,000 | $ 200,000 | 8 | | | |
| 7 | 3 | | $ 1,560,000 | $ 200,000 | 8 | | | |
| 8 | 4 | 運輸設備 | $ 1,560,000 | $ 200,000 | 8 | | | |
| 9 | 5 | | $ 1,560,000 | $ 200,000 | 8 | | | |
| 10 | 6 | | $ 1,560,000 | $ 200,000 | 8 | | | |
| 11 | 7 | | $ 1,560,000 | $ 200,000 | 8 | | | |
| 12 | 8 | | $ 1,560,000 | $ 200,000 | 8 | + | | |
| 13 | | | | | | | | |
| 14 | | | | | | | | |

將 F5 儲存格的**填滿控點**向下拉曳至 F12 儲存格

| | A | B | C | D | E | F | G | H |
|---|---|---|---|---|---|---|---|---|
| 1 | 安達公司固定資產折舊表(年數合計法) | | | | | | | |
| 2 | | | | | | | | |
| 3 | 使用期數 | 固定資產項目 | 成本 | 殘值 | 可用年限 | 折舊額 | | |
| 4 | 新購(年) | | $ 1,560,000 | $ 200,000 | 8 | | | |
| 5 | 1 | | $ 1,560,000 | $ 200,000 | 8 | $302,222.22 | | |
| 6 | 2 | | $ 1,560,000 | $ 200,000 | 8 | $264,444.44 | | |
| 7 | 3 | | $ 1,560,000 | $ 200,000 | 8 | $226,666.67 | | |
| 8 | 4 | 運輸設備 | $ 1,560,000 | $ 200,000 | 8 | $188,888.89 | | |
| 9 | 5 | | $ 1,560,000 | $ 200,000 | 8 | $151,111.11 | | |
| 10 | 6 | | $ 1,560,000 | $ 200,000 | 8 | $113,333.33 | | |
| 11 | 7 | | $ 1,560,000 | $ 200,000 | 8 | $75,555.56 | | |
| 12 | 8 | | $ 1,560,000 | $ 200,000 | 8 | $37,777.78 | | |
| 13 | | | | | | | | |
| 14 | | | | | | | | |

現在 1~8 年的折舊額都計算出來, 計算結果可參考範例檔案 Ch05-02 的**年數合計法 OK** 工作表。

另外, 若是要計算以月為單位的折舊額, 只要將函數中的 Per 和 Life 兩個引數換算成相同的單位就可以了。接續上例, 假設我們要計算第 1 個月的折舊額, 請切換至**年數合計法月單位**工作表, 其中我們已將**年數合計法 OK** 工作表中的公式複製過來了, 請選定 F5 儲存格, 然後按下 F2 鍵, 即可在儲存格中移動插入點來修改公式：

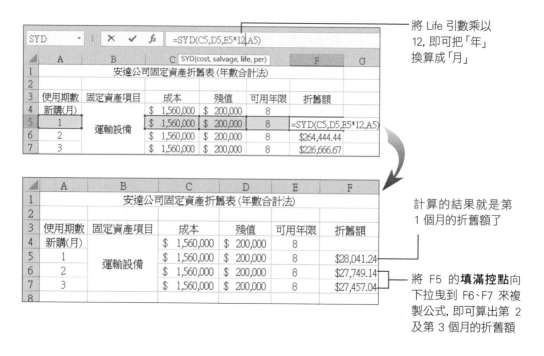

將 Life 引數乘以 12, 即可把「年」換算成「月」

計算的結果就是第 1 個月的折舊額了

將 F5 的**填滿控點**向下拉曳到 F6、F7 來複製公式, 即可算出第 2 及第 3 個月的折舊額

計算結果可參考範例檔案 Ch05-02 的**年數合計法月單位 OK** 工作表。

# 倍數餘額遞減法

　　若是要以「倍數餘額遞減法 (亦可稱為「倍數遞減法」)」來提列折舊, 則可以利用**DDB** 函數來計算。

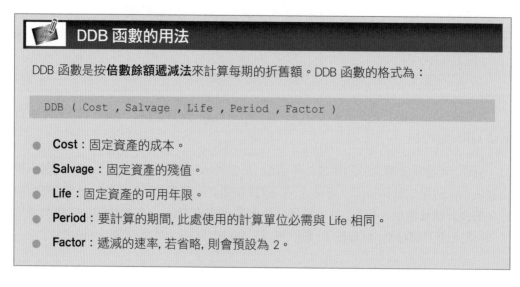

### DDB 函數的用法

DDB 函數是按**倍數餘額遞減法**來計算每期的折舊額。DDB 函數的格式為:

```
DDB ( Cost , Salvage , Life , Period , Factor )
```

- **Cost**: 固定資產的成本。
- **Salvage**: 固定資產的殘值。
- **Life**: 固定資產的可用年限。
- **Period**: 要計算的期間, 此處使用的計算單位必需與 Life 相同。
- **Factor**: 遞減的速率, 若省略, 則會預設為 2。

假設**安達公司**新購一套辦公設備, 購買的成本是 320 萬, 估計可使用 10 年, 殘值為 40 萬。我們可以利用 DDB 函數, 計算出第 1 年的折舊金額, 若是要變換速率來提列折舊也沒問題喔！

**STEP 01** 首先請開啟範例檔案 Ch05-03, 並切換至**倍數餘額遞減法**工作表, 選取 B7 儲存格。

| | A | B | C | D | E |
|---|---|---|---|---|---|
| 1 | 安達公司固定資產折舊表 (倍數餘額遞減法) | | | | |
| 2 | | | | | |
| 3 | 使用期數 | 固定資產項目 | 成本 | 殘值 | 可用年限 |
| 4 | 新購 | 辦公設備 | $3,200,000 | $400,000 | 10 |
| 5 | | | | | |
| 6 | | 折舊金額 | | | |
| 7 | 第1年 | | | | |
| 8 | 第2年 | | | | |

**STEP 02** 仿照剛才的步驟, 在**插入函數**交談窗中找到 DDB 函數, 並按下**確定**鈕。在 **DDB 函數引數**交談窗中輸入如下圖的內容：

**1** 輸入成本、殘值及可用年限　　**2** 輸入要計算的折舊期間

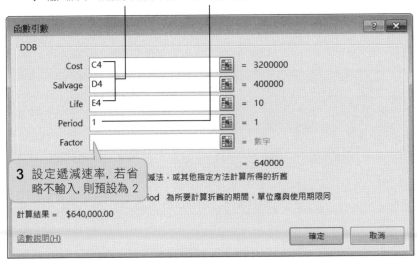

**3** 設定遞減速率, 若省略不輸入, 則預設為 2

**STEP 03** 按下**確定**鈕即可算出第 1 年的折舊額為 640,000。

B7 ▾ × ✓ fx =DDB(C4,D4,E4,1)

| | A | B | C | D | E |
|---|---|---|---|---|---|
| 1 | 安達公司固定資產折舊表 (倍數餘額遞減法) | | | | |
| 2 | | | | | |
| 3 | 使用期數 | 固定資產項目 | 成本 | 殘值 | 可用年限 |
| 4 | 新購 | 辦公設備 | $3,200,000 | $400,000 | 10 |
| 5 | | | | | |
| 6 | | 折舊金額 | | | |
| 7 | 第1年 | $640,000.00 | | | |
| 8 | 第2年 | | | | |

接著, 請您用同樣的方式計算出第 2 年的折舊額：

| B8 | | ▼ | ⋮ | × | ✓ | fx | =DDB(C4,D4,E4,2) | | |
|---|---|---|---|---|---|---|---|---|---|

| | A | B | C | D | E | F |
|---|---|---|---|---|---|---|
| 1 | 安達公司固定資產折舊表 (倍數餘額遞減法) | | | | | |
| 2 | | | | | | |
| 3 | 使用期數 | 固定資產項目 | 成本 | 殘值 | 可用年限 | |
| 4 | 新購 | 辦公設備 | $3,200,000 | $400,000 | 10 | |
| 5 | | | | | | |
| 6 | | 折舊金額 | | | | |
| 7 | 第1年 | $640,000.00 | | | | |
| 8 | 第2年 | $512,000.00 | | | | |
| 9 | | | | | | |

▲ 計算結果可參考**倍數餘額遞減法 OK** 工作表

以上兩個年度, 我們都將速率以預設值 2 來計算 (即省略, 不輸入), 若是要將速率改成 1.5 的話, 只要修改最後一項 Factor 引數即可：

將遞減速率改為 1.5

| DDB | | ▼ | ⋮ | × | ✓ | fx | =DDB(C4,D4,E4,2,1.5) | | |
|---|---|---|---|---|---|---|---|---|---|

| | A | B | DDB(cost, salvage, life, period, [factor]) | | | F |
|---|---|---|---|---|---|---|
| 1 | 安達公司固定資產折舊表 (倍數餘額遞減法) | | | | | |
| 2 | | | | | | |
| 3 | 使用期數 | 固定資產項目 | 成本 | 殘值 | 可用年限 | |
| 4 | 新購 | 辦公設備 | $3,200,000 | $400,000 | 10 | |
| 5 | | | | | | |
| 6 | | 折舊金額 | | | | |
| 7 | 第1年 | $640,000.00 | | | | |
| 8 | 第2年 | =DDB(C4,D4,E4 | | | | |

| B8 | | ▼ | ⋮ | × | ✓ | fx | =DDB(C4,D4,E4,2,1.5) | | |
|---|---|---|---|---|---|---|---|---|---|

| | A | B | C | D | E | F |
|---|---|---|---|---|---|---|
| 1 | 安達公司固定資產折舊表 (倍數餘額遞減法) | | | | | |
| 2 | | | | | | |
| 3 | 使用期數 | 固定資產項目 | 成本 | 殘值 | 可用年限 | |
| 4 | 新購 | 辦公設備 | $3,200,000 | $400,000 | 10 | |
| 5 | | | | | | |
| 6 | | 折舊金額 | | | | |
| 7 | 第1年 | $640,000.00 | | | | |
| 8 | 第2年 | $408,000.00 | | | | |

折舊額改變了

# 定率遞減法

若要用「定率遞減法」來提列固定資產的折舊，可利用 **DB** 函數來計算。

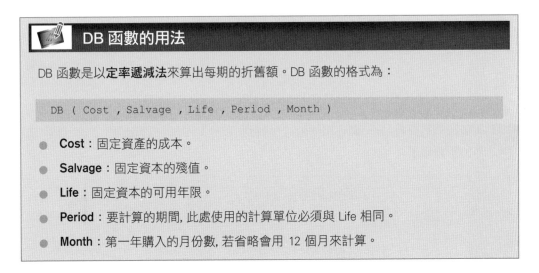

### DB 函數的用法

DB 函數是以**定率遞減法**來算出每期的折舊額。DB 函數的格式為：

```
DB ( Cost , Salvage , Life , Period , Month )
```

- **Cost**：固定資產的成本。
- **Salvage**：固定資本的殘值。
- **Life**：固定資本的可用年限。
- **Period**：要計算的期間, 此處使用的計算單位必須與 Life 相同。
- **Month**：第一年購入的月份數, 若省略會用 12 個月來計算。

假設**安達公司**在 4 月為公司內部添購了一套消防設備, 一共花費 136 萬, 估計可使用 15 年, 殘值為 28 萬, 那麼我們就來運用 DB 函數, 計算出 1~15 年的折舊金額。請開啟範例檔案 Ch05-04, 並切換至**定率遞減法**工作表：

STEP **01** 請先選取 F5 儲存格, 然後仿照先前的步驟, 在**插入函數**交談窗中找到 DB 函數, 按下**確定鈕**, 在**函數引數**交談窗中輸入如下圖的內容：

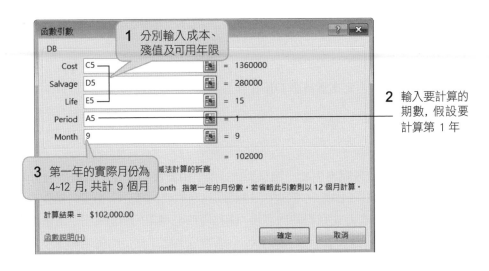

STEP **02** 按下**確定**鈕即可算出第 1 年的折舊額。

| F5 | : | × ✓ *fx* | =DB(C5,D5,E5,A5,9) | | | |
|---|---|---|---|---|---|---|
| | A | B | C | D | E | F | G |

| | A | B | C | D | E | F | G |
|---|---|---|---|---|---|---|---|
| 1 | 安達公司固定資產折舊表 (定率遞減法) | | | | | | |
| 2 | | | | | | | |
| 3 | 使用期數 | 固定資產項目 | 成本 | 殘值 | 可用年限 | 折舊額 | |
| 4 | 新購(年) | | $ 1,360,000 | $ 280,000 | 15 | | |
| 5 | 1 | | $ 1,360,000 | $ 280,000 | 15 | $102,000.00 | |
| 6 | 2 | | $ 1,360,000 | $ 280,000 | 15 | | |

第 1 年的折舊
額計算出來了

STEP **03** 接著我們只要將 F5 儲存格的公式複製到 F6：F19, 即可算出第 2 年到第 15 年的折舊額了：

| | A | B | C | D | E | F | G |
|---|---|---|---|---|---|---|---|
| 1 | 安達公司固定資產折舊表 (定率遞減法) | | | | | | |
| 2 | | | | | | | |
| 3 | 使用期數 | 固定資產項目 | 成本 | 殘值 | 可用年限 | 折舊額 | |
| 4 | 新購(年) | | $ 1,360,000 | $ 280,000 | 15 | | |
| 5 | 1 | | $ 1,360,000 | $ 280,000 | 15 | $102,000.00 | |
| 6 | 2 | | $ 1,360,000 | $ 280,000 | 15 | $125,800.00 | |
| 7 | 3 | | $ 1,360,000 | $ 280,000 | 15 | $113,220.00 | |
| 8 | 4 | | $ 1,360,000 | $ 280,000 | 15 | $101,898.00 | |
| 9 | 5 | | $ 1,360,000 | $ 280,000 | 15 | $91,708.20 | |
| 10 | 6 | | $ 1,360,000 | $ 280,000 | 15 | $82,537.38 | |
| 11 | 7 | 消防設備 | $ 1,360,000 | $ 280,000 | 15 | $74,283.64 | |
| 12 | 8 | | $ 1,360,000 | $ 280,000 | 15 | $66,855.28 | |
| 13 | 9 | | $ 1,360,000 | $ 280,000 | 15 | $60,169.75 | |
| 14 | 10 | | $ 1,360,000 | $ 280,000 | 15 | $54,152.78 | |
| 15 | 11 | | $ 1,360,000 | $ 280,000 | 15 | $48,737.50 | |
| 16 | 12 | | $ 1,360,000 | $ 280,000 | 15 | $43,863.75 | |
| 17 | 13 | | $ 1,360,000 | $ 280,000 | 15 | $39,477.37 | |
| 18 | 14 | | $ 1,360,000 | $ 280,000 | 15 | $35,529.64 | |
| 19 | 15 | | $ 1,360,000 | $ 280,000 | 15 | $31,976.67 | |

將 F5 儲存格
的填滿控點向
下拉曳至 F19

計算結果可參考**定率遞減法 OK** 工作表。

## 後記

　　「折舊」在分攤成本中是一項重要的工作, 由於這項工作的背後與會計專業領域有著密不可分的關係, 因此在本書中, 我們以簡易的範例來介紹相關的操作及函數的應用, 目的是希望您在看完我們的內容後, 能利用自己專業的會計知識, 再藉由從本章學習到的 Excel 操作技巧及函數, 讓 Excel 著實成為您工作上的最佳利器。

# 實力評量

1. 下表是**騰達公司**兩項固定資產的相關資料, 請依序完成以下的練習：

| 購買日期 | 固定資產項目 | 成本 (萬) | 殘值 (萬) | 可用年限 (年) |
|---|---|---|---|---|
| 2012 年 5 月 1 日 | 自動生產設備 | 180 | 23 | 8 |
| 2013 年 10 月 1 日 | 包裝機器 | 50 | 5 | 4 |

(1) 請採用**直線法**以公式的計算方式, 為 "自動生產設備" 提列 2012 年及 2013 年的折舊額。

(2) 同樣採用**直線法**, 但請改以函數的計算方式, 為 "包裝機器" 提列 2013 年及 2014 年的折舊額。

2. **藍天公司**於 2013 年 12 月 1 日購買了一項運輸設備, 成本是 167 萬, 預計可使用 10 年, 殘值為 15 萬, 請採用**年數合計法**與**定率遞減法**計算每年該提列多少折舊。

3. 接續上題, **藍天公司**的另一項辦公設備, 成本是 320 萬, 殘值為 54,000, 預計可用 8 年, 請利用**倍數餘額遞減法**計算出在下列條件中的折舊額分別是多少？

(1) 計算第 1 天的折舊額。

提示　將 **Life** 的單位由 "年" 換算成 "天"。

(2) 計算第 1 個月的折舊額。

(3) 計算第 1 年的折舊額。

(4) 計算第 2 年的折舊額, 但遞減速率改為 1.5。

(5) 計算第 5 年的折舊額, 但遞減速率改為 0.5。

(6) 最後, 請計算第 8 年的折舊額為多少 (遞減速率為 2)？

# 06

# 年度預算報表

**本章學習提要**

- 使用「資料驗證」製作資料輸入清單
- 使用「名稱」強化公式的易讀性
- 運用 VLOOKUP 函數建立查表公式
- 運用 SUBTOTAL 函數結算每月的預算小計
- 運用 SUMIF 函數合計各項目的預算總額

每到了年底, 公司的部門主管就要開始編列來年的年度預算。編列預算可讓老闆了解部門的營運計畫, 有效控管營運經費的支出, 日後還可對預算執行的成效進行分析, 適時調整營運方針, 以幫助企業整體達到更佳的營運績效。

**鄭運升**是**艾力頓公司**的產品部經理, 最近正開始著手編列該部門明年度的總預算。編列預算雖然有些煩雜但並不困難, 鄭經理的做法是先編列一張預算底稿, 詳列每一筆預算的用途、使用人員、歸屬的會計科目、金額…等, 然後再依類別 (如人員別、專案別、科目別) 製作成彙總表。這一章我們便要介紹鄭經理的編列手法, 讓各位也能輕鬆完成年度預算報表。

| | 人員 | 專案名稱 | 案序 | 科目名稱 | 科目代號 | 預算合計金額 | 201601 | 201602 | 201603 | 201604 | 201605 | 201606 | 201607 | 201608 | 201609 | 201610 | 201611 | 201612 |
|---|---|---|---|---|---|---|---|---|---|---|---|---|---|---|---|---|---|---|
| | | | | 預算總額 | | $2,580,590 | $791,879 | $158,201 | $158,201 | $162,701 | $166,701 | $162,701 | $166,701 | $162,701 | $162,701 | $162,701 | $162,701 | $162,701 |
| 5 | 鄭運升 | HiNet ADSL 租費 | P-01 | 郵電費 | 6206000 | $24,000 | $2,000 | $2,000 | $2,000 | $2,000 | $2,000 | $2,000 | $2,000 | $2,000 | $2,000 | $2,000 | $2,000 | $2,000 |
| 6 | 鄭運升 | 名片製作 | P-02 | 文具用品 | 6203000 | $900 | $900 | | | | | | | | | | | | |
| 7 | 鄭運升 | 印表機墨水匣 | P-03 | 文具用品 | 6203000 | $12,800 | $12,800 | | | | | | | | | | | | |
| 8 | 鄭運升 | 傳真紙 | P-04 | 文具用品 | 6203000 | $180 | $180 | | | | | | | | | | | | |
| 9 | 鄭運升 | 購買光碟片 | P-05 | 文具用品 | 6203000 | $2,160 | $2,160 | | | | | | | | | | | | |
| 10 | 鄭運升 | 廠商贈品-交寄 | P-06 | 運費 | 6205000 | $2,500 | $2,500 | | | | | | | | | | | | |
| 11 | 鄭運升 | 廠商贈品-廣告 | P-06 | 廣告費 | 6208000 | $36,000 | $3,000 | $3,000 | $3,000 | $3,000 | $3,000 | $3,000 | $3,000 | $3,000 | $3,000 | $3,000 | $3,000 | $3,000 |
| 12 | 鄭運升 | 例行郵電費 | P-07 | 郵電費 | 6206000 | $10,800 | $900 | $900 | $900 | $900 | $900 | $900 | $900 | $900 | $900 | $900 | $900 | $900 |
| 13 | 鄭運升 | 快遞費 | P-08 | 運費 | 6205000 | $3,600 | $300 | $300 | $300 | $300 | $300 | $300 | $300 | $300 | $300 | $300 | $300 | $300 |
| 14 | 鄭運升 | 網域申請費與年費 | P-09 | 郵電費 | 6206000 | $800 | $800 | | | | | | | | | | | | |

預算底稿

| 2016年 產品部科目別預算總表 | | | | 2016年 產品部專案別預算總表 | | | | 2016年 產品部個員別預算總表 | | |
|---|---|---|---|---|---|---|---|---|---|---|
| 部門名稱：產品部 | | $2,580,590 | | 部門名稱：產品部 | | $2,580,590 | | 部門名稱：產品部 | | $2,580,590 |
| 會計科目 | 科目代號 | 科目別預算總額 | | 案序 | 專案名稱 | 專案別預算總額 | | 編號 | 員工姓名 | 個員別預算總額 |
| 薪資支出 | 6201000 | $1,976,500 | | P-01 | HiNet ADSL 租金 | $24,000 | | 001 | 鄭運升 | $1,189,054 |
| 租金支出 | 6202000 | $60,000 | | P-02 | 名片製作 | $900 | | 002 | 黃榮捷 | $477,144 |
| 文具用品 | 6203000 | $16,040 | | P-03 | 印表機墨水匣 | $12,800 | | 003 | 葉恩慈 | $437,248 |
| 旅費 | 6204000 | $0 | | P-04 | 傳真紙 | $180 | | 004 | 李明晃 | $477,144 |
| 運費 | 6205000 | $6,100 | | P-05 | 購買光碟片 | $2,160 | | | | |
| 郵電費 | 6206000 | $35,600 | | P-06 | 廠商贈品 | $38,500 | | | | |
| 修繕費 | 6207000 | $0 | | P-07 | 例行郵電費 | $10,800 | | | | |
| 廣告費 | 6208000 | $36,000 | | P-08 | 快遞費 | $3,600 | | | | |
| 水電費 | 6209000 | $0 | | P-09 | 網域申請費與年費 | $800 | | | | |
| 保險費 | 6210000 | $154,812 | | P-10 | 大宗電腦採購 | $100,000 | | | | |
| 交際費 | 6211000 | $0 | | P-11 | 周邊電腦採購 | $30,000 | | | | |
| 捐贈 | 6212000 | $0 | | P-12 | 外包製作 | $60,000 | | | | |
| 稅捐 | 6213000 | $0 | | P-13 | 部門訂閱的雜誌費 | $4,838 | | | | |
| 折舊-運輸設備 | 6215000 | $0 | | P-14 | 購買書籍雜誌 | $20,000 | | | | |
| 雜項購買 | 6217000 | $130,000 | | P-15 | 例行交通費 | $8,200 | | | | |
| 伙食費 | 6218000 | $0 | | P-16 | 軟體採購 | $40,000 | | | | |
| 職工福利 | 6219000 | $4,000 | | P-17 | 薪資支出 | $1,576,500 | | | | |
| 研究費 | 6220000 | $40,000 | | P-18 | 停車位 | $66,000 | | | | |
| 職業訓練費 | 6222000 | $0 | | P-19 | 勞保費 | $72,828 | | | | |
| 勞務費 | 6223000 | $60,000 | | P-20 | 健保費 | $81,984 | | | | |
| 加班費(免稅) | 6224000 | $0 | | P-21 | 端午禮品 | $2,000 | | | | |
| 書籍雜誌 | 6226000 | $24,838 | | P-22 | 中秋禮品 | $2,000 | | | | |
| 退休金 | 6227000 | $22,500 | | P-23 | 旅遊補助 | $20,000 | | | | |
| 交通費 | 6228000 | $8,200 | | P-24 | 端午禮金 | $2,000 | | | | |
| 其他費用 | 6249000 | $6,000 | | P-25 | 中秋禮金 | $2,000 | | | | |
| | | | | P-26 | 退休金 | $22,500 | | | | |
| | | | | P-27 | 年終獎金 | $376,000 | | | | |

科目別預算總表　　　　專案別預算總表　　　　個員別預算總表

# 6-1 | 建立預算底稿

首先, 我們來製作**預算底稿**。**預算底稿**是預備用來登錄每一筆預算的工作底稿, 必須詳列該筆預算的使用人員、用途 (用在哪個專案)、費用歸屬於哪個會計科目等。另外, 預算的編列有 3 種方式:一種是按月編列, 如租金;一種是要編列在特定月份, 例如端午、中秋禮金;還有一種是在年初統一編列, 例如購買專案參考書籍等。

根據上述的需求, 我們為**預算底稿**設計了如下的欄位, 各位可開啟範例檔案 Ch06-01 然後切換到**預算底稿**工作表中來查閱:

| | A | B | C | D | E |
|---|---|---|---|---|---|
| 1 | | | | | |
| 2 | | | | | |
| 3 | | | | | |
| 4 | 人員 | 專案名稱 | 案序 | 科目名稱 | 科目代號 |
| 5 | | | | | |
| 6 | | | | | |

| | F | G | H | I | J | K | L | M | N | O | P | Q | R |
|---|---|---|---|---|---|---|---|---|---|---|---|---|---|
| 1 | 預算總額 | 1月 | 2月 | 3月 | 4月 | 5月 | 6月 | 7月 | 8月 | 9月 | 10月 | 11月 | 12月 |
| 2 | | | | | | | | | | | | | |
| 3 | | | | | | | | | | | | | |
| 4 | 預算合計金額 | 201601 | 201602 | 201603 | 201604 | 201605 | 201606 | 201607 | 201608 | 201609 | 201610 | 201611 | 201612 |
| 5 | | | | | | | | | | | | | |
| 6 | | | | | | | | | | | | | |

左半部的 5 個欄位:**人員、專案名稱、案序、科目名稱、科目代號**, 是預算的說明, 其中**案序**就是專案代號的意思, 稍後在**專案別預算彙總表**中, 我們便可利用**案序**來彙總每個專案所編列的預算。右半部列出 12 個月份, 可滿足前述 3 種預算編列方式的需求;**預算合計金額**欄位則是用來記錄 12 個月份預算金額的加總結果。另外, 我們在**預算合計金額**欄位及每個月份的上方都設計了一個合計欄位 (F2:R2), 目的是為了合計整個年度以及每個月份的預算總額。

了解各欄位的意義之後, 接著我們就來設計**預算底稿**中的公式, 這些公式有的是為了簡化資料的輸入, 有的則是純粹計算公式, 底下我們將一一為您說明。

## 建立人員、專案名稱、科目名稱的清單

**人員、專案名稱**、和**科目名稱**這幾個欄位都是要由使用者輸入的文字資料, 為避免人為疏失, 這裡我們要告訴您如何運用**資料驗證**的**清單**功能來簡化輸入的操作:

人員清單

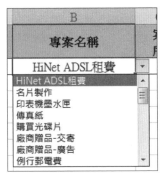

專案名稱清單

科目名稱清單

▲ 直接拉下清單即可選擇要輸入的項目, 不僅可以節省打字的時間, 也可以避免出錯

## 為儲存格命名

為了建立**人員**、**專案名稱**、**科目名稱**等欄位的清單, 我們已事先建立**部門人員**、**專案說明**、**科目說明**工作表, 其中即包含各清單所要的項目:

| | A | B |
|---|---|---|
| 1 | 員工編號 | 員工姓名 |
| 2 | 001 | 鄭運升 |
| 3 | 002 | 黃榮捷 |
| 4 | 003 | 葉恩慈 |
| 5 | 004 | 李明見 |

**人員**清單所包含的項目

| | A | B | C |
|---|---|---|---|
| 1 | 編號 | 專案名稱 | 案序 |
| 2 | 1 | HiNet ADSL租費 | P-01 |
| 3 | 2 | 名片製作 | P-02 |
| 4 | 3 | 印表機墨水匣 | P-03 |
| 5 | 4 | 傳真紙 | P-04 |
| 6 | 5 | 購買光碟片 | P-05 |
| 7 | | 贈品-交寄 | P-06 |
| 18 | 17 | 例行交寄-悠遊卡 | P-15 |
| 19 | 18 | 軟體採購 | |
| 20 | 19 | 薪資支出 | P-17 |
| 21 | 20 | 停車位 | P-18 |
| 22 | 21 | 勞保費 | P-19 |
| 23 | 22 | 健保費 | P-20 |
| 24 | 23 | 端午禮品 | P-21 |
| 25 | 24 | 中秋禮品 | P-22 |
| 26 | 25 | 旅遊補助 | P-23 |
| 27 | 26 | 端午禮金 | P-24 |
| 28 | 27 | 中秋禮金 | P-25 |
| 29 | 28 | 退休金 | P-26 |
| 30 | 29 | 年終獎金 | P-27 |

**專案名稱**清單所包含的項目

| | A | B |
|---|---|---|
| 1 | 會計科目 - 費用項目 | 科目代號 |
| 2 | 薪資支出 | 6201000 |
| 3 | 租金支出 | 6202000 |
| 4 | 文具用品 | 6203000 |
| 5 | | 6204000 |
| | 運費 | 6205000 |
| 14 | 稅捐 | 621▯000 |
| 15 | 折舊-運輸設備 | 6215000 |
| 16 | 雜項購置 | 6217000 |
| 17 | 伙食費 | 6218000 |
| 18 | 職工福利 | 6219000 |
| 19 | 研究費 | 6220000 |
| 20 | 職業訓練費 | 6222000 |
| 21 | 勞務費 | 6223000 |
| 22 | 加班費 | 6224000 |
| 23 | 書報雜誌 | 6226000 |
| 24 | 退休金 | 6227000 |
| 25 | 交通費 | 6228000 |
| 26 | 其他費用 | 6249000 |
| 27 | | |

**科目名稱**清單所包含的項目

當利用**資料驗證**功能指定清單的內容時, 我們只要將來源參照到對應的儲存格範圍即可, 例如**人員**清單就參照 "=部門人員!B2:B5" 的範圍, **專案名稱**清單就參照 "=專案說明!B2:B30"。這裏要教各位使用**名稱**, 讓公式看起來更易懂。

**何謂「名稱」與名稱的命名規則**

在公式中使用儲存格位址, 如 B2：B5, 雖然可以直接指出儲存格的所在, 但卻不易閱讀。假如我們為儲存格取一個好記且具意義的名稱, 然後用名稱代替儲存格位址, 將使公式更易懂。例如：

使用名稱建立平均成績的計算公式,
明顯比 "=( B2 + C2 ) / 2" 要清楚易懂

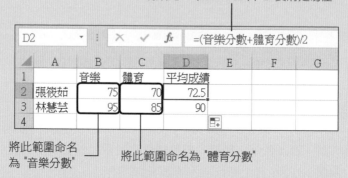

將此範圍命名為 "音樂分數"

將此範圍命名為 "體育分數"

為儲存格定義名稱時, 必須遵守下列的命名規則：

● 名稱的第一個字元必須是中文、英文、或底線 ( _ ) 字元, 其餘字元則可以是英文、中文、數字、底線、句點 ( . ) 和問號 ( ? )。

● 名稱最多可達 255 個字元, 但是請記住一個中文字就佔 2 個字元。

● 名稱不能類似儲存格的位址, 如 B5、$A$3。

● 名稱不區分大小寫字母, 所以 MONEY 和 money 視為同一個名稱。

    為儲存格命名的程序很簡單, 請先切換到範例檔案 Ch06-01 的**部門人員**工作表, 我們來替 B2：B5 範圍定義一個名稱：

**2** 按一下**名稱方塊**, 輸入 "員工姓名" 做為此範圍的名稱, 然後按下 Enter 鍵即可

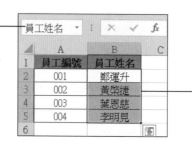

**1** 選取 B2：B5 範圍

請依照上述的方式, 繼續定義下面 2 個名稱:

| 儲存格範圍 | 名稱 |
|---|---|
| **專案說明**工作表 B2：B30 | 專案名稱 |
| **科目說明**工作表 A2：A26 | 會計科目 |

### 管理活頁簿的所有「名稱」

要了解活頁簿當中定義了多少名稱, 你可以到**公式**頁次的**已定義之名稱**區按下**名稱管理員**鈕, 開啟**名稱管理員**交談窗來檢視:

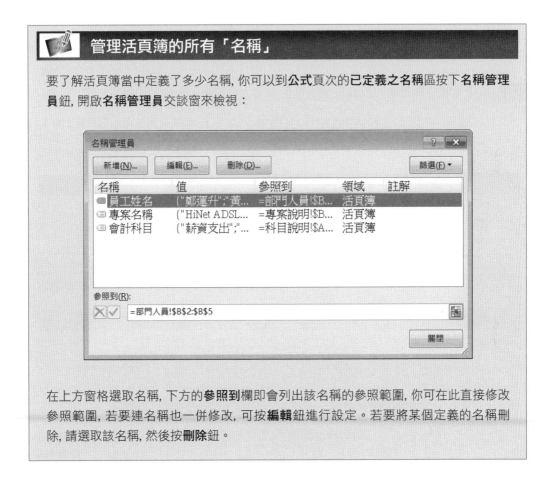

在上方窗格選取名稱, 下方的**參照到**欄即會列出該名稱的參照範圍, 你可在此直接修改參照範圍, 若要連名稱也一併修改, 可按**編輯**鈕進行設定。若要將某個定義的名稱刪除, 請選取該名稱, 然後按**刪除**鈕。

## 設定資料驗證清單

定義好名稱之後, 接著就可以來設定欄位清單了, 我們先以建立**人員**清單來說明:

**STEP 01** 請切換到**預算底稿**工作表, 選取 A5 儲存格, 然後到**資料**頁次的**資料工具**區, 按下**資料驗證**鈕開啟**資料驗證/設定**交談窗:

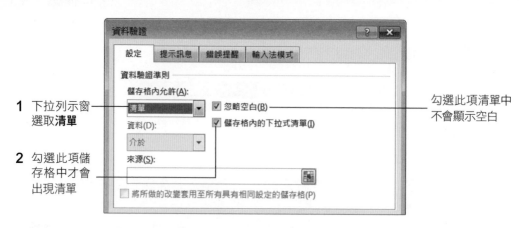

**1** 下拉列示窗
選取**清單**

勾選此項清單中
不會顯示空白

**2** 勾選此項儲
存格中才會
出現清單

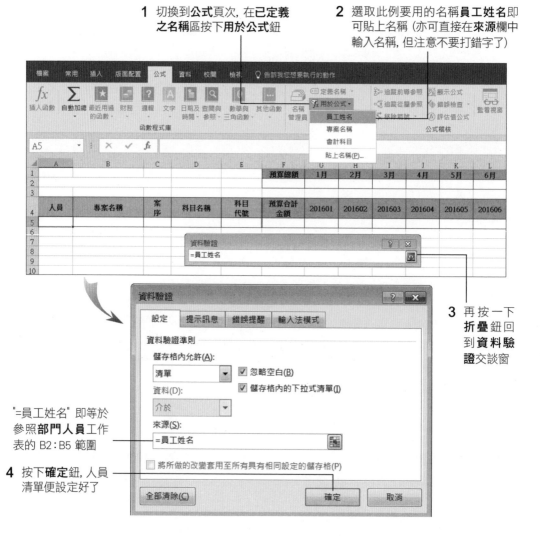

**STEP 02** 按下上圖中**來源**欄的**折疊鈕** 準備設定**人員**清單所要參照的範圍:

**1** 切換到**公式**頁次, 在**已定義
之名稱**區按下**用於公式**鈕

**2** 選取此例要用的名稱**員工姓名**即
可貼上名稱 (亦可直接在**來源**欄中
輸入名稱, 但注意不要打錯字了)

**3** 再按一下
**折疊**鈕回
到**資料驗
證**交談窗

"=**員工姓名**" 即等於
參照**部門人員**工作
表的 B2:B5 範圍

**4** 按下**確定**鈕, 人員
清單便設定好了

> **TIP** 同一份活頁簿檔案中，即使是不同的工作表也不能定義相同的名稱。因此，當我們在公式中使用名稱時，可省略名稱所在的工作表，因為 Excel 是根據整份活頁簿所有定義名稱來尋找參照來源。

**STEP 03** 請你比照相同的方式建立**專案名稱**清單和**科目名稱**清單，其清單的來源請分別設定為 "=專案名稱" 和 "=會計科目"。

▲ 選取 A5、B5、D5 儲存格，便會出現清單讓你選取資料

## 建立案序與科目代號查表公式

每個專案名稱都有自己的**案序**，每個會計科目也有自己的**科目代號**，這兩項資料皆已分別記錄在**專案說明**和**科目說明**工作表中。為了避免出錯，我們要在這兩個欄位中建立查表公式：只要填入專案名稱和科目代號後，這個公式就會自動去找出對應的案序和科目代號來填入。

**STEP 01** 接續前例或開啟範例檔案 Ch06-02，切換到**預算底稿**工作表，底下我們先來建立**案序**欄的查詢公式。請選取 C5 儲存格，然後運用 VLOOKUP 函數建立如下的公式：

```
= VLOOKUP (B5, 專案說明! $B$2 : $C$30, 2, FALSE)
```

B5 為專案名稱，整個公式即表示到**專案說明**工作表 B2：C30 的第 1 欄 (**專案名稱**欄) 找出和 B5 相同的專案名稱，找到後傳回該列第 2 欄 (**案序**欄)

由於尚未輸入專案名稱，所以公式傳回 #N/A 的錯誤訊息，但只要我們輸入專案名稱，這個錯誤訊息就會消失了

**STEP 02** 建立**案序**欄位的查表公式後，接著請到儲存格 E5 (**科目代號**欄位) 建立如下的查表公式：

```
= VLOOKUP ( D5,科目說明!$A$2:$B$26,2,FALSE )
```

表示到**科目說明**工作表 A2:B26 的第 1 欄 (**會計科目欄**) 找出和 D5 相同的科目名稱，找到後傳回該列第 2 欄 (**科目代號欄**)

| E5 | | ✕ ✓ *fx* | =VLOOKUP(D5,科目說明!$A$2:$B$26,2,FALSE) | | |
|---|---|---|---|---|---|

| | A | B | C | D | E | F | G |
|---|---|---|---|---|---|---|---|
| 1 | | | | | | 預算總額 | 1月 |
| 2 | | | | | | | |
| 3 | | | | | | | |
| 4 | 人員 | 專案名稱 | 案序 | 科目名稱 | 科目代號 | 預算合計金額 | 201601 |
| 5 | | | #N/A | | #N/A | | |
| 6 | | | | | | | |

# 建立預算合計金額公式

　　**預算合計金額**欄位要記錄每一筆預算在 12 個月份所編列金額的加總結果，這可利用 SUM 函數來運算。請選取儲存格 F5，然後輸入如下的公式，即可將 12 個月份的金額都加總起來：

加總 12 個月的預算

| F5 | | ✕ ✓ *fx* | =SUM(G5:R5) | | |
|---|---|---|---|---|---|

| | F | G | H | I | J | K | L | M | N | O | P | Q | R |
|---|---|---|---|---|---|---|---|---|---|---|---|---|---|
| 1 | 預算總額 | 1月 | 2月 | 3月 | 4月 | 5月 | 6月 | 7月 | 8月 | 9月 | 10月 | 11月 | 12月 |
| 2 | | | | | | | | | | | | | |
| 3 | | | | | | | | | | | | | |
| 4 | 預算合計金額 | 201601 | 201602 | 201603 | 201604 | 201605 | 201606 | 201607 | 201608 | 201609 | 201610 | 201611 | 201612 |
| 5 | $0 | | | | | | | | | | | | |
| 6 | | | | | | | | | | | | | |

# 建立整年度及各月預算總額公式

　　接著我們來建立在 F2:R2 範圍的合計公式，結算整年度以及各個月份的預算總額。為了讓公式稍微具有彈性，而不是只有加總功能而已，這裡我們要運用 SUBTOTAL 函數。

## SUBTOTAL 函數的用法

SUBTOTAL 函數可用來傳回某儲存格範圍的小計, 其格式如下:

```
SUBTOTAL (Function_num, Ref1, Ref2, …)
```

- **Function_num**: 指定運算的函數, 請參閱下表來指定, 例如指定 9 表示使用 SUM 函數來運算, 指定 1 表示用 AVERAGE 函數算出平均值。
- **Ref1, Ref2**: 指定要計算小計的範圍, 最多可指定 254 個範圍。

| 函數 | 說明 | Function_num<br>包括隱藏列的值/忽略隱藏列的值 |
|------|------|---------------------------------|
| AVERAGE | 平均值 | 1/101 |
| COUNT | 計算數值儲存格個數 | 2/102 |
| COUNTA | 計算非空白儲存格個數 | 3/103 |
| MAX | 最大值 | 4/104 |
| MIN | 最小值 | 5/105 |
| PRODUCT | 乘積 | 6/106 |
| STDEV | 樣本標準差 | 7/107 |
| STDEVP | 母體標準差 | 8/108 |
| SUM | 總和 | 9/109 |
| VAR | 樣本變異數 | 10/110 |
| VARP | 母體變異數 | 11/111 |

**TIP** 在列編號上面按右鈕執行『**隱藏**』命令即可將該列內容隱藏起來。當 **Function_num** 設為 101~111, 則公式就會略過隱藏列的數值不做計算。

　　了解 SUBTOTAL 函數的用途之後, 現在我們來看要怎麼用。請選取 F2 儲存格, 然後輸入如下公式算出整個年度的預算總額 (因為它是加總**預算合計金額**欄位的值):

```
= SUBTOTAL(9, F5:F200)
```

指定 "9" 表示　因為無法確定會有多少筆預算記錄, 所以我們將範圍
使用 SUM 函數　設大一些, 免得三不五時就要修改公式

| F2 | | | $\times$ $\checkmark$ $fx$ | =SUBTOTAL(9,F5:F200) | | | | | | | | | |
|---|---|---|---|---|---|---|---|---|---|---|---|---|---|

| | F | G | H | I | J | K | L | M | N | O | P | Q | R |
|---|---|---|---|---|---|---|---|---|---|---|---|---|---|
| 1 | 預算總額 | 1月 | 2月 | 3月 | 4月 | 5月 | 6月 | 7月 | 8月 | 9月 | 10月 | 11月 | 12月 |
| 2 | $0 | | | | | | | | | | | | |
| 3 | | | | | | | | | | | | | |
| 4 | 預算合計金額 | 201601 | 201602 | 201603 | 201604 | 201605 | 201606 | 201607 | 201608 | 201609 | 201610 | 201611 | 201612 |
| 5 | $0 | | | | | | | | | | | | |

建好 F2 儲存格的公式之後, 拉曳 F2 儲存格的填滿控點到 R2, 將公式複製到 G2：R2 範圍中, 即可建立 12 個月份的預算合計公式。

## ▌複製驗證與公式

**預算底稿**工作表中所需的驗證清單及公式皆已完成, 不過在開始輸入資料之前, 我們要先將之前建立的驗證清單和公式複製到下面的儲存格。由於無法確定實際上會輸入多少筆預算記錄, 所以我們先預估個 200 列應該綽綽有餘了, 假如最後真的不夠, 到時再複製就可以了。請接續上例繼續如下操作：

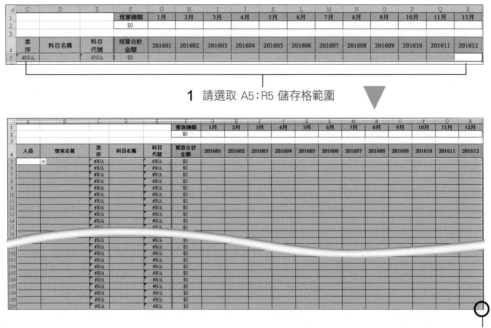

**1** 請選取 A5：R5 儲存格範圍

**2** 拉曳選取範圍右下角的填滿控點到 200 列

現在我們已經建好一份空的**預算底稿**了, 接下來各位就可利用這份**預算底稿**來編列你的年度預算了。

# 6-2 | 製作預算彙總表

　　編列預算並不只是將一筆一筆的預算輸入就了事了, 編列完畢之後還有許多的彙總工作在等著我們！這一節我們要告訴您, 如何將預算底稿中的記錄依照預算的類別, 如專案、科目、人員等, 製作成各類的預算彙總表。

　　請開啟範例檔案 Ch06-03, 我們已事先在**預算底稿**工作表中編列好整年度的各筆預算, 如下表：

| | A | B | C | D | E | F | G | H | P | Q | R |
|---|---|---|---|---|---|---|---|---|---|---|---|
| 1 | | | | | | 預算總額 | 1月 | 2月 | 10月 | 11月 | 12月 |
| 2 | | | | | | $2,580,590 | $791,879 | $158,201 | $162,701 | $162,701 | $162,701 |
| 3 | | | | | | | | | | | |
| 4 | 人員 | 專案名稱 | 案序 | 科目名稱 | 科目代號 | 預算合計金額 | 201601 | 201602 | 201610 | 201611 | 201612 |
| 5 | 鄭運升 | HiNet ADSL租費 | P-01 | 郵電費 | 6206000 | $24,000 | $2,000 | $2,000 | $2,000 | $2,000 | $2,000 |
| 6 | 鄭運升 | 名片製作 | P-02 | 文具用品 | 6203000 | $900 | $900 | | | | |
| 7 | 鄭運升 | 印表機墨水匣 | P-03 | 文具用品 | 6203000 | $12,800 | $12,800 | | | | |
| 8 | 鄭運升 | 傳真紙 | P-04 | 文具用品 | 6203000 | $180 | $180 | | | | |
| 9 | 鄭運升 | 購買光碟片 | P-05 | 文具用品 | 6203000 | $2,160 | $2,160 | | | | |
| 10 | 鄭運升 | 廠商贈品-交寄 | P-06 | 運費 | 6205000 | $2,500 | $2,500 | | | | |
| 11 | 鄭運升 | 廠商贈品-廣告 | P-06 | 廣告費 | 6208000 | $36,000 | $3,000 | $3,000 | $3,000 | $3,000 | $3,000 |
| 12 | 鄭運升 | 例行郵電費 | P-07 | 郵電費 | 6206000 | $10,800 | $900 | $900 | $900 | $900 | $900 |
| 13 | 鄭運升 | 快遞費 | P-08 | 運費 | 6205000 | $3,600 | $300 | $300 | $300 | $300 | $300 |
| 14 | 鄭運升 | 網域申請費與年費 | P-09 | 郵電費 | 6206000 | $800 | $800 | | | | |

　　現在請切換到**預算彙總表**工作表, 裡面包含 3 個預算彙總表：

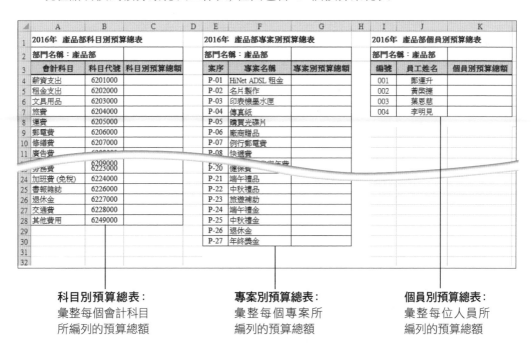

| | A | B | C | D | E | F | G | H | I | J | K |
|---|---|---|---|---|---|---|---|---|---|---|---|
| 1 | 2016年 產品部科目別預算總表 | | | | 2016年 產品部專案別預算總表 | | | | 2016年 產品部個員別預算總表 | | |
| 2 | 部門名稱：產品部 | | | | 部門名稱：產品部 | | | | 部門名稱：產品部 | | |
| 3 | 會計科目 | 科目代號 | 科目別預算總額 | | 案序 | 專案名稱 | 專案別預算總額 | | 編號 | 員工姓名 | 個員別預算總額 |
| 4 | 薪資支出 | 6201000 | | | P-01 | HiNet ADSL 租金 | | | 001 | 鄭運升 | |
| 5 | 租金支出 | 6202000 | | | P-02 | 名片製作 | | | 002 | 黃榮捷 | |
| 6 | 文具用品 | 6203000 | | | P-03 | 印表機墨水匣 | | | 003 | 葉恩慈 | |
| 7 | 旅費 | 6204000 | | | P-04 | 傳真紙 | | | 004 | 李明見 | |
| 8 | 運費 | 6205000 | | | P-05 | 購買光碟片 | | | | | |
| 9 | 郵電費 | 6206000 | | | P-06 | 廠商贈品 | | | | | |
| 10 | 修繕費 | 6207000 | | | P-07 | 例行郵電費 | | | | | |
| 11 | 廣告費 | 6208000 | | | P-08 | 快遞費 | | | | | |
| | 勞務費 | 6209000 | | | P-20 | 健保費 | | | | | |
| 24 | 加班費 (免稅) | 6224000 | | | P-21 | 端午禮品 | | | | | |
| 25 | 書報雜誌 | 6226000 | | | P-22 | 中秋禮品 | | | | | |
| 26 | 退休金 | 6227000 | | | P-23 | 旅遊補助 | | | | | |
| 27 | 交通費 | 6228000 | | | P-24 | 端午禮金 | | | | | |
| 28 | 其他費用 | 6249000 | | | P-25 | 中秋禮金 | | | | | |
| 29 | | | | | P-26 | 退休金 | | | | | |
| 30 | | | | | P-27 | 年終獎金 | | | | | |
| 31 | | | | | | | | | | | |
| 32 | | | | | | | | | | | |

**科目別預算總表：**
彙整每個會計科目所編列的預算總額

**專案別預算總表：**
彙整每個專案所編列的預算總額

**個員別預算總表：**
彙整每位人員所編列的預算總額

這一節我們只要設計兩個公式就可完成這 3 張預算彙總表：一個是「各項目的預算總額公式」，例如計算**交通費**這個會計科目的預算總額、或是**中秋禮品**這個專案的預算總額。還有一個是「各類別所有項目的預算總額公式」，也就是將該類別所有項目的預算加總起來，其值應該等於我們之前在**預算底稿**工作表中所算出的年度預算總額。

## 建立項目的預算總額公式

雖然這 3 張彙總表所要彙整的項目類別不同，不過它們的運算方式是一致的，譬如要合計**薪資支出**這個會計科目總共編列多少預算，就到**預算底稿**工作表中將所有屬於**薪資支出**科目的記錄通通找出來，然後再將這些記錄的預算金額加總起來就知道了；同樣的，若要合計**葉恩慈**總共編列多少預算，就到**預算底稿**工作表中找出人員為**葉恩慈**的所有記錄，然後再將這些記錄的預算金額加總即可。

既要找出符合某條件的記錄，又要做加總運算，有一個函數剛好可以符合這樣的要求，那就是 SUMIF 函數！

 **SUMIF 函數的用法**

SUMIF 函數可用來加總符合某搜尋條件的儲存格範圍，其格式如下：

```
SUMIF( Range , Criteria, Sum_range )
```

● **Range**：要依據準則進行判斷的儲存格範圍，也就是要在這個範圍中找出符合準則的儲存格。
● **Criteria**：判斷的準則，可以是數字、文字或表示式，例如 100、"蘋果"、">100"。
● **Sum_range**：加總的儲存格範圍。

舉例來說，如右這個範例，E2 的公式可以算出 "流行" 類音樂專輯的銷售量總和為 1000＋2000＋3000 = 6000：

| E2 | | ▼ | × ✓ fx | =SUMIF(A2:A7,"流行",C2:C7) | | |
|---|---|---|---|---|---|---|
| | A | B | C | D | E | F | G |
| 1 | 分類 | 專輯名稱 | 銷售量 | | | | |
| 2 | 古典 | OH!Together | 1600 | | 6000 | | |
| 3 | 流行 | I Need always | 1000 | | | | |
| 4 | 搖滾 | Beautiful Life | 2500 | | | | |
| 5 | 搖滾 | Cool Summer | 3800 | | | | |
| 6 | 流行 | If you | 2000 | | | | |
| 7 | 流行 | Enjoy Power | 3000 | | | | |
| 8 | | | | | | | |

了解項目預算總額的運算方法，在此我們就以**薪資支出**科目為例，說明如何用 SUMIF 函數建立該項目的預算總額公式。請選取**科目別預算總表**中的儲存格 C4，然後輸入如下的公式：

```
= SUMIF ( 預算底稿!$E$5:$E$200, B4 , 預算底稿!$F$5:$F$200 )
```

在 E 欄 (**科目代號**欄位) 中找出符合儲存格 B4 (**薪資支出的科目代號**) 的記錄，然後將那些記錄的 F 欄 (**預算合計金額**欄位) 值加總起來

| C4 | | | | $f_x$ | =SUMIF(預算底稿!$E$5:$E$200,B4, 預算底稿!$F$5:$F$200) | | |
|---|---|---|---|---|---|---|---|
| | A | | B | C | D | E | |
| 1 | 2016年　產品部科目別預算總表 | | | | | 2016年　產品部 | |
| 2 | 部門名稱：產品部 | | | | | 部門名稱：產品 | |
| 3 | 會計科目 | | 科目代號 | 科目別預算總額 | | 案序 | 專案 |
| 4 | 薪資支出 | | 6201000 | $1,976,500 | | P-01 | HiNet A |
| 5 | 租金支出 | | 6202000 | | | P-02 | 名片製作 |

每個會計科目的公式都一樣，只是尋找的科目代號不同而已 (這也是我們沒把公式中的搜尋準則 B4 設成絕對位址的原因)，再來各位只要拉曳儲存格 C4 的填滿控點到 C28，就可算出各個會計科目的預算總額。

同樣的公式也可以應用到**專案別**和**個員別**預算總表，只要修改搜尋範圍和搜尋準則即可，加總的範圍不變。底下我們列舉兩張總表的第一個項目來說明，至於複製和修改公式的工作就由各位自己動手了：

| 公式所在儲存格 | 項目 | 公式 |
|---|---|---|
| G4 | P-01 | =SUMIF(預算底稿!$C$5:$C$200,E4,預算底稿!$F$5:$F$200) |
| K4 | 鄭運升 | =SUMIF(預算底稿!$A$5:$A$200,J4,預算底稿!$F$5:$F$200) |

## 建立類別的年度預算總額公式

最後, 我們要在每個預算彙總表的右上角放置該類別所有預算的總和, 其公式很簡單, 用 SUM 函數將該類別所有項目的預算總額加起來即可。我們以**科目別預算總表**來說明：選擇 C2 儲存格, 然後輸入公式 "=SUM (C4：C28)", 即可求出該類別的年度預算總額, 至於另外那兩張預算彙總表請各位自行比照處理。

| C2 | | × ✓ fx | =SUM(C4:C28) | |
|---|---|---|---|---|
| | A | B | C | D |
| 1 | 2016年 產品部科目別預算總表 | | | |
| 2 | 部門名稱：產品部 | | $2,580,590 | |
| 3 | 會計科目 | 科目代號 | 科目別預算總額 | |
| 4 | 薪資支出 | 6201000 | $1,976,500 | |
| 5 | 租金支出 | 6202000 | $60,000 | |
| 6 | 文具用品 | 6203000 | $16,040 | |
| 7 | 旅費 | 6204000 | $0 | |
| 8 | 運費 | 6205000 | $6,100 | |
| 9 | 郵電費 | 6206000 | $35,600 | |
| 10 | 修繕費 | 6207000 | $0 | |
| 11 | 廣告費 | 6208000 | $36,000 | |
| 12 | 水電費 | 6209000 | $0 | |
| 13 | 保險費 | 6210000 | $154,812 | |

各位可開啟範例檔案 Ch06-04 來查閱 3 張預算彙總表的最後結果。

## 後記

編列預算是企業為達營運績效的一個積極手段, 對於控管營運費用的支出相當有效。編列預算的需求幾乎隨處可見, 除了本章介紹的年度預算外, 凡企業中任何一個專案、計畫在推行之前, 也必先進行預算的編列與規劃工作。本章介紹的技巧清楚易懂, 希望各位能夠多加利用。

# 實力評量

1. 假設你是**宏器公司**的企劃人員, 正要為該公司預備在年中遠赴德國法蘭克福參展的專案編列預算, 現在請開啟練習檔案 Ex06-01, 完成下列各小題的要求。

(1) 請切換到**科目說明**工作表, 將 A2：A26 的儲存格範圍命名為 "會計科目"。

(2) 請切換到**展覽預算底稿**工作表, 然後運用上一題定義的名稱為**科目名稱**欄位 (儲存格 B5) 建立欄位清單。

(3) 請運用 VLOOKUP 函數在**科目代號**欄位 (儲存格 C5) 中建立查表公式, 讓**科目代號**能夠在輸入**科目名稱**後自動填入。

(4) 請在 D2 儲存格中運用 SUBTOTAL 函數建立所有預算的合計公式。

(5) 將在第 5 列所設定的驗證清單、公式、以及儲存格的格式設定, 複製到以下 20 列為止。

2. 請開啟練習檔案 Ex06-02, 這份檔案已編列好展覽所需的預算, 現在我們來進行彙總的工作。

(1) 請切換到**預算彙總表**工作表, 然後運用 SUMIF 函數為各會計科目建立預算總額公式。

(2) 請在儲存格 C1 中運用 SUM 函數建立所有會計科目預算的合計公式。

| A | B | C |
|---|---|---|
| 法蘭克福資訊展 | | |
| 會計科目 | 科目代號 | 科目別預算總額 |
| 薪資支出 | 6201000 | |
| 租金支出 | 6202000 | |
| 文具用品 | 6203000 | |
| 旅費 | 6204000 | |
| 運費 | 6205000 | |
| 郵電費 | 6206000 | |
| 修繕費 | 6207000 | |
| 廣告費 | 6208000 | |
| 水電費 | 6209000 | |

# 07

# 產品銷售分析

**本章學習提要**

- 利用「資料驗證」與多重清單技巧簡化輸入
- 建立 Excel 表格並增、刪記錄
- 資料的排序與篩選
- Excel 的「小計」功能
- 繪製樞紐分析表與樞紐分析圖
- 運用「設定格式化的條件」功能強化樞紐分析表

一家制度完善的公司, 除了設有業務部門負責推廣公司的各項產品, 還會制訂業務人員努力的目標與賞罰標準, 促使公司的業績蒸蒸日上。不過, 要達到業績目標, 除了要有精明幹練的業務人員之外, 正確的決策分析也是不可或缺的。

本章將利用 Excel 建立產品銷售資料, 教您製作業務人員的業績排行榜, 讓業務主管能夠評估業務人員的表現, 據此做出適當的獎賞或輔導。同時我們也要告您如何分析、統計這些銷售資料, 建立相關的報表及圖表, 讓公司主管可根據這些分析統計的結果, 瞭解產品的銷售情況, 進而研擬與修正公司的行銷策略。

| 3 | 加總 - 數量 | 銷售地區 | | | | |
|---|---|---|---|---|---|---|
| 4 | 產品名稱 | 中區 | 北區 | 東區 | 南區 | 總計 |
| 5 | ⊟印表機 | 41 | 42 | 36 | 12 | 131 |
| 6 | PBW300 | 8 | 28 | 14 | 12 | 62 |
| 7 | PCR500 | 18 | 12 | 9 | | 39 |
| 8 | PCR700 | 15 | 2 | 13 | | 30 |
| 9 | ⊟掃描器 | 26 | 36 | 21 | 7 | 90 |
| 10 | SCAN100 | 7 | 22 | 10 | | 39 |
| 11 | SCAN300 | 19 | 14 | 11 | 7 | 51 |
| 12 | ⊟傳真機 | 17 | 19 | 59 | 16 | 111 |
| 13 | FX100 | 12 | 15 | 34 | 4 | 65 |
| 14 | FX300 | 5 | 4 | 25 | 12 | 46 |
| 15 | ⊟燒錄機 | 16 | 30 | 32 | 36 | 114 |
| 16 | DRW16 | 7 | 24 | 15 | 16 | 62 |
| 17 | DRW32 | 9 | 6 | 17 | 20 | 52 |
| 18 | 總計 | 100 | 127 | 148 | 71 | 446 |

▲ 各型號產品銷售量樞紐分析表

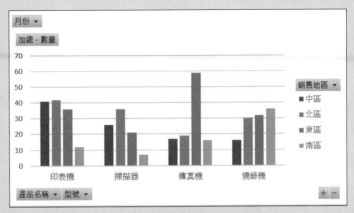

▲ 各地區產品銷售量樞紐分析圖

# 7-1 │ 建立簡化訂單輸入的公式

當業務員成交一筆生意後即會帶回一張訂單, 這張訂單包含了許多資料, 例如：產品名稱、數量、單價、總價…等, 這些都是將來進行銷售分析的依據。所以我們第一步要做的, 就是將這一筆一筆的訂單資料蒐集並記錄下來。

請開啟範例檔案 Ch07-01, 這是我們為**隆發公司**設計的**訂單記錄**工作表, 預備用來登錄每一筆訂單的訂購資料：

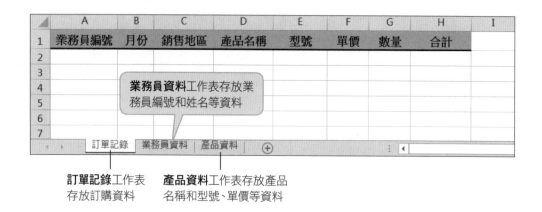

這一節我們要先替**訂單記錄**工作表設計一些公式, 簡化以後輸入資料的負擔, 同時也減少輸入錯誤的機會。

## 建立「業務員編號」與「銷售地區」清單

首先, 我們利用**資料驗證**功能替**業務員編號**和**銷售地區**這兩個欄位建立清單, 這樣以後只要拉下清單就可以直接選擇要輸入的項目而不用打字了。

為了建立**業務員編號**清單, 我們已事先在**業務員資料**工作表中建好業務員名單, 並且將 A2：A5 範圍命名為 "業務員編號"：

現在請各位切換到**訂單記錄**工作表, 選取 A2 儲存格, 然後到**資料**頁次的**資料工具**區按下**資料驗證**鈕做如下的設定:

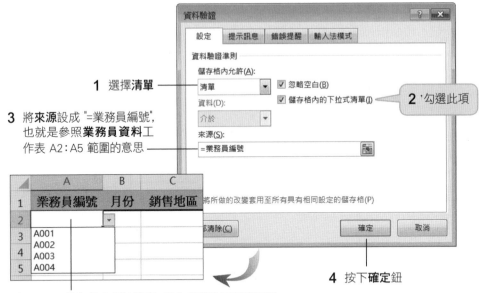

1 選擇**清單**

2 勾選此項

3 將**來源**設成 "=業務員編號", 也就是參照**業務員資料**工作表 A2:A5 範圍的意思

4 按下**確定**鈕

按一下 A2 儲存格右側的箭頭, 即出現**業務員編號**清單

至於**銷售地區**清單, 因為項目不多 (僅 "北區"、"中區"、"南區"、"東區" 而已), 所以我們打算直接在**資料驗證**交談窗中設定。請選取 C2 儲存格, 然後到**資料**頁次**資料工具**區按下**資料驗證**鈕, 再將清單中的項目一一輸入到**來源**欄位:

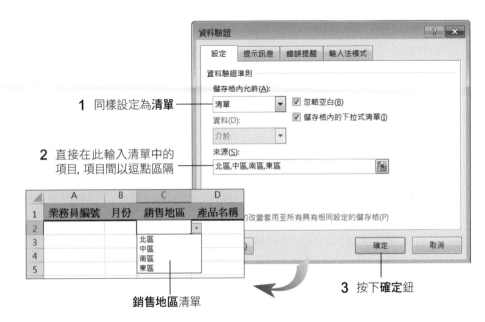

1 同樣設定為**清單**

2 直接在此輸入清單中的項目, 項目間以逗點區隔

3 按下**確定**鈕

**銷售地區**清單

# 建立「產品名稱」與「型號」清單：多重清單技巧

再來設定**產品名稱**和**型號**欄位的清單，為了建立這兩個清單，我們事先在**產品資料**工作表中輸入產品相關資訊，並且定義幾個範圍名稱：

A2:A5 命名為 "產品名稱"

| ▲ | A | B | C | D | E | F | G |
|---|---|---|---|---|---|---|---|
| 1 | 產品名稱 | 類別編號 | | | 產品名稱 | 型號 | 單價 |
| 2 | 印表機 | 100001 | | | 印表機 | PBW300 | 3,500 |
| 3 | 傳真機 | 100002 | | | 印表機 | PCR500 | 6,500 |
| 4 | 燒錄機 | 100003 | | | 印表機 | PCR700 | 12,000 |
| 5 | 掃描器 | 100004 | | | 傳真機 | FX100 | 3,900 |
| 6 | | | | | 傳真機 | FX300 | 5,980 |
| 7 | | | | | 燒錄機 | DRW16 | 1,399 |
| 8 | | | | | 燒錄機 | DRW32 | 2,400 |
| 9 | | | | | 掃描器 | SCAN100 | 3,990 |
| 10 | | | | | 掃描器 | SCAN300 | 9,990 |

F2:F4 命名為 "印表機"

F5:F6 命名為 "傳真機"

F7:F8 命名為 "燒錄機"

F9:F10 命名為 "掃描器"

▲ **產品資料**工作表

確認定義名稱的範圍之後，請切換至**訂單記錄**工作表準備建立**產品名稱**清單與**型號**清單。**產品名稱**清單的設定和之前建立**業務員編號**清單類似，選取 D2 儲存格後，到**資料驗證**交談窗中將**來源**設成 "=產品名稱" 即可：

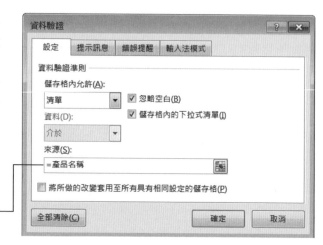

"產品名稱" 即是指**產品資料**工作表的 A2:A5 範圍

**型號**清單的設定就比較特殊了，由於我們希望根據**產品名稱**來決定**型號**清單的內容，例如**產品名稱**是 "印表機"，那麼**型號**清單便只列出印表機的 3 個型號；**產品名稱**是 "燒錄機"，那麼**型號**清單便只列出燒錄機的 2 個型號，這種清單我們把它稱為「多重清單」。

要建立多重清單, 除了**資料驗證**功能外, 還要搭配 **INDIRECT** 函數, 底下我們先來了解 INDIRECT 函數的用法。

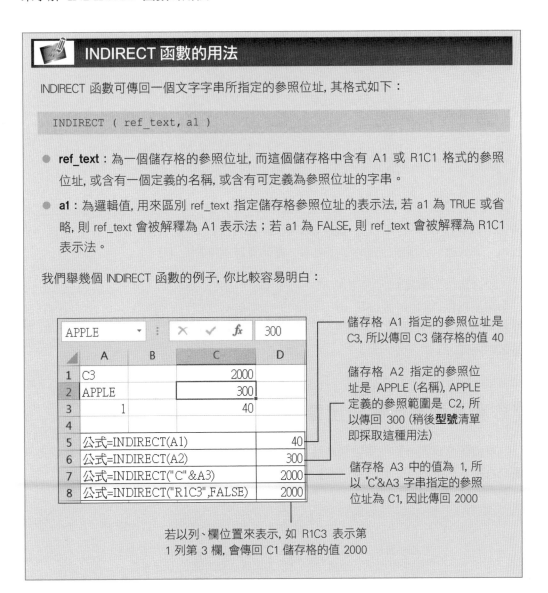

## INDIRECT 函數的用法

INDIRECT 函數可傳回一個文字字串所指定的參照位址, 其格式如下:

```
INDIRECT ( ref_text, a1 )
```

● **ref_text**: 為一個儲存格的參照位址, 而這個儲存格中含有 A1 或 R1C1 格式的參照位址, 或含有一個定義的名稱, 或含有可定義為參照位址的字串。

● **a1**: 為邏輯值, 用來區別 ref_text 指定儲存格參照位址的表示法, 若 a1 為 TRUE 或省略, 則 ref_text 會被解釋為 A1 表示法; 若 a1 為 FALSE, 則 ref_text 會被解釋為 R1C1 表示法。

我們舉幾個 INDIRECT 函數的例子, 你比較容易明白:

儲存格 A1 指定的參照位址是 C3, 所以傳回 C3 儲存格的值 40

儲存格 A2 指定的參照位址是 APPLE (名稱), APPLE 定義的參照範圍是 C2, 所以傳回 300 (稍後**型號**清單即採取這種用法)

儲存格 A3 中的值為 1, 所以 "C"&A3 字串指定的參照位址為 C1, 因此傳回 2000

若以列、欄位置來表示, 如 R1C3 表示第 1 列第 3 欄, 會傳回 C1 儲存格的值 2000

現在, 我們就結合 **INDIRECT** 函數和**資料驗證**功能來建立**型號**欄位的多重清單。請選取**訂單記錄**工作表的 E2 儲存格, 然後按下**資料**頁次**資料工具**區的**資料驗證**鈕開啟**資料驗證**交談窗:

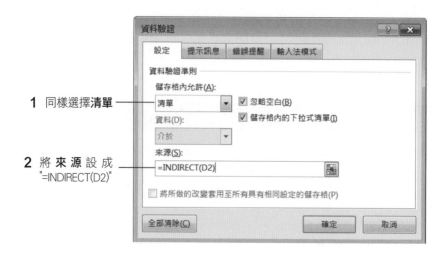

1 同樣選擇**清單**

2 將 **來源** 設成
"=INDIRECT(D2)"

"=INDIRECT(D2)" 的意思就是根據 D2 儲存格 (產品名稱) 所指定的參照位址去找出清單的內容, 例如 D2 儲存格的值是 "印表機", 那麼 INDIRECT 函數就會去找出 "印表機" 名稱所定義的參照範圍: **產品資料**工作表的 F2:F4。

設好後按下**確定**鈕, 會出現一個錯誤訊息, 這是因為 D2 儲存格尚未輸入資料所致, 請按下**是**鈕略過即可:

在 D2 儲存格中選取產品名稱後, **型號**清單就會列出對應的項目

# 依產品型號自動查出單價

**單價**欄位我們可利用**型號**到**產品資料**工作表中查詢, 由公式自動填入, 既省事又可避免打錯。請選取 F2 儲存格, 然後運用 VLOOKUP 函數建立如下的公式:

```
=VLOOKUP (E2, 產品資料!$F$2:$G$10,2, FALSE )
```

在**產品資料**工作表 $F$2:$G$10 範圍的第 1 欄 (F 欄) 中找出 E2 儲存格所輸入的**型號**, 然後傳回該列第 2 欄的值, 也就是**單價**

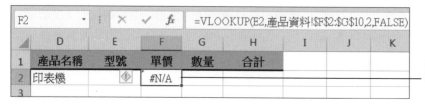

由於尚未輸入型號, 所以出現錯誤訊息

上圖中的錯誤訊息只要填入型號後就會自動消失, 可是對於一筆空的記錄就出現錯誤訊息, 實在很不好看, 所以我們運用 IF 函數和 VALUE 函數替公式修飾一下。

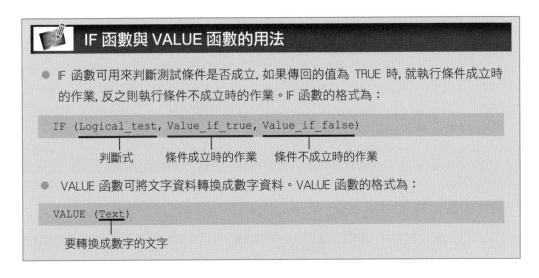

IF 函數與 VALUE 函數的用法

● IF 函數可用來判斷測試條件是否成立, 如果傳回的值為 TRUE 時, 就執行條件成立時的作業, 反之則執行條件不成立時的作業。IF 函數的格式為：

IF (Logical_test, Value_if_true, Value_if_false)

判斷式　　條件成立時的作業　　條件不成立時的作業

● VALUE 函數可將文字資料轉換成數字資料。VALUE 函數的格式為：

VALUE (Text)

要轉換成數字的文字

請再次選取 F2 儲存格, 將公式修改為 "=IF(E2="",VALUE(0),VLOOKUP(E2, 產品資料!$F$2：$G$10,2,FALSE))"：

如果型號 (E2) 尚未輸入, 單價先填 0；輸入型號後再查詢該型號的單價

## 建立銷售額合計公式

合計欄位要將**單價**乘上**數量**, 我們可利用公式來計算。請在 H2 儲存格中輸入公式 "=F2*G2" 即可。現在, **訂單記錄**工作表已設計完畢, 請各位試著輸入一筆記錄, 驗證一下公式是否都正確無誤能夠運作：

| 業務員編號 | 月份 | 銷售地區 | 產品名稱 | 型號 | 單價 | 數量 | 合計 |
|---|---|---|---|---|---|---|---|
| A001 | 1 | 北區 | 印表機 | PCR700 | | 2 | |

# 7-2 建立訂單記錄表格

上一節我們已經設計好**訂單記錄**工作表的公式, 接下來工作人員就可以開始將訂單資料一筆一筆輸入進去了。不過, 在輸入之前我們得先將在第一列設定的驗證規則與公式複製到以下各列當中, 問題是要複製幾列呢? 由於訂單記錄每天都會增加, 實在很難估算! 一勞永逸的辦法就是讓 Excel 自動複製, 怎麼做呢? 只要將資料範圍轉換成 Excel 的**表格**就可以辦到了。

Excel 的**表格**是一種類似資料庫管理的功能, 它對於管理與分析大量資料別具效率, 稍後我們會陸續為各位介紹。

---

 **表格資料的形式**

要建立 Excel 的表格, 工作表上的資料範圍必須符合下列的形式:

● 由工作表儲存格所形成的矩形範圍, 範圍內不可有空白欄或空白列。

● 資料範圍的第一列為各欄位的名稱, 例如:產品名稱、單價、數量;其餘為資料列, 每一列代表一筆記錄。

● 同一欄的資料須具有相同性質, 例如**產品名稱**欄位的每一項資料都代表一項產品。

---

## 將範圍轉換成表格

請開啟範例檔案 Ch07-02 並切換到**訂單記錄**工作表, 現在我們就將現有的訂單資料範圍轉換成表格, 以藉由表格功能來管理訂單資料:

**2** 切換到**插入**頁次, 按下**表格**區的**表格**鈕　　**1** 請任意選取資料範圍 (A1:H2) 中的一個儲存格

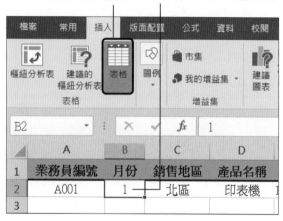

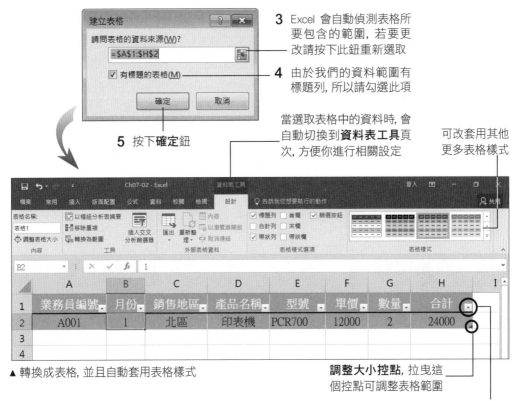

**3** Excel 會自動偵測表格所要包含的範圍, 若要更改請按下此鈕重新選取

**4** 由於我們的資料範圍有標題列, 所以請勾選此項

**5** 按下**確定**鈕

當選取表格中的資料時, 會自動切換到**資料表工具**頁次, 方便你進行相關設定

可改套用其他更多表格樣式

▲ 轉換成表格, 並且自動套用表格樣式

**調整大小控點**, 拉曳這個控點可調整表格範圍

標題列會加上**自動篩選**鈕 (將在 7-3 節說明)

## 在表格中新增記錄

　　建立表格後, 接著我們來看如何在表格中新增記錄。假設 A002 業務員又成交一筆生意, 其訂購資料如下:

| 業務員編號 | 月份 | 銷售地區 | 產品名稱 | 型號 | 單價 | 數量 | 合計 |
|---|---|---|---|---|---|---|---|
| A002 | 1 | 北區 | 印表機 | PBW300 | 3500 | 3 | 10500 |
| A002 | 1 | 北區 | 掃描器 | SCAN100 | 3990 | 2 | 7980 |

　　首先, 請選取表格最右下角的儲存格 (若表格的資料很多, 你可以利用 `Ctrl` 鍵配合 `↑`、`↓`、`←`、`→` 方向鍵 (需關閉 `Scroll Lock` 鍵), 快速移到表格範圍的 4 個角落)。按下 `Tab` 鍵, 則 Excel 會自動將表格範圍及格式延伸到下一列, 然後你就可以繼續輸入新的訂單資料了:

| | A | B | C | D | E | F | G | H |
|---|---|---|---|---|---|---|---|---|
| 1 | 業務員編號▾ | 月份▾ | 銷售地區▾ | 產品名稱▾ | 型號 ▾ | 單價 ▾ | 數量▾ | 合計 ▾ |
| 2 | A001 | 1 | 北區 | 印表機 | PCR700 | 12000 | 2 | 24000 |
| 3 | ▾ | | | | | 0 | | 0 |

A001
A002
A003
A004

| | A | B | C | D | E | F | G | H |
|---|---|---|---|---|---|---|---|---|
| 1 | 業務員編號▾ | 月份▾ | 銷售地區▾ | 產品名稱▾ | 型號 ▾ | 單價 ▾ | 數量▾ | 合計 ▾ |
| 2 | A001 | 1 | 北區 | 印表機 | PCR700 | 12000 | 2 | 24000 |
| 3 | A002 | 1 | 北區 | 印表機 | PBW300 | 3500 | 3 | 10500 |
| 4 | A002 | 1 | 北區 | 掃描器 | SCAN100 | 3990 | 2 | 7980 |
| 5 | | | | | | | | |

**TIP** 你也可以拉曳表格右下角的**調整大小控點**來延伸或縮減表格的範圍。

# 插入表格記錄

若要將一筆記錄 "插入" 到現有的表格記錄當中, 請先選取欲插入位置的任一個儲存格, 譬如欲插入到第 2 筆記錄之前, 便選取第 2 筆記錄中的任一個儲存格;然後到**常用**頁次**儲存格**區按下**插入鈕**的箭頭執行『**插入上方表格列**』命令, Excel 便會在該位置上方插入一列空白表格列。

| | A | B | C | D | E | F | G | H | I |
|---|---|---|---|---|---|---|---|---|---|
| 1 | 業務員編號▾ | 月份▾ | 銷售地區▾ | 產品名稱▾ | 型號 ▾ | 單價 ▾ | 數量▾ | 合計 ▾ | |
| 2 | A001 | 1 | 北區 | 印表機 | PCR700 | 12000 | 2 | 24000 | |
| 3 | ▾ | | | | | 0 | | 0 | |
| 4 | A002 | 1 | 北區 | 印表機 | PBW300 | 3500 | 3 | 10500 | |
| 5 | A002 | 1 | 北區 | 掃描器 | SCAN100 | 3990 | 2 | 7980 | |
| 6 | | | | | | | | | |

插入一筆
空白記錄

# 刪除表格記錄

刪除表格中的某一筆記錄時, 請選取該筆記錄中的任一個儲存格, 然後在**常用**頁次**儲存格**區按下**刪除鈕**的箭頭執行『**刪除表格列**』命令即可。

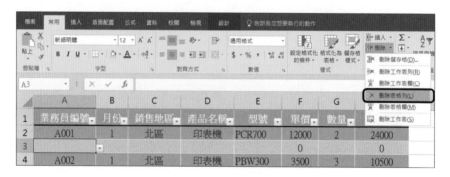

# 7-3 | 製作業務員業績排行榜

一位優秀的主管, 必須了解其下業務員的工作情形, 如此才能根據不同的狀況給予適時的獎勵與輔導, 每個月的「業績排行榜」正好可以幫助管理者掌握每位業務員的銷售情況。這一節我們將告訴您如何將一筆一筆的訂單記錄, 彙整成一份具有分析意義的「業績排行榜」!

## 篩選訂單記錄

請開啟範例檔案 Ch07-03 並切換到**訂單記錄**工作表。目前表格中已經建立了 1、2、3 月份接到的訂單資料, 假設我們要製作 2 月份的業績排行榜, 怎麼辦呢? 首先當然是將 2 月份的資料挑選出來:

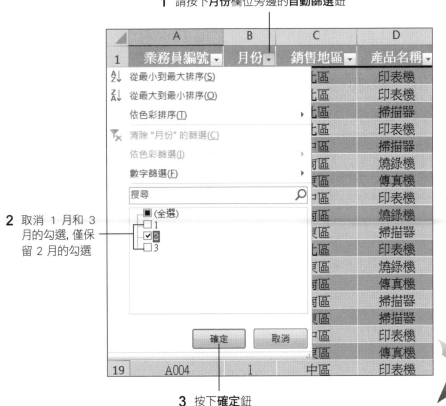

1 請按下**月份**欄位旁邊的**自動篩選**鈕

2 取消 1 月和 3 月的勾選, 僅保留 2 月的勾選

3 按下**確定**鈕

設定篩選條件的欄位, 其**自動篩選**鈕會變成 <u>▼</u> 圖示

| | A | B | C | D | E | F | G | H |
|---|---|---|---|---|---|---|---|---|
| 1 | 業務員編號 ▼ | 月份 ▼ | 銷售地區 ▼ | 產品名稱 ▼ | 型號 ▼ | 單價 ▼ | 數量 ▼ | 合計 ▼ |
| 7 | A003 | 2 | 南區 | 燒錄機 | DRW16 | 1399 | 6 | 8394 |
| 10 | A001 | 2 | 南區 | 燒錄機 | DRW16 | 1399 | 5 | 6995 |
| 13 | A004 | 2 | 東區 | 燒錄機 | DRW32 | 2400 | 1 | 2400 |
| 16 | A004 | 2 | 東區 | 掃描器 | SCAN100 | 3990 | 8 | 31920 |
| 20 | A001 | 2 | 南區 | 燒錄機 | DRW32 | 2400 | 3 | 7200 |
| 23 | A001 | 2 | 北區 | 印表機 | PBW300 | 3500 | 5 | 17500 |
| 27 | A001 | 2 | 東區 | 燒錄機 | DRW32 | 2400 | 3 | 7200 |
| 31 | A001 | 2 | 中區 | 印表機 | PBW300 | 3500 | 3 | 10500 |
| 32 | A003 | 2 | 北區 | 印表機 | PBW300 | 3500 | 2 | 7000 |
| 35 | A001 | 2 | 北區 | 掃描器 | SCAN100 | 3990 | 1 | 3990 |

篩選出 2 月份的訂單記錄了

> **TIP** 假若表格的標題列並未顯示**自動篩選**鈕, 你可選取表格中的任一個儲存格, 然後到**常用**頁次**編輯**區中按下**排序與篩選**鈕執行『**篩選**』命令, 手動顯示**自動篩選**鈕。再執行一次『**篩選**』命令則會關閉**自動篩選**鈕。

## ▌複製篩選出來的資料

將 2 月份的資料篩選出來後, 接下來就可進行統計的工作。不過為了避免統計時不慎破壞到表格中的原始資料, 同時也因為某些功能限制, 例如**小計**功能無法套用到表格上, 所以我們要先將 2 月份的篩選結果複製到另一張工作表, 然後再做處理。

**STEP 01** 請先選取欄位名稱列中的任一個儲存格 (即 A1：H1 的任一格), 然後按 `Ctrl` + `A` 鍵選取整個篩選結果：

| | A | B | C | D | E | F | G | H |
|---|---|---|---|---|---|---|---|---|
| 1 | 業務員編號 ▼ | 月份 ▼ | 銷售地區 ▼ | 產品名稱 ▼ | 型號 ▼ | 單價 ▼ | 數量 ▼ | 合計 ▼ |
| 7 | A003 ▼ | 2 | 南區 | 燒錄機 | DRW16 | 1399 | 6 | 8394 |
| 10 | A001 | 2 | 南區 | 燒錄機 | DRW16 | 1399 | 5 | 6995 |
| 13 | A004 | 2 | 東區 | 燒錄機 | DRW32 | 2400 | 1 | 2400 |
| 16 | A004 | 2 | 東區 | 掃描器 | SCAN100 | 3990 | 8 | 31920 |
| 20 | A001 | 2 | 南區 | 燒錄機 | DRW32 | 2400 | 3 | 7200 |
| 23 | A001 | 2 | 北區 | 印表機 | PBW300 | 3500 | 5 | 17500 |
| 27 | A001 | 2 | 東區 | 燒錄機 | DRW32 | 2400 | 3 | 7200 |
| 31 | A001 | 2 | 中區 | 印表機 | PBW300 | 3500 | 3 | 10500 |
| 32 | A003 | 2 | 北區 | 印表機 | PBW300 | 3500 | 2 | 7000 |
| 35 | A001 | 2 | 北區 | 掃描器 | SCAN100 | 3990 | 1 | 3990 |
| 38 | A004 | 2 | 北區 | 燒錄機 | DRW16 | 1399 | 6 | 8394 |
| 42 | A002 | 2 | 北區 | 印表機 | PCR500 | 6500 | 5 | 32500 |
| 45 | A004 | 2 | 東區 | 傳真機 | FX300 | 5980 | 3 | 17940 |
| 48 | A002 | 2 | 東區 | 印表機 | PBW300 | 3500 | 6 | 21000 |
| 54 | A004 | 2 | 東區 | 傳真機 | FX100 | 3900 | 2 | 7800 |

▲ 選取整個篩選結果, 包括標題列

**TIP** 先選取標題列中的儲存格, 是為了將表格的標題列也包含在選取範圍中。若只要選取記錄, 不包含標題列, 則請先選取標題列以外的儲存格, 再按 Ctrl + A 鍵來選取全部的記錄。

**STEP 02** 接著按下**常用**頁次**剪貼簿**區的**複製**鈕 ，然後切換到 **2 月份銷售資料**工作表, 選取儲存格 A1 後再按下**常用**頁次**剪貼簿**區的**貼上**鈕 ，將 2 月份的訂單記錄複製過來。

| | A | B | C | D | E | F | G | H |
|---|---|---|---|---|---|---|---|---|
| 1 | 業務員編號 | 月份 | 銷售地區 | 產品名稱 | 型號 | 單價 | 數量 | 合計 |
| 2 | A003 | 2 | 南區 | 燒錄機 | DRW16 | 1399 | 6 | 8394 |
| 3 | A001 | 2 | 南區 | 燒錄機 | DRW16 | 1399 | 5 | 6995 |
| 4 | A004 | 2 | 東區 | 燒錄機 | DRW32 | 2400 | 1 | 2400 |
| 5 | A004 | 2 | 東區 | 掃描器 | SCAN100 | 3990 | 8 | 31920 |
| 6 | A001 | 2 | 南區 | 燒錄機 | DRW32 | 2400 | 3 | 7200 |
| 7 | A001 | 2 | 北區 | 印表機 | PBW300 | 3500 | 5 | 17500 |
| 8 | A001 | 2 | 東區 | 燒錄機 | DRW32 | 2400 | 3 | 7200 |
| 9 | A001 | 2 | 中區 | 印表機 | PBW300 | 3500 | 3 | 10500 |
| 10 | A003 | 2 | 北區 | 印表機 | PBW300 | 3500 | 2 | 7000 |
| 11 | A001 | 2 | 北區 | 掃描器 | SCAN100 | 3990 | 1 | 3990 |
| 12 | A004 | 2 | 北區 | 燒錄機 | DRW16 | 1399 | 6 | 8394 |

訂單記錄 | 業務員資料 | 產品資料 | 2月份銷售資料 ⊕

▲ 注意, 複製貼上的資料會自動轉換成一般的儲存格範圍, 不再是表格了

**STEP 03** 為了讓畫面較為清爽, 我們將儲存格的外觀格式稍做調整。請選取A2：H37：

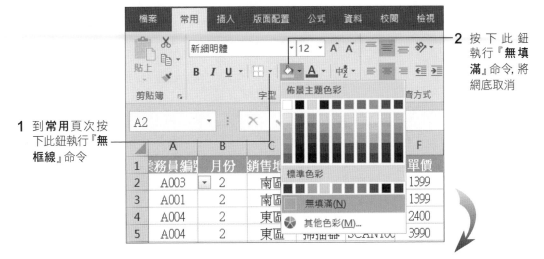

**2** 按下此鈕執行『**無填滿**』命令, 將網底取消

**1** 到**常用**頁次按下此鈕執行『**無框線**』命令

|     | A | B | C | D | E | F | G | H |
|-----|---|---|---|---|---|---|---|---|
| 1 | 業務員編號 | 月份 | 銷售地區 | 產品名稱 | 型號 | 單價 | 數量 | 合計 |
| 2 | A003 | 2 | 南區 | 燒錄機 | DRW16 | 1399 | 6 | 8394 |
| 3 | A001 | 2 | 南區 | 燒錄機 | DRW16 | 1399 | 5 | 6995 |
| 4 | A004 | 2 | 東區 | 燒錄機 | DRW32 | 2400 | 1 | 2400 |
| 5 | A004 | 2 | 東區 | 掃描器 | SCAN100 | 3990 | 8 | 31920 |
| 6 | A001 | 2 | 南區 | 燒錄機 | DRW32 | 2400 | 3 | 7200 |
| 7 | A001 | 2 | 北區 | 印表機 | PBW300 | 3500 | 5 | 17500 |
| 8 | A001 | 2 | 東區 | 燒錄機 | DRW32 | 2400 | 3 | 7200 |
| 9 | A001 | 2 | 中區 | 印表機 | PBW300 | 3500 | 3 | 10500 |
| 10 | A003 | 2 | 北區 | 印表機 | PBW300 | 3500 | 2 | 7000 |

## 依業務員編號做排序

在統計各業務員的銷售總額之前, 我們要先將 **2 月份銷售資料**工作表中的記錄依照**業務員編號**欄做排序, 也就是將記錄按 "業務員編號" 分組, 這樣才方便合計每個人的銷售總額。

請選取**業務員編號**欄位中的任一個儲存格, 然後到**常用**頁次**編輯**區按下**排序與篩選**鈕, 執行『**從 A 到 Z 排序**』命令, 則工作表中的記錄就會根據業務員編號遞增排序:

選此項可做遞增順序

| | A | B | C | D | E | F | G | H |
|---|---|---|---|---|---|---|---|---|
| 1 | 業務員編號 | 月份 | 銷售地區 | 產品名稱 | 型號 | 單價 | 數量 | 合計 |
| 2 | A001 | 2 | 南區 | 燒錄機 | DRW16 | 1399 | 5 | 6995 |
| 3 | A001 | 2 | 南區 | 燒錄機 | DRW32 | 2400 | 3 | 7200 |
| 4 | A001 | 2 | 北區 | 印表機 | PBW300 | 3500 | 5 | 17500 |
| 5 | A001 | 2 | 東區 | 燒錄機 | DRW32 | 2400 | 3 | 7200 |
| 6 | A001 | 2 | 中區 | 印表機 | PBW300 | 3500 | 3 | 10500 |
| 7 | A001 | 2 | 北區 | 掃描器 | SCAN100 | 3990 | 1 | 3990 |
| 8 | A001 | 2 | 中區 | 掃描器 | SCAN100 | 3990 | 1 | 3990 |
| 9 | A001 | 2 | 東區 | 傳真機 | FX100 | 3900 | 3 | 11700 |
| 10 | A001 | 2 | 北區 | 掃描器 | SCAN300 | 9990 | 5 | 49950 |
| 11 | A001 | 2 | 東區 | 燒錄機 | DRW16 | 1399 | 6 | 8394 |

同一業務員編號的
記錄都排在一起了

▲ 現在這份資料已不是表格了, 建議各位按下**檢視**頁
次的**凍結窗格/凍結頂端列**, 可讓欄位名稱保持顯示

## 用「小計」算出業務員銷售總額

排序之後, 工作表中的記錄依業務員編號被分成了 4 組, 只要將每組的合計金額分別加起來, 就是每位業務員的銷售總額囉!我們可利用 Excel 的**小計**功能迅速完成這項工作:

**STEP 01** 請選取資料範圍內的任一儲存格, 然後到**資料**頁次**大綱**區按下**小計**鈕開啟**小計**交談窗:

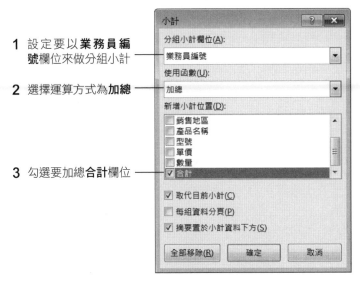

1 設定要以**業務員編號**欄位來做分組小計

2 選擇運算方式為**加總**

3 勾選要加總**合計**欄位

設好後按下**確定**鈕, Excel 便會在每組記錄的最下方加上小計, 並為資料範圍建立大綱結構:

這些是大綱符號, 表示資料被分成 3 個層級

| | A | B | C | D | E | F | G | H |
|---|---|---|---|---|---|---|---|---|
| 1 | 業務員編號 | 月份 | 銷售地區 | 產品名稱 | 型號 | 單價 | 數量 | 合計 |
| 2 | A001 | 2 | 南區 | 燒錄機 | DRW16 | 1399 | 5 | 6995 |
| 3 | A001 | 2 | 南區 | 燒錄機 | DRW32 | 2400 | 3 | 7200 |
| 4 | A001 | 2 | 北區 | 印表機 | PBW300 | 3500 | 5 | 17500 |
| 5 | A001 | 2 | 東區 | 燒錄機 | DRW32 | 2400 | 3 | 7200 |
| 6 | A001 | 2 | 中區 | 印表機 | PBW300 | 3500 | 3 | 10500 |
| 7 | A001 | 2 | 北區 | 掃描器 | SCAN100 | 3990 | 1 | 3990 |
| 8 | A001 | 2 | 中區 | 掃描器 | SCAN100 | 3990 | 1 | 3990 |
| 9 | A001 | 2 | 東區 | 傳真機 | FX100 | 3900 | 3 | 11700 |
| 10 | A001 | 2 | 北區 | 掃描器 | SCAN300 | 9990 | 5 | 49950 |
| 11 | A001 | 2 | 東區 | 燒錄機 | DRW16 | 1399 | 6 | 8394 |
| 12 | A001 | 2 | 東區 | 燒錄機 | DRW32 | 2400 | 1 | 2400 |
| 13 | A001 | 2 | 南區 | 傳真機 | FX300 | 5980 | 2 | 11960 |
| 14 | A001 合計 | | | | | | | 141779 |
| 15 | A002 | 2 | 北區 | 印表機 | PCR500 | 6500 | 5 | 32500 |
| 16 | A002 | 2 | 東區 | 印表機 | PBW300 | 3500 | 6 | 21000 |
| 17 | A002 | 2 | 東區 | 傳真機 | FX100 | 3900 | 4 | 15600 |
| 18 | A002 | 2 | 中區 | 燒錄機 | DRW32 | 2400 | 1 | 2400 |
| 19 | A002 | 2 | 東區 | 印表機 | PCR700 | 12000 | 7 | 84000 |
| 20 | A002 | 2 | 南區 | 傳真機 | FX300 | 5980 | 7 | 41860 |
| 21 | A002 合計 | | | | | | | 197360 |
| 22 | A003 | 2 | 南區 | 燒錄機 | DRW16 | 1399 | 6 | 8394 |
| 23 | A003 | 2 | 北區 | 印表機 | PBW300 | 3500 | 2 | 7000 |
| 24 | A003 | 2 | 北區 | 印表機 | PCR500 | 6500 | 1 | 6500 |
| 25 | A003 | 2 | 中區 | 傳真機 | FX100 | 3900 | 2 | 7800 |
| 26 | A003 | 2 | 北區 | 掃描器 | SCAN300 | 9990 | 3 | 29970 |
| 27 | A003 | 2 | 北區 | 傳真機 | FX100 | 3900 | 5 | 19500 |
| 28 | A003 合計 | | | | | | | 79164 |
| 29 | A004 | 2 | 東區 | 燒錄機 | DRW32 | 2400 | 1 | 2400 |
| 30 | A004 | 2 | 東區 | 掃描器 | SCAN100 | 3990 | 8 | 31920 |

在每組記錄的下方加上**合計**欄位的加總結果

我們可利用大綱符號來決定顯示的層級。請在 2 上面按一下, 表示只顯示到第 2 層, 此時每位業務員的銷售明細會被隱藏起來, 只顯示每位業務員的銷售總額:

| | A | B | C | D | E | F | G | H |
|---|---|---|---|---|---|---|---|---|
| 1 | 業務員編號 | 月份 | 銷售地區 | 產品名稱 | 型號 | 單價 | 數量 | 合計 |
| 14 | A001 合計 | | | | | | | 141779 |
| 21 | A002 合計 | | | | | | | 197360 |
| 28 | A003 合計 | | | | | | | 79164 |
| 41 | A004 合計 | | | | | | | 186670 |
| 42 | 總計 | | | | | | | 604973 |

TIP 若要移除大綱及小計結果, 讓資料範圍恢復原狀, 只要再次開啟**小計**交談窗, 然後按左下角的**全部移除**鈕即可。

# 製作銷售業績排行榜

將每個業務員的銷售總額統計出來後, 接著就開始製作排行榜吧。請新增一個**業績排行榜**工作表, 並設計成如下的排行榜:

| | A | B | C | D | E |
|---|---|---|---|---|---|
| 1 | | | | | |
| 2 | | | 2月份業務銷售業績排行榜 | | |
| 3 | | 名次 | 業務員編號 | 銷售總額 | |
| 4 | | | A001 | | |
| 5 | | | A002 | | |
| 6 | | | A003 | | |
| 7 | | | A004 | | |
| 8 | | | | | |

▲ **業績排行榜**工作表

現在我們只要在**業績排行榜**工作表中填入每個業務員的銷售總額, 排序之後就可以得知名次了。由於我們已在 **2 月份銷售資料**工作表中求出每位業務員的銷售總額, 所以在此我們運用 "參照" 的方式來填入每位業務員的銷售總額:

**STEP 01** 請選取**業績排行榜**工作表的 D4 儲存格, 輸入 "=", 接著切換到 **2 月份銷售資料**工作表, 並選取 H14 儲存格 (A001 業務員的業績小計)。

| H14 | | × ✓ fx | =2月份銷售資料'!H14 | | | | | | |
|---|---|---|---|---|---|---|---|---|---|
| 1 2 3 | | A | B | C | D | E | F | G | H | I |
| 1 | | 業務員編號 | 月份 | 銷售地區 | 產品名稱 | 型號 | 單價 | 數量 | 合計 | |
| + | 14 | A001 合計 | | | | | | | 141779 | |
| + | 21 | A002 合計 | | | | | | | 197360 | |
| + | 28 | A003 合計 | | | | | | | 79164 | |
| + | 41 | A004 合計 | | | | | | | 186670 | |
| - | 42 | 總計 | | | | | | | 604973 | |
| | 43 | | | | | | | | | |

**STEP 02** 按下 Enter 鍵便會切回**業績排行榜**工作表, 並在 D4 儲存格中填入 A001 業務員的銷售總額。

| D4 | : | × ✓ | fx | ='2月份銷售資料'!H14 | |
|---|---|---|---|---|---|
| ▲ | A | B | C | D | E |
| 1 | | | | | |
| 2 | | | 2月份業務銷售業績排行榜 | | |
| 3 | | 名次 | 業務員編號 | 銷售總額 | |
| 4 | | | A001 | 141779 | |
| 5 | | | A002 | | |
| 6 | | | A003 | | |
| 7 | | | A004 | | |
| 8 | | | | | |

**STEP 03** 另外三位業務員的銷售總額, 請你重複上述的步驟來完成:

| 2月份業務銷售業績排行榜 | | |
|---|---|---|
| 名次 | 業務員編號 | 銷售總額 |
| | A001 | 141779 |
| | A002 | 197360 |
| | A003 | 79164 |
| | A004 | 186670 |

參照 **2 月份銷售資料**
工作表的 H21 儲存格

參照 **2 月份銷售資料**
工作表的 H28 儲存格

參照 **2 月份銷售資料**工作表的 H41 儲存格

**STEP 04** 接著就可以按照**銷售總額**做排序, 並得知名次了。請選取**銷售總額**欄位下的任一個儲存格, 如 D5, 然後到**常用**頁次**編輯**區按下**排序與篩選**鈕執行『**從最大到最小排序**』命令:

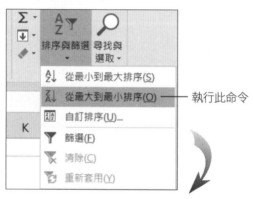

執行此命令

| 2月份業務銷售業績排行榜 | | |
|---|---|---|
| 名次 | 業務員編號 | 銷售總額 |
| | A.002 | 197360 |
| | A.004 | 186670 |
| | A.001 | 141779 |
| | A.003 | 79164 |

這幾筆記錄依據銷售總額、由大到小重新排列順序了

**STEP 05** 再來, 請在**名次**欄的 B4 儲存格填入 "1" 後, 按住 Ctrl 鍵, 再拉曳填滿控點到 B7, 我們的業績排行榜便完成了。

| | A | B | C | D | E |
|---|---|---|---|---|---|
| 1 | | | | | |
| 2 | | | 2月份業務銷售業績排行榜 | | |
| 3 | | 名次 | 業務員編號 | 銷售總額 | |
| 4 | | 1 | A.002 | 197360 | |
| 5 | | | A.004 | 186670 | |
| 6 | | | A.001 | 141779 | |
| 7 | | | A.003 | 79164 | |
| 8 | | | | | |

| | A | B | C | D | E |
|---|---|---|---|---|---|
| 1 | | | | | |
| 2 | | | 2月份業務銷售業績排行榜 | | |
| 3 | | 名次 | 業務員編號 | 銷售總額 | |
| 4 | | 1 | A.002 | 197360 | |
| 5 | | 2 | A.004 | 186670 | |
| 6 | | 3 | A.001 | 141779 | |
| 7 | | 4 | A.003 | 79164 | |
| 8 | | | | | |

只要繼續進行其它的編輯動作, 這個**自動填滿選項**鈕便會自動消失

▲ 完成結果可開啟 Ch07-04 來查看

# 7-4 | 製作銷售統計樞紐分析表

除了業務員的銷售業績, 主管對於產品在每個地區的銷售情況也相當關心。這一節我們要來製作一份每項產品在各銷售地區的銷售統計表, 方便管理者了解各區的銷售情形, 以研擬出適當的行銷方案。

## 建立樞紐分析表

請開啟範例檔案 Ch07-05 並切換到**訂單記錄**工作表, 選取表格中的任一儲存格, 然後到**插入**頁次**表格**區中按下**樞紐分析表**鈕。

### 設定樞紐分析表的資料來源與放置位置

建立樞紐分析表首先要設定資料來源, 好讓 Excel 知道要根據哪些資料來產生樞紐分析表。本例我們已事先選取表格中的一個儲存格, 所以 Excel 會自動選取整個表格做為來源資料範圍；接著到交談窗下方設定樞紐分析表要放置的位置：

若選此項, 會在目前的工作表前插入一張新工作表

**表格 1** 是當初建立表格時, Excel 自動給予的名稱

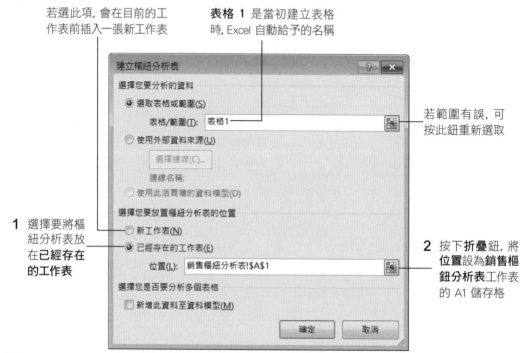

若範圍有誤, 可按此鈕重新選取

**1** 選擇要將樞紐分析表放在**已經存在的工作表**

**2** 按下**折疊**鈕, 將**位置**設為**銷售樞紐分析表**工作表的 A1 儲存格

## 版面配置

設好資料來源和放置位置並按下交談窗的**確定**鈕後, 接著即會切換到**銷售樞紐分析表**工作表中, 讓我們設定樞紐分析表的欄位。

此工作窗格會列出表格中的所有欄位名稱

空白的樞紐分析表

我們只需將要統計的欄位名稱拉曳到對應的區域, 即可建立樞紐分析表。本例我們要產生一份「產品 - 地區」的銷售統計表, 所以請各位在**樞紐分析表欄位**工作窗格中, 分別將**銷售地區**欄位拉曳到**欄**區域、**產品名稱**欄位拉曳到**列**區域、**合計**欄位拉曳到 **Σ 值**區域:

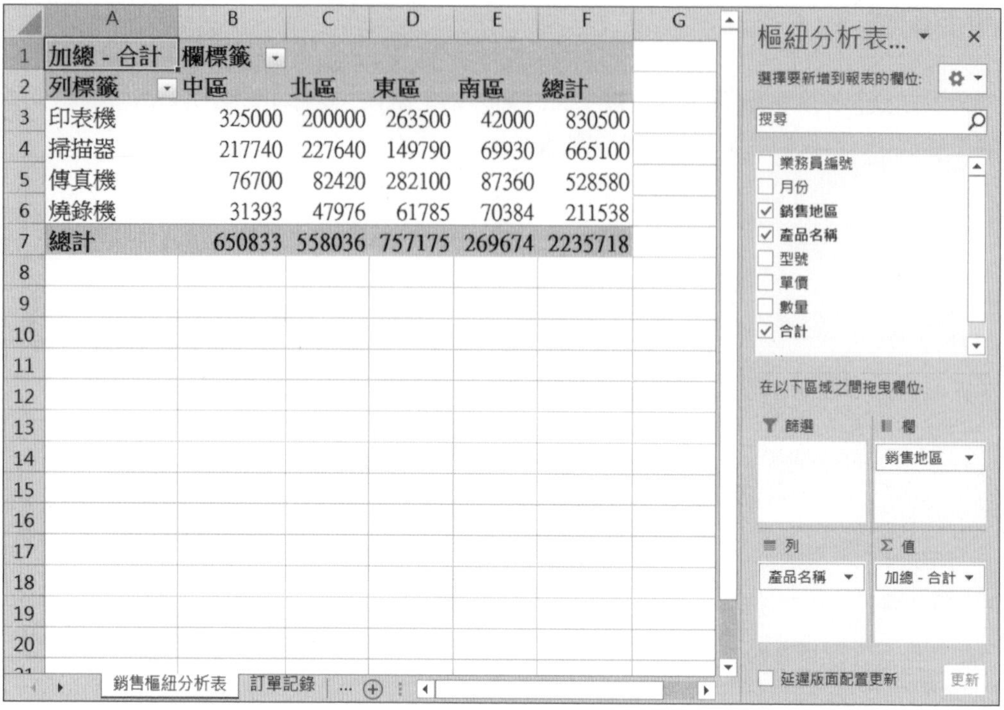

▲ 銷售統計表輕輕鬆鬆就完成了！

若你覺得預設的**欄標籤**、**列標籤**不容易讓人了解意思, 也可以直接修改成比較有意義的欄位名稱, 例如將上圖中的 B1 儲存格改成 "銷售地區"、A2 儲存格改成 "產品名稱"：

| | A | B | C | D | E | F |
|---|---|---|---|---|---|---|
| 1 | 加總 - 合計 | 銷售地區 | | | | |
| 2 | 產品名稱 | 中區 | 北區 | 東區 | 南區 | 總計 |
| 3 | 印表機 | 325000 | 200000 | 263500 | 42000 | 830500 |
| 4 | 掃描器 | 217740 | 227640 | 149790 | 69930 | 665100 |
| 5 | 傳真機 | 76700 | 82420 | 282100 | 87360 | 528580 |
| 6 | 燒錄機 | 31393 | 47976 | 61785 | 70384 | 211538 |
| 7 | 總計 | 650833 | 558036 | 757175 | 269674 | 2235718 |

## 改變樞紐分析表的運算方式

我們拉曳到 **Σ 值**區域中的欄位預設會做加總運算, 而假設主管想知道的是每項產品在各地區的銷售百分比為何, 怎麼辦？很簡單, 我們只要將樞紐分析表中的銷售額換成是計算百分比就可以了。請如下操作：

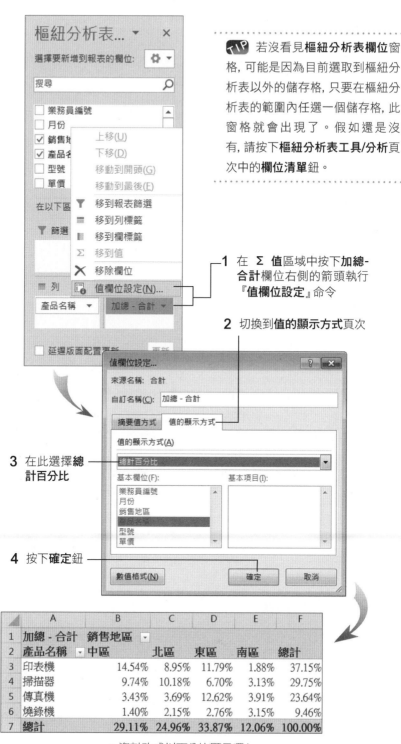

若沒看見**樞紐分析表欄位**窗格, 可能是因為目前選取到樞紐分析表以外的儲存格, 只要在樞紐分析表的範圍內任選一個儲存格, 此窗格就會出現了。假如還是沒有, 請按下**樞紐分析表工具/分析**頁次中的**欄位清單**鈕。

1 在 Σ **值**區域中按下**加總-合計**欄位右側的箭頭執行『**值欄位設定**』命令

2 切換到**值的顯示方式**頁次

3 在此選擇**總計百分比**

4 按下**確定**鈕

| | A | B | C | D | E | F |
|---|---|---|---|---|---|---|
| 1 | 加總 - 合計 | 銷售地區 ▾ | | | | |
| 2 | 產品名稱 ▾ | 中區 | 北區 | 東區 | 南區 | 總計 |
| 3 | 印表機 | 14.54% | 8.95% | 11.79% | 1.88% | 37.15% |
| 4 | 掃描器 | 9.74% | 10.18% | 6.70% | 3.13% | 29.75% |
| 5 | 傳真機 | 3.43% | 3.69% | 12.62% | 3.91% | 23.64% |
| 6 | 燒錄機 | 1.40% | 2.15% | 2.76% | 3.15% | 9.46% |
| 7 | 總計 | 29.11% | 24.96% | 33.87% | 12.06% | 100.00% |

▲ 資料改成以百分比顯示囉!

# 調整樞紐分析表的欄位

　　樞紐分析表是動態表格, 我們隨時可依需要任意調整欄位來改變樞紐分析表的內容。假設我們希望樞紐分析表也能夠顯示型號的資訊, 並且加總各產品的銷售數量而非銷售額, 可如下進行設定:

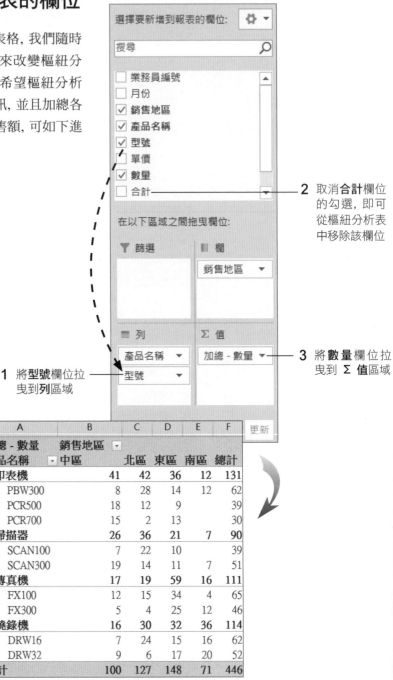

2 取消**合計**欄位的勾選, 即可從樞紐分析表中移除該欄位

1 將**型號**欄位拉曳到**列**區域

3 將**數量**欄位拉曳到 **Σ 值**區域

按此鈕可展開/摺疊下層的資料

▲ 輕鬆變換為我們所要的:各產品在各地區的銷售量統計報表

## 運用篩選欄位來篩選資料

又假如我們希望能夠按 "月份" 檢視每個地區各種產品的銷售量, 那麼只要將**月份**欄位拉曳到**篩選**區域, 再做設定即可:

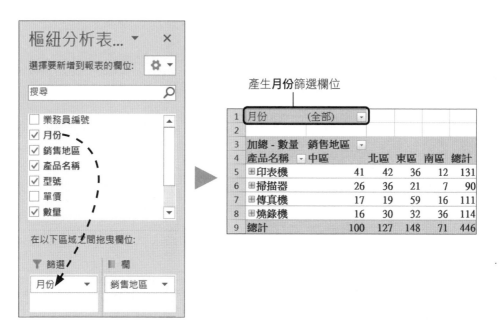

假設你只要檢視 2 月份的銷售資料, 可按下**月份**欄位右側的箭頭來設定:

▲ 僅顯示 2 月份的銷售數量

**TIP** 若要移除**月份**欄位的篩選設定, 請再次拉下**月份**欄位選單, 然後勾選**全部**即可。

同樣的，按下**欄標籤**與**列標籤**這兩個欄位右側的**篩選**鈕，也可篩選要顯示的項目。例如我們只要檢視**北區**和**南區**的銷售數量，則可按下**欄標籤**（銷售地區）右側的**篩選**鈕來設定：

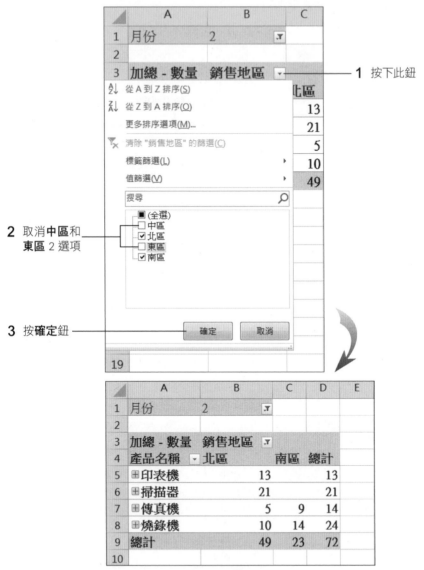

▲ 僅剩**北區**和**南區**的資料了

TIP 若你的樞紐分析表上沒有顯示**欄標籤**和**列標籤**欄位，可到**樞紐分析表工具/分析**頁次的**顯示**區按下**欄位標題**鈕來顯示。

# 7-5 │ 繪製銷售統計樞紐分析圖

　　從樞紐分析表上的數據, 固然可以瞭解產品在各地區的銷售情形, 可是當我們要向上司或其他主管做業務簡報時, 僅提出一堆數據還不夠瞧, 若能搭配清晰美觀的圖表來輔助說明, 必定能為您的簡報增色不少。

　　這一節, 我們將根據之前建好的樞紐分析表, 繼續建立樞紐分析圖, 以視覺化的方式呈現樞紐分析表的資訊。

## 建立樞紐分析圖

　　請開啟範例檔案　Ch07-06, 我們要利用**銷售樞紐分析表**工作表中的資料繪製樞紐分析圖。

| | A | B | C | D | E | F |
|---|---|---|---|---|---|---|
| 1 | 月份 | (全部) ▼ | | | | |
| 2 | | | | | | |
| 3 | 加總 - 數量 | 銷售地區 ▼ | | | | |
| 4 | 產品名稱 ▼ | 中區 | 北區 | 東區 | 南區 | 總計 |
| 5 | ⊞印表機 | 41 | 42 | 36 | 12 | 131 |
| 6 | ⊞掃描器 | 26 | 36 | 21 | 7 | 90 |
| 7 | ⊞傳真機 | 17 | 19 | 59 | 16 | 111 |
| 8 | ⊞燒錄機 | 16 | 30 | 32 | 36 | 114 |
| 9 | 總計 | 100 | 127 | 148 | 71 | 446 |
| 10 | | | | | | |

**STEP 01** 請選取樞紐分析表中的任一個儲存格, 然後如下操作:

▲ 到**樞紐分析表工具/分析**頁次的**工具**區按下**樞紐分析圖**鈕

**STEP 02** 開啟**插入圖表**交談窗之後, 即可選擇圖表類型。此例我們選擇**直條圖**中的**群組直條圖**, 按下**確定**鈕, 即可在樞紐分表所在的工作表中建立樞紐分析圖。

**1** 此例我們選擇**直條圖**中的**群組直條圖**

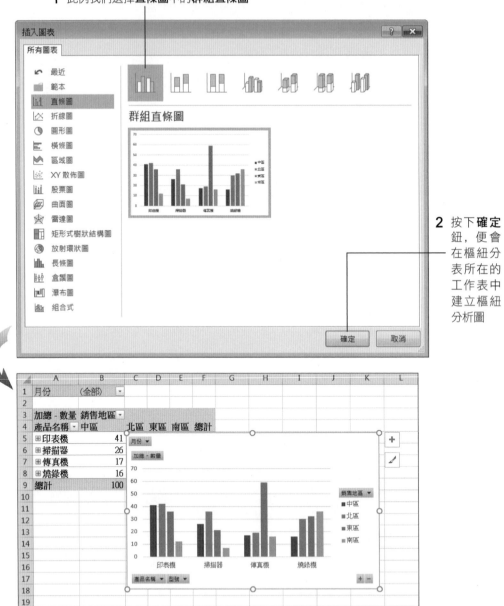

**2** 按下**確定**鈕, 便會在樞紐分表所在的工作表中建立樞紐分析圖

　　Excel 預設會將樞紐分析圖和樞紐分析表放在同一個工作表中, 不過各位可以自行將圖表搬到單獨的工作表上, 比較方便檢視。

# 調整樞紐分析圖的欄位及項目

樞紐分析圖上面也會出現**篩選**鈕, 方便你篩選要顯示出來的資料。假設我們希望圖表只顯示**北區**和**中區**的銷售數量, 可如下操作:

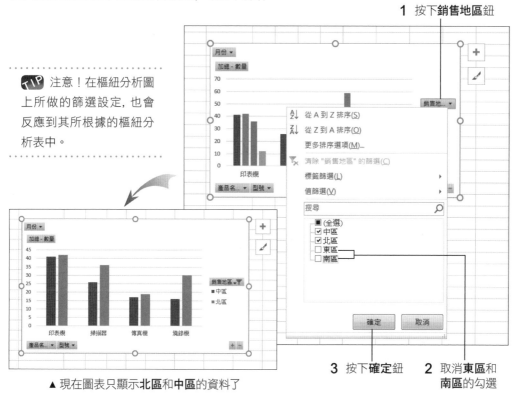

**TIP** 注意！在樞紐分析圖上所做的篩選設定, 也會反應到其所根據的樞紐分析表中。

**1** 按下**銷售地區**鈕

**3** 按下**確定**鈕

**2** 取消**東區**和**南區**的勾選

▲ 現在圖表只顯示**北區**和**中區**的資料了

而假如我們還想在圖表上看到各產品型號的銷售狀況, 只要到銷售樞紐分析表中, 將各產品的型號展開, 就可以在圖表上看到各產品型號的銷量了:

**1** 按此鈕展開型號細項

**2** 樞紐分析圖馬上同步反應

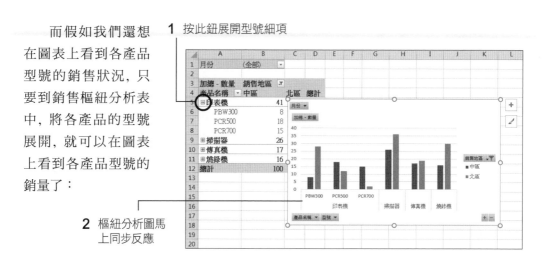

7-29

變更樞紐分析圖的樣式及色彩

如果想要變換樞紐分析圖的樣式, 只要按下樞紐分析圖右側的**圖表樣式**鈕 即可從中做挑選。

**1** 按下此鈕　　　　　　　　　　　　**2** 往下拉曳捲軸

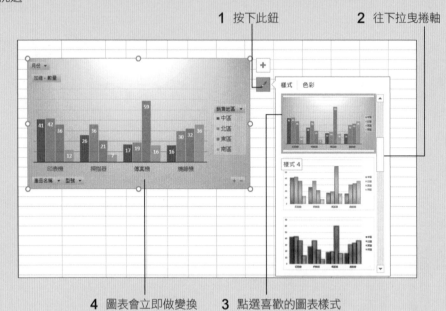

**4** 圖表會立即做變換　　**3** 點選喜歡的圖表樣式

若想改變圖表的配色, 請在按下**圖表樣式**鈕 後, 切換到**色彩**頁次來變更。

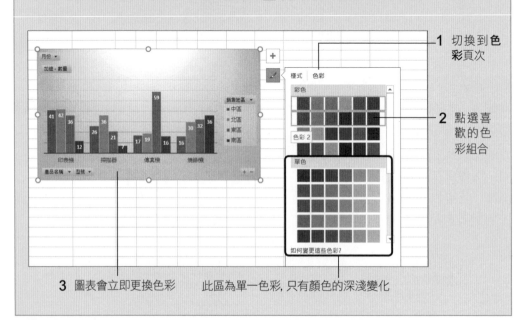

**1** 切換到**色彩**頁次

**2** 點選喜歡的色彩組合

**3** 圖表會立即更換色彩　　此區為單一色彩, 只有顏色的深淺變化

## 7-6 | 在樞紐分析表上用顏色或 圖示標示特殊數據

　　若能夠在統計報表中再加些明顯的標示, 例如將高於平均值的銷售量加上外框, 或是將所有的銷售數量按等級做不同的標示…等, 這樣將更容易抓住報表的重點、解讀報表所要傳達的意義。而這一節要介紹的**設定格式化的條件**功能, 正可達到這樣的效果。

## ▍標出高於平均值的銷售量

　　請開啟範例檔案 Ch07-07, 並切換到**銷售樞紐分析表**工作表, 現在我們就利用**設定格式化的條件**功能, 將樞紐分析表中高於平均值的銷售量標示出來:

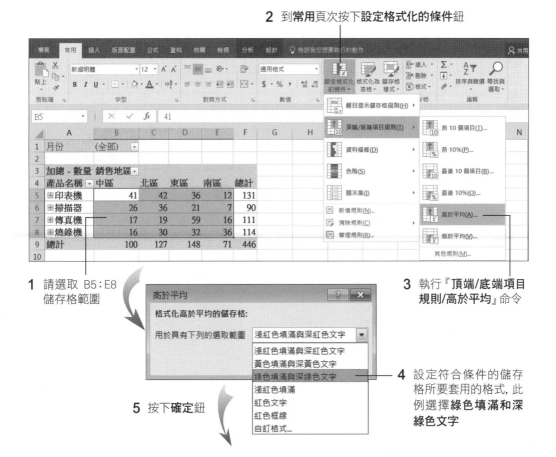

**2** 到**常用**頁次按下**設定格式化的條件**鈕

**1** 請選取 B5:E8 儲存格範圍

**3** 執行『**頂端/底端項目 規則/高於平均**』命令

**高於平均**

格式化高於平均的儲存格:

用於具有下列的選取範圍　淺紅色填滿與深紅色文字 ▼

淺紅色填滿與深紅色文字
黃色填滿與深黃色文字
綠色填滿與深綠色文字
淺紅色填滿
紅色文字
紅色框線
自訂格式...

**4** 設定符合條件的儲存格所要套用的格式, 此例選擇**綠色填滿和深綠色文字**

**5** 按下**確定**鈕

| 3 | 加總 - 數量 | 銷售地區 ▼ | | | | |
|---|---|---|---|---|---|---|
| 4 | 產品名稱 ▼ | 中區 | 北區 | 東區 | 南區 | 總計 |
| 5 | ⊞印表機 | 41 | 42 | 36 | 12 | 131 |
| 6 | ⊞掃描器 | 26 | 36 | 21 | 7 | 90 |
| 7 | ⊞傳真機 | 17 | 19 | 59 | 16 | 111 |
| 8 | ⊞燒錄機 | 16 | 30 | 32 | 36 | 114 |
| 9 | 總計 | 100 | 127 | 148 | 71 | 446 |

綠色字和有底色的儲存格, 表示它們的銷售數量高於平均

**格式化選項**按鈕, 可讓你調整格式化規則所要套用的範圍, 當套用到樞紐分析表時才會出現此按鈕

> **TIP** 若要清除樞紐分析表上的格式化規則, 請先選取樞紐分析表中的一個儲存格, 然後在**常用**頁次**樣式**區按下**設定格式化的條件**鈕, 執行『**清除規則/清除此樞紐分析表的規則**』命令。

## ▌按銷售量高低標示等級

再來, 我們同樣利用**設定格式化的條件**功能, 將各型號的銷售數量依高低分等級, 然後標上不同的符號:

| 3 | 加總 - 數量 | 銷售地區 ▼ | | | | |
|---|---|---|---|---|---|---|
| 4 | 產品名稱 ▼ | 中區 | 北區 | 東區 | 南區 | 總計 |
| 5 | ⊟印表機 | 41 | 42 | 36 | 12 | 131 |
| 6 | PBW300 | 8 | 28 | 14 | 12 | 62 |
| 7 | PCR500 | 18 | 12 | 9 | | 39 |
| 8 | PCR700 | 15 | 2 | 13 | | 30 |
| 9 | ⊞掃描器 | 26 | 36 | 21 | 7 | 90 |
| 10 | ⊞傳真機 | 17 | 19 | 59 | 16 | 111 |
| 11 | ⊞燒錄機 | 16 | 30 | 32 | 36 | 114 |
| 12 | 總計 | 100 | 127 | 148 | 71 | 446 |

**STEP 01** 請先展開**印表機**的型號明細, 然後選取 B6：E8 儲存格範圍。

**STEP 02** 切換到**常用**頁次, 在**樣式**區按下**設定格式化的條件**鈕, 並展開**圖示集**子功能表選擇**三旗幟**:

▲ 銷售數量被分成 3 級, 最好的標示綠色旗幟, 中等的標示黃色旗幟, 最差的標示紅色旗幟

假若我們希望其它三個產品的銷售數量也套用相同的標示, 只要按下**格式化選項鈕**來設定即可:

按下此鈕

| 3 | 加總 - 數量 | 銷售地區 ▼ | | | | |
|---|---|---|---|---|---|---|
| 4 | 產品名稱 ▼ | 中區 | 北區 | 東區 | 南區 | 總計 |
| 5 | ⊟印表機 | 41 | 42 | 36 | 12 | 131 |
| 6 | PBW300 | ▶ 8 | ▶ 28 | ▶ 14 | ▶ 12 | 62 |
| 7 | PCR500 | ▶ 18 | ▶ 12 | ▶ 9 | | 39 |
| 8 | PCR700 | ▶ 15 | ▶ 2 | ▶ 13 | | 30 |
| 9 | ⊞掃描器 | 26 | 36 | 21 | 7 | |
| 10 | ⊞傳真機 | 17 | 19 | 59 | 16 | |
| 11 | ⊞燒錄機 | 16 | 30 | 32 | 36 | |
| 12 | 總計 | 100 | 127 | 148 | 71 | |
| 13 | | | | | | |

套用格式化規則至...
○ 選取的儲存格(L)
○ 所有顯示 "加總 - 數量" 值的儲存格(W)
◉ 顯示 "型號" 和 "銷售地區" 的 "加總 - 數量" 值之所有儲存格(N)

選取此項, 則所有產品的銷售數量都會套用同樣的標示

| 3 | 加總 - 數量 | 銷售地區 ▼ | | | | |
|---|---|---|---|---|---|---|
| 4 | 產品名稱 ▼ | 中區 | 北區 | 東區 | 南區 | 總計 |
| 5 | ⊟印表機 | 41 | 42 | 36 | 12 | 131 |
| 6 | PBW300 | ▶ 8 | ▶ 28 | ▶ 14 | ▶ 12 | 62 |
| 7 | PCR500 | ▶ 18 | ▶ 12 | ▶ 9 | | 39 |
| 8 | PCR700 | ▶ 15 | ▶ 2 | ▶ 13 | | 30 |
| 9 | ⊟掃描器 | 26 | 36 | 21 | 7 | 90 |
| 10 | SCAN100 | ▶ 7 | ▶ 22 | ▶ 10 | | 39 |
| 11 | SCAN300 | ▶ 19 | ▶ 14 | ▶ 11 | ▶ 7 | 51 |
| 12 | ⊟傳真機 | 17 | 19 | 59 | 16 | 111 |
| 13 | FX100 | ▶ 12 | ▶ 15 | ▶ 34 | ▶ 4 | 65 |
| 14 | FX300 | ▶ 5 | ▶ 4 | ▶ 25 | ▶ 12 | 46 |
| 15 | ⊟燒錄機 | 16 | 30 | 32 | 36 | 114 |
| 16 | DRW16 | ▶ 7 | ▶ 24 | ▶ 15 | ▶ 16 | 62 |
| 17 | DRW32 | ▶ 9 | ▶ 6 | ▶ 17 | ▶ 20 | 52 |
| 18 | 總計 | 100 | 127 | 148 | 71 | 446 |

◀ 完成結果可參考範例檔案 Ch07-08

加上旗幟之後, 我們可以很容易看出來, **掃描器**的銷售狀況在各區都不理想, 皆為黃色或紅色旗幟; 而東區的**傳真機**則賣得很不錯, 皆為綠色旗幟。接著這份報表就可以給相關人員參考、研擬銷售對策了。

## 後記

在工作表中建立一筆又一筆的資料只是第一步, 你還要懂得活用資料分析的技巧, 才能將平淡無奇的資料彙整起來, 變成有意義的統計數據。在本章中, 我們運用了**篩選、排序、小計**等功能來處理資料, 並建立**樞紐分析表**和**樞紐分析圖**、以及**設定格式化的條件**功能來協助銷售資料的統計分析, 只要幾個步驟就可迅速彙整出各種層面的資訊, 非常地實用。**樞紐分析表**的用途很廣, 除了本章的題材之外, 各位還可將它運用到問卷調查分析、進出貨管理等方面。

# 實力評量

1. 請開啟練習檔案 Ex07-01，這是一份預備輸入銷貨記錄的清單，現在請您依照以下的說明，完成各小題的要求。

| | A | B | C | D | E | F | G |
|---|---|---|---|---|---|---|---|
| 1 | | | 統信公司 6 月分銷貨明細 | | | | |
| 2 | 業務員姓名 | 銷貨地區 | 產品名稱 | 型號 | 單價 | 數量 | 銷貨收入 |
| 3 | | | | | 0 | | 0 |
| 4 | | | | | | | |
| 5 | | | | | | | |

　　　　　　銷貨記錄　產品　⊕

| | A | B | C | D | E | F | G | H | I |
|---|---|---|---|---|---|---|---|---|---|
| 1 | 產品編號 | 產品名稱 | | | 產品名稱 | 型號 | 單價 | | |
| 2 | 001 | DVD | | | DVD | DVD16S | 4000 | | |
| 3 | 002 | VCD | | | DVD | DVD32S | 8500 | | |
| 4 | 003 | 電視機 | | | VCD | VCD0A | 1000 | | |
| 5 | 004 | 冰箱 | | | VCD | VCD0B | 1200 | | |
| 6 | | | | | 電視機 | TV2AG | 6800 | | |
| 7 | | | | | 電視機 | TV3AH | 15000 | | |
| 8 | | | | | 電視機 | TV4AT | 20000 | | |
| 9 | | | | | 冰箱 | FRA50 | 18000 | | |
| 10 | | | | | 冰箱 | FRA70 | 32000 | | |
| 11 | | | | | 冰箱 | FRA90 | 40000 | | |
| 12 | | | | | | | | | |

　　　　　　銷貨記錄　產品　⊕

(1) 請根據**產品名稱**欄位的內容，為**型號**欄位建立多重清單，以簡化資料的輸入步驟。

(2) 請將 A2：G3 儲存格範圍轉換成 Excel 表格，並新增兩筆記錄：

| 業務員姓名 | 銷貨地區 | 產品名稱 | 型號 | 單價 | 數量 | 銷貨收入 |
|---|---|---|---|---|---|---|
| 林大圖 | 臺北 | 電視機 | TV2AG | X | 8 | X |
| 章信宜 | 高雄 | DVD | DVD32S | X | 6 | X |

2. 請開啟練習檔案 Ex07-02, 我們已在**銷貨記錄**工作表中輸入多筆記錄, 現在請您完成下列各小題的要求。

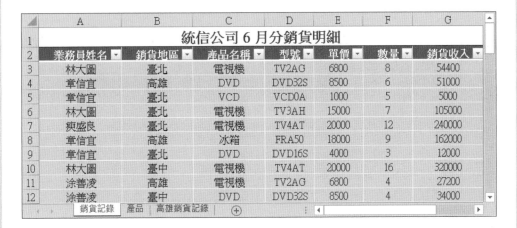

(1) 請在**銷貨記錄**工作表中篩選出 "高雄" 地區的銷貨記錄, 然後將篩選結果 (連同欄位名稱列) 複製到**高雄銷貨記錄**工作表中。

(2) 請將**高雄銷貨記錄**工作表中的記錄依照**業務員姓名**做遞增排序。

(3) 接續上題, 請使用**小計**功能, 計算每個業務員的總銷貨收入。

3. 請開啟練習檔案 Ex07-03, 這是一份汽車公司的銷售資料, 現在請您製作以下這幾份圖表:

(1) 請建立如下的銷售數量樞紐分析表:

| | A | B | C |
|---|---|---|---|
| 1 | 列標籤 ▼ | 加總 - 數量 | |
| 2 | ⊟休旅車 | 11 | |
| 3 | ESCAPE | 7 | |
| 4 | RV-S | 4 | |
| 5 | ⊟商用車 | 10 | |
| 6 | FREECA | 10 | |
| 7 | ⊟轎車 | 13 | |
| 8 | ACTIVA | 4 | |
| 9 | ALTIS | 4 | |
| 10 | FOCUS | 2 | |
| 11 | MONDEO | 3 | |
| 12 | 總計 | 34 | |
| 13 | | | |

(2) 請建立如下的「型號-顏色」銷貨收入分析表：

| | A | B | C | D | E | F | G | H |
|---|---|---|---|---|---|---|---|---|
| 1 | 車種 | (全部) ▾ | | | | | | |
| 2 | | | | | | | | |
| 3 | 加總 - 數量 | 欄標籤 ▾ | | | | | | |
| 4 | 列標籤 ▾ | 白 | 紅 | 黑 | 綠 | 銀 | 藍 | 總計 |
| 5 | ACTIVA | 0.00% | 0.00% | 8.82% | 0.00% | 0.00% | 2.94% | 11.76% |
| 6 | ALTIS | 2.94% | 0.00% | 0.00% | 0.00% | 0.00% | 8.82% | 11.76% |
| 7 | ESCAPE | 5.88% | 0.00% | 5.88% | 5.88% | 2.94% | 0.00% | 20.59% |
| 8 | FOCUS | 2.94% | 0.00% | 0.00% | 2.94% | 0.00% | 0.00% | 5.88% |
| 9 | FREECA | 8.82% | 0.00% | 14.71% | 0.00% | 0.00% | 5.88% | 29.41% |
| 10 | MONDEO | 0.00% | 2.94% | 0.00% | 0.00% | 5.88% | 0.00% | 8.82% |
| 11 | RV-S | 2.94% | 0.00% | 0.00% | 0.00% | 8.82% | 0.00% | 11.76% |
| 12 | 總計 | 23.53% | 2.94% | 29.41% | 8.82% | 17.65% | 17.65% | 100.00% |

(3) 接上例, 請利用**設定格式化的條件**功能, 為樞紐分析表加上圖示。

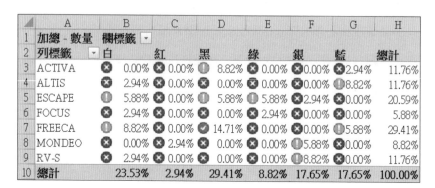

(4) 請繪製一張如下圖的銷售統計樞紐分析圖：

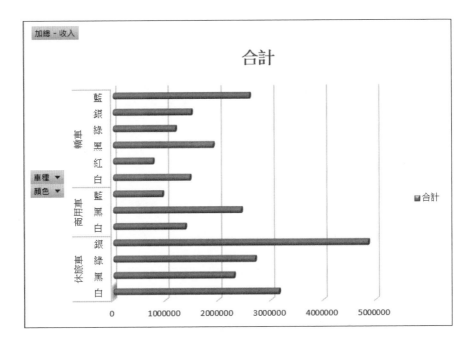

# 08 計算業績獎金

本章學習提要

- 輸入日期與更改日期顯示格式
- 使用 HLOOKUP 函數與 LOOKUP 函數進行查表
- 使用 TODAY 函數計算年資並搭配 ROUND 函數做四捨五入
- 運用**篩選、排序、設定格式化的條件**功能分析資料
- 為儲存格加上說明註解

精明能幹的業務員是一家公司不可或缺的重要角色, 儘管公司生產了品質優良的產品, 若缺乏業務員將產品的特色與優點推廣給眾多客戶, 那麼再優良的產品也只能關在公司的倉庫中涼快！為了激勵業務人員的士氣, 公司通常會訂定一套業績獎金發放標準, 以鼓舞表現傑出的業務員。

　　發放業績獎金的方式有很多種, 譬如從業績金額當中提撥固定的百分比當作獎金、或者規定每達到一個業績水準, 就可領取對應額度的獎金, 另外也有論件計酬的方式, 也就是每成交一筆, 就固定可得到某一數目的獎金…。

| | A | B | C | D | E | F | G |
|---|---|---|---|---|---|---|---|
| 1 | 業務員業績獎金一覽表 | | | | | | |
| 2 | 姓名 | 上月 | 本月 | 兩月平均 | 獎金比例 | 累進差額 | 業績獎金 |
| 3 | 陳文齡 | 365,000 | 284,600 | 324,800 | 20% | 19000 | 45960 |
| 4 | 李育祥 | 369,000 | 344,100 | 356,550 | 30% | 54000 | 52965 |
| 5 | 莊維德 | 215,600 | 195,000 | 205,300 | 15% | 6500 | 24295 |
| 6 | 林錦華 | 102,500 | 89,000 | 95,750 | 10% | 0 | 9575 |
| 7 | 吳佩儀 | 263,500 | 215,400 | 239,450 | 15% | 6500 | 29417.5 |
| | | | | 247,000 | 15% | 6500 | 30550 |
| 20 | 閻佩珊 | 315,000 | 250,000 | | 20% | 19000 | |
| 21 | 林曆儒 | 125,000 | 174,000 | 149,5 | | | 15940 |
| 22 | 姜學盛 | 123,000 | 160,000 | 141,500 | 12% | 2000 | 14980 |
| 23 | 蔣仲達 | 263,500 | 240,000 | 251,750 | 20% | 19000 | 31350 |
| 24 | 孫錫泓 | 236,000 | 360,000 | 298,000 | 20% | 19000 | 40600 |
| 25 | 林美芳 | 145,000 | 263,000 | 204,000 | 15% | 6500 | 24100 |
| 26 | 王建閣 | 398,000 | 264,000 | 331,000 | 20% | 19000 | 47200 |
| 27 | 章索怡 | 355,000 | 320,000 | 337,500 | 20% | 19000 | 48500 |
| 28 | 周潤東 | 254,000 | 125,000 | 189,500 | 15% | 6500 | 21925 |
| 29 | 何安妮 | 478,000 | 459,000 | 468,500 | 30% | 54000 | 86550 |

▲ 案例一：依產品銷售業績核算業務員可得到的獎金

　　不同的行業類別, 所制訂的業績獎金發放標準也不盡相同, 本章將探討兩種業績獎金發放的案例：一種是「依銷售業績分段核算獎金」、一種是「依業績表現分二階段計算獎金」, 看完這兩個案例之後, 相信就能幫助您將這些技巧運用到實際的情況中了。

| | A | B | C | D | E | F | G | H | I |
|---|---|---|---|---|---|---|---|---|---|
| 1 | 招募會員人數業績獎金計算 | | | | | | | | |
| 2 | 區別 | 姓名 | 到職日 | 年資 | 終身會員人數 | 5年期會員人數 | 第一階段獎金 | 第二階段獎金 | 獎金合計 |
| 3 | 中區 | 江海忠 | 95/9/3 | 9.7 | 24 | 65 | 18500 | 8000 | 26500 |
| 4 | 中區 | 李信民 | 91/9/10 | 13.7 | 21 | 18 | 12300 | 8000 | 20300 |
| 5 | 中區 | 丁小文 | 94/8/2 | 10.8 | 15 | 45 | 12000 | 8000 | 20000 |
| 6 | 中區 | 陳如芸 | 95/7/22 | 9.8 | 7 | 59 | 9400 | 5000 | 14400 |
| 7 | 北區 | 陳裕龍 | 98/5/15 | 7 | 23 | 36 | 15100 | 8000 | 23100 |
| 8 | 北區 | 吳培祥 | 98/7/6 | 6.8 | 17 | 27 | 11200 | 5000 | 16200 |
| 9 | 北區 | 陳文欽 | 98/8/16 | 6.7 | 15 | 32 | 10700 | 5000 | 15700 |
| 10 | 北區 | 張夢姑 | 97/7/30 | 7.8 | 7 | 14 | 4900 | 0 | 4900 |
| 11 | 北區 | 王勝良 | 96/6/6 | 8.9 | 4 | 17 | 3700 | 0 | 3700 |
| 12 | 南區 | 劉珮珊 | 95/5/20 | 10 | 16 | 55 | 13500 | 8000 | 21500 |
| 13 | 南區 | 謝其華 | 96/4/10 | 9.1 | 18 | 21 | 11100 | 5000 | 16100 |

▲ 案例二：依業務員招募到的會員人數核發獎金

# 8-1 | 依銷售業績分段核算獎金

　　企業為了有效激勵業務員衝刺業績, 時常會採取高業績伴隨高比例獎金的制度, 也就是說業績愈高, 就可以獲得愈高比例的獎金。不過也因為如此, 業績獎金的計算工作也變得繁瑣多變。

　　本節要為您介紹的是依照銷售業績高低, 分段給予不同比例獎金的計算技巧。現在, 請您開啟範例檔案 Ch08-01, 我們已經將**宏瞻公司**的獎金發放規則輸入到**獎金標準**工作表當中:

| | A | B | C | D | E | F |
|---|---|---|---|---|---|---|
| 1 | | 業績獎金發放標準 | | | | |
| 2 | | 第一段 | 第二段 | 第三段 | 第四段 | 第五段 |
| 3 | | 100,000 以下 | 100,000 ~ 149,999 | 150,000 ~ 249,000 | 250,000 ~ 349,999 | 350,000 以上 |
| 4 | 銷售業績 | 0 | 100,000 | 150,000 | 250,000 | 350,000 |
| 5 | 獎金比例 | 10% | 12% | 15% | 20% | 30% |
| 6 | 累進差額 | 0 | 2,000 | 6,500 | 19,000 | 54,000 |

▲ **獎金標準**工作表

　　在本例中, 業績獎金採用分段計算的方式: 當銷售業績在 10 萬元以下, 只可獲得業績的 10% 做為獎金; 若是業績介於 10 ~ 15 萬之間, 則 10 萬以下的部分可獲得 10% 的獎金, 超過 10 萬未滿 15 萬的部分則可得到 12% 的獎金, 依此類推⋯。

　　舉例來說, 假設甲業務員的業績是 220,000 元, 那麼他可獲得的獎金就是:

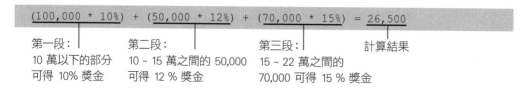

# 計算累進差額

從剛才示範的例子各位會發現, 分段累計獎金的計算公式有點複雜。為了簡化獎金的計算工作, 我們採用「累進差額」來設計獎金的公式: 也就是直接將業績金額乘上應得的最高比例, 然後再減去其中多算的部份, 就可得到實得的獎金, 而這個 "多算的部份" 就是所謂的「累進差額」:

```
銷售業績 * 獎金比例 - 累進差額 = 業績獎金
```

以上例 220,000 的銷售業績來看, 將 220,000 乘上第三段的獎金比例 15%, 再減去前面兩段多算的累進差額 6,500 (稍後說明計算公式), 同樣可以得到 26,500 的獎金。因此在繼續之前, 我們先來說明如何計算各階段獎金的累進差額。

請各位參考 Ch08-01 **獎金標準**工作表中 C6：F6 儲存格中的公式:

| | A | B | C | D | E | F |
|---|---|---|---|---|---|---|
| 1 | | | 業績獎金發放標準 | | | |
| 2 | | 第一段 | 第二段 | 第三段 | 第四段 | 第五段 |
| 3 | | 100,000 以下 | 100,000 ~ 149,999 | 150,000 ~ 249,000 | 250,000 ~ 349,999 | 350,000 以上 |
| 4 | 銷售業績 | 0 | 100,000 | 150,000 | 250,000 | 350,000 |
| 5 | 獎金比例 | 10% | 12% | 15% | 20% | 30% |
| 6 | 累進差額 | 0 | 2,000 | 6,500 | 19,000 | 54,000 |
| 7 | | | | | | |

當銷售業績達到第一段的獎金比例時, 並不會產生累進差額, 所以其累進差額為 0。其餘各段的累進差額則可用以下公式來計算, 我們以第二段累進差額來說明:

```
= B6 + C4 * ( C5 - B5)
```

前段累計之　因套用第二段獎金比例,
累進差額　　導致上一段多算的差額

當銷售業績達到第二段獎金比例時, 若直接將銷售業績乘上 12%, 則其中屬於第一段的部份 (也就是 100,000 以下的部份) 會多算 2% (12% - 10%), 若以圖形來表達, 則下頁圖中的 **ⓐ** 也就是 100,000 * 2% = 2,000。由於第二段之前所累計的累進差額為 0, 所以第二段累進差額實為 0 + 2,000 = 2,000。

當銷售業績達到第三段獎金比例時，則原屬第二段的部份（150,000 以下）會多算 3%（15%-12%），圖中的 ❺ 也就是 150,000 * 3 % = 4,500，再加上之前累計的累進差額 2,000，所以結果為 2,000 + 4,500 = 6,500。第四段、第五段的累進差額也都是依照相同的方式推算出來的。

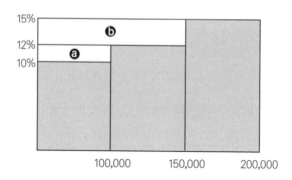

# 查詢獎金比例

請切換到 Ch08-01 的**獎金計算**工作表，**宏瞻公司**每個業務員的銷售業績資料已經輸入到 B 欄當中，現在我們要參照**獎金標準**工作表，將對應的獎金比例填入**獎金計算**工作表的 C 欄。在此，我們要使用到一個水平查表函數：HLOOKUP。

## HLOOKUP 函數的用法

HLOOKUP 函數可讓我們在表格的第一列中尋找含有某個值的欄位，然後再傳回同一欄中某列儲存格的值。HLOOKUP 的格式為：

```
HLOOKUP (Lookup_value, Table_array, Row_index_num, Range_lookup)
```

- **Lookup_value**：就是搜尋範圍第一列中所要搜尋的值，可以是數字、位址或文字。
- **Table_array**：指定要搜尋的資料範圍，也可以是一個定義好的儲存格範圍名稱。
- **Row_index_num**：是一個數值，表示要傳回第幾列的值。
- **Range_lookup**：為一個邏輯值，可指定尋找完全相符或部份相符的值。當此值為 TRUE 或省略的時候，會傳回部份相符的值，也就是若找不到完全相符的值，會傳回僅次於 Lookup_value 的值；而當此值為 FALSE 時，則表示要尋找完全相符的值，若找不到，就會傳回錯誤值 #N/A。另外，當 Range_lookup 的值為 TRUE 時，Table_array 第一列中的數值必須按照遞增排列，這樣搜尋結果才會正確。

Next

以下面的例子來說, 我們要查詢檸檬的數量, 可在儲存格 B7 輸入公式 "=HLOOKUP (B6, B1:G4, 4, FALSE)", 由於 B6 的值為 "檸檬", 在 B1:G4 範圍中找到 "檸檬" 後, 在 "檸檬" 所屬的那一欄中, 第 4 列的值為 "170", 故 B7 公式的運算結果為 "170:

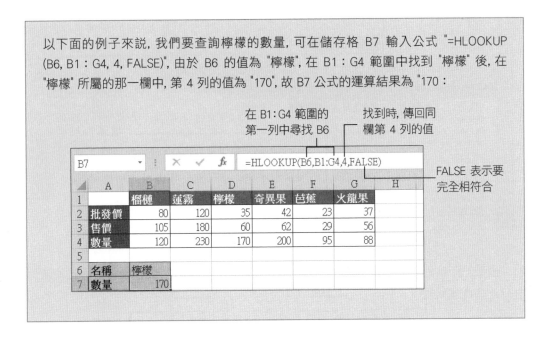

了解 HLOOKUP 函數的用法之後, 我們回到**獎金計算**工作表, 開始依據 B 欄的**銷售業績**數字來查詢應得的**獎金比例**。我們以在 C3 儲存格求出第一位業務員的**獎金比例**來說明, 請在 C3 儲存格中輸入公式:

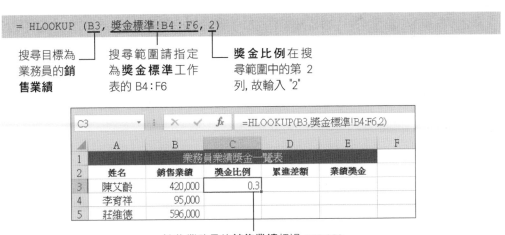

由於每個業務員的獎金比例求算方式都相同, 因此可如下操作, 將 C3 的公式複製到 C4:C30 當中:

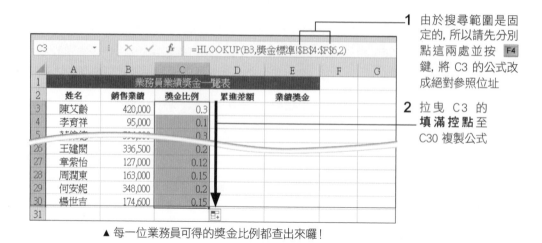

1 由於搜尋範圍是固定的, 所以請先分別點這兩處並按 F4 鍵, 將 C3 的公式改成絕對參照位址

2 拉曳 C3 的**填滿控點**至 C30 複製公式

▲ 每一位業務員可得的獎金比例都查出來囉!

接著, 您可以按下**常用**頁次**數值**區的**百分比樣式鈕** %, 讓 C3：C30 的數值改以百分比的樣式呈現。

# 查詢累進差額

累進差額的查詢方式與獎金比例相同, 一樣是使用 HLOOKUP 函數到**獎金標準**工作表中進行搜尋。不過, 為了讓公式看起來更易懂, 我們要在公式中使用**名稱**。

## 定義儲存格範圍名稱

請切換到**獎金標準**工作表。B4：F6 是我們進行查表的儲存格範圍, 現在我們來為它取個好懂、容易記住的名稱吧！請選取 B4：F6, 然後按一下**名稱方塊**, 輸入 "查表範圍" 做為它的名稱, 完成後請按下 Enter 鍵：

名稱方塊

| | A | B | C | D | E | F | G |
|---|---|---|---|---|---|---|---|
| 1 | | 業績獎金發放標準 | | | | | |
| 2 | | 第一段 | 第二段 | 第三段 | 第四段 | 第五段 | |
| 3 | | 100,000 以下 | 100,000 ~ 149,999 | 150,000 ~ 249,000 | 250,000 ~ 349,999 | 350,000 以上 | |
| 4 | 銷售業績 | 0 | 100,000 | 150,000 | 250,000 | 350,000 | |
| 5 | 獎金比例 | 10% | 12% | 15% | 20% | 30% | |
| 6 | 累進差額 | 0 | 2,000 | 6,500 | 19,000 | 54,000 | |
| 7 | | | | | | | |

日後 "查表範圍" 就代表儲存格範圍 B4：F6

## 建立累進差額查詢公式

接著, 請切換至**獎金計算**工作表, 選取 D3 儲存格開始輸入查詢**累進差額**的公式:

= HLOOKUP (B3, 查表範圍, 3 )

搜尋目標仍　　　搜尋範圍可　　　**累進差額**在第 3 列,
為業務員的　　　輸入剛剛定　　　故輸入 "3"
**銷售業績**　　　義好的名稱
　　　　　　　　"查表範圍"

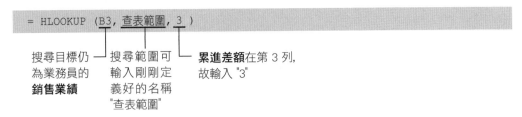

| D3 | ▼ | × ✓ fx | =HLOOKUP(B3,查表範圍,3) | |
|---|---|---|---|---|

| | A | B | C | D | E | F |
|---|---|---|---|---|---|---|
| 1 | 業務員業績獎金一覽表 | | | | | |
| 2 | 姓名 | 銷售業績 | 獎金比例 | 累進差額 | 業績獎金 | |
| 3 | 陳艾齡 | 420,000 | 30% | 54000 | | |
| 4 | 李育祥 | 95,000 | 10% | | | |
| 5 | 莊維德 | 596,000 | 30% | | | |

查出第五段獎金的累進差額了

拉曳 D3 儲存格的填滿控點至 D30, 則每個人的獎金累進差額就通通查出來了:

| | A | B | C | D | E | F |
|---|---|---|---|---|---|---|
| 1 | 業務員業績獎金一覽表 | | | | | |
| 2 | 姓名 | 銷售業績 | 獎金比例 | 累進差額 | 業績獎金 | |
| 3 | 陳艾齡 | 420,000 | 30% | 54000 | | |
| 4 | 李育祥 | 95,000 | 10% | 0 | | |
| 5 | 莊維德 | 596,000 | 30% | 54000 | | |
| 6 | 林錦華 | 136,000 | 12% | 2000 | | |
| 28 | 周潤東 | 163,000 | 15% | 6500 | | |
| 29 | 何安妮 | 348,000 | 20% | 19000 | | |
| 30 | 楊世吉 | 174,600 | 15% | 6500 | | |
| 31 | | | | | | |

# 計算業績獎金

知道各業務員可得的**獎金比例**及**累進差額**之後, 計算**業績獎金**就不是一件難事了。
我們先在 E3 儲存格輸入第一位業務員 "陳艾齡" 的**業績獎金**計算公式:**銷售業績** ×
**獎金比例** − **累進差額** (=B3*C3-D3), 然後再將 E3 的公式複製到 E4:E30, 便可算
出全部業務員的**業績獎金**:

業績獎金的
計算公式

完成這張工作表之後, 各位可將 B 欄 (**銷售業績**) 的值全部歸零, 然後另存一份含有公式及獎金標準的空白檔案, 未來每個月 (或固定的週期) 只要將業務員的銷售業績填入**獎金計算**工作表的 B 欄當中, 就可自動將**獎金比例**、**累進差額**、**業績獎金**通通算出來, 相當省事。而如果業績獎金發放標準有所變動, 也只要到**獎金標準**工作表中修改數值, 便可按照新標準重新計算個員的業績獎金了。

## ▌改變獎金計算方式

由於銷售業績直接關係到個人的業績獎金, 所以業務員都會賣力的衝刺業績。但有時候業務員難免會有投機或鬆懈的心理, 譬如說, 這個月的業績特別好, 抽了高比例的獎金, 到了下個月, 業務員就鬆懈下來; 或者, 業務員會蓄意將業績集中在某個月, 以衝高業績、得到較高的獎金比例…。

為了避免發生諸如此類的情況, **宏瞻公司**決定依照實際狀況來變動部份遊戲規則, 將獎金的計算方式改成以 2 個月的平均銷售業績來做計算。例如 2 月份的獎金就是根據 1、2 月平均業績來計算、3 月份獎金則根據 2、3 月平均業績來計算…依此類推, 以督促業務員持續努力衝刺業績。

現在, 計算規則改變了, 我們的工作表當然也要有所更動。其實並不難, 只要在**獎金計算**工作表當中加上兩欄, 分別存放 "上月" 和 "本月" 業績, 然後在原來的**銷售業績**欄算出這兩欄的平均之後, 再依照平均業績來查詢可得的獎金比例, 就可算出業務員的獎金了!請您開啟範例檔案 Ch08-02, 然後跟著下面的說明來做修改:

**STEP 01** 選取**獎金計算**工作表的 B、C 兩欄, 接著在**常用**頁次**儲存格**區按下**插入**鈕右側箭頭選擇『**插入工作表欄**』命令:

插入空白的兩欄　　　　　　　**插入選項**鈕

| | A | B | C | D | E | F |
|---|---|---|---|---|---|---|
| 1 | | | | 業務...績獎金一覽表 | | |
| 2 | 姓名 | | | ○ 格式同左(L) | :例 | 累進差額 |
| 3 | 陳艾齡 | | | ◉ 格式同右(R) | 30% | 54000 |
| 4 | 李育祥 | | | ○ 清除格式設定(C) | 10% | 0 |
| 5 | 莊維德 | | | 596,000 | 30% | 54000 |
| 6 | 林錦華 | | | 136,000 | 12% | 2000 |

按下**插入選項**鈕並選擇此項,
表示套用與右欄相同的格式

**STEP 02** 分別在插入的兩欄中輸入 "上月" 及 "本月" 的業績, 然後將 D 欄改成 "兩月平均", 並建立公式計算 B、C 兩欄的平均 (如在 D3 儲存格中輸入 "=(B3+C3)/2"), 如此就可按照新的規則算出每個人應得的獎金囉:

D3　　fx　=(B3+C3)/2

| | A | B | C | D | E | F | G |
|---|---|---|---|---|---|---|---|
| 1 | | | | 業務員業績獎金一覽表 | | | |
| 2 | 姓名 | 上月 | 本月 | 兩月平均 | 獎金比例 | 累進差額 | 業績獎金 |
| 3 | 陳艾齡 | 365,000 | 284,600 | 324,800 | 20% | 19000 | 4596 |
| 4 | 李育祥 | 369,000 | 344,100 | 356,550 | 30% | 54000 | 5296 |
| 5 | 莊維德 | 215,600 | 195,000 | 205,300 | 15% | 6500 | 2429 |

輸入上月及本月業績資料　將此欄改成計算 "上月" 及 "本月" 的平均業績　這 2 欄會自動調整成依據 D 欄的平均業績來查詢**獎金比例**與**累進差額**, 並重新計算一遍

**TIP** 假如在計算業績的時候, 想讓 "上月" 與 "本月" 的業績比重為 3:7 (也就是以本月表現為重, 但參考上個月的表現), 則我們可將 D3 的公式改成 "=B3 * 0.3 + C3 * 0.7", 再複製到 D4:D30。

等到下個月要來計算獎金的時候, 只要將 C 欄的 "本月" 業績複製到 B 欄的 "上月" 業績, 然後在 C 欄輸入新月份的業績數據, 就又可輕鬆完成獎金的計算工作了。您可開啟範例檔案 Ch08-03 來查看成果。

# 8-2 │ 依業績表現分二階段計算獎金

本節的範例要來計算推廣健身中心會員的業務員獎金, 此外還要運用計算出來的結果做進一步的分析工作, 譬如找出哪些業務員具有潛力, 值得公司好好栽培等等…。

請開啟範例檔案 Ch08-04, **業績標準**工作表存放招募會員業績獎金的發放標準, 一共分成兩階段來計算業績獎金：第一階段採取論件計酬的方式, 也就是說只要成功推廣一人成為終身會員, 可得 500 元獎金、推廣一人成為 5 年期會員則得 100 元獎金；之後再按照第一階段所得到的獎金金額來核發第二階段的累進獎金。另外, **計算獎金**工作表則已建立好各區業務員的各項資料, 待會兒我們便要在此完成業績獎金的計算工作：

|   | A | B | C | D |
|---|---|---|---|---|
| 1 |   |   |   |   |
| 2 |   |   | 第一階段標準 | |
| 3 |   |   | 終身會員 | 500 |
| 4 |   |   | 5 年期會員 | 100 |
| 5 |   |   | 第二階段標準 | |
| 6 |   |   | 業績標準 | 獎金 |
| 7 |   |   | 5000 | 3500 |
| 8 |   |   | 8000 | 5000 |
| 9 |   |   | 12000 | 8000 |
| 10 |   |   | 20000 | 13000 |
| 11 |   |   | 50000 | 25000 |
| 12 |   |   |   |   |

▲ **業績標準**工作表

| | A | B | C | D | E | F | G | H | I | J |
|---|---|---|---|---|---|---|---|---|---|---|
| 1 | 招募會員人數業績獎金計算 | | | | | | | | | |
| 2 | 區別 | 姓名 | 到職日 | 年資 | 終身會員人數 | 5 年期會員人數 | 第一階段獎金 | 第二階段獎金 | 獎金合計 | |
| 3 | 南區 | 劉珮珊 | | | | | | | | |
| 4 | 北區 | 陳文欽 | | | | | | | | |
| 5 | 中區 | 陳如芸 | | | | | | | | |
| 6 | 中區 | 李信民 | | | | | | | | |
| 7 | 北區 | 陳裕龍 | | | | | | | | |
| 8 | 北區 | 王勝良 | | | | | | | | |
| 9 | 南區 | 謝英華 | | | | | | | | |
| 10 | 中區 | 江海忠 | | | | | | | | |
| 11 | 中區 | 丁小文 | | | | | | | | |
| 12 | 北區 | 張夢茹 | | | | | | | | |
| 13 | 北區 | 吳培祥 | | | | | | | | |
| 14 | | | | | | | | | | |

▲ **計算獎金**工作表

## 輸入到職日

**計算獎金**工作表的 C 欄要用來存放業務員的到職日, 我們先來看看如何在工作表中輸入日期資料。當您在儲存格中輸入日期 (或時間) 資料時, 必須以 Excel 能接受的格式輸入才會當作是日期 (或時間), 否則會被當成文字資料。底下列舉 Excel 可接受的日期輸入格式：

| 輸入儲存格中的日期 | Excel 判斷的日期 |
|---|---|
| 2016 年 5 月 8 日 | 2016/5/8 |
| 16 年 5 月 8 日 | 2016/5/8 |
| 2016/5/8 | 2016/5/8 |
| 16/5/8 | 2016/5/8 |
| 8-MAY-16 | 2016/5/8 |
| 5/8 | 2016/5/8 (不輸入年份時, Excel 會視為當年) |
| 8-MAY | 2016/5/8 (不輸入年份時, Excel 會視為當年) |

接著請你依照下圖, 將所有業務員的到職日輸入到 C 欄中:

| | A | B | C | D | E | F | G | H | I | J |
|---|---|---|---|---|---|---|---|---|---|---|
| 1 | | | | 招募會員人數業績獎金計算 | | | | | | |
| 2 | 區別 | 姓名 | 到職日 | 年資 | 終身會員人數 | 5 年期會員人數 | 第一階段獎金 | 第二階段獎金 | 獎金合計 | |
| 3 | 南區 | 劉珮珊 | 2006/5/20 | | | | | | | |
| 4 | 北區 | 陳文欽 | 2009/8/16 | | | | | | | |
| 5 | 中區 | 陳如芸 | 2006/7/22 | | | | | | | |
| 6 | 中區 | 李信民 | 2002/9/10 | | | | | | | |
| 7 | 北區 | 陳裕龍 | 2009/5/15 | | | | | | | |
| 8 | 北區 | 王勝良 | 2007/6/6 | | | | | | | |
| 9 | 南區 | 謝英華 | 2007/4/10 | | | | | | | |
| 10 | 中區 | 江海忠 | 2006/9/3 | | | | | | | |
| 11 | 中區 | 丁小文 | 2005/8/2 | | | | | | | |
| 12 | 北區 | 張夢茹 | 2008/7/30 | | | | | | | |
| 13 | 北區 | 吳培祥 | 2009/7/6 | | | | | | | |
| 14 | | | | | | | | | | |

---

 **直接輸入民國年**

由於 Excel 預設使用西元年, 若想要直接輸入民國年, 例如 "87/9/10", 而不被 Excel 判斷成 1987/9/10, 那麼請在輸入日期的最前面加上 "R" (文字與數字間不能空格), 例如 "R95/5/20", 那麼儲存格會顯示 95/5/20, 但**資料編輯列**則顯示 2006/5/20。

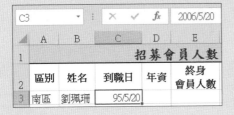

**TIP** 請注意, 要直接輸入民國年, 請先確認儲存格格式為**通用格式** (在**常用**頁次的**數值**區中, 可得知儲存格的格式), 否則 Excel 可能會判斷錯誤。

# 更改日期顯示格式

輸入完成後, 您可以依照自己的需要更改日期的顯示格式, 例如要將「西元年」改成「民國年」顯示, 則請選取 C3：C13, 然後到**常用**頁次**數值**區按下**數值格式**右側箭頭選擇『**其他數字格式**』命令：

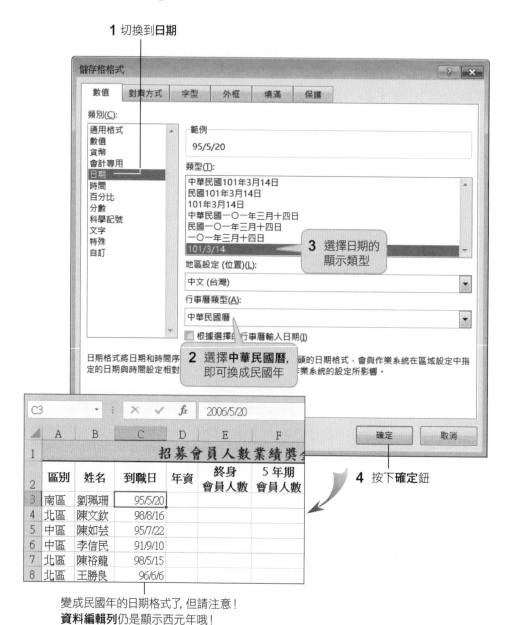

**1** 切換到**日期**

**3** 選擇日期的顯示類型

**2** 選擇**中華民國曆**, 即可換成民國年

**4** 按下**確定**鈕

變成民國年的日期格式了, 但請注意!
**資料編輯列**仍是顯示西元年哦!

# 計算年資

年資的計算就是將目前的日期減去到職日期, 然後將這段期間的天數再除以一年 365 天, 即可求出。以計算第一位業務員 "劉珮珊" 的年資為例, 請在 D3 儲存格中輸入公式:

```
= (TODAY() - C3 ) / 365
```

TODAY 函數可傳回今天的日期　　除以 365, 以便將天數換算成 "年"

由於 TODAY 函數會傳回當天的日期, 所以您計算出來的結果會與我們不同

算出年資後, 再利用 ROUND 函數做四捨五入, 以增加報表的美觀與易讀性:

在原先的公式中加上 ROUND 函數　　此參數代表要四捨五入到哪一位, 輸入 "1" 表示四捨五入到小數點第 1 位

再來將 D3 的公式拉曳複製到 D13, 則每個人的年資就都計算出來了

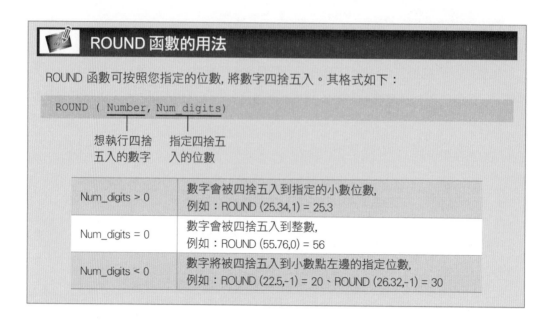

## ROUND 函數的用法

ROUND 函數可按照您指定的位數, 將數字四捨五入。其格式如下:

ROUND ( Number, Num_digits)

想執行四捨五入的數字　　指定四捨五入的位數

| Num_digits > 0 | 數字會被四捨五入到指定的小數位數, 例如: ROUND (25.34,1) = 25.3 |
| --- | --- |
| Num_digits = 0 | 數字會被四捨五入到整數, 例如: ROUND (55.76,0) = 56 |
| Num_digits < 0 | 數字將被四捨五入到小數點左邊的指定位數, 例如: ROUND (22.5,-1) = 20、ROUND (26.32,-1) = 30 |

# 計算第一階段獎金

現在, 我們要開始計算業績獎金囉!首先是將每個業務員招募了幾位終身會員、幾位 5 年期會員的資料輸入到**計算獎金**工作表的 E、F 欄當中, 然後就可以來計算第一階段的獎金了。請開啟範例檔案 Ch08-05, 我們已事先輸入好所有業務員招募的資料:

| | A | B | C | D | E | F | G | H | I |
| --- | --- | --- | --- | --- | --- | --- | --- | --- | --- |
| 1 | 招募會員人數業績獎金計算 | | | | | | | | |
| 2 | 區別 | 姓名 | 到職日 | 年資 | 終身會員人數 | 5 年期會員人數 | 第一階段獎金 | 第二階段獎金 | 獎金合計 |
| 3 | 南區 | 劉珮珊 | 95/05/20 | 10 | 16 | 55 | | | |
| 4 | 北區 | 陳文欽 | 98/08/16 | 6.7 | 15 | 32 | | | |
| 5 | 中區 | 陳如芸 | 95/07/22 | 9.8 | 7 | 59 | | | |

第一階段獎金必須參照到**業績標準**工作表中的內容, 我們以計算第一位業務員 "劉珮珊" 為例來說明, 請在 G3 儲存格中輸入公式:

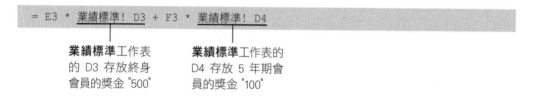

= E3 * 業績標準! D3 + F3 * 業績標準! D4

**業績標準**工作表的 D3 存放終身會員的獎金 "500"　　**業績標準**工作表的 D4 存放 5 年期會員的獎金 "100"

| G3 | | | ▾ | : | × | ✓ | *fx* | =E3*業績標準!D3+F3*業績標準!D4 | | |
|---|---|---|---|---|---|---|---|---|---|---|

| | A | B | C | D | E | F | G | H | I |
|---|---|---|---|---|---|---|---|---|---|
| 1 | 招募會員人數業績獎金計算 | | | | | | | | |
| 2 | 區別 | 姓名 | 到職日 | 年資 | 終身會員人數 | 5年期會員人數 | 第一階段獎金 | 第二階段獎金 | 獎金合計 |
| 3 | 南區 | 劉珮珊 | 95/05/20 | 10 | 16 | 55 | 13500 | | |
| 4 | 北區 | 陳文欽 | 98/08/16 | 6.7 | 15 | 32 | | | |
| 5 | 中區 | 陳如芸 | 95/07/22 | 9.8 | 7 | 59 | | | |

獎金計算出來囉！

接著, 請將公式中的 D3、D4 改成絕對參照位址 "$D$3"、"$D$4", 然後把公式複製到 G4：G13, 即可完成第一階段獎金的計算工作。

# 計算第二階段獎金

剛才已根據業務員的終身會員、5 年期會員人數算出第一階段的獎金, 接下來, 還要依據第一階段的獎金來加發第二階段的累進獎金。請接續上例, 或開啟範例檔案 Ch08-06：

| | A | B | C | D | E | F | G | H | I | J |
|---|---|---|---|---|---|---|---|---|---|---|
| 1 | 招募會員人數業績獎金計算 | | | | | | | | | |
| 2 | 區別 | 姓名 | 到職日 | 年資 | 終身會員人數 | 5年期會員人數 | 第一階段獎金 | 第二階段獎金 | 獎金合計 | |
| 3 | 南區 | 劉珮珊 | 95/05/20 | 10 | 16 | 55 | 13500 | | | |
| 4 | 北區 | 陳文欽 | 98/08/16 | 6.7 | 15 | 32 | 10700 | | | |
| 5 | 中區 | 陳如芸 | 95/07/22 | 9.8 | 7 | 59 | 9400 | | | |
| 6 | 中區 | 李信民 | 91/09/10 | 13.7 | 21 | 18 | 12300 | | | |
| 7 | 北區 | 陳裕龍 | 98/05/15 | 7 | 23 | 36 | 15100 | | | |
| 8 | 北區 | 王勝良 | 96/06/06 | 8.9 | 4 | 17 | 3700 | | | |
| 9 | 南區 | 謝英華 | 96/04/10 | 9.1 | 18 | 21 | 11100 | | | |
| 10 | 中區 | 江海忠 | 95/09/03 | 9.7 | 24 | 65 | 18500 | | | |
| 11 | 中區 | 丁小文 | 94/08/02 | 10.8 | 15 | 45 | 12000 | | | |
| 12 | 北區 | 張夢茹 | 97/07/30 | 7.8 | 7 | 14 | 4900 | | | |
| 13 | 北區 | 吳培祥 | 98/07/06 | 6.8 | 17 | 27 | 11200 | | | |

在計算之前, 我們先來認識一下 LOOKUP 函數, 因為待會兒要用這個函數來幫我們查出每個業務員可得到多少第二階段的獎金。

**LOOKUP 函數的用法**

LOOKUP 函數會在單一欄 (或單一列) 的範圍中尋找指定的搜尋值, 然後傳回另一個單一欄 (或單一列) 範圍中同一個位置的值。LOOKUP 函數的格式如下:

```
LOOKUP (Lookup_value, Lookup_vector, Result_vector)
```

● **Lookup_value**:即為所要尋找的值。Lookup_value 可以是文字、數字、邏輯值等。

● **Lookup_vector**:是單一列或單一欄的儲存格範圍。Lookup_ vector 中的值須以遞增排列, 否則結果會不正確。

● **Result_vector**:是單一列或單一欄的範圍。它的大小要與 Lookup_vector 相同。

以下圖而言, 在儲存格 C2 中輸入公式 "=LOOKUP (B2, A8:A11, B8:B11)" 的計算結果為 "甲":

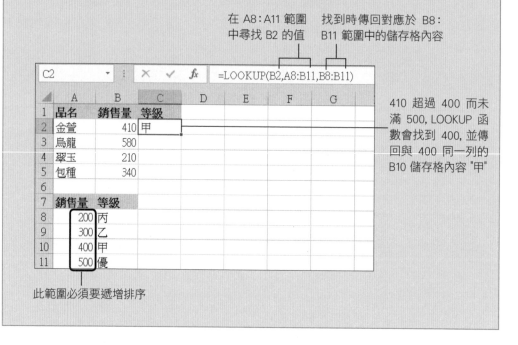

在 A8:A11 範圍中尋找 B2 的值　找到時傳回對應於 B8:B11 範圍中的儲存格內容

410 超過 400 而未滿 500, LOOKUP 函數會找到 400, 並傳回與 400 同一列的 B10 儲存格內容 "甲"

此範圍必須要遞增排序

明白 LOOKUP 函數的用法後, 我們開始在範例檔案 Ch08-06 **計算獎金**工作表中輸入第二階段獎金的計算公式, 請在 H3 輸入如下的公式:

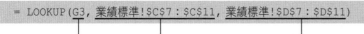

`= LOOKUP(G3, 業績標準!$C$7：$C$11, 業績標準!$D$7：$D$11)`

依第一階段　　　　查詢範圍在**業績標**　　　傳回查詢結果的範圍在**業**
獎金做查詢　　　　**準**工作表的 C7：C11　　**績標準**工作表的 D7：D11

| | | | | | | | | | | | |
|---|---|---|---|---|---|---|---|---|---|---|---|
| H3 | | : | × | ✓ | *fx* | =LOOKUP(G3,業績標準!$C$7:$D$11,業績標準!$D$7:$D$11) | | | | | |

| | A | B | C | D | E | F | G | H | I | J | K |
|---|---|---|---|---|---|---|---|---|---|---|---|
| 2 | 區別 | 姓名 | 到職日 | 年資 | 終身<br>會員人數 | 5 年期<br>會員人數 | 第一階段<br>獎金 | 第二階段<br>獎金 | 獎金合計 | | |
| 3 | 南區 | 劉珮珊 | 95/05/20 | 10 | 16 | 55 | 13500 | 8000 | | | |
| 4 | 北區 | 陳文欽 | 98/08/16 | 6.7 | 15 | 32 | 10700 | | | | |
| 5 | 中區 | 陳如芸 | 95/07/22 | 9.8 | 7 | 59 | 9400 | | | | |

查出該業務員可得到的第二階段獎金

　　當 LOOKUP 函數無法在查詢範圍中找到完全符合的值時, 會找出最接近但不超過的值。例如：業務員 "劉珮珊" 第一階段的獎金為 13,500, 業績標準介於 12,000 ～ 20,000 之間, 因此會採用 12,000 而找出對應 12,000 的第二階段獎金為 8,000。

| 第一階段標準 | |
|---|---|
| 終身會員 | 500 |
| 5 年期會員 | 100 |
| **第二階段標準** | |
| 業績標準 | 獎金 |
| 5000 | 3500 |
| 8000 | 5000 |
| 12000 | 8000 |
| 20000 | 13000 |
| 50000 | 25000 |

接著, 請將 H3 的公式複製到 H4：H13 當中：

| | A | B | C | D | E | F | G | H | I |
|---|---|---|---|---|---|---|---|---|---|
| 2 | 區別 | 姓名 | 到職日 | 年資 | 終身<br>會員人數 | 5 年期<br>會員人數 | 第一階段<br>獎金 | 第二階段<br>獎金 | 獎金合計 |
| 3 | 南區 | 劉珮珊 | 95/05/20 | 10 | 16 | 55 | 13500 | 8000 | |
| 4 | 北區 | 陳文欽 | 98/08/16 | 6.7 | 15 | 32 | 10700 | 5000 | |
| 5 | 中區 | 陳如芸 | 95/07/22 | 9.8 | 7 | 59 | 9400 | 5000 | |
| 6 | 中區 | 李信民 | 91/09/10 | 13.7 | 21 | 18 | 12300 | 8000 | |
| 7 | 北區 | 陳裕龍 | 98/05/15 | 7 | 23 | 36 | 15100 | 8000 | |
| 8 | 北區 | 王勝良 | 96/06/06 | 8.9 | 4 | 17 | 3700 | #N/A | |
| 9 | 南區 | 謝英華 | 96/04/10 | 9.1 | 18 | 21 | 11100 | 5000 | |
| 10 | 中區 | 江海忠 | 95/09/03 | 9.7 | 24 | 65 | 18500 | 8000 | |
| 11 | 中區 | 丁小文 | 94/08/02 | 10.8 | 15 | 45 | 12000 | 8000 | |
| 12 | 北區 | 張夢茹 | 97/07/30 | 7.8 | 7 | 14 | 4900 | #N/A | |
| 13 | 北區 | 吳培祥 | 98/07/06 | 6.8 | 17 | 27 | 11200 | 5000 | |
| 14 | | | | | | | | | |

出現 "#N/A" 的
錯誤訊息, 到底
出了什麼問題？

　　會發生 "#N/A" 錯誤, 是因為當搜尋值小於搜尋範圍中的最小值時, LOOKUP 函數就會傳回錯誤值。例如 "王勝良" 第一階段的獎金為 3,700 元, 少於第二階段最低業績標準 5,000 (即**業績標準**工作表的 C7 儲存格), 因此傳回 "#N/A" 錯誤訊息。

要避免 "#N/A" 的錯誤訊息, 我們可在第二階段獎金的計算公式中加入 IF 函數來判斷:若低於最低業績標準, 獎金就直接填 0, 不用查表了。現在, 請您將 H3 的公式修如下, 然後再將 H3 的公式拉曳複製到 H13, 就不會出現 "#N/A" 的錯誤訊息了:

= IF(G3<業績標準!$C$7, 0, LOOKUP(G3, 業績標準! $C$7:$C$11, 業績標準! $D$7:$D$11))

判斷是否低於最低標準　　如果低於最低標準, 則第　　　如果高於最低標準,則使用
　　　　　　　　　　　　二階段的獎金填入數值 0　　　　LOOKUP 函數查出應得的獎金

## 合計獎金

既然兩個階段的獎金都算出來了, 接著就可以來計算 I 欄的 "獎金合計" 囉!要將第一、二階段的獎金相加, 相信這對你來說應該很容易吧!您可以在 I3 儲存格中輸入公式 "=G3+H3", 然後複製公式至 I13, 整個業績獎金的計算作業就完成了:

| | | I3 | | | × | ✓ | fx | =G3+H3 | |
|---|---|---|---|---|---|---|---|---|---|

| | A | B | C | D | E | F | G | H | I | J |
|---|---|---|---|---|---|---|---|---|---|---|
| 1 | | | | | 招募會員人數業績獎金計算 | | | | | |
| 2 | 區別 | 姓名 | 到職日 | 年資 | 終身會員人數 | 5 年期會員人數 | 第一階段獎金 | 第二階段獎金 | 獎金合計 | |
| 3 | 南區 | 劉珮珊 | 95/05/20 | 10.1 | 16 | 55 | 13500 | 8000 | 21500 | |
| 4 | 北區 | 陳文欽 | 98/08/16 | 6.9 | 15 | 32 | 10700 | 5000 | 15700 | |
| 5 | 中區 | 陳如芸 | 95/07/22 | 9.9 | 7 | 59 | 9400 | 5000 | 14400 | |
| 6 | 中區 | 李信民 | 91/09/10 | 13.8 | 21 | 18 | 12300 | 8000 | 20300 | |
| 7 | 北區 | 陳裕龍 | 98/05/15 | 7.1 | 23 | 36 | 15100 | 8000 | 23100 | |
| 8 | 北區 | 王勝良 | 96/06/06 | 9.1 | 4 | 17 | 3700 | 0 | 3700 | |
| 9 | 南區 | 謝共華 | 96/04/10 | 9.2 | 18 | 21 | 11100 | 5000 | 16100 | |
| 10 | 中區 | 江海忠 | 95/09/03 | 9.8 | 24 | 65 | 18500 | 8000 | 26500 | |
| 11 | 中區 | 丁小文 | 94/08/02 | 10.9 | 15 | 45 | 12000 | 8000 | 20000 | |
| 12 | 北區 | 張夢茹 | 97/07/30 | 7.9 | 7 | 14 | 4900 | 0 | 4900 | |
| 13 | 北區 | 吳培祥 | 98/07/06 | 7 | 17 | 27 | 11200 | 5000 | 16200 | |
| 14 | | | | | | | | | | |

在這份工作表中, 您也可以依各公司敘薪方式做調整, 例如, 增加 "本薪"、"加給" 欄位, 則此工作表不但可以計算業績獎金, 還可以直接將當月應付薪資都計算出來哦!

# 找出超級業務員

業績獎金計算出來就滿足了嗎？其實我們還可以藉由這些計算結果做更進一步的分析、獲得更多寶貴的資訊喔！譬如, 我們可以找出資歷較淺, 但是業績表現卻很出色的業務員, 日後可多加栽培訓練。

請開啟範例檔案 Ch08-07 的**計算獎金**工作表, 然後到**常用**頁次**編輯**區按下**排序與篩選**鈕執行『**篩選**』命令, 現在我們要來找出「年資小於 8 年, 但領到 20,000 元以上獎金」的優秀業務員：

**STEP 01** 拉下**年資**欄的**自動篩選**鈕, 執行『**數字篩選/小於**』命令：

**STEP 02** 在開啟的**自訂自動篩選**交談窗中做如右的設定：

**1** 將年資條件設定為「小於 8」

**2** 按下**確定**鈕

可使用 ? 代表任何單一字元
可使用 * 代表任何連續字串

從清單中篩選出「年資小於 8 年」的記錄

| | A | B | C | D | E | F | G | H | I | J |
|---|---|---|---|---|---|---|---|---|---|---|
| 1 | | | 招募會員人數業績獎金計算 | | | | | | | |
| 2 | 區別 | 姓名 | 到職日 | 年資 | 終身會員人數 | 5年期會員人數 | 第一階段獎金 | 第二階段獎金 | 獎金合計 | |
| 4 | 北區 | 陳文欽 | 98/08/16 | 6.7 | 15 | 32 | 10700 | 5000 | 15700 | |
| 7 | 北區 | 陳裕龍 | 98/05/15 | 7 | 23 | 36 | 15100 | 8000 | 23100 | |
| 12 | 北區 | 張夢茹 | 97/07/30 | 7.8 | 7 | 14 | 4900 | 0 | 4900 | |
| 13 | 北區 | 吳培祥 | 98/07/06 | 6.8 | 17 | 27 | 11200 | 5000 | 16200 | |
| 14 | | | | | | | | | | |

◀ **年資**欄的計算結果會隨著 TODAY 函數做調整, 所以您篩選出來的結果可能會與我們不同哦！

**STEP 03** 接著使用相同的方法, 拉下**獎金合計**欄的**自動篩選**鈕, 執行『**數字篩選/大於**』命令, 然後在**自訂自動篩選**交談窗中將條件設定為「大於 20000」, 我們所要的結果便篩選出來了:

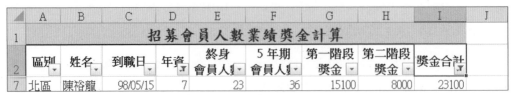

▲ 只剩 1 筆記錄符合「年資小於 8 年, 且合計獎金大於 20000」的篩選條件

另外, 您也可以利用篩選功能, 將業務員資料依 "區別" 顯示出來, 或者是篩選出「終身會員人數大於某數量」的業務員…等等, 就看你的需求來靈活應用囉!

- - - - - - - - - - - - - - - - - - - - - - - - - - - - - - - - - - - - - - - - - - - - - - - - - - - -

**TIP** 若要移除工作表中的**自動篩選**鈕, 只要到**常用**頁次**編輯**區中按下**排序與篩選**鈕, 再次執行『**篩選**』命令即可。

- - - - - - - - - - - - - - - - - - - - - - - - - - - - - - - - - - - - - - - - - - - - - - - - - - - -

## 分區按業績獎金做排序

假設, 現在我們又想將同一地區的業務員資料排在一塊, 並且按照獎金高低由大排到小, 那麼該怎麼做呢?

請您選取清單中的任一個儲存格, 然後在**常用**頁次**編輯**區按下**排序與篩選**鈕執行『**自訂排序**』命令, 開啟**排序**交談窗:

**1** 先按**區別**做遞增排序　　**2** 按**新增層級**鈕, 建立第二個排序欄位

**3** 當**區別**相同時, 按**獎金合計**做遞減排序　　**4** 按下**確定**鈕

| | 區別 | 姓名 | 到職日 | 年資 | 終身<br>會員人數 | 5年期<br>會員人數 | 第一階段<br>獎金 | 第二階段<br>獎金 | 獎金合計 |
|---|---|---|---|---|---|---|---|---|---|
| | A | B | C | D | E | F | G | H | I |
| 1 | 招募會員人數業績獎金計算 | | | | | | | | |
| 3 | 中區 | 江海忠 | 95/09/03 | 9.7 | 24 | 65 | 18500 | 8000 | 26500 |
| 4 | 中區 | 李信民 | 91/09/10 | 13.7 | 21 | 18 | 12300 | 8000 | 20300 |
| 5 | 中區 | 丁小文 | 94/08/02 | 10.8 | 15 | 45 | 12000 | 8000 | 20000 |
| 6 | 中區 | 陳如芸 | 95/07/22 | 9.8 | 7 | 59 | 9400 | 5000 | 14400 |
| 7 | 北區 | 陳裕龍 | 98/05/15 | 7 | 23 | 36 | 15100 | 8000 | 23100 |
| 8 | 北區 | 吳培祥 | 98/07/06 | 6.8 | 17 | 27 | 11200 | 5000 | 16200 |
| 9 | 北區 | 陳文欽 | 98/08/16 | 6.7 | 15 | 32 | 10700 | 5000 | 15700 |
| 10 | 北區 | 張夢茹 | 97/07/30 | 7.8 | 7 | 14 | 4900 | 0 | 4900 |
| 11 | 北區 | 王勝良 | 96/06/06 | 8.9 | 4 | 17 | 3700 | 0 | 3700 |
| 12 | 南區 | 劉珮珊 | 95/05/20 | 10 | 16 | 55 | 13500 | 8000 | 21500 |
| 13 | 南區 | 謝英華 | 96/04/10 | 9.1 | 18 | 21 | 11100 | 5000 | 16100 |

同一區的資料聚集在一起　　　　　　　　　各區業務員依**獎金合計**由高到低排列下來

## ▌標示出獎金高於平均值的業務員

假設我們想將「獎金合計高於平均值的業務員」標示出來, 怎麼做呢？這個問題可以利用**設定格式化的條件**功能來處理。接續上例或開啟範例檔案 Ch08-08：

**STEP 01** 請選取 B3：B13 儲存格, 然後到**常用**頁次的**樣式區**按下**設定格式化的條件**鈕選擇『**新增規則**』命令：

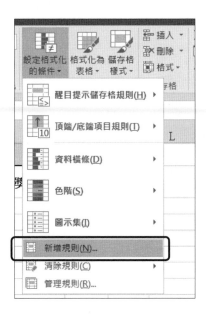

**STEP 02** 在**新增格式化規則**交談窗中建立本例的規則「獎金合計高於平均值」, 及要套用的格式:

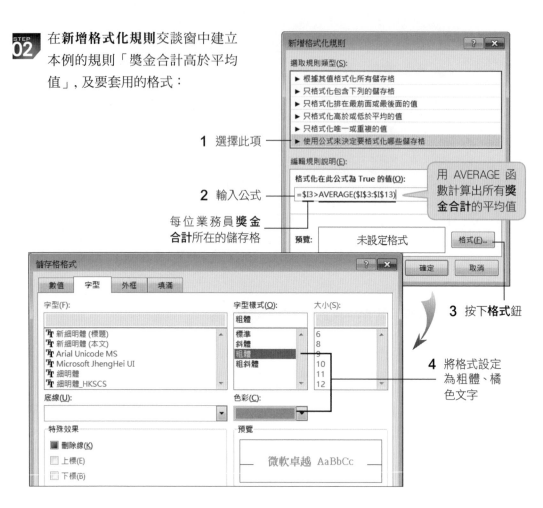

**1** 選擇此項

**2** 輸入公式 ── =$I3>AVERAGE($I$3:$I$13)

每位業務員**獎金合計**所在的儲存格

用 AVERAGE 函數計算出所有**獎金合計**的平均值

**3** 按下**格式**鈕

**4** 將格式設定為粗體、橘色文字

**STEP 03** 分別按下兩個交談窗的**確定**鈕, 您就可以從工作表中清楚看出哪幾位業務員的合計獎金高於平均值:

| | A | B | C | D | E | F | G | H | I |
|---|---|---|---|---|---|---|---|---|---|
| 1 | 招募會員人數業績獎金計算 | | | | | | | | |
| 2 | 區別 | 姓名 | 到職日 | 年資 | 終身會員人數 | 5年期會員人數 | 第一階段獎金 | 第二階段獎金 | 獎金合計 |
| 3 | 中區 | 江海忠 | 95/09/03 | 9.7 | 24 | 65 | 18500 | 8000 | 26500 |
| 4 | 中區 | 李信民 | 91/09/10 | 13.7 | 21 | 18 | 12300 | 8000 | 20300 |
| 5 | 中區 | 丁小文 | 94/08/02 | 10.8 | 15 | 45 | 12000 | 8000 | 20000 |
| 6 | 中區 | 陳如芸 | 95/07/22 | 9.8 | 7 | 59 | 9400 | 5000 | 14400 |
| 7 | 北區 | 陳裕龍 | 98/05/15 | 7 | 23 | 36 | 15100 | 8000 | 23100 |
| 8 | 北區 | 吳培祥 | 98/07/06 | 6.8 | 17 | 27 | 11200 | 5000 | 16200 |
| 9 | 北區 | 陳文欽 | 98/08/16 | 6.7 | 15 | 32 | 10700 | 5000 | 15700 |
| 10 | 北區 | 張夢茹 | 97/07/30 | 7.8 | 7 | 14 | 4900 | 0 | 4900 |
| 11 | 北區 | 王勝良 | 96/06/06 | 8.9 | 4 | 17 | 3700 | 0 | 3700 |
| 12 | 南區 | 劉珮珊 | 95/05/20 | 10 | 16 | 55 | 13500 | 8000 | 21500 |
| 13 | 南區 | 謝英華 | 96/04/10 | 9.1 | 18 | 21 | 11100 | 5000 | 16100 |
| 14 | | | | | | | | | |

# 加入說明註解

若擔心日後忘記剛剛加上粗體、橘色文字的用意, 可以利用**註解**功能來為儲存格加上說明。請繼續如下練習:

**STEP 01** 請選取 B2 儲存格, 然後按右鈕選擇『**插入註解**』命令, 儲存格附近即會出現註解圖文框讓您輸入文字:

此處會自動顯示建立活頁簿的使用者名稱

在註解圖文框內輸入說明文字

> **TIP** 輸入註解內容時, 無需按 Enter 鍵換行, Excel 會自動換行。如果覺得註解圖文框的範圍太狹窄, 也可以直接拉曳控點來調整大小; 拉曳邊框則可移動註解的位置。

**STEP 02** 輸入完畢, 請用滑鼠點選圖文框以外的地方即可, 且註解會自動被隱藏起來。

加入註解的儲存其右上方會顯示一個紅色三角, 即註解指標

將指標移至 B2 儲存格上 (不用按下)

會自動顯示註解內容讓您檢閱

若要修改註解內容, 可在已加入註解的儲存格上按右鈕執行『**編輯註解**』命令, 重新進入註解的編輯狀態進行修改, 修改完畢後, 同樣再點一下圖文框以外的地方即可結束編輯狀態。假如是要刪除註解, 同樣先選取欲刪除註解的儲存格, 再按右鈕選擇『**刪除註解**』命令, 就可以將之刪除了。範例完成結果可參考範例檔案 Ch08-09。

## 後記

實際生活中計算獎金的方式千變萬化, 不過只要掌握這些技巧, 相信日後您遇到獎金計算的問題時, 應該都能迎刃而解了! 除了本章所舉的兩個範例之外, 在保險業、房屋仲介業…等, 也常會遇到類似的問題, 您可以依實際的狀況, 將獎金計算規則與業務員資料建立到工作表中, 然後設計好計算公式、適當的搭配使用函數, 而後續的計算問題就通通交給 Excel 來完成吧!

# 實力評量

1. 請開啟練習檔案 Ex08-01，這份活頁簿存放**義信房屋公司**的業務員資料以及業績計算規則，現在請您依序完成底下各小題的計算工作：

| | A | B | C | D | E | F |
|---|---|---|---|---|---|---|
| 1 | 義信房屋業績獎金發放標準 | | | | | |
| 2 | | 第一段 | 第二段 | 第三段 | 第四段 | 第五段 |
| 3 | | 600萬以下 | 600 ~ 1700萬 | 1700 ~ 2800萬 | 2800 ~ 3900萬 | 3900 ~ 5000萬 |
| 4 | 銷售業績 | 0 | 6,000,000 | 17,000,000 | 28,000,000 | 39,000,000 |
| 5 | 獎金比例 | 0.5% | 0.8% | 1.3% | 2.0% | 3.0% |
| 6 | 累進差額 | | | | | |
| 7 | | | | | | |

業務員資料　計算規則　實得獎金

(1) 切換到**業務員資料**工作表，然後在 C 欄使用函數計算每個業務員的年齡，並四捨五入到整數。

(2) 切換到**計算規則**工作表，然後設計公式將每一段的累進差額計算出來。

(3) 切換到**實得獎金**工作表，運用查表函數將 "獎金比例" 與 "累進差額" 這兩欄的值查詢出來。

(4) 最後在**實得獎金**工作表算出每個業務員的 "業績獎金" (業績獎金 = 銷售業績 * 獎金比例 - 累進差額)。

2. 請開啟練習檔案 Ex08-02，**發放方式**工作表存放**莉士美容機構**的業績獎金發放標準，共分成 "分類獎金" 與 "綜合獎金"，其核算方式可參考工作表中的文字說明；而**核算獎金**工作表則要依照**發放方式**工作表中的規則來核算每個業務員的獎金。現在請您依序完成下列各小題的要求：

| | A | B | C | D | E | F | G | H |
|---|---|---|---|---|---|---|---|---|
| 1 | 姓名 | 保養用品 | 彩妝用品 | 美髮用品 | 分類獎金 | 綜合獎金 | 合計 | |
| 2 | 林玉婷 | 20 | 15 | 10 | | | | |
| 3 | 戈婷茹 | 23 | 21 | 8 | | | | |
| 4 | 蔣秀伶 | 21 | 36 | 7 | | | | |
| 5 | 陳雅芳 | 30 | 25 | 12 | | | | |
| 6 | 辛曉怡 | 55 | 30 | 9 | | | | |
| 7 | 丁夢如 | 35 | 15 | 16 | | | | |
| 8 | 簡雪妮 | 8 | 66 | 15 | | | | |

發放方式　核算獎金　業務員名單

| | A | B | C | D | E | F | G |
|---|---|---|---|---|---|---|---|
| 1 | | | 莉士美容機構業績獎金發放標準 | | | | |
| 2 | | | 分類獎金 | | | | |
| 3 | | | 保養用品 | 100 | | | |
| 4 | | | 彩妝用品 | 120 | | | |
| 5 | | | 美髮用品 | 150 | | | |
| 6 | | | 綜合獎金 | | | | |
| 7 | | | 業績標準 | 獎金 | | | |
| 8 | | | 5000 | 3000 | | | |
| 9 | | | 6000 | 5000 | | | |
| 10 | | | 7000 | 7500 | | | |
| 11 | | | 9000 | 9500 | | | |
| 12 | | | 12000 | 14000 | | | |
| 13 | | | | | | | |
| 14 | | | 說明:每銷售一瓶保養用品,可獲得100元獎金,每銷售一件彩妝用品可獲得120元獎金; | | | | |
| 15 | | | 每銷售一件美髮用品可獲得150元獎金 | | | | |
| 16 | | | 分類獎金論件計酬,然後再依照獲得的分類獎金核算第二階段的綜合獎金 | | | | |
| 17 | | | | | | | |

發放方式　核算獎金　業務員名單 ⊕ ◀

(1) "分類獎金" 採用論件計酬的方式,請將**核算獎金**工作表 E 欄的 "分類獎金" 計算出來。

(2) 請繼續根據上題所計算出來的 "分類獎金",將**核算獎金**工作表 F 欄的 "綜合獎金" 計算出來。

提示 根據 E 欄的結果,搭配查表函數至**發放方式**工作表中,依業績標準查詢可得到的 "綜合獎金"。

(3) 將**核算獎金**工作表 G 欄的 "合計" 計算出來 (合計 = 分類獎金 + 綜合獎金)。

(4) 請運用**設定格式化的條件**功能,分別將合計獎金「最高」和「最低」的業務員,用不同的格式標示出來。

提示 可利用 **MAX** 和 **MIN** 函數傳回一組數值中的最大值和最小值。

(5) 將**業務員名單**工作表的 "到職日期" 欄改成 "xx年xx月xx日" 的日期顯示格式。

(6) 將**業務員名單**工作表中的資料按照**到職日期**做遞增排序,並篩選出業務範圍為 "北一區" 的業務員。

# 09 計算員工 出缺勤時數

## 本章學習提要

- 使用 LOOKUP 函數進行查表
- 在 IF 函數中搭配使用 OR 函數做多條件判斷
- 資料驗證－建立資料項目清單
- 資料篩選－自訂篩選
- 建立樞紐分析表並改變摘要方式

一家制度化的公司, 對於員工的出勤狀況應該要有詳實的記錄, 並擬定明確的請假流程與辦法讓員工遵循。如果您身為一個行政人員, 負責處理公司員工的請假單, 並且必須每個月製作出缺勤報表, 將員工的請假時數、假別等資訊統計出來, 怎麼做會最有效率呢?

　　如果員工少, 或許還可以採用紙上作業, 不過要是員工人數一多, 算錯的機率就會大幅提高, 而且顯得沒什麼效率。因此, 這一章我們要來教您運用 Excel 計算員工的出缺勤時數, 並使用**樞紐分析表**功能, 快速完成報表的製作。

| | A | B | C | D | E | F | G | H | I | J |
|---|---|---|---|---|---|---|---|---|---|---|
| 1 | | | | | 九月份出缺勤統計表 | | | | | |
| 2 | | | | | | | | | | |
| 3 | 加總 - 天數 | 欄標籤 ▼ | | | | | | | | |
| 4 | 列標籤 ▼ | 公假 | 事假 | 特休假 | 病假 | 婚假 | 陪產假 | 喪假 | 曠職 | 總計 |
| 5 | F2130 | 0 | 0 | 1 | 0 | 0 | 0 | 0 | 0 | 1 |
| 6 | F2131 | 0 | 0 | 0 | 0 | 0 | 0 | 0 | 0 | 0 |
| 7 | F2132 | 0 | 0 | 0 | 3 | 0 | 0 | 0 | 0 | 3 |
| 8 | F2133 | 0 | 0 | 0 | 0 | 0 | 0 | 0 | 0 | 0 |
| 9 | F2134 | 0 | 0 | 0 | 0 | 0 | 0 | 0 | 0 | 0 |
| 10 | F2135 | 0 | 0 | 0 | 0 | 4 | 0 | 0 | 0 | 4 |
| 11 | F2136 | 0 | 1 | 0 | 0 | 0 | 0 | 0 | 1.5 | 2.5 |
| 12 | F2137 | 0 | 0 | 0 | 0 | 0 | 0 | 0 | 0 | 0 |
| 13 | F2138 | 0 | 0.5 | 0 | 0 | 0 | 0 | 0 | 0 | 0.5 |
| 14 | F2139 | 0 | 0 | 0 | 0 | 0 | 0 | 0 | 0 | 0 |
| 15 | F2140 | 0 | 0 | 2 | 0 | 0 | 0 | 0 | 0 | 2 |

▲ 員工出缺勤統計表

| | A | B | C | D | E | F | G | H | I | J | K |
|---|---|---|---|---|---|---|---|---|---|---|---|
| 1 | | | | | 九~十一月份出缺勤考核表 | | | | | | |
| 2 | | | | | | | | | | | |
| 3 | 加總 - 扣分 | | 假別 ▼ | | | | | | | | |
| 4 | 員工編號 ▼ | 姓名 ▼ | 公假 | 事假 | 特休假 | 病假 | 婚假 | 陪產假 | 喪假 | 曠職 | 總計 |
| 5 | ⊟F2130 | 林愛嘉 | 0 | 0 | 0 | 0 | 0 | 0 | 0 | 0 | 0 |
| 6 | ⊟F2131 | 郝立贏 | 0 | 0 | 0 | 0 | 0 | 0 | 0 | 0 | 0 |
| 7 | ⊟F2132 | 陳東和 | 0 | 0 | 0 | 3 | 0 | 0 | 0 | 0 | 3 |
| 8 | ⊟F2133 | 王子晴 | 0 | 0 | 0 | 0 | 0 | 0 | 0 | 0 | 0 |
| 63 | F2188 | 汪育錡 | 0 | 0 | 0 | 0 | 0 | 0 | 0 | 0 | 0 |
| 64 | ⊟F2189 | 史益治 | 0 | 0 | 0 | 0 | 0 | 0 | 0 | 0 | 0 |
| 65 | ⊟F2190 | 吳勝兵 | 0 | 0 | 0 | 0 | 0 | 0 | 0 | 0 | 0 |
| 66 | ⊟F2191 | 賴洲書 | 0 | 0 | 0 | 0 | 0 | 0 | 0 | 0 | 0 |
| 67 | ⊟F2192 | 石實佳 | 0 | 0 | 0 | 0 | 0 | 0 | 0 | 0 | 0 |
| 68 | ⊟F2193 | 黃育霈 | 0 | 0 | 0 | 0 | 0 | 0 | 0 | 0 | 0 |
| 69 | ⊟F2194 | 史宜均 | 0 | 0 | 0 | 0 | 0 | 0 | 0 | 0 | 0 |
| 70 | ⊟F2195 | 賴國志 | 0 | 0 | 0 | 0 | 0 | 0 | 0 | 0 | 0 |
| 71 | ⊟F2196 | 陳進濡 | 0 | 0 | 0 | 0 | 0 | 0 | 0 | 0 | 0 |
| 72 | 總計 | | 0 | 5.5 | 0 | 25 | 0 | 0 | 0 | 9 | 39.5 |

▲ 員工出缺勤考核表

# 9-1 | 設計請假單公式

在本範例開始之前，我們先來了解一下公司的請假規定，以便待會兒設計公式：

● **假別**：假別包括事假、病假、婚假、喪假、公假、產假、陪產假、特休假、颱風假。
  若工作日未出席，事後也未按時辦理請假手續，則以「曠職」論。

● **請假時數**：請假的最小單位為 "半日"，因此請假天數可為 0.5、1、1.5、2…天。

● **出勤考核**：員工出勤表現列入個人考核。曠職一日扣 3 分；病假或事假一日扣 1
  分，其餘假別不扣分。

● **請假手續**：請假須填寫請假單，填妥請假日期、員工編號、姓名、假別、天數這幾項
  資訊之後，交由行政專員進行登錄。

請開啟範例檔案 Ch09-01，這是為了幫助行政專員正確、快速地處理假單資料所
設計的一份活頁簿，其中共有 4 張工作表，請先切換至**請假記錄**工作表：

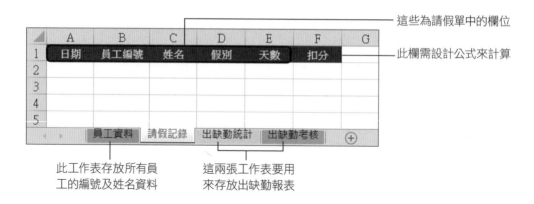

— 這些為請假單中的欄位

— 此欄需設計公式來計算

此工作表存放所有員工的編號及姓名資料

這兩張工作表要用來存放出缺勤報表

## 自動填入員工姓名

**請假記錄**工作表就是要讓行政專員登錄請假單的地方。為了加速資料的登錄速度，
我們可以為**姓名**欄設計公式，讓行政專員只要在**員工編號**欄中輸入資料，就自動將**姓名**
欄填好。

請選取 C2 儲存格，然後運用 LOOKUP 函數建立如下的公式：

```
= LOOKUP( B2, 員工資料! $A$2:$A$68, 員工資料! $B$2:$B$68)
```

在**員工資料**工作表的 $A$2:$A$68 中尋找 B2
所輸入的員工編號, 找到後填入對應的員工姓名

我們希望不管 C2
公式複製到哪,
公式參照永遠都
來自 A2:A68, 因
此使用絕對參照
$A$2:$A$68

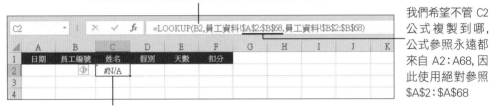

由於尚未輸入員工編號, 因此出現錯誤訊息

公式建好之後, 可以來測試一下。例如在**請假記錄**工作表的 B2 輸入 "F2132":

輸入 "F2132", 果
然在 C2 自動
填入員工姓名

▲ **請假記錄**工作表　　　　　　　　▲ **員工資料**工作表

## 利用資料驗證建立假別清單

**請假記錄**工作表的 "假別" 欄, 則可以運用**資料驗證**功能建立假別清單, 這樣以後
就可以直接從下拉式選單中選擇假別了。請選取 D2 儲存格, 然後如下操作:

1 切換到**資料**
頁次

2 按下**資料工具**區
的**資料驗證**鈕

3 切換到此頁次

4 選擇**清單**項目

5 輸入 "事假, 病假, 婚假,
喪假, 公假, 產假, 陪產
假, 特休假, 曠職" (每個
項目以逗點 "," 隔開)

6 按下**確定**鈕後, 假別
清單就建立完成了

日後若想移除資料驗證的
設定, 只要按下此鈕即可

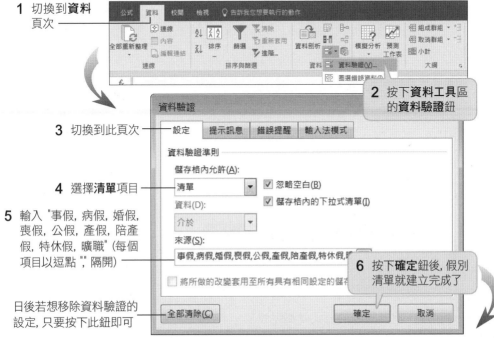

拉下列示窗即
可選取假別

# 建立扣分公式

F 欄的扣分方式是根據假別及請假天數來設計公式。按照公司的請假規定，曠職 1 日扣 3 分、病假或事假 1 日扣 1 分，其餘不扣分，因此我們可將 F2 儲存格的公式設計為：

= IF( OR ( D2 = "病假", D2 = "事假" ), E2, IF (D2 = "曠職", E2 * 3, 0))

若請病假或事假，則 "扣分" 欄會等於 "天數" 欄 (因為請病假或事假是 1 天扣 1 分)

如果不是病假或事假，再判斷是否為曠職，如果是就要將天數再乘以 3 表示扣 3 分

假若都不是病假、事假、曠職，便填入 0，不予扣分

---

### OR 函數的用法

OR 為一邏輯函數，假如有任何一個引數的邏輯值為 TRUE，便傳回 TRUE，只有當所有引數的邏輯值皆為 FALSE 時，才會傳回 FALSE。OR 函數的格式如下：

```
OR( Logical1, Logical2, . . . )
```

OR 函數最多可接受 30 個引數，Logical1, Logical2,... 則是您想要測試其為 TRUE 或 FALSE 的條件。

---

公式建好之後，可輸入假別及天數來測試看看：

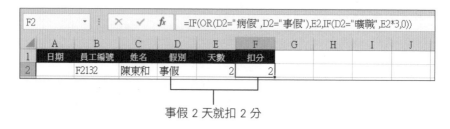

事假 2 天就扣 2 分

進行到這邊，應該設計的公式就都完成了。

## 9-2 | 建立請假記錄

行政專員的例行公事之一就是要將員工交過來的假單輸入到工作表當中。在開始建立請假記錄清單之前，還得先完成下面幾項預備動作。

### 複製公式

接續上例或請開啟範例檔案 Ch09-02，並切換到**請假記錄**工作表。在上一節中，我們已經為 C2、F2 設計好公式，而 D2 儲存格也建立好假別的選項了，現在我們要將公式及假別選項複製給同欄的儲存格使用，以簡化日後的輸入假單作業。

複製公式的技巧相信您已經駕輕就熟了。不過由於我們也不確定未來會有幾筆假單要輸入，所以您可以先複製個 20 列，等到不夠用的時候，再繼續往下複製：

| | A | B | C | D | E | F |
|---|---|---|---|---|---|---|
| 1 | 日期 | 員工編號 | 姓名 | 假別 | 天數 | 扣分 |
| 2 | | | #N/A | | | 0 |
| 3 | | | #N/A | | | 0 |
| 4 | | | #N/A | | | 0 |
| 5 | | | #N/A | | | 0 |
| 6 | | | #N/A | | | 0 |
| 7 | | | #N/A | | | 0 |
| 8 | | | #N/A | | | 0 |
| 9 | | | #N/A | | | 0 |
| 10 | | | #N/A | | | 0 |
| 11 | | | #N/A | | | 0 |
| 12 | | | #N/A | | | 0 |
| 13 | | | #N/A | | | 0 |
| 14 | | | #N/A | | | 0 |
| 15 | | | #N/A | | | 0 |
| 16 | | | #N/A | | | 0 |
| 17 | | | #N/A | | | 0 |
| 18 | | | #N/A | | | 0 |
| 19 | | | #N/A | | | 0 |
| 20 | | | #N/A | | | 0 |

填滿控點

請分別往下拉曳 C2、F2 的填滿控點，將公式複製給同欄的其他儲存格

### 輸入假單資料

現在要開始輸入假單資料了。假設行政專員收到 2 張請假單，資料如下：

# 請假單

填寫日期:2013 年 09 月 03 日

| 姓名 | 陳東和 | 員工編號 | F2132 | 部門 | 業務 | 職位 | |
|---|---|---|---|---|---|---|---|
| 假別 | 病假 | 請假事由 | 腸胃不適 | | | | |
| 請假起迄日期 | 2013 年 9月 1 日起, 至 2013 年 09 月 2 日止, 共計 2 日 | | | | | | |
| 職務代理人簽章 | 單位/部門主管簽章 | 管理部簽章 | | 經理簽章 | | 總經理簽章 | |

# 請假單

填寫日期:2013 年 09 月 03 日

| 姓名 | 林愛嘉 | 員工編號 | F2130 | 部門 | 生產 | 職位 | |
|---|---|---|---|---|---|---|---|
| 假別 | 特休假 | 請假事由 | | | | | |
| 請假起迄日期 | 2013 年 9月 2 日起, 至 2013 年 09 月 2 日止, 共計 1 日 | | | | | | |
| 職務代理人簽章 | 單位/部門主管簽章 | 管理部簽章 | | 經理簽章 | | 總經理簽章 | |

現在我們就依據請假單將資料輸入到**請假記錄**工作表中:

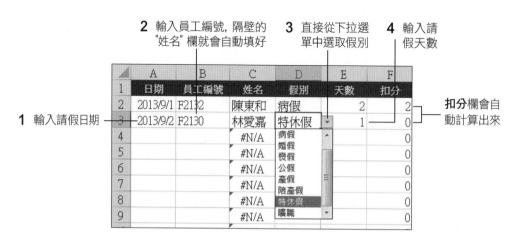

**2** 輸入員工編號, 隔壁的 "姓名" 欄就會自動填好

**3** 直接從下拉選單中選取假別

**4** 輸入請假天數

**1** 輸入請假日期

扣分欄會自動計算出來

比照這個辦法, 當行政專員收到同仁繳交過來的假單時, 就可將假單資料輸入到這個工作表當中。

# 9-3 │ 製作出缺勤請假天數統計報表

假單記錄一筆一筆累積起來了，現在行政專員要來製作出缺勤報表，將每個人請了多少假都統計出來。請開啟範例檔案 Ch09-03：

| | A | B | C | D | E | |
|---|---|---|---|---|---|---|
| 1 | 日期 | 員工編號 | 姓名 | 假別 | 天數 | 扣 |
| 2 | 2013/09/01 | F2132 | 陳東和 | 病假 | 2 | |
| 3 | 2013/09/02 | F2130 | 林愛嘉 | 特休假 | 1 | |
| 4 | 2013/09/02 | F2138 | 吳年熙 | 事假 | 0.5 | |
| 5 | 2013/09/02 | F2135 | 周金姍 | 婚假 | 4 | |
| 6 | 2013/09/05 | F2140 | 何玉環 | 特休假 | 2 | |
| 7 | 2013/09/10 | F2136 | 王妮彩 | 曠職 | 1.5 | |
| 8 | 2013/09/11 | F2156 | 柯達海 | 陪產假 | 1 | |

員工資料　請假記錄　出缺勤統計　出缺勤考核

切換至**請假記錄**工作表

## ▌篩選要統計的月份資料

目前工作表中含有 9 月、10 月、11 月份的記錄，假設行政專員要製作的是 9 月份的出缺勤報表，就必須先將 9 月份的資料篩選出來。

請選取資料範圍中的任一儲存格，再按下**常用**頁次**編輯**區的**排序與篩選**鈕，然後勾選『**篩選**』命令讓**自動篩選**鈕顯示出來，並如下操作：

**1** 拉下 "日期" 欄旁邊的**自動篩選**鈕

**2** 取消**十月、十一月**項目, 僅勾選**九月**項目

**3** 按下**確定**鈕

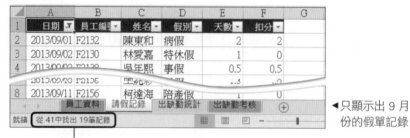

◀ 只顯示出 9 月
份的假單記錄

**狀態列**還會顯示共找出幾筆符合的資料

---

> **TIP** 若想再將全部的資料顯示出來, 請按下**自動篩選**鈕並勾選**全選**項目即可; 若想移除自動篩選, 只要按下**常用**頁次**編輯**區的**排序與篩選**鈕, 然後取消『**篩選**』命令即可。

---

# 利用樞紐分析製作出缺勤統計表

　　將資料篩選出來之後, 接著請選取資料範圍中的任一儲存格, 然後切換到**插入**頁次, 按下**表格**區中的**樞紐分析表**鈕, 我們要利用樞紐分析功能, 為**請假記錄**工作表中篩選出來的 9 月份記錄建立出缺勤統計表。

## 設定資料來源與樞紐分析表的位置

　　首先會開啟**建立樞紐分析表**交談窗, 讓我們設定資料來源, 好讓 Excel 知道要根據什麼資料建立樞紐分析表:

**2** 設定樞紐分析表要放置在**已經存在的工作表**

**1** 預設會自動選取整個清單範圍, 即包含 10 、11 月的請假資料, 因此必須自己將公式最後面的 $F$42 改成 $F$20 (即只選取 9 月份的資料)

**3** 按此鈕選取**出缺勤統計**工作表的 A3 儲存格, 按下**確定**鈕

**事先篩選資料與否的差異？**

既然要到工作表中選取 9 月份的記錄，為何之前還要先做篩選的動作呢？假如您都按照請假日期的先後順序建立請假清單，那麼的確不需要進行篩選的動作，等到要製作報表的時候再選取 9 月份的記錄來建立樞紐分析表即可。可是假若您的請假記錄清單當中，各月份的資料全摻雜在一塊兒 (例如以**員工編號**做排序)，這樣就無法選取連續的清單範圍來建立樞紐分析表，因此必須先使用**篩選**功能，將需要的月份記錄挑選出來，再選取起來做為報表的資料來源。

## 樞紐分析表版面配置

此時工作表會出現空白的樞紐分析表，右側則會開啟**樞紐分析表欄位**工作窗格，我們可以利用此窗格來指定要以哪些欄位做為**篩選**、**欄**、**列**與 **Σ 值**欄位：

樞紐分析表欄位工作窗格

空白樞紐分析表

## 指定樞紐分析表欄位清單

　　工作窗格中會列出所有欄位名稱，只要拉曳欄位名稱到對應的位置即可建立樞紐分析表。在此我們將**姓名**欄指定到**列**區、**假別**指定到**欄**區、**天數**指定到 **Σ 值**區：

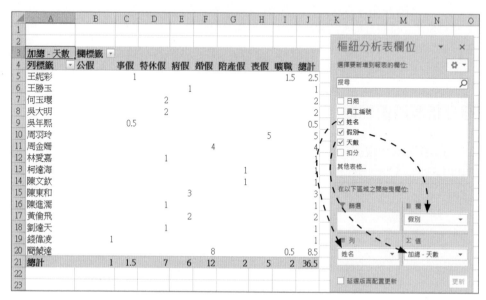

▲ 統計結果出爐了, 請了多少假都算得清清楚楚喔!

# ▌列出全員的出缺勤統計資料

　　利用樞紐分析表，雖然可以快速加總出請假的天數，但是出來的報表卻只有那些有請假的人，至於當月份沒請假的人就不會出現了。而且姓名出現的順序會自動依照筆畫做排列，如果我們希望能夠看到全員的資料，並按照員工編號的順序來顯示，這時候我們可能要運用一點小技巧來辦到。請接續上例，或開啟範例檔案 Ch09-04：

**STEP 01** 請在**請假記錄**工作表頁次標籤上按右鈕執行『**插入**』命令，新增一張空白的**工作表 1**，然後將**請假記錄**工作表中篩選出來的 9 月份記錄複製過來 (包含標題列)。

| | A | B | C | D | E | F | G |
|---|---|---|---|---|---|---|---|
| 1 | 日期 | 員工編號 | 姓名 | 假別 | 天數 | 扣分 | |
| 2 | 2013/09/01 | F2132 | 陳東和 | 病假 | 2 | 2 | |
| 3 | 2013/09/02 | F2130 | 林愛嘉 | 特休假 | 1 | 0 | |
| 17 | 2013/09/29 | F2138 | 陳東和 | 喪假 | 0.5 | 0.5 | |
| 18 | 2013/09/30 | F2153 | 劉達天 | 特休假 | 1 | 0 | |
| 19 | 2013/09/30 | F2147 | 簡蒙達 | 曠職 | 0.5 | 1.5 | |
| 20 | 2013/09/30 | F2148 | 王勝玉 | 病假 | 1 | 1 | |

員工資料　**工作表1**　請假記錄　出缺勤統計　出缺勤考核

**STEP 02** 切換到**員工資料**工作表, 然後複製 A2：B68 的資料到**工作表 1** 的 B21：C87, 如此就可讓工作表中包含全部員工的資料：

上半部是 9 月份的請假記錄

下半部是所有員工的編號及姓名

▲ 這個技巧可讓每個員工的資料至少出現過一次

**STEP 03** 請在 D21：D87 範圍中任意填入假別, 例如全部填入 "病假", 後面的 E、F 欄則保持空白即可：

可利用拉曳填滿控點的方式, 直接將 D20 的病假複製給 D21：D87

在 D21：D87 填入資料, 是為了避免待會兒指定 "假別" 為樞紐分析表的欄標籤時, 多出一欄空白欄

**STEP 04** 切換到**出缺勤統計**工作表的樞紐分析表, 如下變更樞紐分析表的資料來源：

**1** 切換到**樞紐分析表工具/分析**頁次

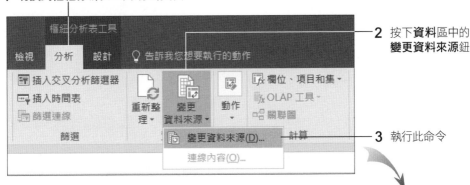

**2** 按下**資料**區中的**變更資料來源**鈕

**3** 執行此命令

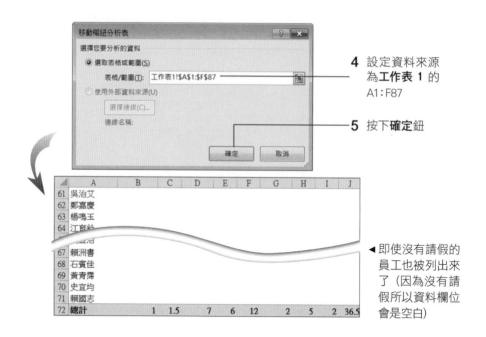

4 設定資料來源為**工作表 1** 的 A1：F87

5 按下**確定**鈕

◀ 即使沒有請假的員工也被列出來了（因為沒有請假所以資料欄位會是空白）

| | A | B | C | D | E | F | G | H | I | J |
|---|---|---|---|---|---|---|---|---|---|---|
| 61 | 吳治艾 | | | | | | | | | |
| 62 | 鄭嘉慶 | | | | | | | | | |
| 63 | 楊鳴玉 | | | | | | | | | |
| 64 | 江育鈴 | | | | | | | | | |
| 67 | 賴洲書 | | | | | | | | | |
| 68 | 石賓佳 | | | | | | | | | |
| 69 | 黃青霈 | | | | | | | | | |
| 70 | 史宜均 | | | | | | | | | |
| 71 | 賴國志 | | | | | | | | | |
| 72 | 總計 | 1 | 1.5 | 7 | 6 | 12 | 2 | 5 | 2 | 36.5 |

**STEP 05** 最後要將**列標籤**改成以**員工編號**依序排列，請按下**樞紐分析表工具/分析**頁次**顯示**區中的**欄位清單**鈕，開啟**樞紐分析表欄位清單**工作窗格，進行如下設定：

3 按照員工編號依序排列了

1 取消**姓名**項目

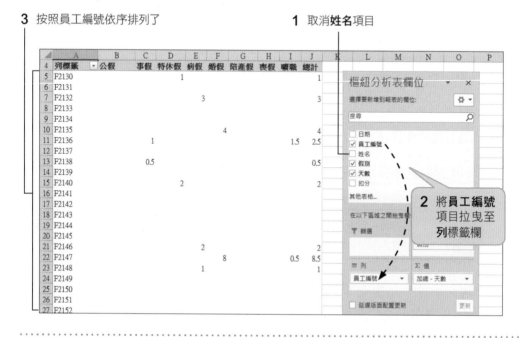

2 將**員工編號**項目拉曳至**列標籤**欄

---

💡 **TIP** 若覺得報表不易閱讀，也可選取報表後切換到**常用**頁次，利用**框線**鈕 田 ▾ 來加上格線。

# 9-4 | 製作出缺勤考核表

現在行政專員要製作一份**出缺勤考核表**，結算每位員工在 9~11 月之間，一共因為請假而扣了多少考核分數。我們同樣可運用**樞紐分析**功能快速產生這份報表，不過為了要讓報表列出所有員工的記錄，同樣得動一些手腳才行。

## 出缺勤考核樞紐分析

首先開啟範例檔案 Ch09-05，然後如下操作：

**STEP 01**　將**員工資料**工作表的 A2：B68 複製到**請假記錄**工作表的 B43：C109，然後同樣地在 D43：D109 任意填入假別 (如 "特休假")，以避免樞紐分析表出現空白欄：

| | A | B | C | D | E | F | G |
|---|---|---|---|---|---|---|---|
| 41 | 2013/11/15 | F2174 | 江海忠 | 公假 | 0.5 | 0 | |
| 42 | 2013/11/22 | F2151 | 吳雪樺 | 特休假 | 0.5 | 0 | |
| 43 | | F2130 | 林愛嘉 | 特休假 | | | |
| 44 | | F2131 | 郝立嬴 | 特休假 | | | |
| 45 | | F2132 | 陳東和 | 特休假 | | | |
| 46 | | F2133 | 王永聰 | 特休假 | | | |
| 47 | | F2134 | 林成禾 | 特休假 | | | |
| 48 | | F2135 | 周金姍 | 特休假 | | | |

員工資料　工作表1　請假記錄　出缺勤統計　出缺勤考核

▲ 將所有的員工資料複製一份過來並填入假別

**STEP 02**　切換到**插入**頁次，按下**表格**區中的**樞紐分析表**鈕，再次開啟**建立樞紐分析表**交談窗。首先要設定資料來源：

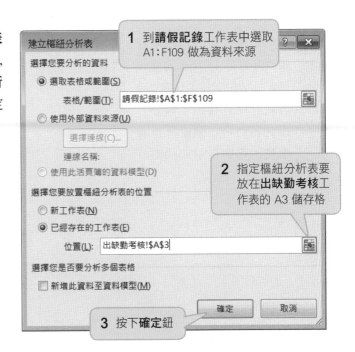

建立樞紐分析表

選擇您要分析的資料

◉ 選取表格或範圍(S)

> **1** 到**請假記錄**工作表中選取 A1：F109 做為資料來源

表格/範圍(T)：請假記錄!$A$1:$F$109

◯ 使用外部資料來源(U)

選擇連線(C)...

連線名稱：

◯ 使用此活頁簿的資料模型(D)

選擇您要放置樞紐分析表的位置

◯ 新工作表(N)

◉ 已經存在的工作表(E)

位置(L)：出缺勤考核!$A$3

> **2** 指定樞紐分析表要放在**出缺勤考核**工作表的 A3 儲存格

選擇您是否要分析多個表格

☐ 新增此資料至資料模型(M)

確定　　取消

> **3** 按下**確定**鈕

**STEP 03** **出缺勤考核**工作表會出現空白的樞紐分析表，右側則會開啟**樞紐分析表欄位**工作窗格，請依下圖指定**欄標籤**、**列標籤**與 **Σ 值欄位**：

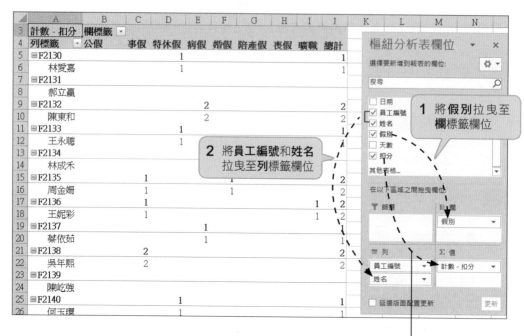

**3** 將**扣分**拉曳至 **Σ 值**欄位，目前採用**計數**的計算方式

**STEP 04** 由於目前的扣分是採用**計數**的計算方式，所以會變成是統計被扣了幾次分數，而非統計總共被扣了幾分。因此我們可在**樞紐分析表欄位**工作窗格中如圖進行摘要方式的變更：

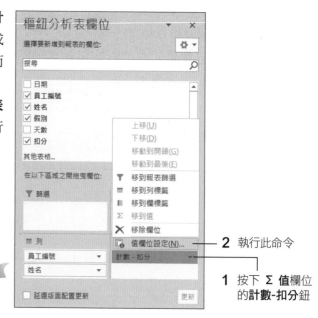

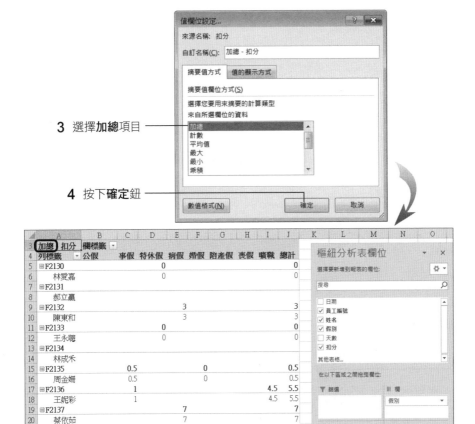

**3** 選擇**加總**項目

**4** 按下**確定**鈕

▲ 改變成加總方式了

**2** 按下此鈕

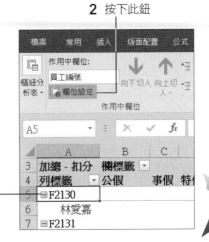

**STEP 05** 由於有 2 個**列**標籤欄位，因此小計也會變成有 2 列，重複的數字看起來有點多餘，因此我們現在要將 "員工編號" 列的小計取消，只留下 "姓名" 列的小計即可：

**1** 點選任一員工編號的儲存格

**3** 選擇**無**項目

**4** 按下**確定**鈕

空白表示沒請過假　　曾經請過假, 但該假別是不扣分的假, 所以為 0

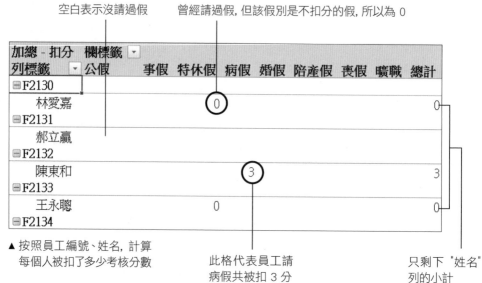

| 加總 - 扣分 欄標籤 ▼ | | | | | | | | | |
|---|---|---|---|---|---|---|---|---|---|
| 列標籤 ▼ | 公假 | 事假 | 特休假 | 病假 | 婚假 | 陪產假 | 喪假 | 曠職 | 總計 |
| ⊟F2130 | | | | | | | | | |
| 　林愛嘉 | | | | Ⓞ | | | | | 0 |
| ⊟F2131 | | | | | | | | | |
| 　郝立贏 | | | | | | | | | |
| ⊟F2132 | | | | | | | | | |
| 　陳東和 | | | | ③ | | | | | 3 |
| ⊟F2133 | | | | | | | | | |
| 　王永聰 | | | 0 | | | | | | 0 |
| ⊟F2134 | | | | | | | | | |

▲ 按照員工編號、姓名, 計算　　　　　　　此格代表員工請　　　　　只剩下 "姓名"
　每個人被扣了多少考核分數　　　　　　病假共被扣 3 分　　　　　列的小計

# 以列表方式呈現樞紐分析表

我們還可以將員工編號與姓名放置在同一列，並加上格線，看起來更清晰、美觀：

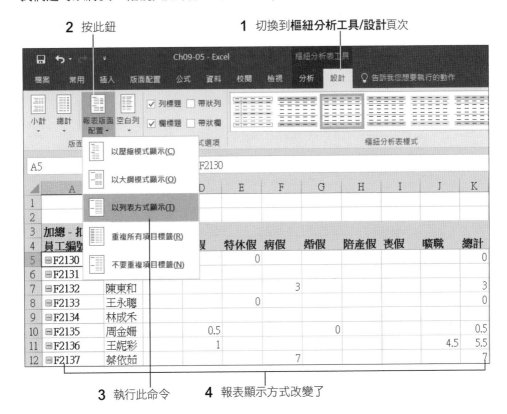

**2** 按此鈕　　　　　　　　　　**1** 切換到**樞紐分析工具/設計**頁次

**3** 執行此命令　　**4** 報表顯示方式改變了

# 設定空值儲存格的內容

為了統一樞紐分析表的格式，我們可以自行設定要在空白的儲存格中填入的內容 (例如補 0 或者填入 "無" 等等…)。請選取樞紐分析表的任一儲存格，然後切換到**樞紐分析表工具/分析**頁次如下操作：

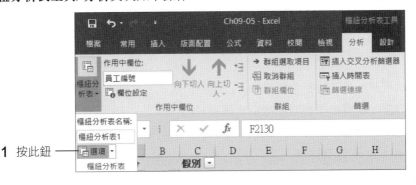

**1** 按此鈕

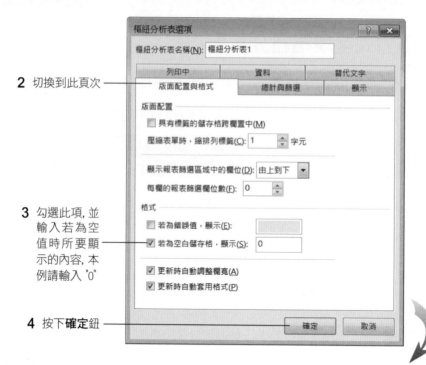

**2** 切換到此頁次 ———

**3** 勾選此項, 並
輸入若為空
值時所要顯
示的內容, 本
例請輸入 "0"

**4** 按下**確定**鈕 ———

| 加總 - 扣分 | 假別 ▾ | | | | | | | | |
|---|---|---|---|---|---|---|---|---|---|
| 員工編號 ▾ | 姓名 ▾ | 公假 | 事假 | 特休假 | 病假 | 婚假 | 陪產假 | 喪假 | 曠職 | 總計 |
| ⊞ F2130 | 林愛嘉 | 0 | 0 | 0 | 0 | 0 | 0 | 0 | 0 | 0 |
| ⊞ F2131 | 郝立贏 | 0 | 0 | 0 | 0 | 0 | 0 | 0 | 0 | 0 |
| ⊞ F2132 | 陳東和 | 0 | 0 | 0 | 3 | 0 | 0 | 0 | 0 | 3 |
| ⊞ F2133 | 王永聰 | 0 | 0 | 0 | 0 | 0 | 0 | 0 | 0 | 0 |
| ⊞ F2134 | 林成禾 | 0 | 0 | 0 | 0 | 0 | 0 | 0 | 0 | 0 |
| ⊞ F2135 | 周金姍 | 0 | 0.5 | 0 | 0 | 0 | 0 | 0 | 0 | 0.5 |
| ⊞ F2136 | 王妮彩 | 0 | 1 | 0 | 0 | 0 | 0 | 0 | 4.5 | 5.5 |
| ⊞ F2137 | 蔡依茹 | 0 | 0 | 0 | 7 | 0 | 0 | 0 | 0 | 7 |
| ⊞ F2138 | 吳年熙 | 0 | 1.5 | 0 | 0 | 0 | 0 | 0 | 0 | 1.5 |
| ⊞ F2139 | 陳屹強 | 0 | 0 | 0 | 0 | 0 | 0 | 0 | 0 | 0 |
| ⊞ F2140 | 何玉環 | 0 | 0 | 0 | 0 | 0 | 0 | 0 | 0 | 0 |

▲ 原來為空值的儲存格都統一補上 "0" 了

　　最後, 再搭配格式化工作表的技巧, 就可完成一份清晰美觀的報表了。您可開啟範
例檔案 Ch09-06 來觀看本章範例製作的成果。

## 後記

　　一位行政專員所要負責的事務相當繁瑣, 若能善用軟體工具來處理例行性事務, 必
能提高不少工作效率。本章所舉例的處理員工假單只是其中之一而已, 另外像是處理文
具用品申請單、零用金申請單…等等行政類單據, 也都可以仿照本章的做法, 將重複性
高的計算工作交給 Excel 幫您處理。

# 實力評量

1. 請開啟練習檔案 Ex09-01, 然後依序完成下列各小題的要求:

| ▲ | A | B | C | D | E |
|---|---|---|---|---|---|
| 1 | 日期 | 品名 | 廠商 | 數量 | 單價 |
| 2 | | | | | |
| 3 | | | | | |

(1) 在 B2 儲存格建立資料驗證清單, 清單中的項目包括:滑鼠、鍵盤、螢幕、喇叭、麥克風、硬碟。

(2) 在 C2 儲存格建立資料驗證清單, 清單中的項目包括:強聯、飛倫、元捷、坤燦。

(3) 拉下 B2 儲存格的列示窗選擇 "硬碟" 項目。

(4) 拉下 C2 儲存格的列示窗選擇 "元捷" 項目。

2. 請開啟練習檔案 Ex09-02, 然後依序完成下列各小題的要求:

| ▲ | A | B | C | D |
|---|---|---|---|---|
| 1 | 編號 | 書名 | 出版社 | 作者 |
| 2 | A22567 | 禁咒師 1 | 雅書堂 | 蝴蝶 |
| 3 | A23177 | 愛是一種美麗的疼痛 | 時報文化 | 劉墉 |
| 4 | A23451 | 失竊的孩子 | 遠流 | 凱斯‧唐納 |
| 5 | A24670 | 陰陽師-瀧夜叉姬(上、下) | 繆思文化 | 夢枕獏 |
| 6 | A67899 | 追風箏的孩子 | 木馬文化 | 卡勒德胡賽 |
| 7 | B45660 | 再給我一天 | 大塊 | 米奇‧艾爾邦 |
| 8 | B45665 | 我是女王-那些好女孩不懂的事 | 圓神 | 女王 |
| 9 | B56780 | 致我的男友② | 平裝本 | 可愛淘 |
| 10 | F28075 | 人生風景 | 時報文化 | 余秋雨 |
| 11 | F33487 | 等一個人咖啡 | 春天 | 九把刀 |
| 12 | F34567 | 佐賀的超級阿嬤 | 先覺 | 島田洋七 |
| 13 | F90982 | 佐賀阿嬤的幸福旅行箱 | 先覺 | 島田洋七 |

▲ 工作表 1

| ▲ | A | B | C |
|---|---|---|---|
| 1 | | | |
| 2 | 請輸入編號: | | |
| 3 | | | |
| 4 | 書名: | | |
| 5 | 出版社: | | |
| 6 | 作者: | | |

▲ 工作表 2

(1) 利用 LOOKUP 函數, 分別在**工作表 2** 的 B4、B5、B6 儲存格建立查詢公式, 讓 B4、B5、B6 可根據在 B2 所輸入的編號, 自動到**工作表 1** 中查出對應該編號的書名、出版社、及作者。

(2) 在**工作表 2** 的 B2 輸入 "A67899"，並檢驗 B4、B5、B6 的值是否為 "追風箏的孩子、木馬文化、卡勒德胡賽"。

3. 請開啟練習檔案 Ex09-03，然後完成下列的出缺勤時數統計工作：

(1) 在**假單明細**工作表的 F 欄中建立公式，計算出每筆假單記錄的扣分。(病假或事假一天扣 0.5 分，曠職一天扣 2 分，其餘的假別則不扣分)。

| | A | B | C | D | E | F |
|---|---|---|---|---|---|---|
| 1 | 請假日期 | 員工編號 | 姓名 | 假別 | 天數 | 扣分 |
| 2 | 2016/4/2 | F2132 | 詹心濡 | 喪假 | 4 | |
| 3 | 2016/4/2 | F2130 | 戴沛霓 | 公假 | 2 | |
| 4 | 2016/4/3 | F2138 | 吳年熙 | 陪產假 | 1 | |
| 5 | 2016/4/6 | F2135 | 周金姍 | 公假 | 4 | |
| 6 | 2016/4/6 | F2140 | 何玉環 | 曠職 | 2 | |
| 7 | 2016/4/6 | F2136 | 王妮彩 | 事假 | 1 | |
| 8 | 2016/4/6 | F2156 | 柯達海 | 事假 | 2 | |

員工資料　假單明細　時數計算　考核成績

(2) 在**時數計算**工作表建立一張如下的樞紐分析表：

| | A | B | C | D | E | F | G | H | I | J | K | L | M |
|---|---|---|---|---|---|---|---|---|---|---|---|---|---|
| 1 | 加總 - 天數 | | 假別 | | | | | | | | | | |
| 2 | 員工編號 | 姓名 | 公假 | 事假 | 特休假 | 病假 | 婚假 | 產假 | 陪產假 | 喪假 | 颱風假 | 曠職 | 總計 |
| 3 | F2130 | 戴沛霓 | 2 | | | | | | | | | | 2 |
| 4 | F2132 | 詹心濡 | | | | 1 | | | | 4 | | | 5 |
| 5 | F2133 | 林佩達 | | | | | | | | | 1 | | 1 |
| 6 | F2135 | 周金姍 | 4 | 0.5 | | | | | | | | | 4.5 |
| 7 | F2136 | 王妮彩 | | 2 | | | | | | | | | 2 |
| 8 | F2137 | 蔡依茹 | | | | 3 | | | | | | | 3 |
| 9 | F2138 | 吳年熙 | | | | | | 1 | | | | 1 | 2 |
| 10 | F2140 | 何玉環 | | | | | | | | | | 2 | 2 |
| 11 | F2146 | 黃倫飛 | 2 | | | | | | | | | | 2 |
| 12 | F2147 | 簡蒙達 | | | 4.5 | | | | | | | | 4.5 |
| 13 | F2148 | 王勝玉 | | | | | | | | | 1 | | 1 |
| 14 | F2151 | 周晉樺 | | | | 40 | | | | | | | 40 |
| 15 | F2153 | 劉達天 | | | | | 8 | | | | | | 8 |
| 16 | F2155 | 錢偉凌 | | 2 | 1 | | | | | | | | 3 |
| 17 | F2156 | 柯達海 | | 2 | | | | | | | | | 2 |
| 18 | F2159 | 周羽玲 | | 1.5 | | | | | 40 | | | | 41.5 |
| 19 | F2160 | 吳大明 | | 4 | | | | | | | | | 4 |
| 20 | F2163 | 留億源 | | | | | | | | | 1 | | 1 |
| 21 | F2165 | 孫欣枚 | | 0.5 | | | | | | | | | 0.5 |
| 22 | F2168 | 陳文欽 | | | 1 | | 1 | | | | | | 2 |
| 23 | F2169 | 陳如芸 | | | | | | | 4 | | | | 4 |
| 24 | F2171 | 陳裕龍 | | 2 | | | | | | | | | 2 |
| 25 | F2174 | 江海忠 | 0.5 | | 1 | | | | | | | | 1.5 |
| 26 | F2175 | 丁小文 | 2 | | | | | | | | | | 2 |
| 27 | F2178 | 陳艾齡 | | 0.5 | | | | | | | | | 0.5 |
| 28 | F2184 | 林家信 | | 3 | | | | | | | 1 | | 4 |
| 29 | F2185 | 吳治艾 | | | | | | | | | | | 1 |
| 30 | F2186 | 鄧嘉慶 | | | 3 | | | | | | | | 3 |
| 31 | F2189 | 史益治 | | | 4 | | | | | | | | 4 |
| 32 | F2196 | 陳進濤 | | | | | | | | | | | |
| 33 | 總計 | | 10.5 | 8.5 | 17 | 13 | 8 | 80 | 2 | 2 | 2 | 5 | 154 |
| 34 | | | | | | | | | | | | | |

員工資料　假單明細　時數計算　考核成績

(3) 在**考核成績**工作表建立一張如下的樞紐分析表：

| 加總 - 扣分 | | 假別 | | | | | | | | | | |
|---|---|---|---|---|---|---|---|---|---|---|---|---|
| 員工編號 | 姓名 | 公假 | 事假 | 特休假 | 病假 | 婚假 | 產假 | 陪產假 | 喪假 | 颱風假 | 曠職 | 總計 |
| ⊟F2130 | 戴沛霓 | 0 | 0 | 0 | 0 | 0 | 0 | 0 | 0 | 0 | 0 | 0 |
| ⊟F2132 | 詹心濡 | 0 | 0 | 0 | 0.5 | 0 | 0 | 0 | 0 | 0 | 0 | 0.5 |
| ⊟F2133 | 林佩達 | 0 | 0 | 0 | 0 | 0 | 0 | 0 | 0 | 0 | 0 | 0 |
| ⊟F2135 | 周金姍 | 0 | 0.25 | 0 | 0 | 0 | 0 | 0 | 0 | 0 | 0 | 0.25 |
| ⊟F2136 | 王妮彩 | 0 | 1 | 0 | 0 | 0 | 0 | 0 | 0 | 0 | 0 | 1 |
| ⊟F2137 | 蔡依茹 | 0 | 0 | 0 | 1.5 | 0 | 0 | 0 | 0 | 0 | 0 | 1.5 |
| ⊟F2138 | 吳年熙 | 0 | 0 | 0 | 0 | 0 | 0 | 0 | 0 | 0 | 2 | 2 |
| ⊟F2140 | 何玉環 | 0 | 0 | 0 | 0 | 0 | 0 | 0 | 0 | 0 | 4 | 4 |
| ⊟F2146 | 黃倫飛 | 0 | 0 | 0 | 0 | 0 | 0 | 0 | 0 | 0 | 0 | 0 |
| ⊟F2147 | 閻蒙達 | 0 | 0 | 0 | 0 | 0 | 0 | 0 | 0 | 0 | 0 | 0 |
| ⊟F2148 | 王勝玉 | 0 | 0 | 0 | 0 | 0 | 0 | 0 | 0 | 0 | 0 | 0 |
| ⊟F2151 | 周雪樺 | 0 | 0 | 0 | 0 | 0 | 0 | 0 | 0 | 0 | 0 | 0 |
| ⊟F2153 | 劉達天 | 0 | 0 | 0 | 0 | 0 | 0 | 0 | 0 | 0 | 0 | 0 |
| ⊟F2155 | 錢偉凌 | 0 | 1 | 0 | 0 | 0 | 0 | 0 | 0 | 0 | 0 | 1 |
| ⊟F2156 | 柯達海 | 0 | 1 | 0 | 0 | 0 | 0 | 0 | 0 | 0 | 0 | 1 |
| ⊟F2159 | 周羽玲 | 0 | 0.75 | 0 | 0 | 0 | 0 | 0 | 0 | 0 | 0 | 0.75 |
| ⊟F2160 | 吳大明 | 0 | 0 | 0 | 0 | 0 | 0 | 0 | 0 | 0 | 0 | 0 |
| ⊟F2163 | 留憶源 | 0 | 0 | 0 | 0 | 0 | 0 | 0 | 0 | 0 | 2 | 2 |
| ⊟F2165 | 孫欣枚 | 0 | 0.25 | 0 | 0 | 0 | 0 | 0 | 0 | 0 | 0 | 0.25 |
| ⊟F2168 | 陳文欽 | 0 | 0 | 0 | 0.5 | 0 | 0 | 0 | 0 | 0 | 0 | 0.5 |
| ⊟F2169 | 陳如芸 | 0 | 0 | 0 | 0 | 0 | 0 | 0 | 0 | 0 | 0 | 0 |
| ⊟F2171 | 陳裕龍 | 0 | 0 | 0 | 0 | 0 | 0 | 0 | 0 | 0 | 0 | 0 |
| ⊟F2174 | 江海忠 | 0 | 0 | 0 | 0.5 | 0 | 0 | 0 | 0 | 0 | 0 | 0.5 |

員工資料　假單明細　時數計算　考核成績　⊕

# 10 員工季考績及年度考績計算

## 本章學習提要

- 跨活頁簿複製儲存格資料
- 使用 IF 函數設定條件判斷式
- 使用 LOOKUP 函數進行查表
- 使用 RANK.EQ 函數排列名次
- 使用**合併彙算**功能計算四季平均考績

計算員工的考績就像一回冗長的數學遊戲, 要在加減乘除的式子中求正確的結果。假如您服務於公司的管理部門, 負責員工考績的登錄與計算工作, 萬一不小心將考績算錯了, 那麼可能對上、對下都難以交代吧!

　　當然啦! 每家公司的考績計算規則與評分週期都不盡相同, 有的完全依照員工業績來評分, 有的則同時重視員工的工作表現及出缺勤情況; 有的公司到了年底才打一次年度考績, 有的則是每個月打考績, 到了年底再算出平均成績…。在本章的範例中, 我們以**旗旗公司**為例, 該公司每季都要對員工做一次考核, 到了年底再來做總結算, 並依成績高低給予年度考績等級, 決定員工可以領多少年終獎金。

| | A | B | C | D | E | F |
|---|---|---|---|---|---|---|
| 1 | | | | | | |
| 2 | | | 員工第一季考績一覽表 | | | |
| 3 | 員工編號 | 姓名 | 工作表現 | 出勤扣分 | 出勤得分 | 本季考績 |
| 4 | A5001 | 張清儀 | 82 | 0 | 20 | 85.6 |
| 5 | A5002 | 李玫陵 | 75 | 2 | 18 | 78 |
| 6 | A5003 | 林飛隆 | 71 | 0 | 20 | 76.8 |
| 7 | A5004 | 吳佩清 | 89 | 0 | 20 | 91.2 |
| 8 | A5005 | 周雪華 | 90 | 0 | 20 | 92 |
| 9 | A5006 | 陳佳怡 | 77 | 0 | 20 | 81.6 |
| 10 | A5007 | 楊海明 | 69 | 0 | 20 | 75.2 |
| 11 | A5008 | 林波特 | 71 | 0 | 20 | 76.8 |
| 12 | A5009 | 魏妙麗 | 89 | 3 | 17 | 88.2 |
| 13 | A5010 | 張榮恩 | 90 | 0 | 20 | 92 |
| 14 | A5011 | 魏斯理 | 82 | 0 | 20 | 85.6 |
| 15 | A5012 | 翁海格 | 81 | 0 | 20 | 84.8 |
| 16 | A5013 | 石內埔 | 74 | 0 | 20 | 79.2 |

第一季考績　第二季考績　第三季考績　第四季考績　年

▲ 計算各季考績

| | A | B | C | D |
|---|---|---|---|---|
| 1 | | | 員工年度總考績計算 | |
| 2 | | | | |
| 3 | 員工編號 | 姓名 | 年度考績 | 等級與獎金 |
| 4 | | | | |
| 9 | A5001 | 張清儀 | 87 | |
| 14 | A5002 | 李玫陵 | 76 | |
| 19 | A5003 | 林飛隆 | 69 | |
| 24 | A5004 | 吳佩清 | 85 | |
| 29 | A5005 | 周雪華 | 93 | |
| 34 | A5006 | 陳佳怡 | 85 | |
| 39 | A5007 | 楊海明 | 81 | |
| 44 | A5008 | 林波特 | 77 | |
| 49 | A5009 | 魏妙麗 | 84 | |
| 54 | A5010 | 張榮恩 | 88 | |
| 59 | A5011 | 魏斯理 | 87 | |
| 64 | A5012 | 翁海格 | 80 | |
| 69 | A5013 | 石內埔 | 78 | |
| 74 | A5014 | 李路平 | 82 | |

… 第三季考績　第四季考績　年度考績

▲ 結算年度考績

# 10-1 計算員工季考績

請開啟範例檔案 Ch10-01，假設第一季已經結束了，主管要開始來評估部屬第一季的工作表現，填好考核表單之後，再送交管理部。這時，管理部就必須將考核表中記載的成績登錄到**第一季考績**工作表的 C 欄：

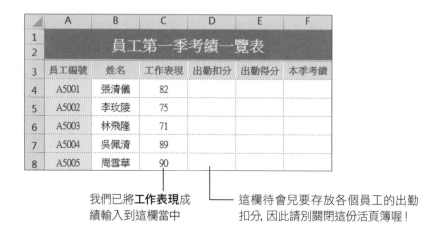

我們已將**工作表現**成  績輸入到這欄當中

這欄待會兒要存放各個員工的出勤  扣分，因此請別關閉這份活頁簿喔！

## ▌複製出勤扣分資料

接著，還有出勤扣分資料要登錄。由於員工出缺勤資料存放在另一份活頁簿當中，因此我們要開啟存放出缺勤報表的活頁簿來取得出勤扣分資料。請開啟範例檔案 Ch10-02，這份活頁簿含有員工的假單資料與統計報表：

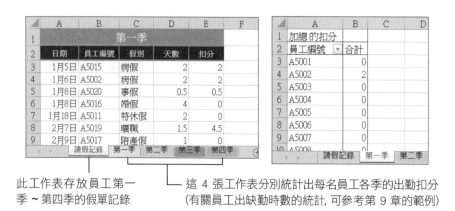

此工作表存放員工第一  季～第四季的假單記錄

這 4 張工作表分別統計出每名員工各季的出勤扣分  (有關員工出缺勤時數的統計，可參考第 9 章的範例)

以 Ch10-01 **第一季考績**工作表中的**出勤扣分**欄為例, 我們可以複製 Ch10-02 **第一季**工作表的 B3:B22 範圍再貼到 Ch10-01 **第一季考績**工作表中。但還有另一個方法, 便是直接讓 Ch10-01 的儲存格參照 Ch10-02 儲存格的內容。這樣的好處是, 若之前 Ch10-02 的假單內容有誤, 則只要先修改原來 Ch10-02 **請假記錄**工作表的內容, 再切換到**第一季**工作表, 按下**樞紐分析表工具/分析**頁次**資料**區的**重新整理**鈕, 則 Ch10-01 的參照也會跟著修正, 不需要一個個手動修改, 而且還可避免改了假單內容卻忘了更新考績而造成的錯誤。

> **TIP** 如果有修改**請假記錄**工作表的內容, 樞紐分析表的部份一定要記得按下**資料**區的**重新整理**鈕才能真正更新資料, 而其他有參照**請假記錄**工作表的檔案也會自動同步更新資料內容。

**STEP 01** 請切換到 Ch10-01 **第一季考績**工作表的 D4 儲存格, 然後輸入 "=", 接著到 Ch10-02 **第一季**工作表點選 B3 儲存格後, 再回到 Ch10-01 按下 Enter 鍵, 如此一來, 便完成參照其他活頁簿內容的設定:

| D4 | | ⁝ | × | ✓ | fx | =GETPIVOTDATA("扣分",'[Ch10-02.xlsx]第一季'!$A$1,"員工編號","A5001") | | | | | |
|---|---|---|---|---|---|---|---|---|---|---|---|
| ▲ | A | B | C | D | E | F | G | H | I | J | K | L |
| 1 | | | | | | | | | | | | |
| 2 | | 員工第一季考績一覽表 | | | | | | | | | | |
| 3 | 員工編號 | 姓名 | 工作表現 | 出勤扣分 | 出勤得分 | 本季考績 | | | | | | |
| 4 | A5001 | 張清儀 | 82 | 0 | | | | | | | | |
| 5 | A5002 | 李玫陵 | 75 | | | | | | | | | |

**STEP 02** 當我們使用點選的方式來指定參照儲存格時, Excel 會自動以 "絕對參照" 的方式來指定, 因此我們必須修正一下這個公式, 才能使用填滿控點來複製公式。請將該公式的最後改成 "A4", 表示要以此欄位的內容去查詢:

將此處的參照改成相對參照的方式

| D4 | | ⁝ | × | ✓ | fx | =GETPIVOTDATA("扣分",'[Ch10-02.xlsx]第一季'!$A$1,"員工編號",A4) | | | | | |
|---|---|---|---|---|---|---|---|---|---|---|---|
| ▲ | A | B | C | D | E | F | G | H | I | J | K |
| 1 | | | | | | | | | | | |
| 2 | | 員工第一季考績一覽表 | | | | | | | | | |
| 3 | 員工編號 | 姓名 | 工作表現 | 出勤扣分 | 出勤得分 | 本季考績 | | | | | |
| 4 | A5001 | 張清儀 | 82 | 0 | | | | | | | |
| 5 | A5002 | 李玫陵 | 75 | | | | | | | | |

STEP 03　最後再拉曳儲存格的填滿控點，將公式複製到 D5：D23 即可。

| 員工第一季考績一覽表 | | | | | |
|---|---|---|---|---|---|
| 員工編號 | 姓名 | 工作表現 | 出勤扣分 | 出勤得分 | 本季考績 |
| A5001 | 張清儀 | 82 | 0 | | |
| A5002 | 李玫陵 | 75 | 2 | | |
| A5003 | 林飛隆 | 71 | 0 | | |
| A5004 | 吳佩清 | 89 | 0 | | |
| A5017 | 周思潔 | 81 | 0 | | |
| A5018 | 候湘儀 | 89 | 0 | | |
| A5019 | 張欣屏 | 75 | 4.5 | | |
| A5020 | 謝佳貞 | 71 | 0.5 | | |

### 利用 GETPIVOTDATA 函數來取得樞紐分析表中的資料

透過 GETPIVOTDATA 函數可以取得樞紐分析表中的資料, 不過您倒不用特別記住這個函數, 只要在需要參照時用 "=" 為開頭, 再點選樞紐分析表中的參照欄位即可。GETPIVOTDATA 函數的格式為：

```
GETPIVODATA (Data_field, Pivot_table, Field1, item1, field2, item2, . . .)
```

- **Data_field**：此名稱是指要取回符合哪個欄位資料的名稱。
- **Pivot_table**：表示要參照樞紐分析表中的哪一個儲存格或儲存格範圍。
- **Field1, item1…**：要查詢符合條件的內容或儲存格。

## ▎計算出勤得分

員工的工作表現與出勤扣分資料都建立完成了, 接著就可以來結算第一季的考績囉！請開啟範例檔案 Ch10-03, 假設公司計算季考績的方式為：工作表現佔 80%, 出勤狀況佔 20%, "出勤得分" 等於滿分 20 分減去 "出勤扣分" 欄的數值, 直到扣完為止。根據這個規則, 我們就可以設計公式將每個人的季考績算出來了。

TIP 由於 Ch10-03 的資料內容是參照 Ch10-02 而來, 所以 Ch10-02 請同樣維持開啟的狀態。

STEP 01 以 E4 儲存格而言，我們可以輸入公式 "=IF(D4>20, 0, 20-D4)" 來計算出勤得分：

當請假扣分大於等於 20 分，那麼出勤得分就是 0 分

若出勤扣分小於 20 分，那麼可得到 20 減掉出勤扣分之後的分數

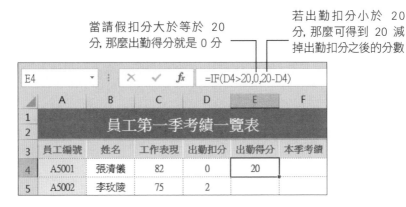

STEP 02 拉曳 E4 儲存格的填滿控點，將 E4 的公式拉曳複製到 E23，即可求出所有人的出勤得分成績。

STEP 03 計算考績所需要的數字都有了，接著就來設計 F 欄的計算公式吧！請選取 F4，然後輸入公式 "=C4*0.8+E4"：

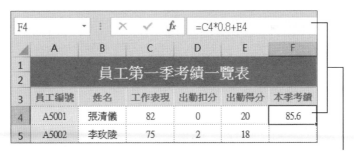

計算季考績的公式（工作表現佔 8 成，出勤佔 2 成）

STEP 04 最後再將 F4 的公式拉曳複製到 F23，便完成第一季考績的計算工作了。而剩下的第二季、第三季、第四季考績只要比照辦理，就可以完成四季考核。

# 10-2 計算員工年度考績

辛苦了一整年, 終於到了年底的時候, 這時管理部又要開始傷腦筋囉! 因為員工第一到第四季的考績必須要來做總結算, 而且年度考績關係到每個人可以領多少的年終獎金, 可是馬虎不得的事情。我們來看看要怎麼做最有效率!

## ▌利用合併彙算計算四季平均考績

我們先來計算每個人的四季平均考績, 也就是年度考績。請開啟範例檔案 Ch10-04:

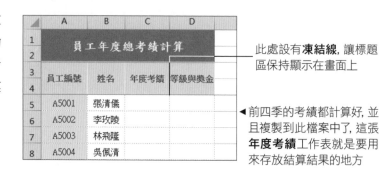

此處設有**凍結線**, 讓標題區保持顯示在畫面上

◀ 前四季的考績都計算好, 並且複製到此檔案中了, 這張**年度考績**工作表就是要用來存放結算結果的地方

> **TIP** 由於 Ch10-04 各季的出勤扣分需參照到範例檔案 Ch10-02, 因此請同時開啟 Ch10-02, 以免公式參照不到 Ch10-02 的內容而出現錯誤。

要計算每個人一到四季的平均考績分數, 可運用**合併彙算**功能, 請跟著底下的步驟操作:

選取**平均值**做為合併資料的運算方式

**STEP 01** 選取 C5: C24 儲存格, 然後切換到**資料**頁次, 按下**資料工具區**的**合併彙算**鈕, 開啟合併彙算交談窗:

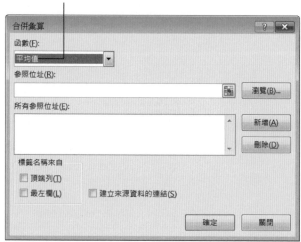

**STEP 02** 由於我們要計算四季考績的平均, 因此合併彙算的**參照位址**欄應該設為**第一季考績**工作表的 F4：F23、**第二季考績**工作表的 F4：F23、…到**第四季考績**工作表的 F4：F23, 請如下操作：

**1** 在此欄輸入參照位址, 或按下**摺疊**鈕, 然後切換到 **第 一 季 考 績** 工作表中, 選取 F4：F23 做為參照位址

**2** 按下**新增**鈕, 便會在此窗格中新增一組參照位址

**STEP 03** 接著請重複步驟 2 的操作, 陸續將**第二季考績**、**第三季考績**、**第四季考績**工作表的參照位址新增進來：

若按此鈕, 可刪除選定的參照位址

總共有 4 組參照位址

STEP 04 最後, 再按下合併彙算交談窗中的確定鈕, 則每個人的四季平均分數就全都算出來了:

| | A | B | C | D |
|---|---|---|---|---|
| 1 | 員工年度總考績計算 | | | |
| 2 | | | | |
| 3 | 員工編號 | 姓名 | 年度考績 | 等級與獎金 |
| 4 | | | | |
| 9 | A5001 | 張清儀 | 86.75 | |
| 14 | A5002 | 李玫陵 | 76.125 | |
| 19 | A5003 | 林飛隆 | 68.675 | |
| 24 | A5004 | 吳佩清 | 85.425 | |
| 29 | A5005 | 周雪華 | 93.4 | |
| 34 | A5006 | 陳佳怡 | 84.5 | |
| 39 | A5007 | 楊海明 | 80.6 | |
| 44 | A5008 | 林波特 | 77.25 | |

四季平均分數
即為**年度考績**

STEP 05 若希望**年度考績**計算到整數, 可選取 C 欄再連續按下**常用**頁次**數值**區中的**減少小數位數**鈕 ，直到數值顯示至整數位為止:

| | A | B | C | D |
|---|---|---|---|---|
| 1 | 員工年度總考績計算 | | | |
| 2 | | | | |
| 3 | 員工編號 | 姓名 | 年度考績 | 等級與獎金 |
| 4 | | | | |
| 9 | A5001 | 張清儀 | 87 | |
| 14 | A5002 | 李玫陵 | 76 | |
| 19 | A5003 | 林飛隆 | 69 | |
| 24 | A5004 | 吳佩清 | 85 | |
| 29 | A5005 | 周雪華 | 93 | |
| 34 | A5006 | 陳佳怡 | 85 | |
| 39 | A5007 | 楊海明 | 81 | |
| 44 | A5008 | 林波特 | 77 | |

四捨五入到整數

年度考績全都揭曉囉!

# 使用 LOOKUP 函數填入考績等級及年終

　　成績計算完畢了，但真正令人緊張的一刻才剛到來！公司結算當年的獲利盈餘之後，訂出了年終獎金的發放標準，根據這個標準，我們可將每個人考績所對應的等級與年終填入**年度考績**工作表的 D 欄當中。請開啟範例檔案 Ch10-05：

此為發放年終
獎金的標準

　　有了年終獎金的發放標準資料後，我們可運用 LOOKUP 函數來查出每個人考績的等級與可領到的年終獎金月數。您還記得 LOOKUP 函數的用途嗎？LOOKUP 函數可在單一欄 (或單一列) 的範圍中尋找指定的搜尋值，然後傳回另一個單一欄 (或單一列) 範圍中同一個位置的值。我們先來複習一下 LOOKUP 函數的語法：

```
LOOKUP ( Lookup_value , Lookup_vector , Result_vector)
```

所要尋找的值　　單列或單欄的範圍　　單列或單欄的範圍, 大小
　　　　　　　　　　　　　　　　要與 Lookup_vector 相同

　　以編號 "A5001" 的員工為例, 請在 D9 儲存格輸入公式：

```
=LOOKUP(C9,A108:A112,C108:C112)
```

在 A108：A112 範圍中尋找 C9 的值

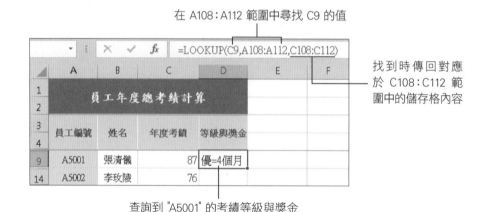

找到時傳回對應
於 C108：C112 範
圍中的儲存格內容

查詢到 "A5001" 的考績等級與獎金

TIP 上述公式中真正要尋找的範圍是 A108：A112, 而工作表中的 B108：B112 只是為了讓報表更好閱讀才輸入的。

最後, 再將公式中的 A108：A112、C108：C112 改為絕對參照位址, 再拉曳填滿控點將公式複製到 D104 就大功告成了。

| 員工年度總考績計算 | | | |
|---|---|---|---|
| 員工編號 | 姓名 | 年度考績 | 等級與獎金 |
| A5001 | 張清儀 | 87 | 優=4個月 |
| A5002 | 李玟陵 | 76 | 乙=1.5個月 |
| A5003 | 林飛隆 | 69 | 丁=無 |
| A5004 | 吳佩清 | 85 | 優=4個月 |
| A5005 | 周雪華 | 93 | 優=4個月 |
| A5006 | 陳佳怡 | 85 | 甲=3個月 |
| A5016 | 金萊克 | 84 | 甲=3個月 |
| A5017 | 周思潔 | 80 | 甲=3個月 |
| A5018 | 候湘儀 | 86 | 優=4個月 |
| A5019 | 張欣屏 | 79 | 乙=1.5個月 |
| A5020 | 謝佳貞 | 81 | 甲=3個月 |

▲ 考績好的人, 自然可以多領一些年終獎金囉！
您可開啟範例檔案 Ch10-06 查看實作結果

TIP 假如 D 欄出現 #N/A 錯誤訊息, 是因為年度考績小於 LOOKUP 搜尋範圍中的最小值 (60), 你可另行處理, 例如填入 "個別約談" 或 "革職" 等。

# 用函數排列名次

最後我們再為你補充排列名次的技巧。假如要在考績表增加名次欄來填入名次,可以利用 RANK.EQ 這個函數來做。

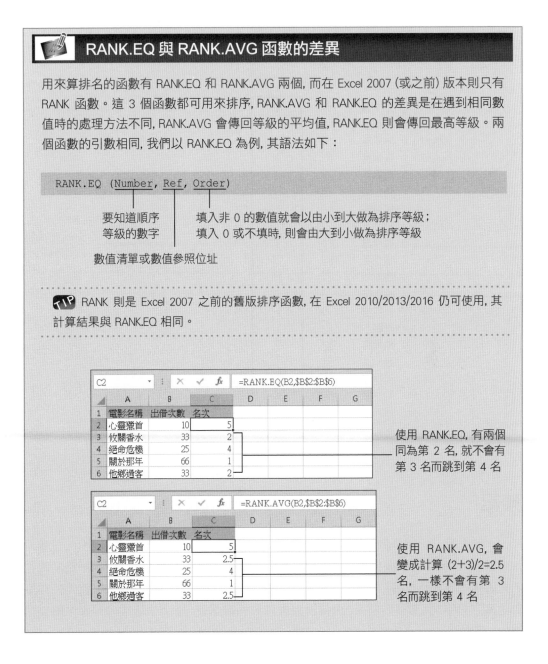

### RANK.EQ 與 RANK.AVG 函數的差異

用來算排名的函數有 RANK.EQ 和 RANK.AVG 兩個, 而在 Excel 2007 (或之前) 版本則只有 RANK 函數。這 3 個函數都可用來排序, RANK.AVG 和 RANK.EQ 的差異是在遇到相同數值時的處理方法不同, RANK.AVG 會傳回等級的平均值, RANK.EQ 則會傳回最高等級。兩個函數的引數相同, 我們以 RANK.EQ 為例, 其語法如下:

```
RANK.EQ (Number, Ref, Order)
```

要知道順序等級的數字

數值清單或數值參照位址

填入非 0 的數值就會以由小到大做為排序等級;
填入 0 或不填時, 則會由大到小做為排序等級

**TIP** RANK 則是 Excel 2007 之前的舊版排序函數, 在 Excel 2010/2013/2016 仍可使用, 其計算結果與 RANK.EQ 相同。

| C2 | | × ✓ fx | =RANK.EQ(B2,$B$2:$B$6) | | | | |
|---|---|---|---|---|---|---|---|
| | A | B | C | D | E | F | G |
| 1 | 電影名稱 | 出借次數 | 名次 | | | | |
| 2 | 心靈獵首 | 10 | 5 | | | | |
| 3 | 攸關香水 | 33 | 2 | | | | |
| 4 | 絕命危機 | 25 | 4 | | | | |
| 5 | 關於那年 | 66 | 1 | | | | |
| 6 | 他鄉過客 | 33 | 2 | | | | |

使用 RANK.EQ, 有兩個同為第 2 名, 就不會有第 3 名而跳到第 4 名

| C2 | | × ✓ fx | =RANK.AVG(B2,$B$2:$B$6) | | | | |
|---|---|---|---|---|---|---|---|
| | A | B | C | D | E | F | G |
| 1 | 電影名稱 | 出借次數 | 名次 | | | | |
| 2 | 心靈獵首 | 10 | 5 | | | | |
| 3 | 攸關香水 | 33 | 2.5 | | | | |
| 4 | 絕命危機 | 25 | 4 | | | | |
| 5 | 關於那年 | 66 | 1 | | | | |
| 6 | 他鄉過客 | 33 | 2.5 | | | | |

使用 RANK.AVG, 會變成計算 (2+3)/2=2.5 名, 一樣不會有第 3 名而跳到第 4 名

請開啟範例檔案 Ch10-07, 選取儲存格 D5, 然後輸入公式 "=RANK.EQ (C5,$C$5:$C$24)", 再拉曳填滿控點複製公式到 D24, 名次便排列完成了:

馬上就完成排名次作業囉!

▲ 結果可參考範例檔案 Ch10-08

# 後記

一般來說, 關係到成績或金錢的資料是最敏感的了, 不容有些許差錯!因此在處理這類資料的時候, 應該要格外小心謹慎。Excel 在計算方面的功能相當完備, 重點就在於您所輸入的數值與建立的公式要正確。建議您可先以少量的資料做測試, 確定公式設計正確, 能夠得到想要的結果, 再推演到大量資料的處理、計算, 這樣方可確保運算結果的正確性。

# 實力評量

1. 請開啟練習檔案 Ex10-01，並依序完成下列的員工考績計算工作：

| | A | B | C | D | E |
|---|---|---|---|---|---|
| 1 | | | 員工上半年考績一覽表 | | |
| 2 | | | | | |
| 3 | 員工編號 | 姓名 | 工作表現 | 出勤扣分 | 本季考績 |
| 4 | F201 | 王志明 | 80 | 0 | |
| 5 | F211 | 黃婉清 | 95 | 0 | |
| 6 | D236 | 徐天仁 | 81 | 2 | |
| 7 | D508 | 沈心儀 | 74 | 0 | |
| 8 | F360 | 蔣政忠 | 71 | 0 | |
| 9 | C569 | 陳威弘 | 76 | 1 | |
| 10 | G598 | 白紹威 | 65 | 0 | |
| 11 | F012 | 涂庭育 | 86 | 0 | |
| 12 | F362 | 施立得 | 93 | 0 | |

上半年　下半年　年度考績　⊕

(1) 請將**上半年**與**下半年**工作表的**本季考績**欄計算出來。

提示 本季考績 = 工作表現 - 出勤扣分。

(2) 請利用**合併彙算**功能, 將**年度考績**工作表的**本年考績**計算出來。

提示 本年考績 = 上半年與下半年的 "本季考績" 之平均。

(3) 請在**年度考績**工作表中, 使用 LOOKUP 函數將每名員工的**等級與獎金**查詢出來。

2. 請開啟練習檔案 Ex10-02, 並利用 RANK.EQ 函數完成排名次作業。

| 英文成績評比表 | | | |
|---|---|---|---|
| 學員編號 | 姓名 | 年度表現 | 名次 |
| 930501 | 王志明 | 78 | |
| 930502 | 黃婉清 | 85 | |
| 930503 | 徐天仁 | 89 | |
| 930504 | 沈心儀 | 90 | |
| 930505 | 蔣政忠 | 82 | |
| 930506 | 陳威弘 | 90 | |
| 930507 | 白紹威 | 87 | |
| 930508 | 涂庭育 | 76 | |

# 11 員工旅遊調查及報名表

本章學習提要

- 使用「文字藝術師」建立醒目標題
- 設定儲存格的資料驗證
- 在工作表中插入超連結
- 共用活頁簿與追蹤修訂
- COUNTIF 函數、SUMIF 函數
- 用 E-mail 傳送活頁簿
- 在雲端上的網路版 Excel 分享檔案

企業 e 化是經營管理的利器, 一方面可以提高工作效率, 一方面則可以降低營運成本。在 e 化的項目中, work-flow (工作流程) 是很重要的一環, 經由工作流程的電子化, 企業運作將朝順暢、高績效的境界邁進! 但是電子化的 work-flow 是否必須建置昂貴、龐大的軟體系統呢?

其實, 只要企業架設了網路, 搭配 Excel, 就能讓工作馬上 e 化哦! 本章就要介紹如何在**區域網路**上以 Excel 做企業內部的問卷調查、投票與統計作業, 不只節省企業成本, 而且迅速有效!

一年一度的公司旅遊馬上就要到了, 福委會用 Excel 製作了一份員工旅遊意見調查表, 還將此檔案設成「共用活頁簿」, 讓大家可以同時開啟此檔來填寫報名資料, 以及閱讀行程簡介, 如果還有疑問, 也可以透過「超連結」功能, 發一封 E-mail 詢問主辦人。最後, 主辦人會將大家填好的資料彙總、統計出來, 並以 E-mail 傳送調查結果, 甚至是放到雲端上的網路版 Excel 供大家上去瀏覽調查結果。

## 年度旅遊調查暨報名表

| 員工編號 | 姓名 | 理想旅遊地點 | 是否參加旅遊 | 攜眷人數 |
|---|---|---|---|---|
| P326 | 黃倫飛 | 北海道 | Yes | 3 |
| R001 | 簡蒙達 | 紐西蘭 | Yes | 4 |
| R002 | 王勝玉 | 泰國 | Yes | 1 |
| R003 | 林佳家 | | No | |
| R004 | 黃佩佩 | 北海道 ▼ | Yes | 1 |
| R005 | 吳雪樺 | 加拿大 | | |
| R006 | 鄭錦明 | 北海道 | | 3 |
| R007 | 劉達天 | 紐西蘭 泰國 | | 1 |
| R008 | 郭府城 | 泰國 | Yes | 1 |
| R009 | 錢偉凌 | 泰國 | Yes | 3 |
| R010 | 柯達海 | 紐西蘭 | Yes | 0 |

▲ 供員工填寫的旅遊調查暨報名表

| | A | B | C | D | E |
|---|---|---|---|---|---|
| 1 | | | | | |
| 2 | | **本次旅遊調查結果** | | | |
| 3 | | 參加人數: | | 22 | |
| 4 | | 攜眷人數: | | 40 | |
| 5 | | 總人數: | | 62 | |
| 6 | | | | | |
| 7 | | **加拿大** | 得票數: | 2 | |
| 8 | | **北海道** | 得票數: | 9 | |
| 9 | | **紐西蘭** | 得票數: | 4 | |
| 10 | | **泰國** | 得票數: | 7 | |
| 11 | | | | | |
| 12 | | 本次旅遊地點為: | **北海道** | | |
| 13 | | | | | |

▲ 依填寫狀況統計出來的旅遊調查結果

# 11-1 │ 為表格加上醒目的標題

一份員工旅遊調查表, 不外乎就是要了解員工比較想去哪個地點、是否有意願要參加這次旅遊, 以及要攜帶幾名眷屬等等。現在, 請開啟範例檔案 Ch11-01,看看已經設計好的旅遊調查表雛形:

| ⊿ | A | B | C | D | E |
|---|---|---|---|---|---|
| 1 | 員工編號 | 姓名 | 理想旅遊地點 | 是否參加旅遊 | 攜眷人數 |
| 2 | M201 | 李大全 | | | |
| 3 | M202 | 王小童 | | | |
| 4 | M203 | 何玉環 | | | |
| 5 | P320 | 簡如雲 | | | |
| 6 | P321 | 陳小東 | | | |
| 7 | P323 | 張維尼 | | | |

## 插入空白列

這既然是一份調查表, 總要有個標題吧! 這樣才能一眼就看出這份表格的用意為何呀! 不過, 光是在儲存格中輸入標題文字還不夠看, 我們要利用「文字藝術師」為這份調查表加上一個醒目的標題。

目前工作表的開頭已經沒有空間插入標題了, 所以我們要先插入幾列空白列。請如下操作:

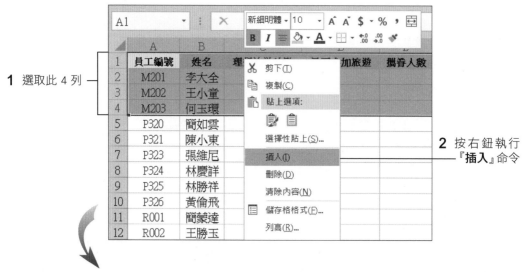

**1** 選取此 4 列

**2** 按右鈕執行
『**插入**』命令

| | A | B | C | D | E |
|---|---|---|---|---|---|
| 1 | | | | | |
| 2 | | | | | |
| 3 | | | | | |
| 4 | | | | | |
| 5 | 員工編號 | 姓名 | 理想旅遊地點 | 是否參加旅遊 | 攜眷人數 |
| 6 | M201 | 李大全 | | | |
| 7 | M202 | 王小童 | | | |
| 8 | M203 | 何玉環 | | | |
| 9 | P320 | 簡如雲 | | | |

插入 4 列空白列 (對應第1~4列)

# 插入文字藝術師

現在可以開始插入標題了。請切換到**插入**頁次, 按下**文字**區的**文字藝術師**鈕:

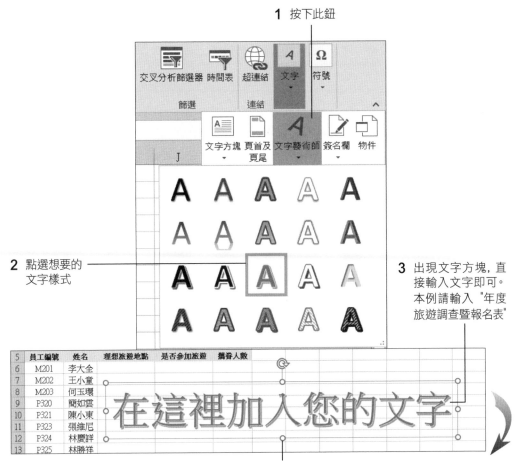

**1** 按下此鈕

**2** 點選想要的文字樣式

**3** 出現文字方塊, 直接輸入文字即可。本例請輸入 "年度旅遊調查暨報名表"

在選定狀態下, 會顯示 8 個控點

**4** 在文字方塊的邊框上按住左鈕, 即可將其拉曳到表格上方

如果對於目前套用的文字藝術師樣式感到不滿意, 選取要調整的文字物件, 便會自動切換至**繪圖工具/格式**頁次, 您可利用**文字藝術師樣式**區的各項功能去調整文字的顏色、外框或是樣式:

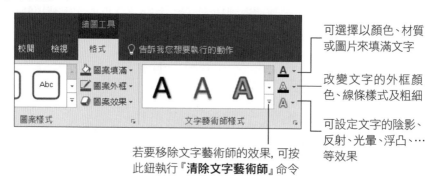

可選擇以顏色、材質或圖片來填滿文字

改變文字的外框顏色、線條樣式及粗細

可設定文字的陰影、反射、光暈、浮凸…等效果

若要移除文字藝術師的效果, 可按此鈕執行『**清除文字藝術師**』命令

接著要將標題調整為適合調查表的大小。請先選取 "年度旅遊調查暨報名表" 文字, 再將指標移到文字上, 旁邊就會自動出現**迷你工具列**:

**2** 最後再將文字方塊移到適合的位置即可

**1** 將字型大小改為 "32"

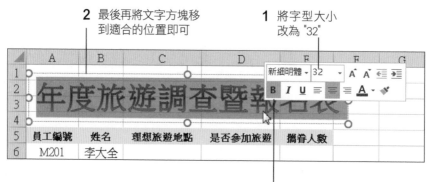

可設定想要的字型、大小、粗體、斜體等效果

> **TIP** 您也可切換到**常用**頁次, 利用**字型**區的功能調整文字。

# 11-2 │ 調查表的資料驗證

　　旅遊調查表如果能採用『選單』的方式讓員工填寫, 統計起來會比較方便。例如主辦人可以先找好幾個熱門行程, 然後放入調查表中讓填寫人直接選取心目中理想的旅遊地點。

　　Excel 的**資料驗證**功能, 正好可以滿足我們這項需求。除了可設定選單項目之外, 還可以在輸入資料前, 先出現提示訊息來提醒填表人注意事項。待輸入完成後, 接著驗證資料是否符合預先設定的準則, 例如檢查輸入的攜眷人數必須小於 4 人等。

## 建立資料選單

　　主辦人找出 4 個適合的旅遊地點, 分別是：加拿大、北海道、紐西蘭、泰國, 現在要將這 4 個地點建立成選單, 以供填表人選擇。

　　接續上例或請開啟範例檔案 Ch11-02, 選取 C6：C34 儲存格範圍, 然後按下**資料**頁次**資料工具區的資料驗證**鈕, 開啟**資料驗證**交談窗：

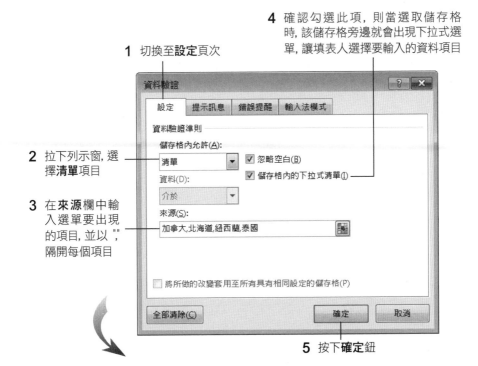

**1** 切換至**設定**頁次

**2** 拉下列示窗, 選擇**清單**項目

**3** 在**來源**欄中輸入選單要出現的項目, 並以 "," 隔開每個項目

**4** 確認勾選此項, 則當選取儲存格時, 該儲存格旁邊就會出現下拉式選單, 讓填表人選擇要輸入的資料項目

**5** 按下**確定**鈕

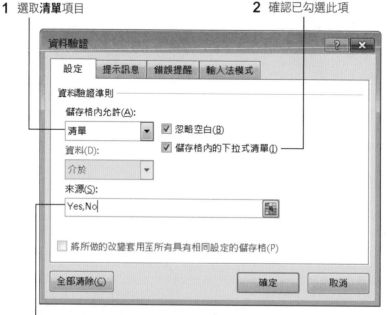

任選 C6:C34 範圍內的任一儲存格, 皆
可拉下旁邊的選單來選擇資料項目

# 設定輸入資料的提示訊息

D 欄的 "是否參加旅遊", 我們可以如法炮製, 建立一個有 "Yes" 及 "No" 這兩個選項的清單。此外, 我們還想要提醒填寫 "No" (不參加) 的人, 不需填寫理想旅遊地點及攜眷人數。您可以跟著下面的步驟來操作:

**STEP 01** 選取 D6:D34 後, 再次開啟**資料驗證**交談窗, 並切換至**設定**頁次:

**1** 選取**清單**項目　　　　　　　　　　　　　**2** 確認已勾選此項

| 資料驗證 | ? ✕ |
| --- | --- |

設定　提示訊息　錯誤提醒　輸入法模式

資料驗證準則

儲存格內允許(A):

清單　▾　　☑ 忽略空白(B)

資料(D):　　　　　　☑ 儲存格內的下拉式清單(I)

介於　▾

來源(S):

Yes,No

☐ 將所做的改變套用至所有具有相同設定的儲存格(P)

全部清除(C)　　　　　　　　確定　　取消

**3** 輸入 "Yes,No" 兩個選項

STEP
02　改切換至**提示訊息**頁次來設定要出現的提示訊息：

**1** 確認已勾選此項, 表示儲存格
被選取時, 就會出現提示訊息

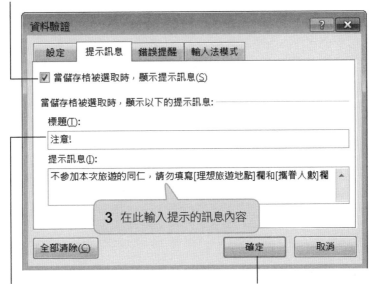

資料驗證

設定　提示訊息　錯誤提醒　輸入法模式

☑ 當儲存格被選取時，顯示提示訊息(S)

當儲存格被選取時，顯示以下的提示訊息：

標題(T)：

注意!

提示訊息(I)：

不參加本次旅遊的同仁，請勿填寫[理想旅遊地點]欄和[攜眷人數]欄

**3** 在此輸入提示的訊息內容

全部清除(C)　　　　　確定　　　取消

**2** 在此欄輸入提示標題　　　　　　**4** 最後按**確定**鈕即可完成設定

STEP
03　現在您只要選取 D6：D34 之中任一儲存格, 就會出現剛剛設定的提示訊息：

| 姓名 | 理想旅遊地點 | 是否參加旅遊 | 攜眷人數 |
|---|---|---|---|
| 李大全 | 北海道 | | |
| 王小童 | | 注意! | |
| 何玉環 | | 不參加本次旅遊的同 | |
| 簡如雲 | | 仁，請勿填寫[理想旅 | |
| 陳小東 | | 遊地點]欄和[攜眷人 | |
| 張維尼 | | 數]欄 | |
| 林慶祥 | | | |

| 姓名 | 理想旅遊地點 | 是否參加旅遊 | 攜眷人數 |
|---|---|---|---|
| 李大全 | 北海道 | | |
| 王小童 | | Yes | |
| 何玉環 | | No　不參加本次旅遊的同 | |
| 簡如雲 | | 仁，請勿填寫[理想旅 | |
| 陳小東 | | 遊地點]欄和[攜眷人 | |
| 張維尼 | | 數]欄 | |
| 林慶祥 | | | |

提示訊息可便於提醒填　　　　　　　下拉選單可選擇 "Yes" 或 "No"
表人輸入時的注意事項

# 設定資料驗證準則

　　由於這次的旅遊, 可讓每名員工最多攜帶 4 名眷屬, 因此我們需要限制 "攜眷人數" 欄只能填入 0~4 的數字資料。同樣是利用**資料驗證**功能來達成:

**STEP 01** 選取 E6：E34, 然後按下**資料**頁次**資料工具**區的**資料驗證**鈕:

**1** 切換至**設定**頁次

**2** 選取儲存格內允許的資料類型:**整數**

**3** 指定驗證時的比較方式:**介於**

**4** 輸入驗證數值

在此交談窗中設定資料驗證準則

**STEP 02** 改切換至**提示訊息**頁次, 並依下圖做提示訊息的設定:

**1** 輸入提示標題和提示訊息

**2** 最後按下**確定**鈕即可完成設定

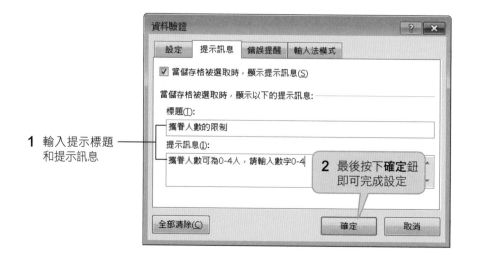

現在, 若是在 E6：E34 中輸入非 0~4 之間的整數, 就會出現如下的錯誤警告, 提示您輸入的資料不符合驗證準則：

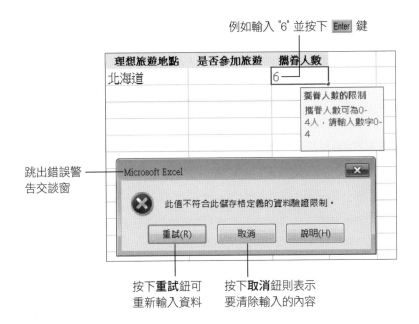

例如輸入 "6" 並按下 Enter 鍵

跳出錯誤警告交談窗

按下**重試**鈕可重新輸入資料

按下**取消**鈕則表示要清除輸入的內容

## 設定錯誤提醒文字

上述的錯誤警告標誌和內容也可以自己做設定喔！請再次選取 E6：E34, 然後按下**資料驗證**鈕, 並切換至**錯誤提醒**頁次：

2 輸入錯誤時提醒的標題文字

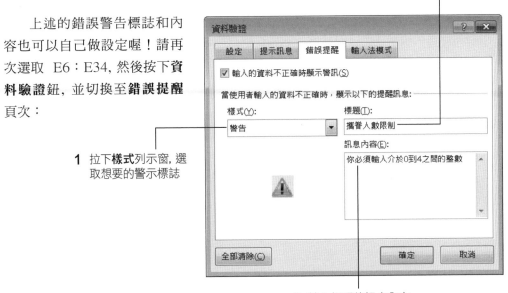

1 拉下**樣式**列示窗, 選取想要的警示標誌

3 輸入提醒的訊息內容

按下**確定**鈕即可改變錯誤提醒的內容。例如在 E6 輸入 "6", 則出現的錯誤警告就
會變成如下的訊息:

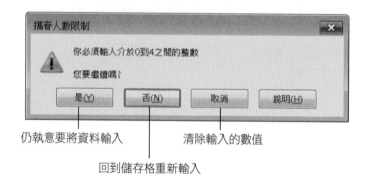

仍執意要將資料輸入　　　　清除輸入的數值

回到儲存格重新輸入

> **TIP** 若要清除儲存格的資料驗證設定, 可選取設有資料驗證的儲存格後, 按下**資料**頁次**資料工**
> **具**區的**資料驗證**鈕, 然後在**資料驗證**交談窗中按下**全部清除**鈕即可。

## 圈選資料有誤的欄位

雖然已經設定好當填表人輸入錯誤資料時, 出現錯誤提醒視窗加以告知, 但還是可
能會有填表人執意按下**是**鈕輸入錯誤資料的狀況。假如資料量很多, 一個個檢查有無
填寫錯誤實在太沒效率了。因此現在要告訴您 Excel 一個好用的功能:**圈選錯誤資**
**料**, 可以幫助您快速找到資料錯誤的欄位。

請開啟範例檔案 Ch11-03, 假設我們已經收到初步的旅遊報名填寫資料:

| | A | B | C | D | E |
|---|---|---|---|---|---|
| 1 | | | | | |
| 2 | 年度旅遊調查暨報名表 | | | | |
| 3 | | | | | |
| 4 | | | | | |
| 5 | 員工編號 | 姓名 | 理想旅遊地點 | 是否參加旅遊 | 攜眷人數 |
| 6 | M201 | 李大全 | 加拿大 | Yes | 2 |
| 7 | M202 | 王小童 | 北海道 | Yes | 8 |
| 8 | M203 | 何玉環 | | No | |
| 9 | P320 | 簡如雲 | 紐西蘭 | Yes | |
| 10 | P321 | 陳小東 | 北海道 | Yes | |
| 11 | P323 | 張維尼 | | No | |
| 12 | P324 | 林慶詳 | | No | |

各欄位已填寫了資料

由於先前設定**攜眷人數**欄的資料驗證設定只能填入 0~4 的數值, 若要驗證有無錯誤資料存在, 請切換到**資料**頁次並如下操作:

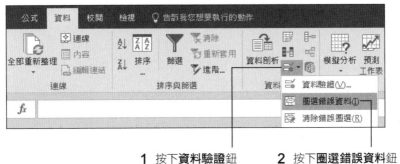

1 按下**資料驗證**鈕     2 按下**圈選錯誤資料**鈕

Excel 幫我們找出錯誤資料並圈起來了

利用這個功能, 就不需浪費時間在檢查資料正確與否的動作上了! 更新好資料內容後, 若要取消圈選, 一樣切換到**資料**頁次, 按下**資料工具**區中**資料驗證**鈕旁的下拉箭頭, 再按下**清除錯誤圈選**即可。

TIP **圈選錯誤資料**功能的圈選狀態並不會隨檔案儲存, 因此當你儲存檔案後, 圈選處即會自動清除。

# 11-3 插入超連結與保護活頁簿

舉辦旅遊, 當然要讓人家知道行程的安排內容, 以及參觀景點的特色。因此, 我們可以在這張調查表中加上各行程簡介的超連結, 讓填寫人點選有興趣的行程介紹文件來觀看。另外, 再設置一個 FAQ 信箱, 以供對於行程有疑惑的人發 E-mail 給主辦人做詢問。

## 連結到檔案

請開啟範例檔案 Ch11-04, 然後捲動到工作表尾端。我們已在 B36、B37、B38、B39 儲存格中分別輸入這次旅遊可選擇的 4 個地點, 現在要為這 4 個儲存格設置超連結, 分別連到各自的行程介紹文件:

|    | A | B |
|----|-------|------|
| 32 | A533 | 何信姿 |
| 33 | A534 | 孫欣枚 |
| 34 | A535 | 陳紹威 |
| 35 |  |  |
| 36 | 行程介紹: | 加拿大 |
| 37 |  | 北海道 |
| 38 |  | 紐西蘭 |
| 39 |  | 泰國 |

**STEP 01** 選取 B36 儲存格, 然後按右鈕執行『**超連結**』命令 (或按下**插入**頁次**連結**區的**超連結**鈕)。接著在**插入超連結**交談窗中指定連結的對象:

**1** 此例請切換到這個頁次

**2** 按此鈕指定欲連結的檔案, 如 "加拿大行程.docx" (檔案在光碟的**範例檔案\ Ch11** 資料夾當中)

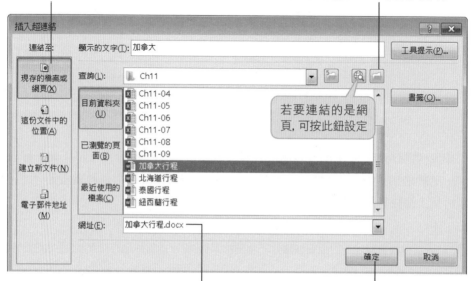

若要連結的是網頁, 可按此鈕設定

設好後可在此欄檢查連結對象是否正確

**3** 按下**確定**鈕完成超連結設定

**02** 設置好的超連結會以藍色加底線顯示, 請按下超連結來測試看看:

|    | A | B |
|----|------|------|
| 32 | A533 | 何信姿 |
| 33 | A534 | 孫欣枚 |
| 34 | A535 | 陳紹威 |
| 35 |      |      |
| 36 | **行程介紹:** | 加拿大 ── 按下超連結 |
| 37 |      | 北海道 |
| 38 |      | 紐西蘭 |

開啟 "加拿大行程.docx" 的內容

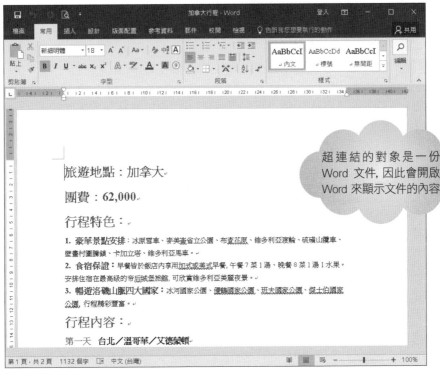

超連結的對象是一份 Word 文件, 因此會開啟 Word 來顯示文件的內容

 **執行超連結還是選取儲存格**

在設定超連結的儲存格上按一下後要趕快放開滑鼠鈕, 這樣才會 "執行" 超連結。如果在超連結上按住不放, 一會兒指標會變成 ✚, 此時再放開滑鼠, 就會變成是 "選取" 儲存格。這樣的目的在於假如有使用者要對設有超連結的儲存格進行搬移、複製或其它格式設定, 可以很方便地選取儲存格。

 **03** 回到 Excel 工作表中後, 可發現已瀏覽過的超連結會變成紫色以茲區別:

|    |              |        |
|----|--------------|--------|
| 36 | **行程介紹:** | 加拿大 |
| 37 |              | 北海道 |
| 38 |              | 紐西蘭 |
| 39 |              | 泰國 |

**STEP 04** 仿照上述的方法，您可以自行練習為 B37、B38、B39 儲存格設置超連結，分別連結到光碟中**範例檔案\Ch11** 資料夾的 "北海道行程.docx"、"紐西蘭行程.docx"、以及 "泰國行程.docx"。

# 連結到電子郵件地址

接著，我們還要設置一個電子郵件地址的超連結，讓填表人一點選就可以開啟新郵件視窗來寫 mail 給主辦人。

## 插入圖案

首先，我們要在工作表尾端插入一個圖案，然後再為這個圖案加上超連結，連到主辦人的 E-mail 信箱。請按下**插入**頁次**圖例**區的**圖案**鈕，接著選取想要的圖案。

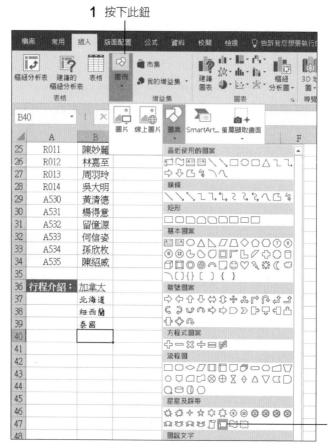

1 按下此鈕

2 選取想要的圖案

選取圖案後, 請在工作表尾端任一處, 按住滑鼠左鈕拉曳出圖案, 並輸入 "主辦人 Email"文字。

**1** 按滑鼠左鈕拉曳出圖案

**2** 在圖案上按滑鼠右鈕, 執行『**編輯文字**』命令, 並輸入文字

最後拉曳圖案四周的尺寸控點, 將圖案調整成適當的大小, 並搬移圖案至適當的位置即可。

## 為圖案設置超連結

接著, 請您選取剛剛插入的圖案, 然後按右鈕執行『**超連結**』命令, 開啟**插入超連結交談窗**:

**2** 輸入收件人的 E-mail 地址 (地址前會自動加上 mailto:)

**3** 輸入信件的主旨 (也可省略)

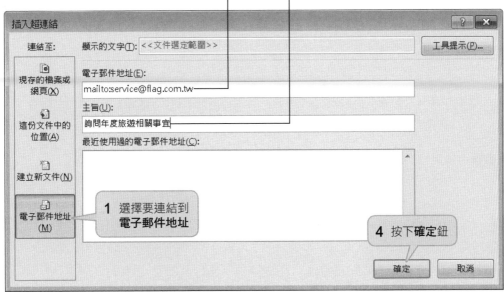

**1** 選擇要連結到 **電子郵件地址**

**4** 按下**確定**鈕

現在, 只要點選圖案, 就會啟動您電腦中預設的電子郵件編輯軟體 (如 Windows LiveMail、Outlook …) 寄信給剛才所設定的收件人:

1 按一下圖案

3 按此鈕寄出信件

2 輸入信件內容

自動填好收件者和主旨

---

**TIP** 在圖案上設置超連結後, 若要選取圖案, 請改在圖案上按右鈕來選取。

### 修改或刪除超連結

若要修改超連結的設定或移除超連結, 請在設置超連結的儲存格 (或圖片) 上按右鈕, 從快顯功能表中執行相關的命令即可:

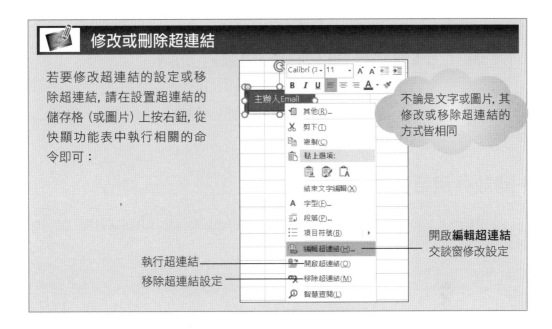

不論是文字或圖片, 其修改或移除超連結的方式皆相同

執行超連結
移除超連結設定

開啟**編輯超連結**交談窗修改設定

## 保護旅遊調查表活頁簿

　　由於這份調查表屆時要開放給員工來填寫, 為了防止員工不慎刪除活頁簿中的工作表, 造成他人填寫上的困擾, 我們可以事先在活頁簿上加入保護措施。

　　請接續上例, 切換到**校閱**頁次, 按下**變更**區的**保護活頁簿**鈕開啟**保護結構及視窗**交談窗, 接著勾選**結構**項目後再設定密碼, 即可完成活頁簿的保護設定。

　　保護活頁簿的結構後, 就無法移動、複製、刪除、隱藏 (或取消隱藏)、新增工作表及改變工作表的名稱和頁次標籤顏色了。

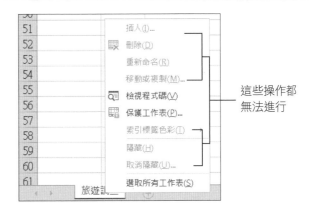

這些操作都無法進行

# 11-4 │ 共用活頁簿與追蹤修訂

旅遊調查表的製作工作終於完成了, 現在可以藉由**區域網路**將調查表開放給員工來填寫囉!

## 開放共用活頁簿

要讓其他人一起使用同一本活頁簿, 首先必須將該活頁簿設成**共用活頁簿**。請先開啟範例檔案 Ch11-05:

| | A | B | C | D | E |
|---|---|---|---|---|---|
| 1 | | | | | |
| 2 | 年度旅遊調查暨報名表 | | | | |
| 3 | | | | | |
| 4 | | | | | |
| 5 | 員工編號 | 姓名 | 理想旅遊地點 | 是否參加旅遊 | 攜眷人數 |
| 12 | P324 | 林慶祥 | | | |
| 13 | P325 | 林勝祥 | | | |
| 14 | P326 | 黃倫飛 | | | |
| 15 | R001 | 簡蒙達 | | | |

此處設有凍結線, 讓標題區可保持顯示在畫面上

由於光碟中的檔案屬性為**唯讀**, 因此在您開啟範例檔後, 請先將檔案另存到自己的硬碟中, 才能跟著底下的步驟啟用**共用活頁簿**功能。

範例檔案存到硬碟後, 請切換到**校閱**頁次, 按下**變更**區的**共用活頁簿**鈕, 並切換至**編輯**頁次:

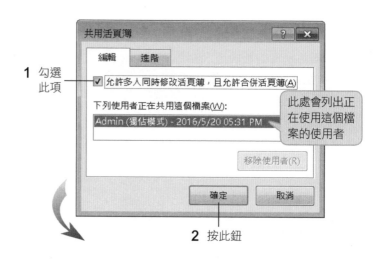

**1** 勾選此項

**2** 按此鈕

此處會列出正在使用這個檔案的使用者

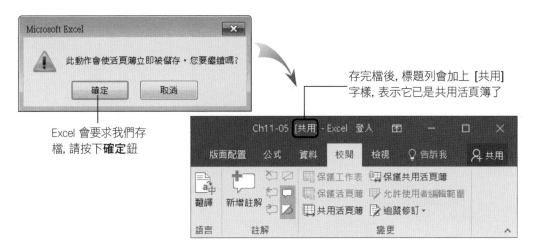

存完檔後, 標題列會加上 [共用]
字樣, 表示它已是共用活頁簿了

Excel 會要求我們存
檔, 請按下**確定**鈕

## 活頁簿檔案分享

除了啟用共用活頁簿功能之外, 還必須將這個共用活頁簿分享出去, 這樣員工才能
夠從區域網路上取用到這份活頁簿檔案, 在 Windows 中最方便的分享資料方法就是
使用公用資料夾。(這裡以 Windows 7 來示範)

**STEP 01**　請執行『**開始/文件**』命令, 便會開啟資料夾視窗並切換到**媒體櫃/文件**資料夾, 接
著將要分享的共用活頁簿檔案複製到公用資料夾中:

目前在**媒體櫃**的**文件**資料夾中　　　　將要分享的共用活頁簿檔案複製過來

**02** 將共用活頁簿複製到**文件**資料夾後，接著要將資料夾的共用功能開啟，這樣區域網路中的其他使用者才可以連到您的電腦存取檔案。請按一下桌面右下角**通知區域**的**網路**鈕 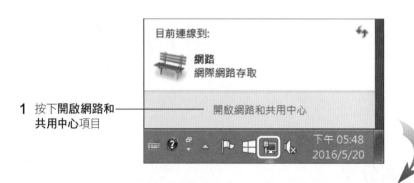 ：

1 按下**開啟網路和共用中心**項目

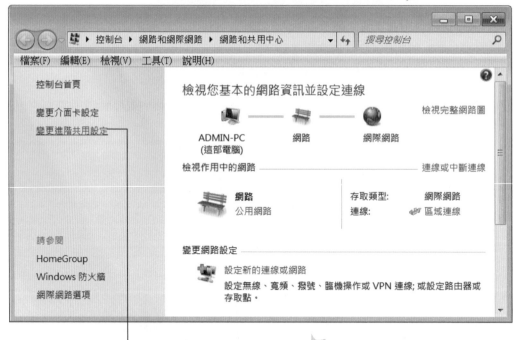

2 按下此項

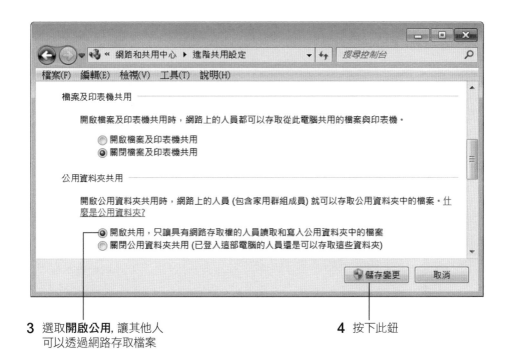

**3** 選取**開啟公用**, 讓其他人
可以透過網路存取檔案

**4** 按下此鈕

進行到這裡即完成檔案的共享, 所有員工便可透過區域網路到主辦人的**文件**資料夾
中存取共用活頁簿了。

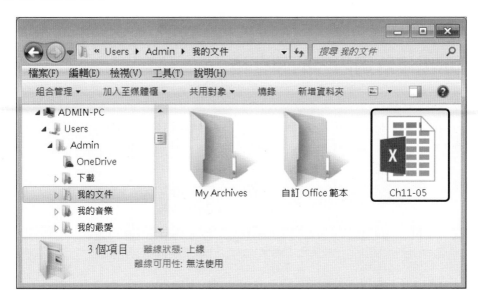

# 查看正在使用活頁簿的人員

開放共用之後, 主辦人就可以通知員工到主辦人的公用資料夾中開啟這份共用活頁簿來填寫調查表。而若想知道現在有哪些人正在使用這個共用活頁簿, 只要按下**校閱**頁次**變更區**的**共用活頁簿**鈕, 就可以在**編輯**頁次中看到正在使用這個檔案的所有人員:

列出正在使用共用活頁簿的人員

假如有不明人士闖入, 可選取該名人員再按此鈕來剔除該使用者, 並將其所做的編輯也一併移除

記得提醒共用活頁簿的使用者, 在編輯完共用活頁簿之後一定要存檔, 這樣我們才能看到他們所做的修訂哦！此外, 若發生兩人編輯同一儲存格並存檔 (但未關閉檔案), 那麼存檔時會以訊息告知此儲存格已經過修改, 存檔後就能改變儲存格的內容。

# 標示出修訂過內容的儲存格

等到員工都填好自己的旅遊意願資料之後, 您便可以開啟活頁簿來查看大家填寫的狀況。請開啟範例檔案 Ch11-06 的共用活頁簿 (同樣也請另存到自己的硬碟中):

| | A | B | C | D | E |
|---|---|---|---|---|---|
| 1 | | | | | |
| 2 | 年度旅遊調查暨報名表 | | | | |
| 3 | | | | | |
| 4 | | | | | |
| 5 | 員工編號 | 姓名 | 理想旅遊地點 | 是否參加旅遊 | 攜眷人數 |
| 15 | R001 | 簡蒙達 | 紐西蘭 | Yes | 4 |
| 16 | R002 | 王勝玉 | 泰國 | Yes | 1 |
| 17 | R003 | 林佳家 | | No | |
| 18 | R004 | 黃佩佩 | 紐西蘭 | Yes | 3 |
| 19 | R005 | 吳雪樺 | | No | |
| 20 | R006 | 鄭錦明 | 北海道 | Yes | 3 |

每個員工都已填寫完畢

現在我們可以來看看調查表被做過那些修改。請按下**校閱**頁次**變更**區的**追蹤修訂**鈕, 執行『**標示修訂處**』命令:

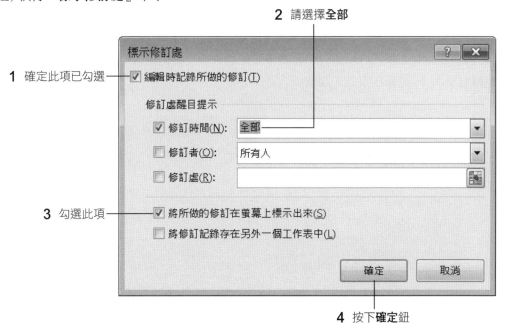

**2** 請選擇**全部**

**1** 確定此項已勾選

**3** 勾選此項

**4** 按下**確定**鈕

凡是在共用活頁簿中所做的修改 (包括:搬移、貼上儲存格內容, 或是插入、刪除欄、列… 等), 均會以邊框及註解的方式標示出來, 而不同修訂者所做的修訂, 也會以不同的顏色表示:

| | A | B | C | D | E | F | G | H | I |
|---|---|---|---|---|---|---|---|---|---|
| 1 | | | | | | | | | |
| 2 | 年度旅遊調查暨報名表 | | | | | | | | |
| 3 | | | | | | | | | |
| 4 | | | | | | | | | |
| 5 | 員工編號 | 姓名 | 理想旅遊地點 | 是否參加旅遊 | 攜眷人數 | | | | |
| 15 | R001 | 簡蒙達 | 紐西蘭 | Yes | 4 | | | | |
| 16 | R002 | 王勝玉 | 泰國 | Yes | 1 | | | | |
| 17 | R003 | 林佳家 | 加拿大 | Yes | 2 | | | | |
| 18 | R004 | 黃佩佩 | 紐西蘭 | Yes | 3 | | | | |
| 19 | R005 | 吳雪樺 | | No | | | | | |
| 20 | R006 | 鄭錦明 | 北海道 | Yes | 3 | | | | |

Michelle, 2016/5/23 05:23 PM:
將 儲存格 E17 由 '<空白>' 變更為 '2'。

當指標指到有修訂的地方, 即會顯示出說明

**TIP** 如果原來的活頁簿並未設成**共用**, 則執行『**標示修訂處**』命令時, Excel 會要求您存檔, 並自動將活頁簿設成**共用**。

# 接受或拒絕修訂

將活頁簿開放共用, 每個人都可以來修改活頁簿的內容, 因此也可能會發生填錯的狀況, 譬如不參加旅遊的人卻填了 "攜眷人數"...! 不過沒關係, 我們可以事後再檢查一遍, 自行決定是否接受各項修訂。請按下**校閱**頁次**變更**區的**追蹤修訂**鈕, 執行『**接受/拒絕修訂**』命令, 開啟如下的交談窗:

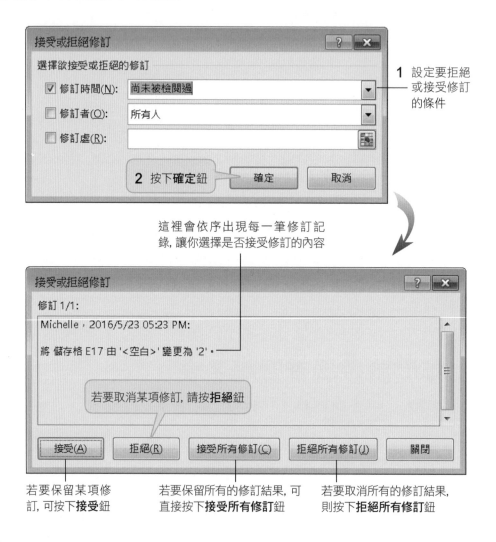

1 設定要拒絕或接受修訂的條件

2 按下**確定**鈕

這裡會依序出現每一筆修訂記錄, 讓你選擇是否接受修訂的內容

若要取消某項修訂, 請按**拒絕**鈕

若要保留某項修訂, 可按下**接受**鈕

若要保留所有的修訂結果, 可直接按下**接受所有修訂**鈕

若要取消所有的修訂結果, 則按下**拒絕所有修訂**鈕

在您接受或拒絕某一項修訂以後, 才能繼續看到下一項修訂的內容。當所有修訂記錄皆處理完畢後, 便會自動關閉**接受或拒絕修訂**交談窗。

# 關閉活頁簿的檔案分享

既然調查表都已經填妥並處理完畢了, 我們也可以將活頁簿的共用狀態解除了。請按下**校閱**頁次下的**共用活頁簿**鈕並切換至**編輯**頁次:

1 取消勾選此項

2 按下**確定**鈕

注意! 關閉共用狀態後, 其修訂記錄也會同時被刪除哦!

而當您取消活頁簿的共用狀態之後, 也請記得將公用資料夾共用的功能關閉:

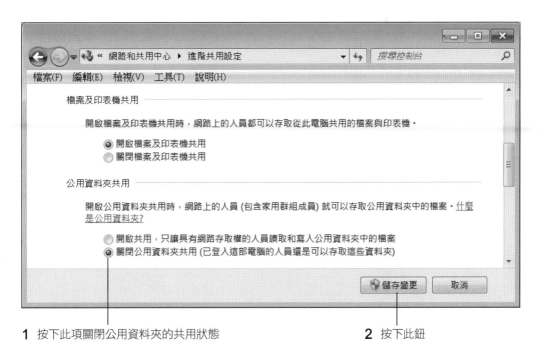

1 按下此項關閉公用資料夾的共用狀態

2 按下此鈕

## 11-5 統計調查結果

現在, 我們根據旅遊調查表的填寫結果來統計一下本次旅遊的地點與人數吧! 請開啟範例檔案 Ch11-07, 並切換至**統計結果**工作表, 裡面有我們設計好的格式:

|  | A | B | C | D | E |
|---|---|---|---|---|---|
| 1 | | | | | |
| 2 | | **本次旅遊調查結果** | | | |
| 3 | | 參加人數: | | | |
| 4 | | 攜眷人數: | | | |
| 5 | | 總人數: | | | |
| 6 | | | | | |
| 7 | | **加拿大** | 得票數: | | |
| 8 | | **北海道** | 得票數: | | |
| 9 | | **紐西蘭** | 得票數: | | |
| 10 | | **泰國** | 得票數: | | |
| 11 | | | | | |
| 12 | | 本次旅遊地點為: | | | |
| 13 | | | | | |

> **TIP** 在**統計結果**工作表中, 我們故意將各地點得票數分成地點與得票數 2 欄來輸入, 其目的是為了之後在統計各地點得票數時, 可以直接參照地點 B7:B10 的儲存格位置, 而不需要在公式中一一輸入各地點的名稱。

## 計算員工參加人數

請選取 D3 儲存格, 然後運用 COUNTIF 函數來計算在**旅遊調查**工作表的 D 欄中填寫 "Yes" 之個數, 即可求出要參加旅遊的員工人數:

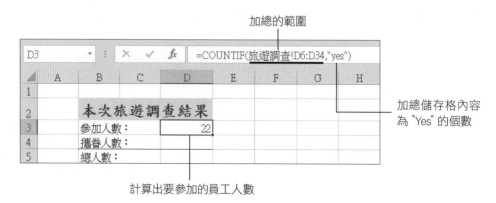

加總的範圍

=COUNTIF(旅遊調查!D6:D34,"yes")

加總儲存格內容為 "Yes" 的個數

計算出要參加的員工人數

## ▌計算攜眷人數

攜眷人數可以直接使用 SUM 函數加總**旅遊調查**工作表中的 E6：E34 儲存格範圍。不過，為了避免有人填了 "No" 不參加，結果又在攜眷人數中填入數字，所以我們改用 SUMIF 函數來做計算。請選取**統計結果**工作表的 D4 儲存格，然後輸入如下的公式：

```
= SUMIF (旅遊調查! D6:D34, "yes", 旅遊調查! E6:E34)
```

當 D6：D34 的值為 "Yes" 時，加總其**攜眷人數**欄內的數值

計算出總攜眷人數

## ▌計算報名總人數

要計算**統計結果**工作表 D5 的值可就更容易了，只要將 D3、D4 的值相加起來就完成了：

加總這兩個儲存格的值

# 統計各地點得票數

**統計結果**工作表的 D7：D10 範圍用來存放各旅遊地點的得票數。底下以計算
"加拿大得票數" 為例, 請選取儲存格 D7, 然後建立如下的公式：

```
=COUNTIF (旅遊調查! C$6:C$34, B7 )
```

計算此範圍當中, 內容為
"加拿大" 的儲存格個數

| D7 | | $f_x$ | =COUNTIF(旅遊調查!C$6:C$34,B7) | | | | |
|---|---|---|---|---|---|---|---|
| | A | B | C | D | E | F | G | H |
| 1 | | | | | | | | |
| 2 | | **本次旅遊調查結果** | | | | | | |
| 3 | | 參加人數： | | 22 | | | | |
| 4 | | 攜眷人數： | | 40 | | | | |
| 5 | | 總人數： | | 62 | | | | |
| 6 | | | | | | | | |
| 7 | | **加拿大** | 得票數： | 2 | | | | |
| 8 | | **北海道** | 得票數： | | | | | |
| 9 | | **紐西蘭** | 得票數： | | | | | |
| 10 | | **泰國** | 得票數： | | | | | |

此為加拿大的得票數

拉曳填滿控點到 D8：D10, 即可
將每個旅遊地點的得票數計算出來。最
後, 再將得票數最高的地點填入 D12
儲存格就完成了：

| | A | B | C | D | E |
|---|---|---|---|---|---|
| 1 | | | | | |
| 2 | | **本次旅遊調查結果** | | | |
| 3 | | 參加人數： | | 22 | |
| 4 | | 攜眷人數： | | 40 | |
| 5 | | 總人數： | | 62 | |
| 6 | | | | | |
| 7 | | **加拿大** | 得票數： | 2 | |
| 8 | | **北海道** | 得票數： | 9 | |
| 9 | | **紐西蘭** | 得票數： | 4 | |
| 10 | | **泰國** | 得票數： | 7 | |
| 11 | | | | | |
| 12 | | 本次旅遊地點為： | | 北海道 | |
| 13 | | | | | |

# 11-6 │ 以 E-mail 傳送調查結果

調查結果都統計出來了, 接下來的工作就是要將結果公佈給大家知道！除了將調查結果列印出來, 貼在公佈欄上面, 使用電子郵件來傳送給全體員工也是不錯的方式。Excel 本身雖非電子郵件編輯軟體, 但卻也有寄送電子郵件的功能。不過您電腦中必須安裝有電子郵件軟體, 如 Windows Live Mail 或 Outlook 、…才能使用這項功能。

請開啟範例檔案 Ch11-08, 切換至**統計結果**工作表後切換到**檔案**頁次如下操作：

**2** 選擇此項　　**3** 再按下**以附件傳送**鈕

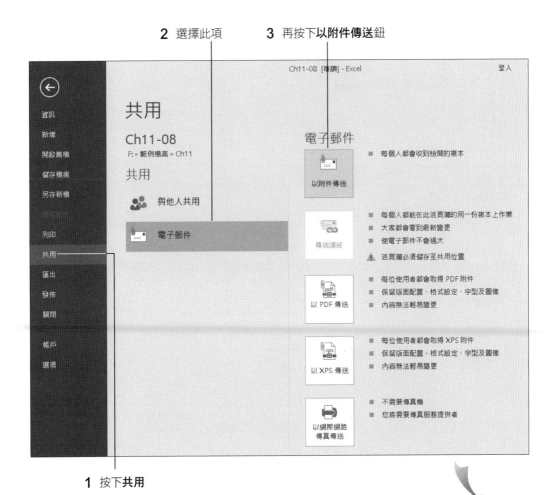

**1** 按下**共用**

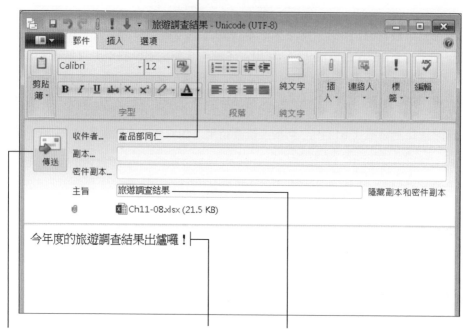

**4** 輸入收件者的 E-mail 地址
(在此以群組連絡人為例)

**7** 按下**傳送**鈕, 就可
以將郵件寄出了

**6** 輸入信件內容

**5** 會先自動以活頁簿檔案名稱
作為郵件主旨, 也可自行更改

> **TIP** Excel 會自動啟動您系統預設的電子郵件軟體來準備寄送郵件, 若您預設的電子郵件軟體並
> 非 Outlook , 則所看到的畫面可能和上圖不一樣。

寄出去以後, Excel 會自動關閉電子郵件功能區, 但活頁簿檔案仍保持開啟的狀態,
讓您可以繼續在 Excel 中編輯它。

# 11-7 │ 將調查結果放到網路上

用 E-mail 傳送工作表固然方便，但如果收件人的電腦中沒有安裝 Excel，就無法開啟檔案了。為了確保每個人都可以看到調查結果，我們可以將檔案放在**微軟**公司提供的 **OneDrive** 免費網路硬碟，員工只要用電腦中的瀏覽器 (如 IE、Firefox、…等) 開啟，就可以用網路版的 Excel 觀看調查結果。

底下我們先用流程圖，讓您了解主辦人如何將檔案放到網路硬碟上，並讓同仁透過瀏覽器來開啟分享的 Excel 檔案。

> **1** 主辦人申請、並登入 OneDrive 網路硬碟空間，建立專門放置公告文件的**公告**資料夾

> **2** 在 Excel 中將檔案上傳到 OneDrive 的**公告**資料夾

> **3** 設定**公告**資料夾的權限為僅供瀏覽內容，不可編輯

> **4** 將**公告**資料夾的連結寄送給同仁

> **5** 同仁收到連結後，即可使用瀏覽器連到**公告**資料夾，來瀏覽 Excel 檔案內容

## ▌申請及登入 OneDrive 網路硬碟空間

**OneDrive** 是**微軟**公司提供的免費網路硬碟服務，在使用此服務存放你的檔案前，請先申請一組 **Microsoft 帳戶**，註冊後即可擁有 5GB 的免費網路硬碟空間。

**STEP 01** 請先用瀏覽器連上 http://onedrive.live.com 網站，依畫面的指示申請 **Microsoft 帳戶**。

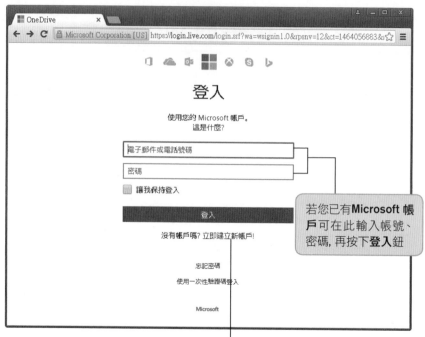

按下**立即建立新帳戶**即可依畫面指示, 輸
入您的個人資料, 申請一組 **Microsoft** 帳戶

**STEP 02** 註冊後, 只要登入**Microsoft 帳戶**, 就可看到網路硬碟空間的內容, OneDrive 已內
建了、**圖片**及**文件** 2 個資料夾, 請如下操作建立一個**公告**資料夾。

**1** 點選**新增**鈕    **2** 再點選**資料夾**

**3** 輸入資料夾名稱　　**4** 按下**建立**鈕　　　　　　　建立好**公告**資料夾

# 將檔案上傳到網路空間

接著我們就可以將調查結果的檔案上傳到 OneDrive 網路空間。請開啟範例檔案 Ch11-09 跟著底下的步驟來操作：

**STEP 01** 切換到**檔案**頁次, 並如下登入 OneDrive 網路空間。

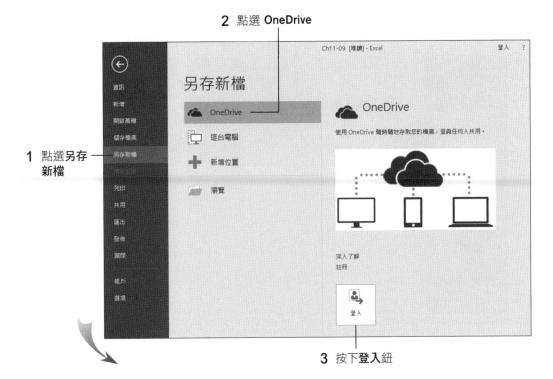

**2** 點選 OneDrive

**1** 點選**另存新檔**

**3** 按下**登入**鈕

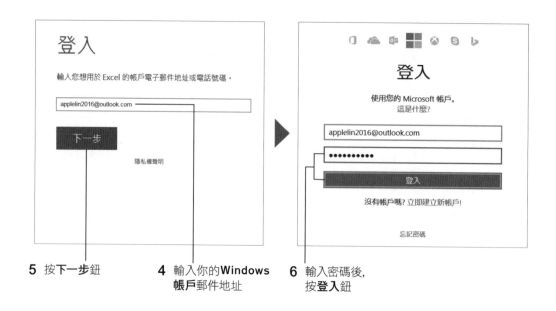

5 按下一步鈕

4 輸入你的**Windows 帳戶**郵件地址

6 輸入密碼後, 按**登入**鈕

**STEP 02** 登入後, 會在右上角看到你的帳號名稱, 並切換到 OneDrive 網路硬碟裡的內容, 接著就可以將檔案儲存到 OneDrive 裡。

1 點選此項    這裡會看到你的帳戶名稱

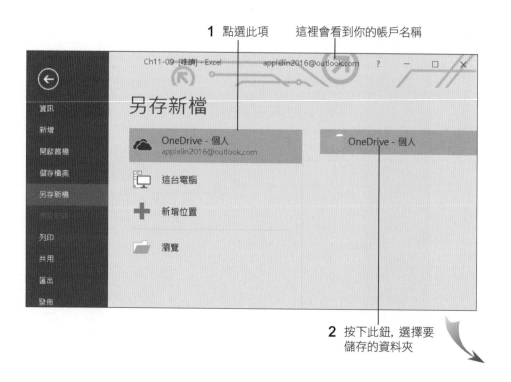

2 按下此鈕, 選擇要 儲存的資料夾

3 在此選擇
將檔案儲
存到**公告**
資料夾

4 按下**開啟**鈕後,
再按下**儲存**鈕

**STEP**
**03** 再次用瀏覽器進入你的 OneDrive, 即可看到剛才儲存的 Excel 檔案。

資料夾中
有多少檔
案數量

按一下資料夾即可進入

按此可回到資料夾的瀏覽狀態

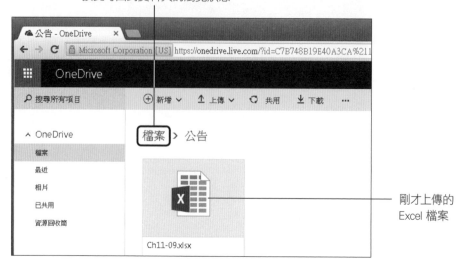

剛才上傳的
Excel 檔案

## 指定檔案的分享對象及權限

現在就可以將檔案分享給其他同仁，讓大家能夠直接在網路上開啟 Excel 檔案，瀏覽旅遊調查結果。

**STEP 01** OneDrive 可以讓你分享整個資料夾或是單一檔案給其他人，由於日後我們還會將其他檔案放在**公告**資料夾中，所以在此我們以共用整個資料夾為例。

2 按下**共用**

1 將滑鼠指標移到此資料夾上 (不要按下)，勾選此處

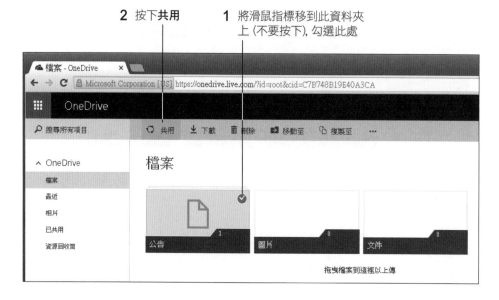

STEP
02
接著就可以輸入分享對象的郵件帳號、主旨，並設定接收者只能瀏覽或是可編輯的
權限。

1 點選此項

按下此處，可設定接收者
只能檢視或可編輯的權限

2 在此輸入其他同仁的電子郵件帳號

3 輸入主旨　　　　　4 按下**共用**鈕

# 開啟分享的檔案

其他同仁收到郵件後，只要按下檔案的連結，即使電腦中沒有安裝 Excel 也能瀏覽檔案內容。

按下此連結

自動連上 OneDrive, 並開啟網路
版的 Excel 讓您瀏覽檔案

# 後記

　　看完這一章, 是否更加欽佩 Excel 能將工作化繁為簡的功夫呢？運用一點小伎倆, 三兩下子就能製作出一份圖文並茂的調查表。而且, 您只管坐在電腦前面, 悠閒的喝杯咖啡, 透過 Excel 共用活頁簿的功能, 就能將每個人的填寫資料蒐集齊全, 真是省時、省力。更重要的是, 統計結果還能運用OneDrive, 分享給每個人, 整個過程, 完全不需使用紙張, 很有環保的概念呢！

　　以後, 如果遇到類似的問題, 像是問卷調查、歌唱大賽報名表、或是需要大家一起參與意見的票選活動…等等, 都可以比照辦理, 輕輕鬆鬆的完成整件工作。

# 實力評量

1. 請開啟練習檔案 Ex11-01，為調查表加上如下圖的文字藝術師物件及美化圖案：

| | A | B | C | D | E | F |
|---|---|---|---|---|---|---|
| 1 | 聯歡晚會意見調查表 | 員工編號 | 姓名 | 是否參加 | 晚會型式 | 餐點型式 |
| 2 | | F11004 | 李小冰 | Yes | 歌唱比賽 | 日本料理 |
| 3 | | F11005 | 吳靜怡 | Yes | 餐會 | 西式自助餐 |
| 4 | | F11006 | 陳新予 | Yes | 歌唱比賽 | 茶點 |
| 5 | | F11007 | 許資英 | No | | |
| 6 | | F11010 | 陳光希 | No | | |
| 7 | | F11012 | 王安亦 | Yes | 演唱會 | 西式自助餐 |
| 8 | | F11019 | 林平誠 | Yes | 歌唱比賽 | 西式套餐 |
| 9 | | F11023 | 林育奇 | Yes | 演唱會 | 西式自助餐 |
| 10 | | F22015 | 江企德 | Yes | 餐會 | 中式合菜 |
| 11 | | F22016 | 陳中欲 | Yes | 歌唱比賽 | 日本料理 |
| 12 | | | | | | |
| 13 | | | | | | |
| 14 | | | | | | |
| 15 | | | | 反應聯歡會意見 | | |
| 16 | | | | | | |
| 17 | | | | | | |
| 18 | | | | | | |
| 19 | | | | | | |

提示

➤ 插入文字藝術師後，接著按下**繪圖工具/格式**頁次**文字藝術師樣式**區右下角的 🔲 鈕，在**文字方塊**頁次中將文字方向選擇**垂直**，即可輸入直排文字。

➤ 利用**文字藝術師樣式**區的各項功能可調整文字的顏色、外框或是樣式。

➤ 在表格下方插入圖案，並輸入 "反應聯歡會意見"。

2. 接續上題, 請完成以下的練習:

(1) 請為**是否參加**欄的儲存格範圍建立選單, 讓使用者可直接由選單中選擇 "Yes" 或 "No", 並設定提示訊息:標題為 "選取 Yes 者請注意", 訊息內容為 "請務必填寫晚會型式及餐點型式兩項意見"。

(2) 再為**晚會型式**欄的儲存格範圍建立選單, 內容為 "餐會、歌唱比賽、演唱會"。

(3) 接著為**餐點型式**欄的儲存格範圍建立選單, 內容為 "西式套餐、西式自助餐、中式合菜、茶點、日本料理", 並設定錯誤提醒:標題為 "此選項不在選單內", 訊息內容為 "若有其它意見可按下 [是] 鈕, 向福委會反應"。

(4) 請練習為工作表中的圖案插入超連結, 連至自己的電子郵件信箱, 主旨為 "反應聯歡會意見"。

3. 請練習將設定完成的調查表 Ex11-01 存至自己的電腦, 並將活頁簿以自己的生日共 4 碼做為保護密碼, 再將檔案開放為共用活頁簿。

4. 請開啟練習檔案 Ex11-02, 並切換至**統計結果**工作表, 將各項統計結果利用 COUNTIF 函數計算出來。

| | A | B |
|---|---|---|
| 1 | 聯歡晚會意見調查統計結果 | |
| 2 | 參加人數 | |
| 3 | 期望晚會型式 | |
| 4 | 餐會 | |
| 5 | 歌唱比賽 | |
| 6 | 演唱會 | |
| 7 | 餐會型式 | |
| 8 | 西式套餐 | |
| 9 | 西式自助餐 | |
| 10 | 中式合菜 | |
| 11 | 茶點 | |

5. 最後, 請練習將完成統計的結果以 E-mail 的方式傳送給自己, 並在電子郵件軟體中練習將它開啟。

# 12

# 市場調查分析

以一個企業來說, 要隨時掌握消費者的消費行為, 才能在市場上生存。而要了解消費者的需求、看法與購買意願, 一般最常見的做法就是「市場調查」。例如, 民意調查、產品試用調查、滿意度調查…等等。透過市場調查所取得的皆是消費者最直接的反應, 並可藉此掌握消費者是否有新的需求, 或是其他競爭對手的動態…。

「市場調查」是一份專業的工作, 從問題分析、決定抽樣方法、決定樣本大小、問卷設計、進行問卷、問卷回收與結果分析…, 都要注意每一個細節, 才能避免誤差造成不正確的分析結果。目前有許多公司提供市場調查的服務, 不過, 這些市調公司的收費卻往往是一般中小型企業無法 (或不願意) 負擔的。其實, 您只要熟讀本章, 就可學習如何進行市場調查, 並利用 Excel 來做問卷的分析及統計喔!

| 主要考量 ▾ | 百分比 | 人數 |
|---|---|---|
| 本期專題報導 | 32.67% | 49 |
| 名人推薦 | 8.00% | 12 |
| 有無贈品優惠券 | 5.33% | 8 |
| 其他 | 2.67% | 4 |
| 版面編排美觀 | 8.67% | 13 |
| 頁數多寡 | 28.00% | 42 |
| 價格實惠 | 14.67% | 22 |
| 總計 | 100.00% | 150 |

從消費者購買的主要考量因素來分析, 最重視的要素是當期的專題報導主題, 其次是頁數多寡, 再來才是價格考量, 所以開發新雜誌, 這三點應該做為主要的重點

| 購買地點 ▾ | 百分比 | 人數 |
|---|---|---|
| 一般書局 | 28.00% | 42 |
| 其他 | 7.33% | 11 |
| 便利商店 | 14.67% | 22 |
| 連鎖書店 | 17.33% | 26 |
| 網路書店 | 32.67% | 49 |
| 總計 | 100.00% | 150 |

由消費者的購買地點來看, 可以提供我們往後鋪貨通路的參考。此次問卷結果可看出消費者已習慣從網路商店購買, 其次為一般書局, 因此日後須鞏固這兩個主要通路

▲ 製作問卷統計樞紐分析統計表

| 計數 - 年齡 | 欄標籤 ▾ | | | | |
|---|---|---|---|---|---|
| 列標籤 ▾ | 15歲以下 | 16～30歲 | 31～45歲 | 46歲以上 | 總計 |
| 包裝設計 | 2 | 7 | 5 | 11 | 25 |
| 平面設計 | 7 | 7 | 4 | 9 | 27 |
| 多媒體 | 1 | 3 | 3 | 2 | 9 |
| 其他 | | 1 | | 2 | 3 |
| 居家設計 | | 7 | 3 | 1 | 11 |
| 服裝設計 | 1 | 5 | 5 | 2 | 13 |
| 空間規劃 | 7 | 1 | 4 | 3 | 15 |
| 建築設計 | | 6 | 4 | 5 | 15 |
| 廣告設計 | 4 | 11 | 14 | 3 | 32 |
| 總計 | 22 | 48 | 42 | 38 | 150 |

| 性別 ⋮≡ ▼ | 月收入 | ⋮≡ ▼ |
|---|---|---|
| 女 | 16,000以下 | 16,001～30,000 |
| 男 | 30,001～50,000 | 50,001以上 |

▲ 利用樞紐分析表和交叉分析篩選器做交叉分析

# 12-1 | 市場調查的步驟

## 1. 問題分析

　　市場調查的首要步驟就是「問題分析」，也就是說，透過這次的調查，我們想要知道哪些結果。假設有一家雜誌社想要開發一本新的設計類雜誌，他們想知道有哪些類別的雜誌最受歡迎，以及消費者願意接受的價位…等等，則當我們在做調查時，就必須針對這些想知道的問題，擬定問卷的內容，並分析相關的資料，以縮小研究及調查的範圍。

## 2. 決定母體

　　我們在進行市場調查時，理想的狀況下，就是能對所有符合條件的人進行訪查，但考量時間、成本的因素，必須以較科學的方法，抽出一些具代表性的人來做調查，而調查的結果即可代表所有人的特性，這就是「抽樣調查」的精神。其中，所要研究的全體對象即是「母體」，而我們所抽出具代表性的人，即是「樣本」。市場調查的第二個步驟，就是要決定「母體」為何。在此我們以設計類雜誌的調查為例，假設該家雜誌社這次調查的母體為：大台北地區有閱讀設計類雜誌的所有民眾。

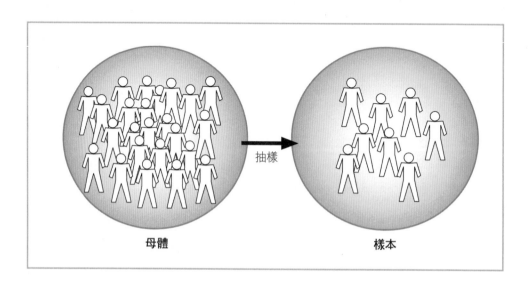

母體　　　　　　抽樣　　　　　　樣本

## 3. 決定抽樣方法

　　抽樣方法對於調查結果的可信度有很大的影響, 不同的抽樣方法, 會造成不同的調查結果。舉例來說, 假設我們要調查某國小三年級學生的身高分佈情形, 若我們的抽樣方法是在每班抽出座號前兩號的同學來做調查, 萬一這所國小的學生座號剛好是按照身高來排列, 那麼這種抽樣方法就有失公平, 也會造成調查結果的可信度降低。而抽樣類別又可分為**簡單隨機抽樣、等距抽樣、便利抽樣**…, 您可以依不同的調查目的與對象, 決定合適的抽樣方法。本例中, 我們採用**便利抽樣**的方法, 也就是在大台北地區隨機找人訪問調查。

## 4. 決定樣本大小

　　決定樣本的大小, 可考慮幾個因素:

- 調查的經費
- 可接受的誤差度
- 研究問題的性質…等

　　樣本太小, 調查的結果可能不具代表性;樣本太大, 則調查的成本就相對提高。因此, 決定樣本的大小也是很重要的。樣本大小的計算方式在許多的統計書籍中都有介紹, 讀者可自行參考。在本例中, 為了節省時間, 我們將樣本大小定為 150 筆來進行調查。

## 5. 設計問卷

　　先前在第一個步驟「問題分析」時我們已經知道問題所在了, 因此, 在這一個步驟中我們就以想瞭解的問題來設計問卷。以下就是我們所設計出來的問卷內容:

# 設計類雜誌的消費習慣

您好！我們是旗旗雜誌社, 為了瞭解大台北地區民眾對於設計類雜誌的消費習慣以及需求, 特做此調查, 以提供我們開發新雜誌、改進服務品質…等的依據, 在此耽誤您寶貴的時間, 非常謝謝您的合作！本問卷內容不對外公開, 僅供內部參考用, 請安心做答。

個人資料：

性別：□男　□女

年齡：□15 歲以下　□16~30 歲　□31~45 歲　□46 歲以上

教育程度：□國中 □高中 □大專 □大專以上

職　業：□學生 □教職員 □廣告設計 □金融 □製造 □資訊業 □其他_____

每月收入：□ 16,000 以下 □ 16,001~30,000 □ 30,001~50,000 □50,001 以上

1. 請問您, 平均多久購買一次設計類雜誌？
   □每個月 □二個月 □每季 □半年 □一年

2. 目前有無固定訂閱某本雜誌？
   □有 □無

3. 每個月會固定閱讀幾本設計類雜誌？
   □1 本 □2 本 □3-5 本 □6 本以上

4. 每個月花費多少支出在購買設計類雜誌？
   □300 元以下 □301~400 元 □401~500 元 □501 元以上

5. 您最常購買哪一種設計類雜誌？
   □廣告設計 □包裝設計 □平面設計 □建築設計
   □空間規劃 □多媒體　 □服裝設計 □居家設計 □其他 _____

6. 您通常會在哪些地方購買設計類雜誌？
   □一般書局 □連鎖書店 □網路書店 □便利商店 □其他 _____

7. 您個人認為設計類雜誌的價位在多少才有購買的意願？
   □99 元以下 □100~199 元 □200~299 元 □300~399 元

8. 就個人的閱讀習慣來看, 您認為設計類雜誌多久發行一次比較適當？
   □雙週 □每月 □雙月 □每季

9. 以下何者是您在購買設計雜誌時的主要考量因素？
   □本期專題報導　 □價格實惠 □版面編排美觀 □名人推薦　□頁數多寡
   □有無贈品優惠券 □其他 _____

Next

10.當您在選購設計類雜誌時, 對以下各項因素的重視程度為何？

| | 非常重視 | 重視 | 普通 | 不重視 | 非常不重視 |
|---|---|---|---|---|---|
| ● 當期專題 | ☐ | ☐ | ☐ | ☐ | ☐ |
| ● 人物專訪 | ☐ | ☐ | ☐ | ☐ | ☐ |
| ● 封面設計 | ☐ | ☐ | ☐ | ☐ | ☐ |
| ● 版面編排 | ☐ | ☐ | ☐ | ☐ | ☐ |
| ● 印刷品質 | ☐ | ☐ | ☐ | ☐ | ☐ |
| ● 價格高低 | ☐ | ☐ | ☐ | ☐ | ☐ |
| ● 頁數多寡 | ☐ | ☐ | ☐ | ☐ | ☐ |
| ● 有無贈品 | ☐ | ☐ | ☐ | ☐ | ☐ |

最後再次謝謝您的合作！

## 6. 進行調查

問卷設計好之後就可以開始進行實地調查, 收集所需要的資料了。

## 7. 資料分析

問卷回收以後, 我們得先做一個初步的檢查, 將一些無效的問卷 (沒有填寫、資料不全或是字跡潦草以致無法辨識的問卷) 先加以過濾, 然後將有效的問卷進行編碼的動作, 有關編碼的部份, 我們稍後會做說明。

## 8. 調查報告

分析後所得的結果即可製成調查報告, 以提供決策者參考使用。

在市場調查的步驟中, 每一步驟都深深影響著調查出來的結果, 但此處我們的主旨在於介紹如何運用 Excel 計算功能來做統計分析。至於統計領域的專業知識, 本書將不做深入的介紹, 有興趣的讀者可自行參考相關的統計書籍。

在問卷回收以後, 就要開始將收集到的資料輸入 Excel 工作表, 再進行分析。但是輸入資料對很多人來說是一件苦差事, 尤其當資料一多時, 光是打字就不知道要打到何年何月, 因此輸入資料可是要講求一點方法的喔!

## 資料的編碼

首先, 我們要在每一份問卷的右上角依流水號編碼, 這樣當發現資料有誤時, 我們可以很快找到該份問卷。接著再將問卷中的每一題答案分別編上一個簡明而不重複的號碼, 例如以下的範例:

在每份問卷的右上角編碼

### 設計類雜誌的消費習慣

001

您好!我們是旗旗雜誌社, 為了瞭解大台北地區民眾對於設計類雜誌的消費習慣以及需求, 特做此調查, 以提供我們開發新雜誌、改進服務品質…等的依據, 在此耽誤您寶貴的時間, 非常謝謝您的合作!本問卷內容不對外公開, 僅供內部參考用, 請安心做答。

個人資料:

性 別: a1 □男　a2 □女

年 齡: b1 □15歲以下 b2 □16~30 歲 b3 □31~45 歲 b4 □46歲以上

教育程度: c1 □國中 c2 □高中　c3 □大專　c4 □大專以上

職 業: d1 □學生　d2 □ 教職員　d3 □廣告設計 d4 □金融

　　　　d5 □製造　d6 □ 資訊業　d7 □其他＿＿＿＿＿＿＿

每月收入: e1 □ 16,000 以下 e2 □ 16,001~30,000 e3 □ 30,001~50,000 e4 □50,0011

1. 請問您, 平均多久購買一次設計類雜誌?
   11 □每個月　12 □二個月　13 □每季　14 □半年　15 □一年

2. 目前有無固定訂閱某本雜誌?

   簡明且不重複的號碼

   21 □有　22 □無

3. 每個月會固定閱讀幾本設計類雜誌?
   31 □1 本　　　　32 □2 本　　　　33 □3-5 本　　　　34 □6 本以上

4. 每個月花費多少支出在購買設計類雜誌?
   41 □300 元以下　42 □301~400 元　43 □401~500 元　44 □501 元以上

5. 您最常購買哪一種設計類雜誌?
   51 □廣告設計 52 □包裝設計 53 □平面設計 54 □建築設計
   55 □空間規劃 56 □多媒體 57 □服裝設計 58 □居家設計
   59 □其他＿＿＿＿＿＿＿＿＿＿＿

Next

6. 您通常會在哪些地方購買設計類雜誌？

   61 □一般書局　62 □連鎖書店　63 □網路書店　64 □便利商店

   65 □其他 _____

7. 您個人認為設計類雜誌的價位在多少才有購買的意願？

   71 □99 元以下　72 □100~199 元　73 □200~299 元　74 □300~399 元

8. 就個人的閱讀習慣來看, 您認為設計類雜誌多久發行一次比較適當？

   81 □雙週　82 □每月　83 □雙月　84 □每季

9. 以下何者是您在購買設計雜誌時的主要考量因素？

   91 □本期專題報導　92 □價格實惠　93 □版面編排美觀　94 □名人推薦

   95 □頁數多寡　96 □有無贈品優惠券　97 □其他 _____

10. 當您在選購設計類雜誌時, 對以下各項因素的重視程度為何？

| | 非常重視 | 重視 | 普通 | 不重視 | 非常不重視 |
|---|---|---|---|---|---|
| ● 當期專題 | □ | □ | □ | □ | □ |
| ● 人物專訪 | □ | □ | □ | □ | □ |
| ● 封面設計 | □ | □ | □ | □ | □ |
| ● 版面編排 | □ | □ | □ | □ | □ |
| ● 印刷品質 | □ | □ | □ | □ | □ |
| ● 價格高低 | □ | □ | □ | □ | □ |
| ● 頁數多寡 | □ | □ | □ | □ | □ |
| ● 有無贈品 | □ | □ | □ | □ | □ |

最後再次謝謝您的合作！

　　對於第 10 題中各選項的重視程度, 我們的編碼方式為：依照重視的程度分別給予分數, 例如：選擇「非常重視」者給予 5 分、選擇「重視」者給予 4 分、……、選擇「非常不重視」者給予 1 分。

## 建立回收問卷資料庫

　　問卷編完碼之後, 當我們在輸入資料時, 就不必輸入一大串文字, 只要輸入各項答案的代碼即可。現在就請將每一位受訪者的問卷當做一筆資料, 並一一將問卷中的答案輸入到工作表中 (在範例檔案 Ch12-01 中, 有我們輸入好的資料)：

在第 1 列輸入問卷題目, 以方便我們輸入資料時參照, 簡略輸入即可

| | A | B | C | D |
|---|---|---|---|---|
| 1 | 問卷編號 | 性別 | 年齡 | 教育程度 |
| 2 | 001 | a1 | b2 | c3 |
| 3 | 002 | a2 | b2 | c3 |
| 4 | 003 | a1 | b3 | c4 |

▲ 共有 150 筆資料

# 尋找、取代問卷資料

將資料編碼的主要目的就是為了方便輸入, 但是在分析資料時, 還是希望能以實際的答案為主, 這樣分析的結果才更容易看出意義。現在, 我們就來將各選項的編碼代換成原始的問卷選項, 其整個過程包含兩個動作:「尋找欲代換的編碼」與「將找到的資料取代成原始的問卷選項」, 這兩個動作在 Excel 裡面只需要一個命令就可完成。

請開啟範例檔案 Ch12-01, 按下**常用**頁次**編輯**區的**尋找與選取**鈕, 在下拉選項中執行『**取代**』命令:

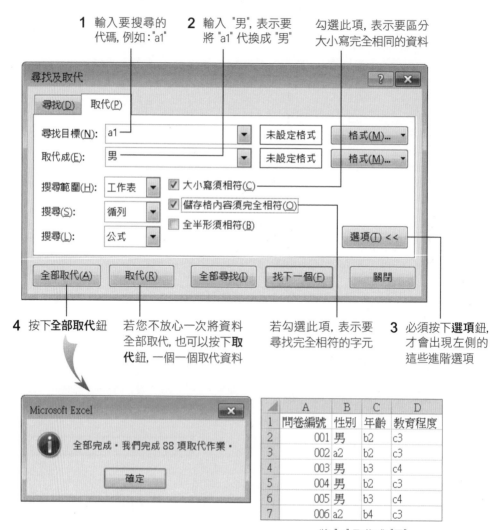

▲ 將 "a1" 取代成 "男"

**部分相符與完全相符**

Excel 在搜尋字元時分為兩種情形:

- **部份相符**:儲存格中的資料只要包含欲尋找的目標即可。假設我們要以**部份相符**的方法尋找 "news" 字串, 則 "news"、"newspaper"、"newsletter"、…等包含 "news" 的字串都會被搜尋到。

- **完全相符**:儲存格中的資料要跟欲尋找的目標完全相符。假設我們要以**完全相符**的方法尋找 "news" 字串, 則只有 "news" 會被找到, 其他如 "newspaper"、"newsletter"、…等就不包含在內。

因此, 若你要以**完全相符**的方式尋找搜尋目標, 就必須在**取代**交談窗中勾選**儲存格內容須完全相符**選項。反之, 若取消此項, 則 Excel 就會以**部份相符**的方式來搜尋目標。

以本例來說, 建議勾選**儲存格內容須完全相符**, 否則取代完畢之後, 你會發現許多 A 欄問卷編號也會被取代成問卷選項, 例如編號 051 會就變成 "0廣告設計"(因為我們將 "51" 取代為 "廣告設計")。

    重複以上的步驟, 除了問卷第 10 題的答案不需取代外, 請將所有的代碼全部替換成原始的問卷選項 (可參考範例檔案 Ch12-02)。

| | A | B | C | D | E | F | G | H | I |
|---|---|---|---|---|---|---|---|---|---|
| 1 | 問卷編號 | 性別 | 年齡 | 教育程度 | 職業 | 月收入 | 多久買一次雜誌 | 有無訂閱雜誌 | 每月會閱讀幾本雜誌 |
| 2 | 001 | 男 | 16～30歲 | 大專 | 廣告設計 | 16,001～30,000 | 每個月 | 有 | 1本 |
| 3 | 002 | 女 | 16～30歲 | 大專 | 廣告設計 | 16,001～30,000 | 二個月 | 有 | 1本 |
| 4 | 003 | 男 | 31～45歲 | 大專以上 | 金融 | 16,001～30,000 | 二個月 | 無 | 1本 |
| 5 | 004 | 男 | 16～30歲 | 大專 | 金融 | 16,001～30,000 | 每個月 | 無 | 2本 |
| 6 | 005 | 男 | 31～45歲 | 大專以上 | 廣告設計 | 16,001～30,000 | 每季 | 無 | 2本 |
| 7 | 006 | 女 | 46歲以上 | 大專 | 製造 | 16,001～30,000 | 半年 | 有 | 2本 |
| 8 | 007 | 女 | 16～30歲 | 大專 | 廣告設計 | 30,001～50,000 | 每個月 | 無 | 3-5本 |

| | J | K | L | M | N | O |
|---|---|---|---|---|---|---|
| 1 | 每月花費多少在購買雜誌 | 最常購買哪一種設計雜誌 | 會在哪些地方購買 | 雜誌的價位多少才會購買 | 雜誌多久發行一次比較好 | 購買時的主要考量因素 |
| 2 | 300元以下 | 廣告設計 | 一般書局 | 99元以下 | 雙週 | 本期專題報導 |
| 3 | 301～400元 | 包裝設計 | 連鎖書店 | 100～199元 | 每月 | 本期專題報導 |
| 4 | 300元以下 | 平面設計 | 網路書店 | 100～199元 | 每月 | 價格實惠 |
| 5 | 301～400元 | 建築設計 | 網路書店 | 200～299元 | 雙月 | 本期專題報導 |
| 6 | 401～500元 | 包裝設計 | 連鎖書店 | 200～299元 | 每月 | 本期專題報導 |
| 7 | 301～400元 | 平面設計 | 網路書店 | 200～299元 | 雙月 | 本期專題報導 |
| 8 | 401～500元 | 建築設計 | 連鎖書店 | 100～199元 | 每季 | 本期專題報導 |

▲ 完成取代的資料內容

# 12-3 │ 利用樞紐分析來做統計

資料整理好之後, 我們就可以開始進行統計分析的工作了。以下我們將進行幾個問題的分析與統計:

- 統計受訪者人數及性別、年齡分佈、職業類型等佔比。

- 哪一種設計類的雜誌最受歡迎?

- 購買設計類雜誌時的主要考量因素為何?

- 通常會在哪些地方購買設計類雜誌?

- 不同年齡層購買設計類雜誌的種類是否有差異?

## 統計受訪者基本資料

問卷調查的分析, 大致可分為基本資料的分析及問題結果的分析, 藉由前者的分析, 我們可以得到調查對象的組成及其特性。底下我們就先來進行基本資料的分析及統計。請利用範例檔案 Ch12-02 繼續練習:

 選定資料清單中的任一儲存格, 切換至**插入**頁次, 並於**表格**區按下**樞紐分析表**鈕:

由於我們剛剛已經
事先選定資料清
單中的任一儲存
格, 所以在此 Excel
會自動選定整個清
單範圍為資料來源

若範圍有誤,
可按下摺疊
鈕自行修正

1 選擇在**新工作表**中放置樞紐
分析表

2 按下**確定**鈕

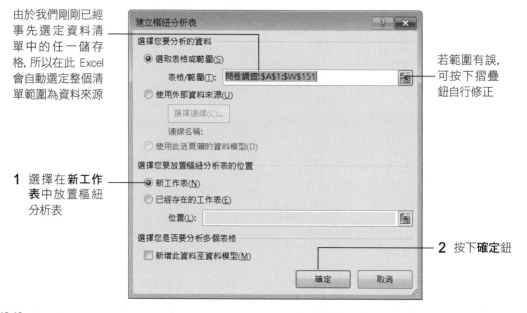

STEP **02**　在此, 我們想進行「性別」的分析, 所以請將**樞紐分析表欄位**工作窗格中的**性別**欄
　　分別拉曳到**列**標籤區與 Σ 值區:

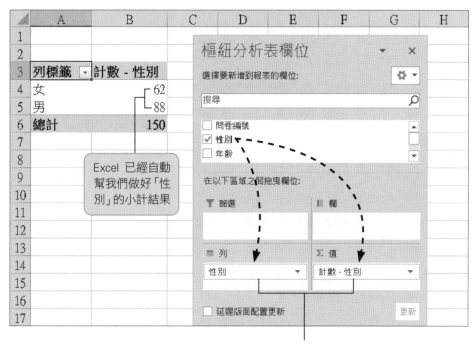

請將**性別**欄分別拉曳到這兩區

STEP **03**　在此的計算結果是
以性別的個數加
總, 若我們要將結果
改成「百分比」, 則
可在**樞紐分析表欄
位**工作窗格的 Σ 值
區如右操作:

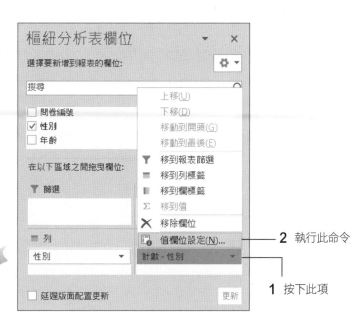

2 執行此命令

1 按下此項

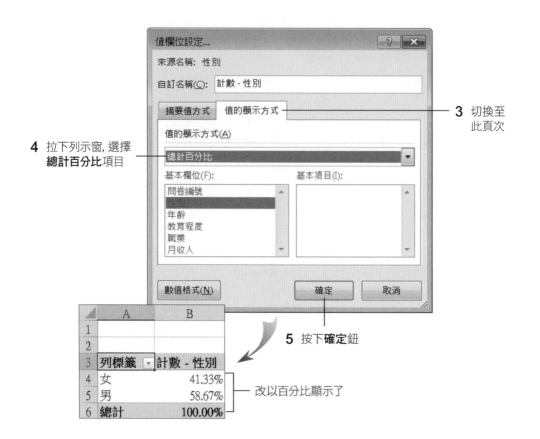

4 拉下列示窗, 選擇
**總計百分比**項目

3 切換至
此頁次

5 按下**確定**鈕

改以百分比顯示了

**STEP 04** 若想要同時顯示小計及百分比的結果, 那麼請將**性別**欄再拉曳到 Σ **值**區:

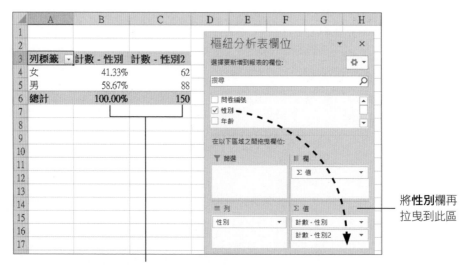

將**性別**欄再
拉曳到此區

包含人數統計及百分比的結果, 可以看
出受訪者約 4 成是女性、6 成是男性

　　學會了**性別**欄的統計後，請您依樣畫葫蘆，先選取工作表中的空白儲存格，再將「年齡」、「教育程度」、「職業」與「月收入」也分別做分析。完成後可開啟範例檔案 Ch12-03，切換到**基本資料分析**工作表來對照、觀看結果。

| | A | B | C |
|---|---|---|---|
| 1 | | | |
| 2 | | | |
| 3 | 列標籤　▼ | 計數 - 性別 | 計數 - 性別2 |
| 4 | 女 | 41.33% | 62 |
| 5 | 男 | 58.67% | 88 |
| 6 | 總計 | 100.00% | 150 |
| 7 | | | |
| 8 | 列標籤　▼ | 計數 - 年齡 | 計數 - 年齡2 |
| 9 | 15歲以下 | 14.67% | 22 |
| 10 | 16～30歲 | 32.00% | 48 |
| 11 | 31～45歲 | 28.00% | 42 |
| 12 | 46歲以上 | 25.33% | 38 |
| 13 | 總計 | 100.00% | 150 |
| 14 | | | |
| 15 | 列標籤　▼ | 計數 - 教育程度 | 計數 - 教育程度2 |
| 16 | 大專 | 38.67% | 58 |
| 17 | 大專以上 | 34.00% | 51 |
| 18 | 高中 | 12.67% | 19 |
| 19 | 國中 | 14.67% | 22 |
| 20 | 總計 | 100.00% | 150 |

| | A | B | C |
|---|---|---|---|
| 22 | 列標籤　▼ | 計數 - 職業 | 計數 - 職業2 |
| 23 | 金融 | 16.00% | 24 |
| 24 | 教職員 | 14.00% | 21 |
| 25 | 資訊 | 10.67% | 16 |
| 26 | 製造 | 9.33% | 14 |
| 27 | 廣告設計 | 32.00% | 48 |
| 28 | 學生 | 14.00% | 21 |
| 29 | 其他 | 4.00% | 6 |
| 30 | 總計 | 100.00% | 150 |
| 31 | | | |
| 32 | 列標籤　▼ | 計數 - 月收入 | 計數 - 月收入2 |
| 33 | 16,000以下 | 14.67% | 22 |
| 34 | 16,001～30,000 | 37.33% | 56 |
| 35 | 30,001～50,000 | 34.67% | 52 |
| 36 | 50,001以上 | 13.33% | 20 |
| 37 | 總計 | 100.00% | 150 |

## 更改樞紐分析表欄位名稱

　　目前樞紐分析表的欄位名稱不太容易明白，我們可以直接在儲存格中修改。例如將性別比例分析表中的 "列標籤" 改成 "性別分析"、"計數 - 性別百分比" 改成 "百分比"、"計數 - 性別 2" 改成 "人數"。所有的更改結果請參考範例檔案 Ch12-04 的**基本資料分析**工作表。

| | A | B | C | D | E | F | G | H |
|---|---|---|---|---|---|---|---|---|
| 1 | | | | | | 分析結果 | | |
| 2 | | | | | | | | |
| 3 | 性別分析　▼ | 百分比 | 人數 | | | | | |
| 4 | 女 | 41.33% | 62 | | 此次問卷調查共有150份有效問卷， | | | |
| 5 | 男 | 58.67% | 88 | | 其中受訪者以男生為居多佔了一半 | | | |
| 6 | 總計 | 100.00% | 150 | | 以上 | | | |
| 7 | | | | | | | | |
| 8 | 年齡分析　▼ | 百分比 | 人數 | | | | | |
| 9 | 15歲以下 | 14.67% | 22 | | | | | |
| 10 | 16～30歲 | 32.00% | 48 | | 受訪者的年齡層以16～30歲居多， | | | |
| 11 | 31～45歲 | 28.00% | 42 | | 其次為31～45歲，總體來看受訪者 | | | |
| 12 | 46歲以上 | 25.33% | 38 | | 在年齡層上的分配還算平均 | | | |
| 13 | 總計 | 100.00% | 150 | | | | | |
| 14 | | | | | | | | |
| 15 | 教育程度　▼ | 百分比 | 人數 | | | | | |
| 16 | 大專 | 38.67% | 58 | | | | | |
| 17 | 大專以上 | 34.00% | 51 | | 此次受訪者的教育程度以大專學歷 | | | |
| 18 | 高中 | 12.67% | 19 | | 居多，其次為大專以上，而此二族 | | | |
| 19 | 國中 | 14.67% | 22 | | 群也正好是對設計類雜誌比較有需 | | | |
| 20 | 總計 | 100.00% | 150 | | 求的 | | | |

根據統計出來的結果，可加註說明與分析

| | A | B | C | D | E | F | G | H |
|---|---|---|---|---|---|---|---|---|
| 22 | 職業分析 ▼ | 百分比 | 人數 | | | | | |
| 23 | 金融 | 16.00% | 24 | | | | | |
| 24 | 教職員 | 14.00% | 21 | | | | | |
| 25 | 資訊 | 10.67% | 16 | | | | | |
| 26 | 製造 | 9.33% | 14 | | | | | |
| 27 | 廣告設計 | 32.00% | 48 | | | | | |
| 28 | 學生 | 14.00% | 21 | | | 職業的分析結果以從事廣告設計者最 | | |
| 29 | 其他 | 4.00% | 6 | | | 多，其次則為金融與教職員和學生。 | | |
| 30 | 總計 | 100.00% | 150 | | | | | |
| 31 | | | | | | | | |
| 32 | 收入分析 ▼ | 百分比 | 人數 | | | | | |
| 33 | 16,000以下 | 14.67% | 22 | | | | | |
| 34 | 16,001～30,000 | 37.33% | 56 | | | | | |
| 35 | 30,001～50,000 | 34.67% | 52 | | | | | |
| 36 | 50,001以上 | 13.33% | 20 | | | | | |
| 37 | 總計 | 100.00% | 150 | | | | | |

　　統計了基本資料後，要統計「最受歡迎的設計類雜誌」、「分析購買設計類雜誌時的主要考量因素」以及「通常會在哪些地方購買設計類雜誌」，相信應該都難不倒您，請試著依上述方法完成這幾項分析，您可以參考範例檔案 Ch12-04 的**問題分析**工作表。

| | A | B | C | D | E | F | G | H |
|---|---|---|---|---|---|---|---|---|
| 1 | | | | | | 問題分析 | | |
| 2 | | | | | | | | |
| 3 | **最常購買** ▼ | **百分比** | **人數** | | | | | |
| 4 | 包裝設計 | 16.67% | 25 | | | 廣告設計、平面設計與包裝設計是 | | |
| 5 | 平面設計 | 18.00% | 27 | | | 最多人購買的設計雜誌，我們可朝這 | | |
| 6 | 多媒體 | 6.00% | 9 | | | 三大方向來開發 | | |
| 7 | 其他 | 2.00% | 3 | | | | | |
| 8 | 居家設計 | 7.33% | 11 | | | | | |
| 9 | 服裝設計 | 8.67% | 13 | | | | | |
| 10 | 空間規劃 | 10.00% | 15 | | | | | |
| 11 | 建築設計 | 10.00% | 15 | | | | | |
| 12 | 廣告設計 | 21.33% | 32 | | | | | |
| 13 | **總計** | 100.00% | 150 | | | | | |
| 14 | | | | | | | | |
| 15 | **主要考量** ▼ | **百分比** | **人數** | | | | | |
| 16 | 本期專題報導 | 32.67% | 49 | | | | | |
| 17 | 名人推薦 | 8.00% | 12 | | | 從消費者購買的主要考量因素來分 | | |
| 18 | 有無贈品優惠券 | 5.33% | 8 | | | 析，最重視的要素是當期的專題報 | | |
| 19 | 其他 | 2.67% | 4 | | | 導主題，其次是頁數多寡，再來才 | | |
| 20 | 版面編排美觀 | 8.67% | 13 | | | 是價格考量，所以開發新雜誌，這 | | |
| 21 | 頁數多寡 | 28.00% | 42 | | | 三點應該做為主要的重點 | | |
| 22 | 價格實惠 | 14.67% | 22 | | | | | |
| 23 | **總計** | 100.00% | 150 | | | | | |

| | A | B | C | D | E | F | G | H |
|---|---|---|---|---|---|---|---|---|
| 25 | **購買地點** ▼ | **百分比** | **人數** | | | | | |
| 26 | 一般書局 | 28.00% | 42 | | | 由消費者的購買地點來看，可以提 | | |
| 27 | 其他 | 7.33% | 11 | | | 供我們往後舖貨通路的參考。此次 | | |
| 28 | 便利商店 | 14.67% | 22 | | | 問卷結果可看出消費者已習慣從網 | | |
| 29 | 連鎖書店 | 17.33% | 26 | | | 路商店購買，其次為一般書局，因 | | |
| 30 | 網路書店 | 32.67% | 49 | | | 此日後須鞏固這兩個主要通路 | | |
| 31 | **總計** | 100.00% | 150 | | | | | |

## ▍多個欄位的分析

剛才我們所介紹的樞紐分析表都只有針對單一欄位進行統計,若是想分析兩個以上的欄位該怎麼做呢?在此我們以「不同年齡層購買設計雜誌的種類是否有差異?」這個問題來進行分析。

請繼續使用範例檔案 Ch12-04 的**問卷調查**工作表,按下**插入**頁次**表格**區的**樞紐分析表**鈕,再如下操作:

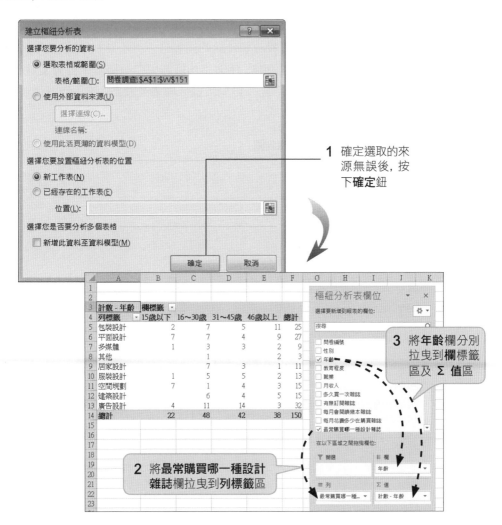

由以上的統計結果,我們可以得知 16~45 歲的主要消費者以購買**廣告設計**及**包裝設計**雜誌為最多,可開啟範例檔案 Ch12-05 的**年齡與雜誌喜好分析**工作表觀看結果。

# 12-4 將調查結果製成圖表

雖然從樞紐分析表中，我們可以得知各項統計的結果，但是想要更清楚地表達分析的結果，將資料繪製成圖表是再好不過了。

## 繪製樞紐分析圖

請繼續使用範例檔案 Ch12-05 的**年齡與雜誌喜好分析**工作表，在此我們要將上一節分析出來的「不同年齡層對於購買設計類雜誌的種類是否有差異？」繪製成樞紐分析圖。請選取樞紐分析表中的任一個儲存格，然後將功能區切換至**樞紐分析表工具/分析**頁次，再按下**工具**區的**樞紐分析圖**鈕，此時會開啟**插入圖表**交談窗，讓我們選擇要建立的圖表類型：

**1** 選擇您要的圖表類型, 例如**直條圖**中的**群組直條圖**

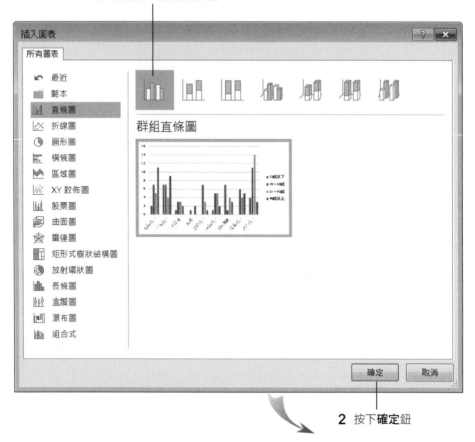

**2** 按下**確定**鈕

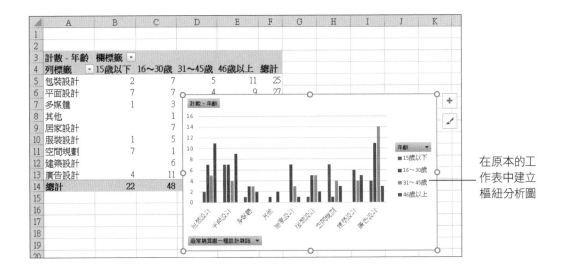

在原本的工作表中建立樞紐分析圖

TIP 選取樞紐分析表中的任一個儲存格後, 按下 F11 鍵, 可快速在新工作表中建立樞紐分析圖。

## 移動圖表

若您想將圖表搬移到單獨的工作表中, 請切換至**樞紐分析圖工具/設計**頁次, 按下**位置**區的**移動圖表**鈕, 或在**圖表**區的邊框上按右鈕, 執行『**移動圖表**』命令：

請選擇此項將圖表移至新的工作表中, 再按下**確定**鈕

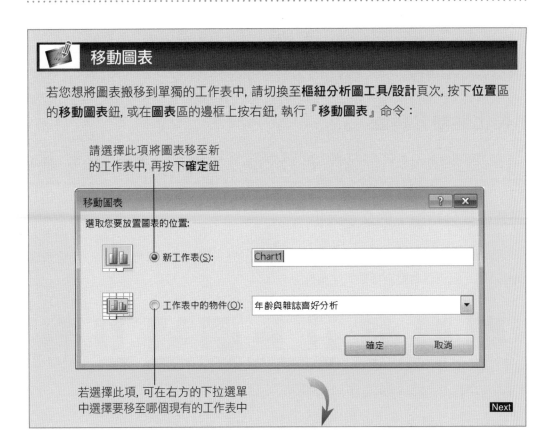

若選擇此項, 可在右方的下拉選單中選擇要移至哪個現有的工作表中

Next

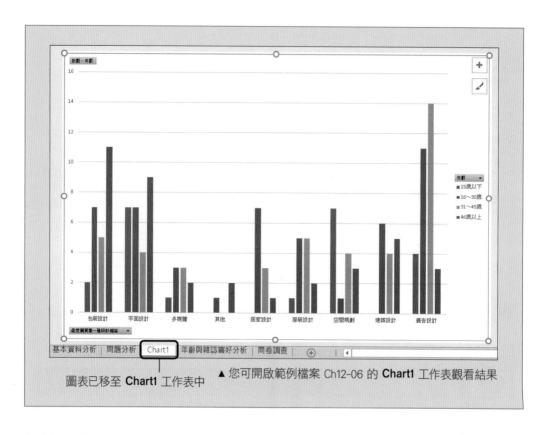

圖表已移至 **Chart1** 工作表中　　　▲ 您可開啟範例檔案 Ch12-06 的 **Chart1** 工作表觀看結果

# 美化樞紐分析圖

建立好的樞紐分析圖可能不夠美觀, 例如座標軸的文字太小、圖形不夠立體、圖表沒有標題、…等, 現在我們就來看看如何美化樞紐分析圖。

## 調整樞紐分析圖中的文字大小

要調整樞紐分析圖中的文字大小, 只要選取文字, 再切換到**常用**頁次下, 由**字型**區調整即可。底下以調整座標軸文字為例:

**1** 在此按一下, 即可選取整個座標軸文字

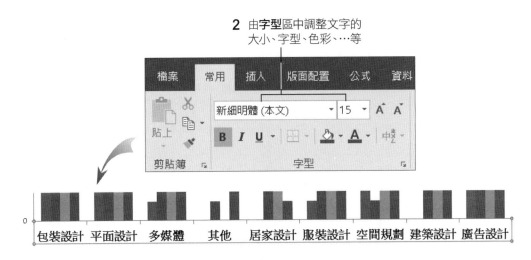

你可以用同樣的做法, 調整垂直座標軸及圖例的文字格式。

## 顯示圖表標題

剛才建立好的圖表, 只有顯示圖例、水平及垂直座標軸, 我們還希望能夠列出圖表標題及水平/垂直座標軸的標題, 讓瀏覽的人更容易了解圖表所表達的資訊。

要顯示圖表標題或是水平/垂直座標軸的標題, 有一個比較快速的做法, 就是在選定圖表後, 切換到**設計**頁次, 從**圖表版面配置**區中選擇合適的版面配置:

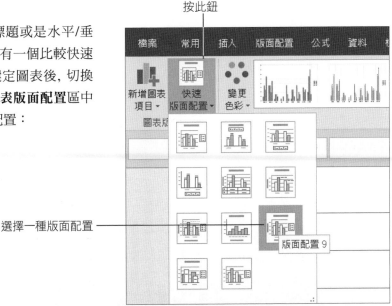

你可以由縮圖中大致看出圖形包含哪些資訊, 例如選擇**版面配置 9**, 就含有圖表標題、水平/垂直座標軸標題、圖例等資訊。

垂直座標軸標題　　　　　　　　　　圖表標題

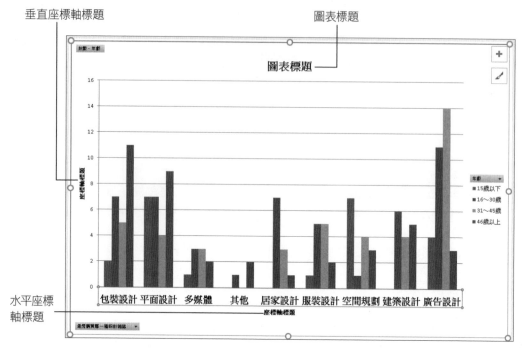

Excel 自動幫我們建立好圖表標題、水平/垂直座標軸標題的文字方塊後, 你只要在文字上雙按, 即可修改成你要顯示的文字, 再切換到**常用**頁次的**字型**區進行美化。

在此雙按即可修改標題文字

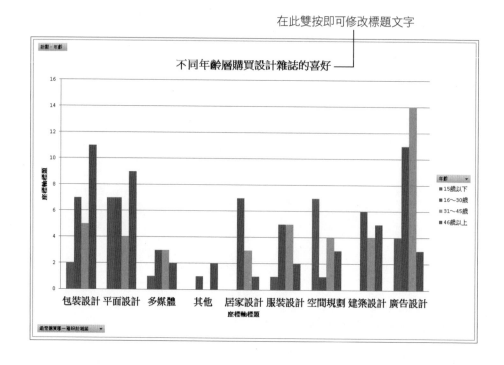

不過垂直座標軸的標題為橫向排列不易閱讀, 你可以如下改成垂直標題:

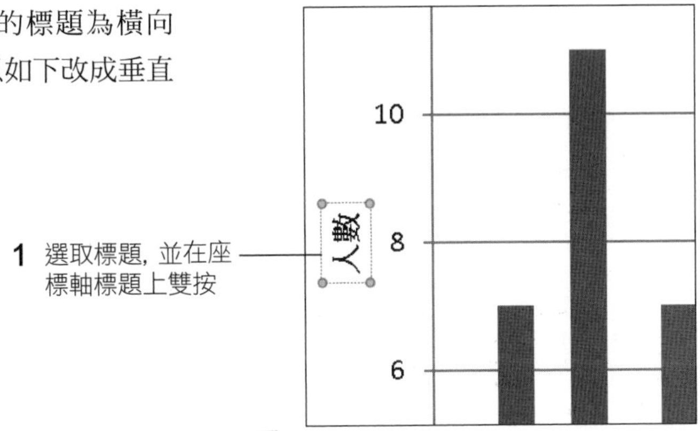

**1** 選取標題, 並在座標軸標題上雙按

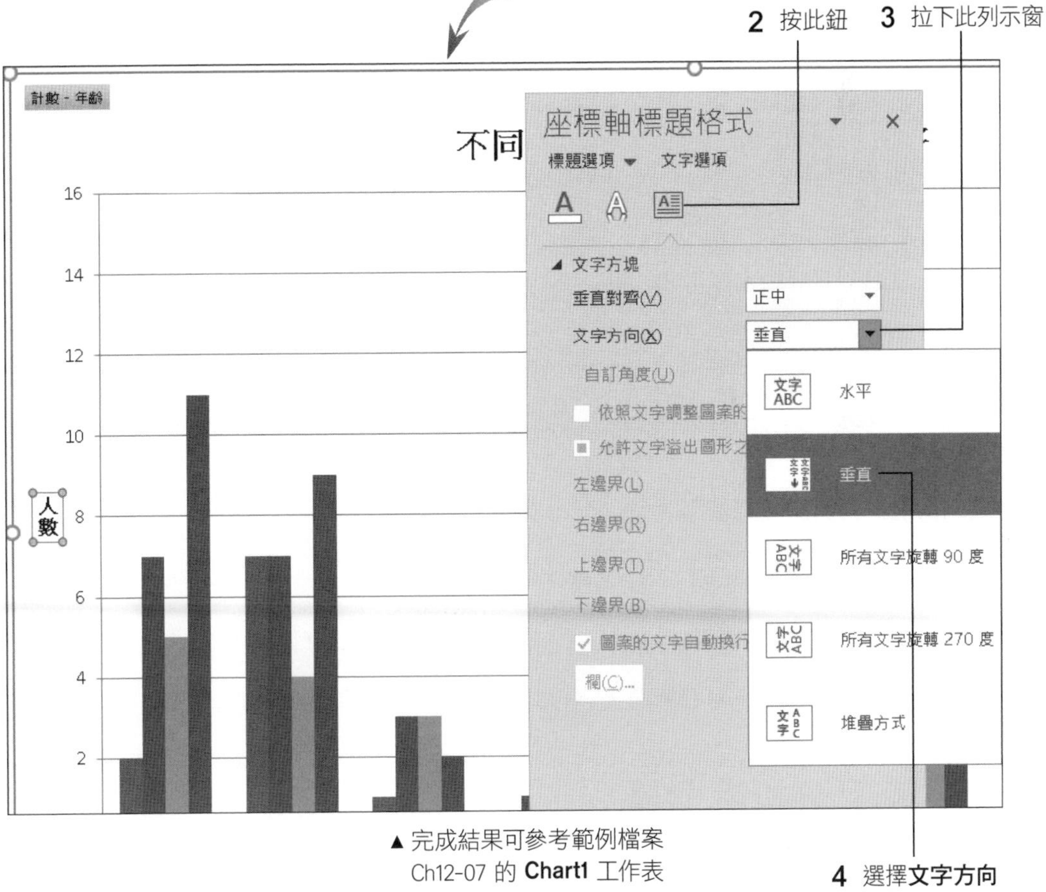

**2** 按此鈕　**3** 拉下此列示窗

計數 - 年齡

不同

座標軸標題格式

標題選項 ▼　文字選項

文字方塊

垂直對齊(V)　正中
文字方向(X)　垂直

自訂角度(U)
依照文字調整圖案的
允許文字溢出圖形之
左邊界(L)
右邊界(R)
上邊界(T)
下邊界(B)
圖案的文字自動換行
欄(C)...

水平
垂直
所有文字旋轉 90 度
所有文字旋轉 270 度
堆疊方式

▲ 完成結果可參考範例檔案 Ch12-07 的 **Chart1** 工作表

**4** 選擇**文字方向**

12-21

## 12-5 | 利用「交叉分析篩選器」做交叉比對分析

　　雖然樞紐分析表可以很靈活的統計出我們需要的資料, 但遇到需要交叉比對分析的狀況, 樞紐分析表還是略顯不足, 這時候我們可以利用**交叉分析篩選器**來做輔助。請開啟範例檔案 Ch12-08, 切換到**交叉分析**工作表, 其中是各年齡層最常購買的設計類雜誌統計:

| 計數 - 年齡 | 欄標籤 ▾ | | | | |
|---|---|---|---|---|---|
| 列標籤 ▾ | 15歲以下 | 16～30歲 | 31～45歲 | 46歲以上 | 總計 |
| 包裝設計 | 2 | 7 | 5 | 11 | 25 |
| 平面設計 | 7 | 7 | 4 | 9 | 27 |
| 多媒體 | 1 | 3 | 3 | 2 | 9 |
| 其他 | | 1 | | 2 | 3 |
| 居家設計 | | 7 | 3 | 1 | 11 |
| 服裝設計 | 1 | 5 | 5 | 2 | 13 |
| 空間規劃 | 7 | 1 | 4 | 3 | 15 |
| 建築設計 | | 6 | 4 | 5 | 15 |
| 廣告設計 | 4 | 11 | 14 | 3 | 32 |
| 總計 | 22 | 48 | 42 | 38 | 150 |

　　但是現在我們還想繼續深入做以下 3 種分析:

● 男、女性對設計雜誌的喜好有無差異?

● 想了解女性, 且教育程度大專 (或以上) 最常買的設計雜誌?

● 教育程度大專 (或以上), 且月收入 3 萬元以上的族群較喜好哪些設計雜誌?

## ▌插入交叉分析篩選器

　　像這種需要交叉分析多項欄位的情況, 只要請出**交叉分析篩選器**, 就能在同一個樞紐分析表中快速統計出我們想要的資料, 一起來看看要怎麼做吧!

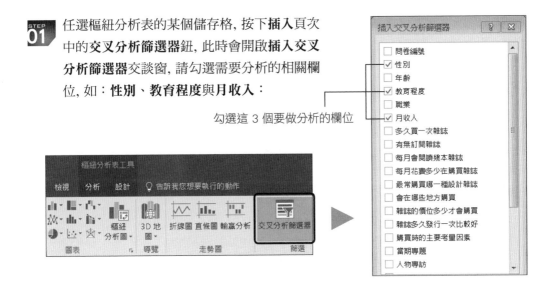

STEP 01 任選樞紐分析表的某個儲存格, 按下**插入**頁次中的**交叉分析篩選器**鈕, 此時會開啟**插入交叉分析篩選器**交談窗, 請勾選需要分析的相關欄位, 如：**性別、教育程度**與**月收入**：

勾選這 3 個要做分析的欄位

STEP 02 按下**確定**鈕, 此時工作表上就會出現 3 個如下的**交叉分析篩選器**：

這裡是**交叉分析篩選器**的欄位名稱

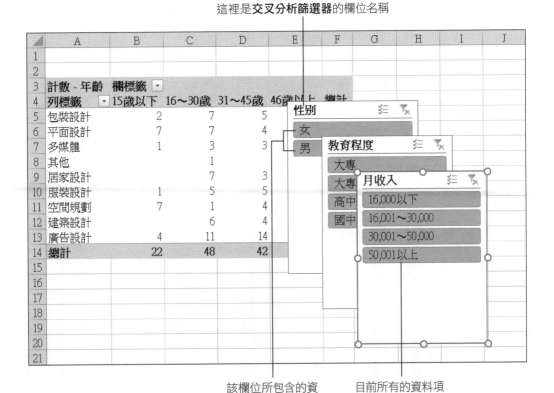

該欄位所包含的資料項目會列示出來

目前所有的資料項目都是選取狀態

目前**交叉分析篩選器**的位置重疊了,請拉曳**交叉分析篩選器**的邊框來搬移它的位置, 在此我們將它們排列如下:

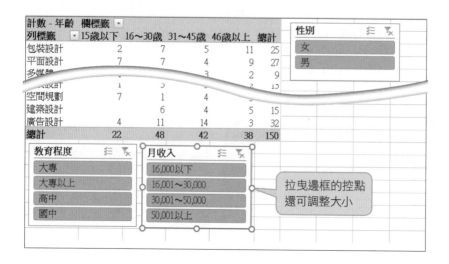

| 計數 - 年齡 | 欄標籤 | | | | |
|---|---|---|---|---|---|
| 列標籤 | 15歲以下 | 16～30歲 | 31～45歲 | 46歲以上 | 總計 |
| 包裝設計 | 2 | 7 | 5 | 11 | 25 |
| 平面設計 | 7 | 7 | 4 | 9 | 27 |
| 多媒體 | | 3 | | 2 | 9 |
| | 1 | 5 | | 5 | 15 |
| 空間規劃 | 7 | 1 | 4 | | 15 |
| 建築設計 | | 6 | 4 | 5 | 15 |
| 廣告設計 | 4 | 11 | 14 | 3 | 32 |
| 總計 | 22 | 48 | 42 | 38 | 150 |

性別

女
男

教育程度

大專
大專以上
高中
國中

月收入

16,000以下
16,001～30,000
30,001～50,000
50,001以上

拉曳邊框的控點
還可調整大小

現在可以開始做分析了!首先是想知道 "男、女性對設計雜誌的喜好有無差異?", 你只要點選**性別 交叉分析篩選器**中的**女**項目, 樞紐分析表馬上會更新為只統計女性的結果;相反的, 若是點選**男**項目, 馬上又會更新為只統計男性的結果:

| 計數 - 年齡 | 欄標籤 | | | | |
|---|---|---|---|---|---|
| 列標籤 | 15歲以下 | 16～30歲 | 31～45歲 | 46歲以上 | 總計 |
| 包裝設計 | 1 | 4 | 1 | 5 | 11 |
| 平面設計 | 3 | 5 | | 5 | 13 |
| 多媒體 | | | 1 | 2 | 3 |
| 其他 | | 1 | | 1 | 2 |
| 居家設計 | | 4 | 1 | | 5 |
| 服裝設計 | | 2 | 2 | | 4 |
| 空間規劃 | 2 | | | 3 | 5 |
| 建築設計 | | 2 | 2 | 2 | 6 |
| 廣告設計 | | 3 | 8 | 2 | 13 |
| 總計 | 6 | 21 | 15 | 20 | 62 |

性別

**女**
男

▲ 點選**女**項目
的統計結果

| 計數 - 年齡 | 欄標籤 | | | | |
|---|---|---|---|---|---|
| 列標籤 | 15歲以下 | 16～30歲 | 31～45歲 | 46歲以上 | 總計 |
| 包裝設計 | 1 | 3 | 4 | 6 | 14 |
| 平面設計 | 4 | 2 | 4 | 4 | 14 |
| 多媒體 | 1 | 3 | 2 | | 6 |
| 其他 | | | | 1 | 1 |
| 居家設計 | | 3 | 2 | 1 | 6 |
| 服裝設計 | 1 | 3 | 3 | 2 | 9 |
| 空間規劃 | 5 | 1 | 4 | | 10 |
| 建築設計 | | 4 | 2 | 3 | 9 |
| 廣告設計 | 4 | 8 | 6 | 1 | 19 |
| 總計 | 16 | 27 | 27 | 18 | 88 |

性別

女
**男**

▲ 點選**男**項目的統計結果

**STEP 05** 接下來更神奇了！還想知道 "女性, 且教育程度大專 (或以上) 最常買的設計雜誌？", 只要點選**性別交叉分析篩選器**中的**女**項目, 以及**教育程度交叉分析篩選器**中的**大專**和**大專以上**, 統計結果馬上又出爐了：

要選取一個以上的資料項目, 可按住 Ctrl 鍵再一一點選

**STEP 06** 最後一個 "教育程度大專 (或以上), 且月收入 3 萬元以上的族群較喜好哪些設計雜誌？" 相信你知道該怎麼辦了吧！請參考下圖：

**TIP** 按下**交叉分析篩選器**右上角的**清除篩選**鈕, 也可恢復成選取每個資料項目。

**教育程度**選擇**大專**和**大專以上**

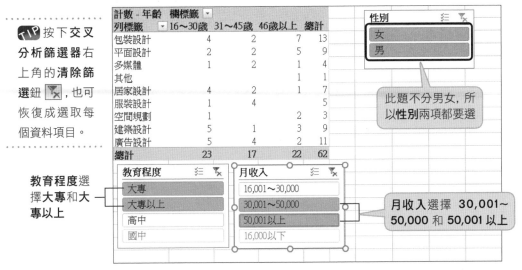

▲ 統計結果, 包裝、廣告設計票數較多

# 交叉分析篩選器的美化與刪除

進行到此, 您一定覺得**交叉分析篩選器**真是太方便了！底下我們再學學有關交叉分析篩選器的美化技巧。

接續上例或開啟範例檔案 Ch12-09, 當你選取**交叉分析篩選器**時, 會自動顯示**交叉分析篩選器工具/選項**頁次, 切換到其中可套用各種樣式, 以及調整**交叉分析篩選器**的大小、欄位等設定：

性別套用淺色 2 樣式　　月收入套用淺色 5 樣式, 且欄位改成 2 欄

▲ 調整結果可參考範例檔案 Ch12-10

教育程度套用淺色 3 樣式, 且欄位改成 4 欄

而若是不再需要**交叉分析篩選器**, 只要選取**交叉分析篩選器**並按下 Delete 鍵, 即可刪除該**交叉分析篩選器**, 且樞紐分析表也會恢復原本的統計數據。

## 後記

市場調查的應用相當廣泛, 尤其是以問卷來做調查的形式, 大部分的人應該都接觸過。看完這一章, 相信您就能概略地了解別人是如何分析問卷資料的。只要善用**樞紐分析表和交叉分析篩選器**, 就能用 Excel 完成問卷調查並獲得有用的資訊, 不必額外購買及學習其他統計軟體。

# 實力評量

1. **美美食品公司**調配了一種新的餅乾口味, 為了解顧客對新口味的評價, 在各大百貨公司舉辦填問卷試吃活動, 以做為是否上市的依據。回收的有效問卷共 60 筆, 已請行政專員將問卷依編號建立完成, 接下來, 請完成下列的統計分析:

---

### 餅乾口味調查

您好, 這是美美公司新開發的餅乾, 為了解新產品在市場上的接受度, 舉辦填問卷吃美味的活動, 希望藉由您的寶貴意見來改善新產品。

基本資料:

性別: a1 □ 男　a2 □ 女
年齡: b1 □ 12 歲以下　b2 □ 13-25 歲　b3 □ 26-35 歲　b4 □ 36-45 歲
　　　b5 □ 46 歲以上
職業: c1 □ 學生　c2 □ 教職員　c3 □ 商　c4 □ 工　c5 □ 服務業
　　　c6 □ 自由業
月收入: d1 □ 16,000 元以下　d2 □ 16,001-30,000元　d3 □ 30,001-50,000元
　　　　d4 □ 50,001 元以上

---

1. 請任選一種您最喜歡的餅乾口味:

11 □ 抹茶　12 □ 紅豆　13 □ 巧克力　14 □ 奶油　15 □ 藍莓　16 □ 起司

2. 您希望一盒 6 包裝的小餅乾, 可以接受的價位在多少?

21 □ 20 元以下　22 □ 21-30 元　23 □ 31-40 元　24 □ 41-50 元　25 □ 50 元以上

3. 您最常在哪裡購買餅乾?

31 □ 便利商店　32 □ 超市　33 □ 福利社　34 □ 大賣場

4. 最喜歡吃哪種口感的餅乾?

41 □ 香酥　42 □ 薄脆　43 □ 入口即化

進行到此, 請訪員拿出試吃的巧克力餅乾給受訪者, 在受訪者試吃後, 繼續進行以下的作答:

5. 試吃新產品後, 您覺得味道如何?

51 □ 太脆　52 □ 太硬　53 □ 太甜　54 □ 黏牙　55 □ 味道不夠
56 □ 其他_____

6. 您覺得新產品適合哪一種包裝?

61 □ 散裝　62 □ 單片包裝　63 □ 二片裝　64 □ 盒裝

7. 您希望新產品的外包裝為哪種樣式?

71 □ 卡通人物　72 □ 花草系列　73 □ 風景畫　74 □ 明星代言

---

▲ 問卷內容

(1) 請開啟練習檔案 Ex12-01, 將問卷資料取代成對應的欄位名稱, 例如 "a1" 取代為 "男", "a2" 取代為 "女"…依此類推, 您可開啟 Ex12-01.docx 來查看各編號的對應欄位。

(2) 請開啟練習檔案 Ex12-02, 在**性別統計**工作表中, 統計受訪者的性別, 是男生居多還是女生居多, 並以百分比顯示。

(3) 為決定產品未來的通路管道, 請統計出受訪者最常在哪裡購買餅乾, 並將統計後的結果存放在**通路管道**工作表。

(4) 同樣使用練習檔案 Ex12-02, 統計 "男生跟女生喜歡的口味是否相同", 並將統計結果存放在**喜好口味**工作表中, 繪製如下的樞紐分析圖。

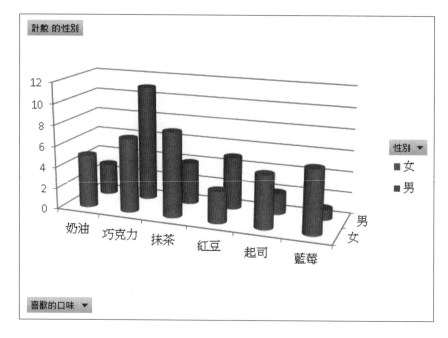

(5) 請將上題所繪製的樞紐分析圖套上**版面配置 5** 的版面, 並修改成如下圖的圖表及座標軸標題。

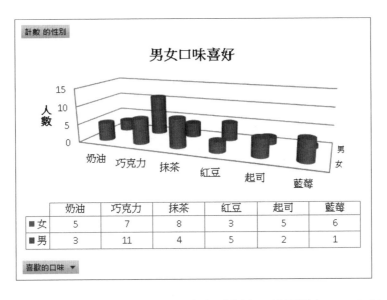

計數 的性別

**男女口味喜好**

人數

| | 奶油 | 巧克力 | 抹茶 | 紅豆 | 起司 | 藍莓 |
|---|---|---|---|---|---|---|
| ■女 | 5 | 7 | 8 | 3 | 5 | 6 |
| ■男 | 3 | 11 | 4 | 5 | 2 | 1 |

喜歡的口味 ▼

2. **美美食品公司**的行銷部門做了下面這張樞紐分析表 (練習檔案 Ex12-03), 請利用**交叉分析篩選器**幫助行銷部門做出下列分析:

| 計數 - 喜歡的口味 | 欄標籤 ▼ | | | | | | |
|---|---|---|---|---|---|---|---|
| 列標籤 ▼ | 奶油 | 巧克力 | 抹茶 | 紅豆 | 起司 | 藍莓 | 總計 |
| 女 | 7 | 14 | 12 | 5 | 5 | 8 | 51 |
| 男 | 5 | 17 | 6 | 8 | 2 | 1 | 39 |
| 總計 | 12 | 31 | 18 | 13 | 7 | 9 | 90 |

(1) 26~45 歲消費者對各種口味的喜好統計。

| 計數 - 喜歡的口味 | 欄標籤 ▼ | | | | | | |
|---|---|---|---|---|---|---|---|
| 列標籤 ▼ | 奶油 | 巧克力 | 抹茶 | 紅豆 | 起司 | 藍莓 | 總計 |
| 女 | | 5 | 7 | 1 | 2 | 6 | 21 |
| 男 | 3 | 11 | 3 | 5 | 1 | | 23 |
| 總計 | 3 | 16 | 10 | 6 | 3 | 6 | 44 |

| 年齡 | |
|---|---|
| 12歲以下 | |
| 13-25歲 | |
| 26-35歲 | |
| 36-45歲 | |
| 46歲以上 | |

(2) 比較一下各種職業對口味的喜好差異。

# 13 人事薪資系統 - 建立篇

---

**本章學習提要**

- 建立員工基本資料與參考表格
- 為查表範圍定義名稱
- 利用 VLOOKUP 函數查詢扣繳稅額及勞、健保費
- 計算應付薪資

每個月發薪水時, 就是上班族最快樂的時候, 辛勞工作一個月總算有了代價。然而, 對於會計人員來說, 計算公司員工薪水的繁雜工作卻是件辛苦的差事, 例如要查詢每個人應扣的所得稅、健保、勞保費用, 建立並列印每個人的薪資明細表等等。

　　本章將帶您活用 VLOOKUP 函數, 建立一個可自動計算薪資的系統, 以減化人工查詢扣繳費用及核算實際應付薪資的工作, 請大家準備好 Excel, 和我們一起來建立這樣的系統吧!

▲ 透過 Excel 的處理, 我們可以輕鬆製作全公司的薪資表

▲ 健保費查詢表

▲ 員工基本資料

▲ 勞保費查詢表

▲ 所得稅查詢表

TIP 勞保負擔金額表工作表中的資料, 是以一般受雇勞工保險普通事故及就業保險合計之保險費為例, 若是外籍勞工、65 歲以上、15 歲以下勞工則另有不同的費率。

# 13-1 | 建立員工及查表資料

俗話說的好「萬丈高樓平地起」，無論 Excel 的功能多麼強大，沒有資料的 Excel 還是無用武之地，所以我們得先將要處理的資料 (員工基本資料)，及一些必備的參考表格 (如：稅金扣繳金額表、勞健保負擔金額表...等) 輸入到工作表中。

## ▌建立員工基本資料表

請開啟範例檔案 Ch13-01 的**員工基本資料**工作表，這裡有我們事先準備好的員工資料：

► 為了避免資料在捲動時，無法對照標題，因此我們在工作表中做了凍結窗格，讓前 2 列固定在畫面上

| | A | B | C | D | E | F |
|---|---|---|---|---|---|---|
| 1 | SoGood 公司員工基本資料 | | | | | |
| 2 | 員工姓名 | 部門 | 銀行帳號 | 扶養人數 | 健保眷口人數 | 本薪 |
| 3 | 吳美麗 | 產品部 | 205-163401 | 2 | 2 | 36000 |
| 4 | 呂小婷 | 財務部 | 205-161403 | 0 | 0 | 39540 |
| 5 | 林裕暐 | 財務部 | 205-163561 | 1 | 0 | 26000 |
| 6 | 徐誌明 | 電腦室 | 205-161204 | 1 | 2 | 33000 |
| 7 | 鍾小評 | 產品部 | 205-163303 | 2 | 2 | 40000 |
| 8 | 沈威威 | 電腦室 | 205-163883 | 3 | 2 | 55000 |
| 9 | 施慧慧 | 財務部 | 205-163425 | 3 | 1 | 53000 |

員工基本資料 | 所得扣繳稅額表 | 勞保負擔金額表 | 健保負擔金額表

## ▌建立所得扣繳、勞健保分擔表

我們的薪資都必須先依據國稅局、健保局、及勞保局公佈的「薪資所得扣繳稅額表」、「健保保險費負擔金額表」、「勞保普通事故保險費分擔金額表」來做薪資扣除。會計人員可以到相關單位的網站去下載這些表格，再調整成自己習慣的版面配置。在此，為了節省各位蒐集表格、輸入資料的時間，我們已經事先將這 3 個表格輸入好了，您可以切換到範例檔案 Ch13-01 中的**所得扣繳稅額表**、**健保負擔金額表**與**勞保負擔金額表**等工作表來查看：

| | B | C | D | E | F | G | H | I |
|---|---|---|---|---|---|---|---|---|
| 1 | 全民健康保險保險費負擔金額表 | | | | | | | |
| 2 | 〔公、民營事業、機構及有一定雇主之受僱者適用〕 | | | | | | | |
| 3 | | | | | | | | 單位：新台幣元 |
| 4 | 投保金額等級 | 月投保金額 | 被保險人及眷屬負擔金額〔負擔比率30%〕 | | | | 投保單位負擔金額〔負擔比率60%〕 | 政府補助金額〔補助比率10%〕 |
| 5 | | | 本人 | 本人+1眷口 | 本人+2眷口 | 本人+3眷口 | | |
| 6 | 1 | 20,008 | 282 | 564 | 846 | 1,128 | 906 | 151 |
| 7 | 2 | 20,100 | 283 | 566 | 849 | 1,132 | 911 | 152 |
| 8 | 3 | 21,000 | 295 | 590 | 885 | 1,180 | 951 | 159 |
| 9 | 4 | 21,900 | 308 | 616 | 924 | 1,232 | 992 | 165 |
| 10 | 5 | 22,800 | 321 | 642 | 963 | 1,284 | 1,033 | 172 |
| 11 | 6 | 24,000 | 338 | 676 | 1,014 | 1,352 | 1,087 | 181 |

員工基本資料 | 所得扣繳稅額表 | 勞保負擔金額表 | 健保負擔金額表

可在此切換各項參考表格的資料

以上這些參考表格，隨時都有可能會更新，您可以到健保局、勞保局或國稅局的網站查詢最新資訊，並且更新參考表格的內容。

| 政府單位 | 網址 |
|---|---|
| 衛生福利部中央健康保險署 | http://www.nhi.gov.tw |
| 健保保險費率負擔金額表下載 | http://www.nhi.gov.tw/webdata/webdata.aspx?menu=18&menu_id=679&webdata_id=3615 |
| 勞工保險局 | http://www.bli.gov.tw/ |
| 勞工保險投保分擔金額表 | http://www.bli.gov.tw/sub.aspx?a=UA2ZR%2bHjzD4%3d |
| 財政部賦稅署 | http://www.dot.gov.tw |
| 薪資所得扣繳稅額表 | http://www.dot.gov.tw/dot/home.jsp?mserno=200912140006&serno=200912140020&menudata=DotMenu&contlink=ap/law/lawrulesshow.jsp?mclass=200912100002&mname=201212050001&level2=Y |

## ▌費率分擔表的用法

剛才所介紹的參考表格是用來查詢每個人每月應扣的所得稅及健、勞保費用。會計人員會依據每個人的薪水、扶養人數、健保眷口人數等，來求得每個月應扣除的各項費用。

舉個例子來說明：假設楊大寶的本薪為 70,000 元，並有主管職務津貼 7,200 元，扶養人數為 1 人，現在要查楊大寶應扣的所得稅：

**STEP 01** 先計算楊大寶這個月的薪資總額：

薪資總額 = 本薪 + 職務津貼

= 70,000 + 7,200

= 77,200

**STEP 02** 切換到**所得扣繳稅額表**工作表，在 A 欄中找出楊大寶薪資所得 (77,200) 所屬的級距，發現其值介於 A18 與 A19 儲存格 (也可由 I 欄查詢得知其薪資所得範圍位於 77,001 至 77,500 之間 )，由於所得稅是取較低的級距，為了能讓 EXCEL 自動計算，因此 A 欄只列出範圍間最小值，所以找到 A18 儲存格。

**STEP 03** 再根據楊大寶扶養的人數 (1 人)，找到其應扣所得稅為 0 元。

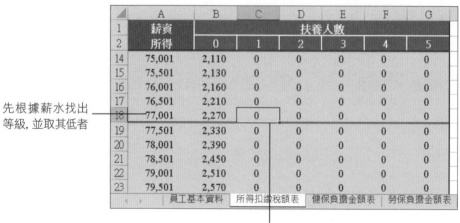

先根據薪水找出
等級, 並取其低者

| | A 薪資 所得 | B | C 0 | D 1 | E 2 | F 3 | G 4 | 5 |
|---|---|---|---|---|---|---|---|---|
| | | | | 扶養人數 | | | | |
| 14 | 75,001 | 2,110 | 0 | 0 | 0 | 0 | 0 | |
| 15 | 75,501 | 2,130 | 0 | 0 | 0 | 0 | 0 | |
| 16 | 76,001 | 2,160 | 0 | 0 | 0 | 0 | 0 | |
| 17 | 76,501 | 2,210 | 0 | 0 | 0 | 0 | 0 | |
| 18 | 77,001 | 2,270 | 0 | 0 | 0 | 0 | 0 | |
| 19 | 77,501 | 2,330 | 0 | 0 | 0 | 0 | 0 | |
| 20 | 78,001 | 2,390 | 0 | 0 | 0 | 0 | 0 | |
| 21 | 78,501 | 2,450 | 0 | 0 | 0 | 0 | 0 | |
| 22 | 79,001 | 2,510 | 0 | 0 | 0 | 0 | 0 | |
| 23 | 79,501 | 2,570 | 0 | 0 | 0 | 0 | 0 | |

員工基本資料 | 所得扣繳稅額表 | 健保負擔金額表 | 勞保負擔金額表

再根據扶養人數找出應扣繳的所得稅

　　勞、健保費用也是用相同的方法查詢, 且勞、健保的負擔金額表都有其最高的上限, 若是薪資總額超過該上限, 則所要負擔的費用仍然是以最高的級距為主。以楊大寶的薪資 77,200 為例, 可分別找到**健保負擔金額表**的 E36 及**勞保負擔金額表**的 B22 儲存格。

> **TIP** 在二代健保中, 當員工的全年累計獎金超過**當月投保金額**的 4 倍時, 才需要支付補充保費, 此例為一般領固定薪水的員工, 沒有領獎金, 因此不需額外計算, 在 13-4 節會解說如何計算獎金的補充保險費。

楊大寶要扣繳的健保費

楊大寶要扣繳的勞保費

# 為查表範圍定義名稱

以本例而言, 要計算員工的薪資, 我們得依序查詢**所得扣繳稅額表、健保負擔金額表**以及**勞保負擔金額表**等工作表中的資料, 不過這幾個工作表中的資料範圍都很大, 為了避免待會兒查表時暈頭轉向, 我們先為這幾個查表範圍定義好**名稱**, 這樣在進行函數或公式運算時會比較清楚易懂。

為儲存格定義名稱的技巧, 我們在前面幾章都已經學過了, 所以我們直接將定義好的名稱列在右表中, 讓你做對照。

| 定義的名稱 | 工作表名稱 | 資料範圍 |
|---|---|---|
| 員工姓名 | 員工基本資料 | A3：A32 |
| 員工基本資料 | 員工基本資料 | A3：F32 |
| 所得稅額表 | 所得扣繳稅額表 | A3：G67 |
| 健保負擔表 | 健保負擔金額表 | C6：G57 |
| 勞保負擔表 | 勞保負擔金額表 | A3：C22 |

## 查詢已定義的儲存格名稱

要查看活頁簿中所有定義的名稱, 你可以切換到**公式**頁次, 按下**已定義之名稱**區的**名稱管理員**來查看。

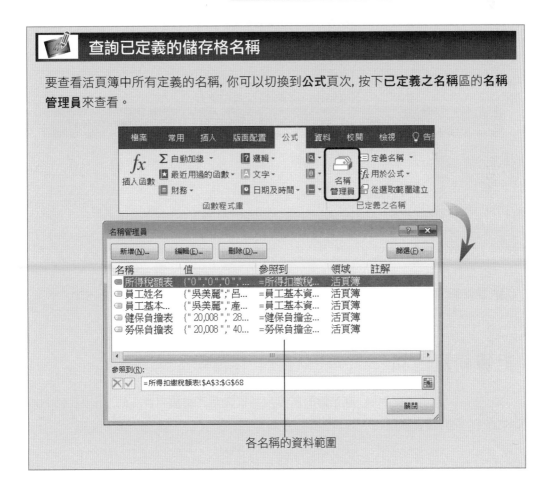

各名稱的資料範圍

## 13-2 | 自動查詢所得稅及勞健保費

準備工作告一段落後, 接下來我們來看看如何讓 Excel 自動到這 3 個工作表中查詢應扣費用。

請開啟範例檔案 Ch13-02, 並切換到**薪資表**工作表, 這一節我們要完成如下的工作:

❶ 完成**薪資總額**欄的計算 ( = 本薪 + 職務津貼)。

❷ 計算每個人的應扣所得稅。

❸ 計算應付健保費用。

❹ 計算應付勞保費用。

在本節中, 我們要教您設計公式, 自動填入這 4 欄的資料

| | A | B | C | D | E | F | G | H | I | J |
|---|---|---|---|---|---|---|---|---|---|---|
| 1 | SoGood 公司員工薪資表 | | | | | | | | | |
| 2 | 員工姓名 | 本薪 | 職務津貼 | 薪資總額 | 所得稅 | 健保 | 勞保 | 請假 | 應扣小計 | 應付薪資 |
| 3 | 吳美麗 | 36000 | 3200 | | | | | 300 | | |
| 4 | 呂小婷 | 39540 | | | | | | 800 | | |
| 5 | 林裕暐 | 26000 | | | | | | | | |
| 6 | 徐誌明 | 33000 | 450 | | | | | | | |
| 7 | 鍾小評 | 40000 | | | | | | 300 | | |
| 8 | 沈威威 | 55000 | 5000 | | | | | | | |

員工基本資料 | 所得扣繳稅額表 | 健保負擔金額表 | 勞保負擔金額表 | 薪資表 ⊕

> **TIP** **請假**欄是屬於變動性的欄位, 也就是說, 每個月可能不會一樣, 所以我們必須根據實際狀況自己輸入資料。

## 計算薪資總額

在 13-1 節曾經提到過, 應扣繳的所得稅是根據**薪資總額**來查詢的, 所以我們必須先算出 D 欄的**薪資總額**。

計算薪資總額的公式如下：

薪資總額 (D 欄) = 本薪 (B 欄) + 職務津貼 (C 欄)

請跟著底下的步驟來計算**薪資總額**：

**STEP 01**　選定 D3 儲存格, 然後按下**公式**頁次**函數程式庫**區的**自動加總**鈕：

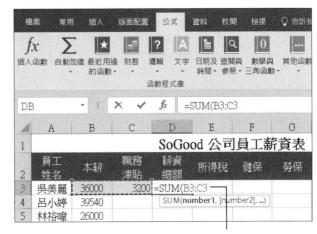

Excel 會自動選定加總範圍

**STEP 02**　按下 Enter 鍵, 吳美麗的薪資總額就算好了。接著請拉曳 D3 儲存格的填滿控點到 D32, 即可算出所有員工的薪資總額：

| | A | B | C | D | E | F | G |
|---|---|---|---|---|---|---|---|
| 1 | | | | SoGood 公司員工薪資表 | | | |
| 2 | 員工姓名 | 本薪 | 職務津貼 | 薪資總額 | 所得稅 | 健保 | 勞保 |
| 3 | 吳美麗 | 36000 | 3200 | 39200 | | | |
| 4 | 呂小婷 | 39540 | | 39540 | | | |
| 5 | 林裕暐 | 26000 | | 26000 | | | |
| 6 | 徐誌明 | 33000 | 450 | 33450 | | | |
| 7 | 鍾小評 | 40000 | | 40000 | | | |
| 8 | 沈威威 | 55000 | 5000 | 60000 | | | |
| 9 | 施慧慧 | 53000 | | 53000 | | | |
| 10 | 劉淑容 | 26400 | | 26400 | | | |
| 11 | 黃震琪 | 28540 | 1800 | 30340 | | | |
| 12 | 高聖慧 | 32000 | | 32000 | | | |
| 13 | 林英俊 | 43000 | | 43000 | | | |

# 查詢應扣所得稅

有了薪資總額之後, 就可以到**所得扣繳稅額表**工作表中查詢應扣的所得稅。接續上例或開啟範例檔案 Ch13-03, 並切換至**薪資表**工作表, 在此仍然以吳美麗為例來做說明。

查詢應扣的所得稅是以所屬級距中較低的等級為主, 也就是要找出小於或等於搜尋值的最大值。要查出吳美麗應扣的所得稅, 我們可以利用 VLOOKUP 函數先到**員工基本資料**工作表中查詢扶養人數, 然後再到**所得扣繳稅額表**工作表中依據吳美麗的薪資總額及扶養人數查詢應扣的所得稅。所以**薪資表**工作表 E3 儲存格, 可設計如下的公式:

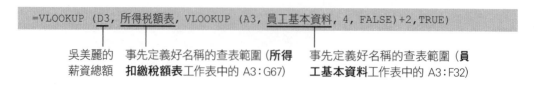

為方便你理解, 我們將這個公式拆成兩個部份來說明, 內層的 VLOOKUP 函數用來查詢扶養人數, 而外層的 VLOOKUP 函數則是依據薪資總額以及查詢到的扶養人數, 到**所得扣繳稅額表**工作表中查詢應扣所得稅。

```
VLOOKUP (A3, 員工基本資料, 4 , FALSE)
```

以員工姓名為搜尋值 ────────── 此值設為 FALSE 表示要完全符合搜尋值

到**員工基本資料**工作表中的 A3:F32
中的第 4 欄查詢扶養人數

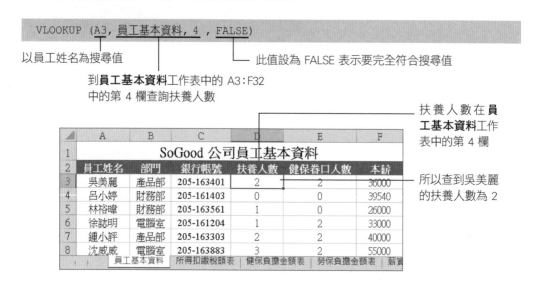

外層的 VLOOKUP 函數則依**薪資表**中的**薪資總額**到**所得扣繳稅額表**工作表中的 A 欄做比對, 找到**薪資總額**所屬列數後, 再依據剛才找到的扶養人數去查詢應扣所得稅。

查詢薪資所得的級距 ────── 找出扶養人數

剛才找到吳美麗的扶養人數為 2 人, 在**所得扣繳稅額表**工作表中的扶養人數為 2 人是位在第 4 欄, 扶養人數為 3 人位在第 5 欄, 所以我們將查到的扶養人數值 +2, 即可正確查出所屬的欄位。

扶養 2 人在**所得扣繳稅額表**工作表中的第 4 欄

| | A | B | C | D | E | F | G |
|---|---|---|---|---|---|---|---|
| 1 | 薪資 | 扶養人數 | | | | | |
| 2 | 所得 | 0 | 1 | 2 | 3 | 4 | 5 |
| 3 | 0 | 0 | 0 | 0 | 0 | 0 | 0 |
| 4 | 70,001 | 0 | 0 | 0 | 0 | 0 | 0 |
| 5 | 70,501 | 0 | 0 | 0 | 0 | 0 | 0 |
| 6 | 71,001 | 0 | 0 | 0 | 0 | 0 | 0 |

員工基本資料　　所得扣繳稅額表　　健保負擔金額表　　勞保負擔金額表

由於吳美麗的薪資總額 39200, 小於 70,001, 所以查到的結果為 0

在**薪資表**的 E3 儲存格中輸入公式後, 即可查出吳美麗的應扣所得稅為 0。

接著, 請拉曳儲存格 E3 的填滿控點到 E32, 即可算出所有人的所得稅扣繳稅額了 (您可以開啟範例檔案 Ch13-04, 並切換至**薪資表**工作表來觀看計算出來的結果)。

| E3 | | × ✓ fx | =VLOOKUP(D3,所得稅額表,VLOOKUP(A3,員工基本資料,4,FALSE)+2,TRUE) | | | | | | | | |
|---|---|---|---|---|---|---|---|---|---|---|---|
| | A | B | C | D | E | F | G | H | I | J | K | L |
| 1 | SoGood 公司員工薪資表 | | | | | | | | | | |
| 2 | 員工姓名 | 本薪 | 職務津貼 | 薪資總額 | 所得稅 | 健保 | 勞保 | 請假 | 應扣小計 | 應付薪資 | |
| 3 | 吳美麗 | 36000 | 3200 | 39200 | 0 | | | 300 | | | |
| 4 | 呂小婷 | 39540 | | 39540 | 0 | | | 800 | | | |
| 5 | 林裕暐 | 26000 | | 26000 | 0 | | | | | | |
| 6 | 徐誌明 | 33000 | 450 | 33450 | 0 | | | | | | |
| 7 | 鍾小評 | 40000 | | 40000 | 0 | | | 300 | | | |

# 計算健保費用

算完所得稅後, 接著要來計算健保費用。為了讓你更了解 VLookup 函數的應用, 在此查詢健保費用是以所屬級距中較低的等級為主, 也就是要找出小於或等於搜尋值的最大值。假設搜尋值為 35,000：

| | B | C | D | E | F | G | H | I |
|---|---|---|---|---|---|---|---|---|
| 1 | 全民健康保險保險費負擔金額表 | | | | | | | |
| 2 | 〔公、民營事業、機構及有一定雇主之受雇者適用〕 | | | | | | | |
| 3 | | | | | | | | 單位：新台幣元 |
| 4 | 投保金額等級 | 月投保金額 | 被保險人及眷屬負擔金額〔負擔比率30%〕 | | | | 投保單位負擔金額〔負擔比率60%〕 | 政府補助金額〔補助比率10%〕 |
| 5 | | | 本人 | 本人+1眷口 | 本人+2眷口 | 本人+3眷口 | | |
| 17 | 12 | 31,800 | 447 | 894 | 1,341 | 1,788 | 1,441 | 240 |
| 18 | 13 | 33,300 | 469 | 938 | 1,407 | 1,876 | 1,509 | 251 |
| 19 | 14 | 34,800 | 490 | 980 | 1,470 | 1,960 | 1,577 | 263 |
| 20 | 15 | 36,300 | 511 | 1,022 | 1,533 | 2,044 | 1,645 | 274 |
| 21 | 16 | 38,200 | 537 | 1,074 | 1,611 | 2,148 | 1,731 | 288 |
| 22 | 17 | 40,100 | 564 | 1,128 | 1,692 | 2,256 | 1,817 | 303 |

員工基本資料　　所得扣繳稅額表　　健保負擔金額表　　勞保負擔金額表　　薪資表　　⊕

所屬級距

此為較低等級, 也就是搜尋範圍中, 小於搜尋值的最大值

由於健保負擔金額的制度有投保金額的上限 (目前為 182,000), 所以當薪資超出該上限值時, 仍然是以最高的投保金額為主, 例如: 甲君的薪資為 200,000 且健保眷口人數為 1 人, 則甲君每月的健保負擔即為 5,122 元。

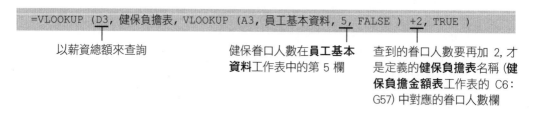

以最高的級距為準

接著我們就來計算每人每月的健保費用為多少。還記得**員工基本資料**工作表中, 有一欄是**健保眷口人數**嗎？當我們在計算健保費用時, 和計算所得稅一樣, 也要將眷口的人數一併計算。

請選定**薪資表**工作表中的 F3 儲存格, 然後輸入以下公式, 即可求算出吳美麗每月的健保費用:

```
=VLOOKUP (D3, 健保負擔表, VLOOKUP (A3, 員工基本資料, 5, FALSE ) +2, TRUE )
```

以薪資總額來查詢　　　　　　　健保眷口人數在**員工基本**　　　查到的眷口人數要再加 2, 才
　　　　　　　　　　　　　　**資料**工作表中的第 5 欄　　　是定義的**健保負擔表**名稱 (**健**
　　　　　　　　　　　　　　　　　　　　　　　　　　**保負擔金額表**工作表的 C6:
　　　　　　　　　　　　　　　　　　　　　　　　　　G57) 中對應的眷口人數欄

查出並填入吳美麗的健保費

算出吳美麗的健保費之後, 只要拉曳 F3 儲存格的填滿控點到 F32 即可算出所有人的健保費了 (您可以開啟範例檔案 Ch13-05, 並切換到**薪資表**工作表來觀看計算出來的結果)。

## 計算勞保費用

同樣地, 查詢勞保費在此也是以所屬級距中較低的等級為例, 所以我們已經事先將**勞保負擔金額表**工作表中**月投保金額**欄由最小排序到最大。接續上例或開啟範例檔案 Ch13-05, 然後在**薪資表**工作表中的 G3 儲存格輸入勞保公式:

```
=VLOOKUP(D3, 勞保負擔表, 2, TRUE )
```

以薪資總　　到**勞保負擔金**　找出投保金額的等級,
額來查詢　　**額表**工作表中　並取其低者, 再到第
　　　　　　的第 1 欄查詢　　2 欄找出員工自付額

. . . . . . . . . . . . . . . . . . . . . . . . . . . . . . . . . . . . . . . . . . . . . . . . . . . . . . . . . . . . . . . . . . . .

**TIP** 應扣的勞保費用與扶養人數無關。

. . . . . . . . . . . . . . . . . . . . . . . . . . . . . . . . . . . . . . . . . . . . . . . . . . . . . . . . . . . . . . . . . . . .

算出吳美麗的勞保費後, 請複製公式到 G4:G32, 即可算出每個人的勞保費了。

查出並填入吳美麗的勞保費

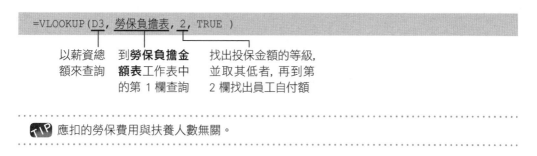

複製 G3 儲存格的公式, 即可求出其他人的勞保費用 (您可以開啟範例檔案 Ch13-06, 並切換到**薪資表**工作表來觀看計算出來的結果)

**勞、健保費以「月投保金額」較高一級的級距來計算**

剛才我們所示範的是以勞、健保費的**月投保金額**較低一級的級距來計算, 以便讓您了解 VLOOKUP 函數的用法, 若是要以較高一級的級距來計算, 那麼您可搭配 INDEX 及 MATCH 函數來計算。

**STEP 01** 首先, 請分別將**健保負擔金額表**及**勞保負擔金額表**工作表中的**月投保金額**做為排序基準, 並選擇**從最大到最小**排序。

由最大到
最小排序

全民健康保險保險費負擔金額表
（公、民營事業、機構及有一定僱主之受僱者適用）

| | 投保金額等級 | 月投保金額 | 本人 | 本人+1 眷口 | 本人+2 眷口 | 本人+3 眷口 |
|---|---|---|---|---|---|---|
| 6 | 52 | 182,000 | 2,561 | 5,122 | 7,683 | 10,244 |
| 7 | 51 | 175,600 | 2,471 | 4,942 | 7,413 | 9,884 |
| 8 | 50 | 169,200 | 2,381 | 4,762 | 7,143 | 9,524 |
| 9 | 49 | 162,800 | 2,291 | 4,582 | 6,873 | 9,164 |
| 10 | 48 | 156,400 | 2,201 | 4,402 | 6,603 | 8,804 |

| | A 月投保金額 | B 員工自付 | C 雇主負擔 |
|---|---|---|---|
| 3 | 45,800 | 916 | 3,277 |
| 4 | 43,900 | 878 | 3,141 |
| 5 | 42,000 | 840 | 3,006 |
| 6 | 40,100 | 802 | 2,869 |
| 7 | 38,200 | 764 | 2,734 |

**STEP 02** 在**薪資表**工作表中, 新增一欄**健保月投保金額**欄, 並輸入以下公式, 此公式的目的是要判斷**薪資總額** (D3) 是否高於健保的最高級距 (182,000), 若高於此級距, 仍以此級距的費率為主, 沒有高於此級距, 就從**健保負擔金額表**中的 C6:C57 查詢較高一級的**月投保金額**級距。

=IF(D3>=健保負擔金額表!$C$6,健保負擔金額表!$C$6,INDEX
(健保負擔金額表!$C$6:$C$57,MATCH(薪資表!D3,健保負擔金額表!$C$6:$C$57,-1),1))

若**薪資總額**高於健保最高級距，仍以最高級距的負擔金額為主

**1** 新增此欄位　　　　　　　　　　**2** 在 F3 儲存格中, 輸入此公式

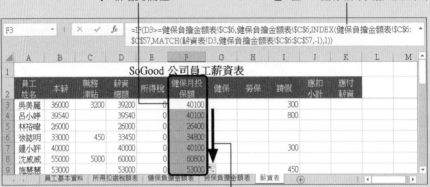

**3** 拉曳 F3 的填滿控點到 F32, 即可
找出所有人的**健保月投保金額**

Next

13-12

**STEP 03** 找出每人的**健保月投保金額**後, 接著就可以在 G3 儲存格中，輸入如下公式算出**健保**費用了：

=VLOOKUP(F3,健保負擔表,VLOOKUP(A3,員工基本資料,5,FALSE)+2,FALSE)

事先定義好的查表名稱　　　健保眷口人數

| G3 | | | | fx | =VLOOKUP(F3,健保負擔表,VLOOKUP(A3,員工基本資料,5,FALSE)+2,FALSE) | | | | | | |
|---|---|---|---|---|---|---|---|---|---|---|---|
| | A | B | C | D | E | F | G | H | I | J | K | L |
| 1 | | | | | SoGood 公司員工薪資表 | | | | | | | |
| 2 | 員工姓名 | 本薪 | 職務津貼 | 薪資總額 | 所得稅 | 健保月投保額 | 健保 | 勞保 | 請假 | 應扣小計 | 應付薪資 | |
| 3 | 吳美麗 | 36000 | 3200 | 39200 | 0 | 40100 | 1692 | | 300 | | | |
| 4 | 呂小婷 | 39540 | | 39540 | 0 | 40100 | 564 | | 800 | | | |
| 5 | 林裕暐 | 26000 | | 26000 | 0 | 26400 | 371 | | | | | |
| 6 | 徐誌明 | 33000 | 450 | 33450 | 0 | 34800 | 1470 | | | | | |
| 7 | 鍾小評 | 40000 | | 40000 | 0 | 40100 | 1692 | | 300 | | | |
| 8 | 沈威威 | 55000 | 5000 | 60000 | 0 | 60800 | 2565 | | | | | |

員工基本資料　所得扣繳稅額表　健保負擔金額表　勞保負擔金額表　**薪資表**

**STEP 04** 勞保費的部份, 同樣也有最高級距的限制, 請如下輸入公式, 先判斷**薪資總額** (D3) 是否大於**勞保負擔金額表**的最高級距 (45,800), 若大於此級距仍以此級距的**員工自付**額來計算, 若小於此級距, 則以較高一級的**月投保金額**為主。

=IF(D3>= 勞保負擔金額表!$A$3,勞保負擔金額表!$B$3,INDEX(勞保負擔金額表!$A$3:$C$22,MATCH(薪資表!D3,勞保負擔金額表!$A$3:$A$22,-1),2))

若**薪資總額**大於勞保最高級距，則費率為 B3 儲存格的**員工自付**

| H3 | | | | fx | =IF(D3>=勞保負擔金額表!$A$3,勞保負擔金額表!$B$3,INDEX(勞保負擔金額表!$A$3:$C$22,MATCH(薪資表!D3,勞保負擔金額表!$A$3:$A$22,-1),2)) | | | | | | |
|---|---|---|---|---|---|---|---|---|---|---|---|
| | A | B | C | D | E | F | G | H | I | J | K | L |
| 1 | | | | | SoGood 公司員工薪資表 | | | | | | | |
| 2 | 員工姓名 | 本薪 | 職務津貼 | 薪資總額 | 所得稅 | 健保月投保額 | 健保 | 勞保 | 請假 | 應扣小計 | 應付薪資 | |
| 3 | 吳美麗 | 36000 | 3200 | 39200 | 0 | 40100 | 1692 | 802 | 300 | | | |
| 4 | 呂小婷 | 39540 | | 39540 | 0 | 40100 | 564 | 802 | 800 | | | |
| 5 | 林裕暐 | 26000 | | 26000 | 0 | 26400 | 371 | 528 | | | | |
| 6 | 徐誌明 | 33000 | 450 | 33450 | 0 | 34800 | 1470 | 696 | | | | |
| 7 | 鍾小評 | 40000 | | 40000 | 0 | 40100 | 1692 | 802 | 300 | | | |

員工基本資料　所得扣繳稅額表　健保負擔金額表　勞保負擔金額表　**薪資表**

▲ 你可以開啟範例檔案 Ch13-07 來查看計算後的結果

# 13-3 | 計算應付薪資

進行到此, 所有人的應扣費用都已經計算完畢, 在這一節我們要來計算每個人的實領薪水。每個人實領的薪水, 等於**薪資總額**扣掉**應扣小計**, 所以我們得先將**應扣小計**算好。應扣小計等於應扣費用 (即所得稅、健保、勞保費) 加上請病假、事假...所扣的薪資。

請開啟範例檔案 Ch13-06, 切換到**薪資表**工作表, 然後在 I3 儲存格輸入 "=E3+F3+G3+H3", 按下 Enter 鍵即可算出應扣小計:

| I3 | | | ✕ ✓ fx | =E3+F3+G3+H3 | | | | | |
|---|---|---|---|---|---|---|---|---|---|
| ▲ | A | B | C | D | E | F | G | H | I | J |
| 1 | | | | SoGood 公司員工薪資表 | | | | | | |
| 2 | 員工姓名 | 本薪 | 職務津貼 | 薪資總額 | 所得稅 | 健保 | 勞保 | 請假 | 應扣小計 | 應付薪資 |
| 3 | 吳美麗 | 36000 | 3200 | 39200 | 0 | 1611 | 764 | 300 | 2675 | |
| 4 | 呂小婷 | 39540 | | 39540 | 0 | 537 | 764 | 800 | | |
| 5 | 林裕暐 | 26000 | | 26000 | 0 | 355 | 504 | | | |

算出吳美麗的應扣小計

接著, 請拉曳 I3 儲存格的填滿控點到 I32, 即可算出每個人的應扣小計。所有的費用都計算完成後, 現在我們就可以來計算實領的薪水了。請在 J3 儲存格輸入下列公式:

= D3 - I3

薪資總額　應扣小計

按下 Enter 鍵後, 吳美麗的薪水就計算出來了, 請將 J3 的公式複製到 J4:J32 儲存格中, 這樣大家的實領薪水就都計算出來了。

| J3 | | | ✕ ✓ fx | =D3-I3 | | | | | |
|---|---|---|---|---|---|---|---|---|---|
| ▲ | A | B | C | D | E | F | G | H | I | J |
| 1 | | | | SoGood 公司員工薪資表 | | | | | | |
| 2 | 員工姓名 | 本薪 | 職務津貼 | 薪資總額 | 所得稅 | 健保 | 勞保 | 請假 | 應扣小計 | 應付薪資 |
| 3 | 吳美麗 | 36000 | 3200 | 39200 | 0 | 1611 | 764 | 300 | 2675 | 36525 |
| 4 | 呂小婷 | 39540 | | 39540 | 0 | 537 | 764 | 800 | 2101 | 37439 |
| 5 | 林裕暐 | 26000 | | 26000 | 0 | 355 | 504 | | 859 | 25141 |
| 6 | 徐誌明 | 33000 | 450 | 33450 | 0 | 1407 | 666 | | 2073 | 31377 |

計算出每個人的實領薪資 (您可以開啟範例檔案 Ch13-08,
並切換到**薪資表**工作表來觀看計算出來的結果)

# 13-4 │ 計算雇主的勞退提撥

為了保障員工的權益，法律有明定雇主必須幫員工開設勞退個人帳戶，並且按月提撥「工資的 6%」到該帳戶裡，雖然這筆退休金必須年滿 60 歲以後才可使用，但員工若能每個月在薪資單中看到雇主有按時提撥，相信會安心不少，工作也會更起勁。

勞退提撥除了規定雇主要按月提撥外，員工也可以自願提繳金額，本範例以雇主提撥的部份為主，員工自提的部份就不特別做說明。

至於勞退的提撥金怎麼計算呢，其計算公式為：

**雇主提繳金額＝月提繳工資/30×提繳天數×雇主提繳率**

以範例中的吳美麗而言，假設其工作天數為 30 天，薪資總額為 39,200，雇主應**依勞工退休金月提繳工資分級表規定**的等級 40,100 元申報，故雇主該月應提繳之退休金為：

**40,100元/30×30×6% (雇主提繳率)＝2,406元**

工作天數若為 30 天，其實可省略此部份的計算

---

**TIP** 若吳美麗的工作天數為 15 天，則公式為 40,100/30×15×6%=1,203。

---

**TIP** 您可以連到**勞動部勞工保險局**網站 (http://www.bli.gov.tw/sub.aspx?a=uyDH38mCe%2fM%3d)，下載**勞退月提繳工資分級表**來查表。

---

為節省您輸入表格的時間，我們已在範例檔案 Ch13-09 的**勞退金月提繳分級表**工作表中輸入好**月提繳工資**的級距，並且也計算好顧主應提繳的金額 (月提繳工資 × 6%)。

| B2 | | ▼ | : | × | ✓ | *fx* | =A2*0.06 | | ▼ |
|---|---|---|---|---|---|---|---|---|---|

| ◢ | A | B | C | D | E | F | |
|---|---|---|---|---|---|---|---|
| 1 | 月提繳工資 | 雇主提撥 | | | | | |
| 2 | 150,000 | 9,000 | | | | | |
| 3 | 147,900 | 8,874 | | | | | |
| 4 | 142,500 | 8,550 | | | | | |
| 5 | 137,100 | 8,226 | | | | | |
| 6 | 131,700 | 7,902 | | | | | |
| 7 | 126,300 | 7,578 | | | | | |
| 8 | 120,900 | 7,254 | | | | | |
| 9 | 115,500 | 6,930 | | | | | |
| 10 | 110,100 | 6,606 | | | | | |
| 11 | 105,600 | 6,336 | | | | | |

… 勞保負擔金額表　**勞退金月提繳分級表**　薪資 …

請切換到**薪資表**工作表，選取儲存格 K3，輸入以下的公式，即可查出顧主需提撥給吳美麗的勞退金。

=IF(D3>=勞退金月提繳分級表!$A$2,勞退金月提繳分級表!$B$2,INDEX(勞退金月提繳分級表!$A$2:$B$63,MATCH(薪資表!D3,勞退金月提繳分級表!$A$2:$A$63,-1),2))

判斷**薪資總額**是否大於**月提繳工資**的最高上限 (150,000)，若大於此級距仍以此級距為主

若**薪資總額**小於 150,000，則會以**月提繳工資**的上一級為主，並從第 2 欄查出顧主應提撥的金額

| K3 | | ▼ | : | × | ✓ | *fx* | =IF(D3>= 勞退金月提繳分級表!$A$2,勞退金月提繳分級表!$B$2,INDEX(勞退金月提繳分級表!$A$2:$B$63,MATCH(薪資表!D3,勞退金月提繳分級表!$A$2:$A$63,-1),2)) | |
|---|---|---|---|---|---|---|---|---|

| ◢ | A | B | C | D | E | F | G | H | I | J | K | L | M |
|---|---|---|---|---|---|---|---|---|---|---|---|---|---|
| 1 | | | | SoGood 公司員工薪資表 | | | | | | | | | |
| 2 | 員工姓名 | 本薪 | 職務津貼 | 薪資總額 | 所得稅 | 健保 | 勞保 | 請假 | 應扣小計 | 應付薪資 | 本月勞退提撥 | | |
| 3 | 吳美麗 | 36000 | 3200 | 39200 | 0 | 1611 | 764 | 300 | 2675 | 36525 | 2406 | | |
| 4 | 呂小婷 | 39540 | | 39540 | 0 | 537 | 764 | 800 | 2101 | 37439 | 2406 | | |
| 5 | 林裕暐 | 26000 | | 26000 | 0 | 355 | 504 | | 859 | 25141 | 1584 | | |
| 6 | 徐誌明 | 33000 | 450 | 33450 | 0 | 1407 | 666 | | 2073 | 31377 | 2088 | | |
| 7 | 鍾小評 | 40000 | | 40000 | 0 | 1611 | 764 | 300 | 2675 | 37325 | 2406 | | |
| 8 | 沈威威 | 55000 | 5000 | 60000 | 0 | 2439 | 916 | | 3355 | 56645 | 3648 | | |

◀ … 所得扣繳稅額表　健保負擔金額表　勞保負擔金額表　勞退金月提繳分級表　**薪資表**　⊕

在 K3 輸入公式後，拉曳填滿控點複製到 K32 即可查出所有人的勞退提撥金額了

你可以開啟範例檔案 Ch13-10 來瀏覽完成結果。

# 13-5 二代健保－計算應付獎金

本章的操作進行到上一節，已經將所有人的應付薪資全部計算完成了。不過在二代健保實行下，如果有領到未列入投保金額的各項獎金，比如年終獎金、節日獎金、紅利、…等，就可能會被扣取補充保險費。這一節我們就來計算每次實領的年終獎金、節日獎金、紅利吧！請開啟範例檔案 Ch13-11：

| | A | B | C | D | E | F | G | H | I | J | K | L |
|---|---|---|---|---|---|---|---|---|---|---|---|---|
| 1 | | | | SoGood 公司某員工 105 年度具獎勵性質之各項給予 | | | | | | | | |
| 2 | 姓名 | 獎金項目 | 發給日期 | 當月投保金額 | 4倍投保金額 | 當次發給獎金金額 | 累計獎金金額 | 累計超過4倍投保金額之獎金 | 補充保費費基 | 補充保險費金額 | 所得稅 | 應付獎金 |
| 3 | | | | D | E=D*4 | F | G | H=G-E | I=min(H,F) | J=I*1.91% | K | L=F-J-K |
| 4 | 吳美麗 | 12月份節金 | 105/1/25 | 38,200 | | 35,000 | | | | | | |
| 5 | | 104年終獎金 | 105/2/7 | 38,200 | | 120,000 | | | | | | |
| 6 | | 1月份節金 | 105/2/10 | 38,200 | | 78,000 | | | | | | |
| 7 | | 2月份獎金 | 105/3/10 | 38,200 | | 10,000 | | | | | | |
| 8 | | 3月份紅利 | 105/4/1 | 38,200 | | 12,000 | | | | | | |
| 9 | | 4月份獎金 | 105/5/10 | 38,200 | | 25,000 | | | | | | |
| 10 | | 5月份獎金 | 105/6/10 | 38,200 | | 20,000 | | | | | | |
| 11 | | 6月份節金 | 105/7/10 | 38,200 | | 7,800 | | | | | | |
| 12 | | 7月份紅利 | 105/8/10 | 38,200 | | 11,000 | | | | | | |
| 13 | | 8月份獎金 | 105/9/11 | 38,200 | | 78,000 | | | | | | |
| 14 | | 9月份紅利 | 105/10/12 | 38,200 | | 12,000 | | | | | | |
| 15 | | 10月份獎金 | 105/11/13 | 38,200 | | 25,000 | | | | | | |
| 16 | | 11月份獎金 | 105/12/14 | 38,200 | | 33,000 | | | | | | |

可由 Ch13-10 的**健保負擔金額表**，查出並填入吳美麗的當月投保金額 (38,200 元) 計算二代健保補充保費時所需的欄位在此表格中，可看到吳姓員工拿到發給日期於 105 年度中的未列入投保金額計算之具獎勵性質的各項給予，比如年終獎金、節日獎金、紅利…等，亦即表格中的**獎金項目**。

## 計算 4 倍的投保金額

首先計算該員工的 4 倍投保金額。請在 E4 儲存格輸入下列公式 " = D4 * 4 "，再按下 Enter 鍵即可算出 4 倍投保金額，接著請拉曳 E4 儲存格的填滿控點到 E16，即可算出每一筆獎金項目的 **4 倍投保金額**。

| | A | B | C | D | E | F | G | H | I | J |
|---|---|---|---|---|---|---|---|---|---|---|
| 1 | SoGood 公司某員工 105 年度具獎勵性質之各項給予 | | | | | | | | | |
| 2 | 姓名 | 獎金項目 | 發給日期 | 當月投保金額 | 4倍投保金額 | 當次發給獎金金額 | 累計獎金金額 | 累計超過4倍投保金額之獎金 | 補充保費費基 | 補充保險費金額 |
| 3 | | | | D | E=D*4 | F | G | H=G-E | I=min(H,F) | J=I*1.91% |
| 4 | 吳美麗 | 12月份節金 | 105/1/25 | 38,200 | 152,800 | 35,000 | | | | |
| 5 | | 104年終獎金 | 105/2/7 | 38,200 | 152,800 | 120,000 | | | | |
| 6 | | 1月份節金 | 105/2/10 | 38,200 | 152,800 | 78,000 | | | | |
| 7 | | 2月份獎金 | 105/3/10 | 38,200 | 152,800 | 10,000 | | | | |
| 8 | | 3月份紅利 | 105/4/1 | 38,200 | 152,800 | 12,000 | | | | |

2 複製 E4 儲存格的公式即可算出每一筆項目的 **4 倍投保金額**

## 計算累計獎金

接下來計算當年度的累積獎金金額，請在 G4 儲存格輸入 " = F4 " 按下 Enter 鍵，接續請在 G5 儲存格輸入公式 " = G4+F5",再按下 Enter 鍵，接著請拉曳 G5 儲存格的填滿控點到 G16, 即可算出**累計獎金金額**。

1 輸入 " =F4 ", 按下 Enter 鍵

| | A | B | C | D | E | F | G | H | I | J |
|---|---|---|---|---|---|---|---|---|---|---|
| 1 | SoGood 公司某員工 105 年度具獎勵性質之各項給予 | | | | | | | | | |
| 2 | 姓名 | 獎金項目 | 發給日期 | 當月投保金額 | 4倍投保金額 | 當次發給獎金金額 | 累計獎金金額 | 累計超過4倍投保金額之獎金 | 補充保費費基 | 補充保險費金額 |
| 3 | | | | D | E=D*4 | F | G | H=G-E | I=min(H,F) | J=I*1.91% |
| 4 | 吳美麗 | 12月份節金 | 105/1/25 | 38,200 | 152,800 | 35,000 | 35,000 | | | |
| 5 | | 104年終獎金 | 105/2/7 | 38,200 | 152,800 | 120,000 | 155,000 | | | |
| 6 | | 1月份節金 | 105/2/10 | 38,200 | 152,800 | 78,000 | 233,000 | | | |
| 7 | | 2月份獎金 | 105/3/10 | 38,200 | 152,800 | 10,000 | 243,000 | | | |
| 8 | | 3月份紅利 | 105/4/1 | 38,200 | 152,800 | 12,000 | 255,000 | | | |

3 複製 G5 儲存格的公式到 G16 即可算出所有**累計獎金金額**

2 輸入 " = G4+F5 ", 再按下 Enter 鍵

# 計算累計超過 4 倍投保金額之獎金

接下來計算全年度「累計獎金金額」超過「當月投保金額 4 倍」的差額, 請在 H4 儲存格輸入公式 " = IF(G4-E4>0,G4-E4,0) ", 再按下 Enter 鍵, 接著請拉曳 H4 儲存格的填滿控點到 H16, 即可算出**累計超過 4 倍投保金額之獎金**。

**1** 輸入 " =IF(G4-E4>0,G4-E4,0) ", 再按下 Enter 鍵

|  | A | B | C | D | E | F | G | H | I | J |
|---|---|---|---|---|---|---|---|---|---|---|
| 1 | | | SoGood 公司某員工 105 年度具獎勵性質之各項給予 | | | | | | | |
| 2 | 姓名 | 獎金項目 | 發給日期 | 當月投保金額 | 4倍投保金額 | 當次發給獎金金額 | 累計獎金金額 | 累計超過4倍投保金額之獎金 | 補充保費費基 | 補充保險費金額 |
| 3 | | | | D | E=D*4 | F | G | H=G-E | I=min(H,F) | J=I*1.91% |
| 4 | 吳美麗 | 12月份節金 | 105/1/25 | 38,200 | 152,800 | 35,000 | 35,000 | 0 | | |
| 5 | | 104年終獎金 | 105/2/7 | 38,200 | 152,800 | 120,000 | 155,000 | 2,200 | | |
| 6 | | 1月份節金 | 105/2/10 | 38,200 | 152,800 | 78,000 | 233,000 | 80,200 | | |
| 7 | | 2月份獎金 | 105/3/10 | 38,200 | 152,800 | 10,000 | 243,000 | 90,200 | | |
| 8 | | 3月份紅利 | 105/4/1 | 38,200 | 152,800 | 12,000 | 255,000 | 102,200 | | |

**2** 複製 H4 儲存格的公式即可算出**累計超過4倍投保金額之獎金**

# 計算「補充保費費基」

接下來計算**補充保費費基**, 請在 I4 儲存格輸入下列公式:

```
=IF(G4>E4,IF(F4<=H4,F4,H4),0)
```

此公式的用意為, 如果單筆**累計獎金金額** (G4) 超過 **4 倍投保金額** (E4), 就比較**當次發給獎金金額** (F4) 與**累計超過4倍投保金額之獎金** (H4) 使用較少者作為**補充保費費基**。再按下 Enter 鍵, 接著請拉曳 I4 儲存格的填滿控點到 I16, 即可算出每一筆的補充保費費基。

**1** 請在 I4 儲存格輸入 " =IF(G4>E4,IF(F4<=H4,F4,H4),0) "，再按下 Enter 鍵

| | A | B | C | D | E | F | G | H | I | J |
|---|---|---|---|---|---|---|---|---|---|---|
| 1 | | | | SoGood 公司某員工 105 年度具獎勵性質之各項給予 | | | | | | |
| 2 | 姓名 | 獎金項目 | 發給日期 | 當月投保金額 | 4倍投保金額 | 當次發給獎金金額 | 累計獎金金額 | 累計超過4倍投保金額之獎金 | 補充保費費基 | 補充保險費金額 |
| 3 | | | | D | E=D*4 | F | G | H=G-E | I=min(H,F) | J=I*1.91% |
| 4 | 吳美麗 | 12月份節金 | 105/1/25 | 38,200 | 152,800 | 35,000 | 35,000 | 0 | 0 | |
| 5 | | 104年終獎金 | 105/2/7 | 38,200 | 152,800 | 120,000 | 155,000 | 2,200 | 2,200 | |
| 6 | | 1月份節金 | 105/2/10 | 38,200 | 152,800 | 78,000 | 233,000 | 80,200 | 78,000 | |
| 7 | | 2月份獎金 | 105/3/10 | 38,200 | 152,800 | 10,000 | 243,000 | 90,200 | 10,000 | |
| 8 | | 3月份紅利 | 105/4/1 | 38,200 | 152,800 | 12,000 | 255,000 | 102,200 | 12,000 | |

**2** 複製 I4 儲存格的公式即可算出**補充保費費基**

## 計算應繳補充保費金額

最後計算**補充保險費金額**其公式為：**補充保費費基 *1.91%**。因此請在 J4 儲存格輸入公式 " = ROUND(I4*1.91%,0) "，再按下 Enter 鍵即可算出當筆補充保險費金額，請拉曳 J4 儲存格的填滿控點到 J16，即可算出每筆獎金的補充保險費金額。

**1** 輸入 " =ROUND(I4*1.91%,0) "，再按下 Enter 鍵

| | A | B | C | D | E | F | G | H | I | J |
|---|---|---|---|---|---|---|---|---|---|---|
| 1 | | | | SoGood 公司某員工 105 年度具獎勵性質之各項給予 | | | | | | |
| 2 | 姓名 | 獎金項目 | 發給日期 | 當月投保金額 | 4倍投保金額 | 當次發給獎金金額 | 累計獎金金額 | 累計超過4倍投保金額之獎金 | 補充保費費基 | 補充保險費金額 |
| 3 | | | | D | E=D*4 | F | G | H=G-E | I=min(H,F) | J=I*1.91% |
| 4 | 吳美麗 | 12月份節金 | 105/1/25 | 38,200 | 152,800 | 35,000 | 35,000 | 0 | 0 | 0 |
| 5 | | 104年終獎金 | 105/2/7 | 38,200 | 152,800 | 120,000 | 155,000 | 2,200 | 2,200 | 42 |
| 6 | | 1月份節金 | 105/2/10 | 38,200 | 152,800 | 78,000 | 233,000 | 80,200 | 78,000 | 1,490 |
| 7 | | 2月份獎金 | 105/3/10 | 38,200 | 152,800 | 10,000 | 243,000 | 90,200 | 10,000 | 191 |
| 8 | | 3月份紅利 | 105/4/1 | 38,200 | 152,800 | 12,000 | 255,000 | 102,200 | 12,000 | 229 |

**2** 複製 J4 儲存格的公式到 J16 即可算出**補充保險費金額**

計算到這裡已經將每一筆獎金的補充保費金額全部計算完成了。您可以開啟範例檔案 Ch13-12 來觀看計算出來的結果。不過，別忘了，還要繳交所得稅喔！

## 計算獎金應繳所得稅

計算完二代健保補充保險費金額後，接著要來計算獎金的應繳所得稅。**所得稅**的計算方式是以**當次發給獎金金額**超過 73,001 元時，要繳交 5%。因此，請在範例檔案 Ch13-12 的 K4 儲存格輸入下列公式 " = IF(F4>=73001,ROUND(F4*5%,0),0) "，再按下 Enter 鍵即可算出當筆**所得稅**金額，請拉曳 K4 儲存格的填滿控點到 K16，即可算出每一筆獎金要繳交的**所得稅**金額。

**1** 請在 K4 儲存格輸入 " = IF(F4>=73001,ROUND(F4*5%,0),0) "，再按下 Enter 鍵

| | A | B | C | D | E | F | G | H | I | J | K |
|---|---|---|---|---|---|---|---|---|---|---|---|
| 1 | | | | SoGood 公司某員工 105 年度具獎勵性質之各項給予 | | | | | | | |
| 2 | 姓名 | 獎金項目 | 發給日期 | 當月投保金額 | 4倍投保金額 | 當次發給獎金金額 | 累計獎金金額 | 累計超過4倍投保金額之獎金 | 補充保費費基 | 補充保險費金額 | 所得稅 |
| 3 | | | | D | E=D*4 | F | G | H=G-E | I=min(H,F) | J=I*1.91% | K |
| 4 | 吳美麗 | 12月份節金 | 105/1/25 | 38,200 | 152,800 | 35,000 | 35,000 | 0 | 0 | 0 | 0 |
| 5 | | 104年終獎金 | 105/2/7 | 38,200 | 152,800 | 120,000 | 155,000 | 2,200 | 2,200 | 42 | 6000 |
| 6 | | 1月份節金 | 105/2/10 | 38,200 | 152,800 | 78,000 | 233,000 | 80,200 | 78,000 | 1,490 | 3900 |
| 7 | | 2月份獎金 | 105/3/10 | 38,200 | 152,800 | 10,000 | 243,000 | 90,200 | 10,000 | 191 | 0 |
| 8 | | 3月份紅利 | 105/4/1 | 38,200 | 152,800 | 12,000 | 255,000 | 102,200 | 12,000 | 229 | 0 |

**2** 複製 K4 儲存格的公式，即可算出每一筆獎金項目要繳交的**所得稅**金額

## 計算應付獎金

最後，我們來計算每一筆實際領到的獎金是多少？

= 當次發給獎金金額 - 補充保險費金額 - 所得稅

因此請在 L4 儲存格輸入下列公式 " = F4-J4-K4 "，再按下 Enter 鍵即可算出當筆實際領到的獎金金額，請拉曳 L4 儲存格的填滿控點到 L16，即可算出每一筆**應付獎金**金額。這樣吳姓員工的本年度每一筆實領的獎金就都計算出來了。您可以開啟範例檔案 Ch13-13 來觀看計算出來的結果。

**1** 請在 L4 儲存格輸入 " = F4-J4-K4 ", 再按下 Enter 鍵

| | A | B | C | D | E | F | G | H | I | J | K | L |
|---|---|---|---|---|---|---|---|---|---|---|---|---|
| 1 | | | | SoGood 公司某員工 105 年度具獎勵性質之各項給予 | | | | | | | | |
| 2 | 姓名 | 獎金項目 | 發給日期 | 當月投保保額 | 4倍投保金額 | 當次發給獎金金額 | 累計獎金金額 | 累計超過4倍投保金額之獎金 | 補充保費費基 | 補充保險費金額 | 所得稅 | 應付獎金 |
| 3 | | | | D | E=D*4 | F | G | H=G-E | I=min(H,F) | J=I*1.91% | K | L=F-J-K |
| 4 | 吳美麗 | 12月份節金 | 105/1/25 | 38,200 | 152,800 | 35,000 | 35,000 | 0 | 0 | 0 | 0 | 35,000 |
| 5 | | 104年終獎金 | 105/2/7 | 38,200 | 152,800 | 120,000 | 155,000 | 2,200 | 2,200 | 42 | 6000 | 113,958 |
| 6 | | 1月份節金 | 105/2/10 | 38,200 | 152,800 | 78,000 | 233,000 | 80,200 | 78,000 | 1,490 | 3900 | 72,610 |
| 7 | | 2月份獎金 | 105/3/10 | 38,200 | 152,800 | 10,000 | 243,000 | 90,200 | 10,000 | 191 | 0 | 9,809 |
| 8 | | 3月份紅利 | 105/4/1 | 38,200 | 152,800 | 12,000 | 255,000 | 102,200 | 12,000 | 229 | 0 | 11,771 |
| 9 | | 4月份獎金 | 105/5/10 | 38,200 | 152,800 | 25,000 | 280,000 | 127,200 | 25,000 | 478 | 0 | 24,522 |
| 10 | | 5月份獎金 | 105/6/10 | 38,200 | 152,800 | 20,000 | 300,000 | 147,200 | 20,000 | 382 | 0 | 19,618 |
| 11 | | 6月份節金 | 105/7/10 | 38,200 | 152,800 | 7,800 | 307,800 | 155,000 | 7,800 | 149 | 0 | 7,651 |
| 12 | | 7月份紅利 | 105/8/10 | 38,200 | 152,800 | 11,000 | 318,800 | 166,000 | 11,000 | 210 | 0 | 10,790 |
| 13 | | 8月份獎金 | 105/9/11 | 38,200 | 152,800 | 78,000 | 396,800 | 244,000 | 78,000 | 1,490 | 3900 | 72,610 |
| 14 | | 9月份紅利 | 105/10/12 | 38,200 | 152,800 | 12,000 | 408,800 | 256,000 | 12,000 | 229 | 0 | 11,771 |
| 15 | | 10月份獎金 | 105/11/13 | 38,200 | 152,800 | 25,000 | 433,800 | 281,000 | 25,000 | 478 | 0 | 24,522 |
| 16 | | 11月份獎金 | 105/12/14 | 38,200 | 152,800 | 33,000 | 466,800 | 314,000 | 33,000 | 630 | 0 | 32,370 |

**2** 複製 L4 儲存格的公式即可算出每一筆實際領到的獎金金額是多少

# 後記

計算員工的薪資對會計人員來說, 是一項重要且不可出錯的例行工作, 看完了這一章的介紹, 日後在計算員工薪資時, 您就不必辛苦地查表, 或是手動計算每位員工的薪資了。

本章內容主要著重在薪資的計算, 但薪資算完之後, 我們還得將薪水匯到指定銀行, 並且製作薪資明細表給員工, 甚至建立一個可供查詢的薪資表, 以方便日後作業, 這些實務上的應用, 我們將在下一章中為您做介紹。

# 實力評量

1. 請開啟練習檔案 Ex13-01, 替**熊本公司**的會計人員進行以下的計算：

| | A | B | C | D | E | F | G | H | I | J | K | L |
|---|---|---|---|---|---|---|---|---|---|---|---|---|
| 1 | 員工<br>姓名 | 本薪 | 講師費 | 薪資<br>總額 | 所得稅 | 健保 | 勞保 | 請假 | 應扣<br>小計 | 應付<br>薪資 | | |
| 2 | 李大全 | 28000 | 3500 | | | | | 650 | | | | |
| 3 | 王小童 | 32000 | | | | | | | | | | |
| 4 | 何玉環 | 25000 | 2400 | | | | | | | | | |
| 5 | 簡如雲 | 38000 | | | | | | 320 | | | | |
| 6 | 陳小東 | 42000 | | | | | | | | | | |
| 7 | 張維尼 | 26000 | 4300 | | | | | | | | | |
| 8 | 林慶詳 | 28000 | | | | | | | | | | |
| 9 | 林勝祥 | 32000 | 800 | | | | | 480 | | | | |
| 10 | 黃倫飛 | 31000 | | | | | | | | | | |
| 11 | 簡蒙達 | 34000 | 1280 | | | | | | | | | |

員工基本資料 ／ 所得扣繳稅額表 ／ 健保負擔金額表 ／ 勞保負擔金額表 ／ 薪資表

 (1) 在**薪資表**工作表中, 求算每位員工的**薪資總額**。

 (2) 請依序計算應付所得稅、健保費用及勞保費用。

 (3) 算出各項費用之後, 請將所有的費用加總到**應扣小計**。

 (4) 計算出所有費用後, 請計算每位員工的**應付薪資**。

2. 請開啟練習檔案 Ex13-02, 建立一個公式, 讓使用者在 D1 儲存格中輸入要查詢的員工姓名後, 即可在 D2 儲存格自動找出其聯絡電話。

在此輸入姓名

| | A | B | C | D | E |
|---|---|---|---|---|---|
| 1 | 請輸入要查詢的姓名： | | | 沈興言 | |
| 2 | 查詢結果： | | | 2584-6587 | |
| 3 | | | | | |
| 4 | | | | | |
| 5 | 員工姓名 | 所屬部門 | 到職日 | 聯絡電話 | |
| 6 | 洪文哲 | 人事部 | 2004年3月3日 | 2365-4512 | |
| 7 | 王義星 | 財管部 | 1999年2月1日 | 0936-458-654 | |
| 8 | 梅威威 | 行銷部 | 1997年10月22日 | 2631-5487 | |
| 9 | 沈興言 | 企劃部 | 2000年6月9日 | 2584-6587 | |
| 10 | 徐永生 | 企劃部 | 2002年1月12日 | 0933-458-652 | |
| 11 | 黃玫玉 | 行銷部 | 2003年11月13日 | 0928-657-841 | |
| 12 | 陳慧君 | 人事部 | 1996年9月2日 | 0969-321-457 | |

工作表1

自動顯示其電話

# 14 人事薪資系統 - 應用篇

## 本章學習提要

- 利用儲存格的**參照**功能, 製作轉帳明細表
- 使用**表單控制項**, 製作可供查詢的薪資明細
- 套用 Word 的**合併列印**功能, 一次列印所有員工的薪資單
- 保護活頁簿及檔案, 避免機密資料外洩或被任意修改

在上一章中，我們已經計算出每位員工的薪資了，由於目前銀行轉帳及提款相當方便，所以很多公司行號都直接將員工的薪水匯入銀行，發薪水時，只發一張薪資單給員工，這種作法不僅安全而且方便。因此我們的會計人員算完薪水後，還必須製作一張轉帳明細給銀行，銀行才能根據這張明細將薪水匯入每個人的戶頭。在本章中，我們將協助會計人員完成下列工作：

## SoGood 公司薪資轉帳明細表

| 日期 | 本公司帳號 | 轉帳總金額 |
|------|-----------|-----------|
| 2016/6/1 | 123-45678 | 1216931 |

| 姓名 | 帳號 | 金額 |
|------|------|------|
| 吳美麗 | 205-163401 | 36525 |
| 呂小婷 | 205-161403 | 37439 |
| 林裕暐 | 205-163561 | 25141 |
| 徐誌明 | 205-161204 | 31377 |
| 鍾小評 | 205-163303 | 37325 |
| 沈威威 | 205-163883 | 56645 |

▲ 製作轉帳明細表

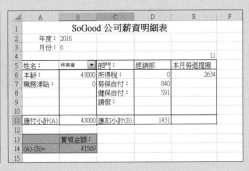

▲ 結合 Word **合併列印**製作薪資單

▲ 建立薪資明細查詢系統

# 14-1 | 製作轉帳明細表

其實，利用 Excel 來建立轉帳明細表一點也不困難，因為轉帳明細表所需的資料我們在上一章都已經建立好了，例如：員工姓名及銀行帳號已建立在**員工基本資料**工作表中，而每人應領的薪水則存在**薪資表**工作表裡，您可開啟範例檔案 Ch14-01 來查看：

| | A | B | C | D | E | F | G | H |
|---|---|---|---|---|---|---|---|---|
| 1 | | | SoGood 公司員工基本資料 | | | | | |
| 2 | 員工姓名 | 部門 | 銀行帳號 | 扶養人數 | 健保眷口人數 | 本薪 | | |
| 3 | 吳美麗 | 產品部 | 205-163401 | 2 | 2 | 36000 | | |
| 4 | 呂小婷 | 財務部 | 205-161403 | 0 | 0 | 39540 | | |
| 5 | 林裕暐 | 財務部 | 205-163561 | 1 | 0 | 26000 | | |
| 6 | 徐誌明 | 電腦室 | 205-161204 | 1 | 2 | 33000 | | |
| 7 | 鍾小評 | 產品部 | 205-163303 | 2 | 2 | 40000 | | |
| 8 | 沈威威 | 電腦室 | 205-163883 | 3 | 2 | 55000 | | |
| 9 | 施慧慧 | 財務部 | 205-163425 | 3 | 1 | 53000 | | |
| 10 | 劉淑容 | 電腦室 | 206-134565 | 2 | 0 | 26400 | | |

▲ **員工基本資料**工作表

| | A | B | C | D | E | F | G | H | I | J | K |
|---|---|---|---|---|---|---|---|---|---|---|---|
| 1 | | | | SoGood 公司員工薪資表 | | | | | | | |
| 2 | 員工姓名 | 本薪 | 職務津貼 | 薪資總額 | 所得稅 | 健保 | 勞保 | 請假 | 應扣小計 | 應付薪資 | 本月勞退提撥 |
| 3 | 吳美麗 | 36000 | 3200 | 39200 | 0 | 1611 | 764 | 300 | 2675 | 36525 | 2406 |
| 4 | 呂小婷 | 39540 | | 39540 | 0 | 537 | 764 | 800 | 2101 | 37439 | 2406 |
| 5 | 林裕暐 | 26000 | | 26000 | 0 | 355 | 504 | | 859 | 25141 | 1584 |
| 6 | 徐誌明 | 33000 | 450 | 33450 | 0 | 1407 | 666 | | 2073 | 31377 | 2088 |
| 7 | 鍾小評 | 40000 | | 40000 | 0 | 1611 | 764 | 300 | 2675 | 37325 | 2406 |
| 8 | 沈威威 | 55000 | 5000 | 60000 | 0 | 2439 | 916 | | 3355 | 56645 | 3648 |

▲ **薪資表**工作表

或許有些讀者會想到利用複製的方法，將需要的資料貼到轉帳明細表！沒錯，當您的資料變動幅度不大時，利用複製功能的確可以完成。可是若資料常常會變動，則這種作法就容易出錯了，因為只要員工的資料有變動，如調薪、帳號更動，轉帳明細表內的資料也必須更動。

為了解決員工資料變動，就必須跟著更動轉帳明細表的問題，底下將教您利用**參照**的方式來建立轉帳明細，則上述問題將迎刃而解。

# 儲存格的參照

請將範例檔案 Ch14-01 切換至**轉帳明細**工作表：

**STEP 01** 首先, 請在 A3 儲存格中輸入發薪日 "2016/6/1", 接著在 B3 儲存格中, 輸入公司的帳號：

請分別輸入這兩欄的資料

**STEP 02** 然後我們要採用參照的方式, 在 A6 儲存格中填入 "吳美麗", 請如下操作：

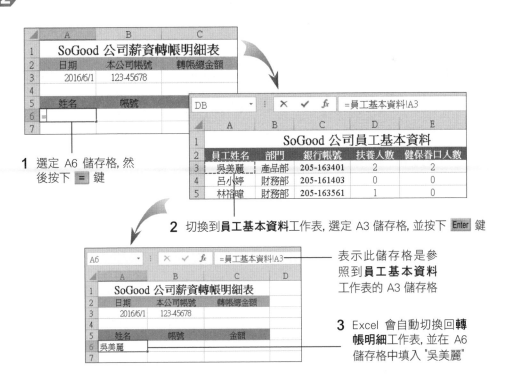

**1** 選定 A6 儲存格, 然後按下 **=** 鍵

**2** 切換到**員工基本資料**工作表, 選定 A3 儲存格, 並按下 Enter 鍵

表示此儲存格是參照到**員工基本資料**工作表的 A3 儲存格

**3** Excel 會自動切換回**轉帳明細**工作表, 並在 A6 儲存格中填入 "吳美麗"

利用參照的好處是, 當被參照儲存格內的資料更動時, 參照儲存格的內容就會跟著變動。例如將**員工基本資料**工作表的 A3 儲存格資料更改為 "王大明", 則**轉帳明細**工作表的 A6 儲存格也會自動變成 "王大明"。

**STEP 03** 請利用拉曳填滿控點的方法, 將 A6 儲存格的參照關係複製到 A7:A35, 則所有的姓名就都填入了。

| A6 | | ✕ ✓ ƒx | =員工基本資料!A3 | |
|---|---|---|---|---|
| | A | B | C | D |
| 1 | SoGood 公司薪資轉帳明細表 | | | |
| 2 | 日期 | 本公司帳號 | 轉帳總金額 | |
| 3 | 2016/6/1 | 123-45678 | | |
| 4 | | | | |
| 5 | 姓名 | 帳號 | 金額 | |
| 6 | 吳美麗 | | | |
| 7 | 呂小婷 | | | |
| 8 | 林裕暐 | | | |
| 9 | 徐誌明 | | | |

**STEP 04** **帳號**與**金額**欄也是利用相同的方法, 請分別在 B6 與 C6 儲存格中輸入 "=員工基本資料!C3" 與 "=薪資表!J3", 然後分別複製到 B7:B35 及 C7:C35 範圍, 則所有資料便建立完成了。

| C6 | | ✕ ✓ ƒx | =薪資表!J3 |
|---|---|---|---|
| | A | B | C |
| 1 | SoGood 公司薪資轉帳明細表 | | |
| 2 | 日期 | 本公司帳號 | 轉帳總金額 |
| 3 | 2016/6/1 | 123-45678 | |
| 4 | | | |
| 5 | 姓名 | 帳號 | 金額 |
| 6 | 吳美麗 | 205-163401 | 36525 |
| 7 | 呂小婷 | 205-161403 | 37439 |
| 8 | 林裕暐 | 205-163561 | 25141 |
| 9 | 徐誌明 | 205-161204 | 31377 |

## 計算轉帳總金額

目前轉帳明細表只剩下**轉帳總金額**欄 (C3 儲存格) 尚未填入, 這個儲存格的值就是 C6:C35 範圍的加總, 所以只要在儲存格 C3 中輸入公式 "=SUM(C6:C35)", 然後按下 Enter 鍵即可。

公式內容

| C3 | | ✕ ✓ ƒx | =SUM(C6:C35) |
|---|---|---|---|
| | A | B | C |
| 1 | SoGood 公司薪資轉帳明細表 | | |
| 2 | 日期 | 本公司帳號 | 轉帳總金額 |
| 3 | 2016/6/1 | 123-45678 | 1216931 |
| 4 | | | |
| 5 | 姓名 | 帳號 | 金額 |
| 6 | 吳美麗 | 205-163401 | 36525 |

計算出轉帳的總金額 (完成的結果可以參考範例檔案 Ch14-02 的**轉帳明細**工作表)

# 14-2 | 製作薪資明細表

除了製作轉帳明細給銀行外，我們還必須製作薪資明細表給每位員工，通知員工薪資已經入帳了。請開啟範例檔案 Ch14-02，我們已經在**薪資明細**工作表中建好如圖的資料：

▶ SoGood 公司每月要發給員工的薪資明細表格式

## 利用下拉式方塊建立員工姓名選單

我們希望在薪資明細表的**姓名**欄做成下拉選單，只要拉下選單選擇員工姓名，就能自動將員工的所有薪資明細填上。下拉選單必須使用**下拉式方塊**鈕 來製作，不過**下拉式方塊**鈕 預設不會出現在 Excel 的功能區中，因此請按下**檔案**頁次的**選項**，並如下將**開發人員**頁次顯示出來：

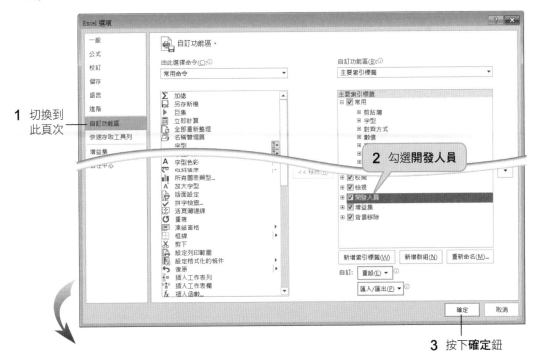

1 切換到此頁次

2 勾選開發人員

3 按下**確定**鈕

**5** 按下**插入**鈕就可以找到我們所要的**下拉式方塊**鈕

**4** 切換至**開發人員**頁次

**6** 按下**下拉式方塊**鈕

現在可以開始製作**姓名**欄的下拉選單了。

**STEP 01** 按下**下拉式方塊**鈕, 接著將滑鼠移到儲存格 B5 的地方 (指標會變成 + 狀), 然後拉曳出如下的下拉式方塊:

向右下方拉曳至適當大小　　　　　　　　　　下拉式方塊出現了

> **TIP** 剛剛產生的**下拉式方塊**, 周圍會出現 6 個控點 (表示該方塊被選定), 拉曳這些控點可調整其大小, 此時在**下拉式方塊**內按住左鈕並拉曳滑鼠, 可移動其位置。

**1** 切換到**控制**頁次

**STEP 02** 加入**下拉式方塊**後, 就要建立在下拉式方塊中顯示的資料。請在**下拉式方塊**中按下滑鼠右鈕, 從快顯功能表中選擇『**控制項格式**』命令:

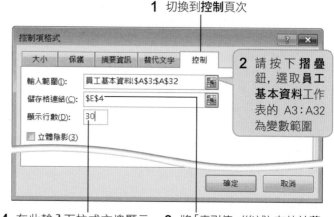

**2** 請 按 下 **摺疊**鈕, 選取**員工基本資料**工作表 的 A3:A32 為變數範圍

**4** 在此輸入下拉式方塊顯示的筆數, 完成後按下**確定**鈕

**3** 將「索引值」(後述) 存放於**薪資明細**工作表的 E4 儲存格

> **TIP** 當我們利用**下拉式方塊**選取資料的過程中, 會產生「索引值」, 它會記錄所選取的資料是位於下拉列示窗中的第幾個位置, 藉此帶出其它欄位的內容。

**STEP 03** 資料建立好之後, 就可以使用**下拉式方塊**來選取員工姓名了。請先在**下拉式方塊**以外的地方按一下, 取消其選定狀態, 然後按**下拉式方塊**的下拉箭頭:

我們以選取 "鍾小評" 為例

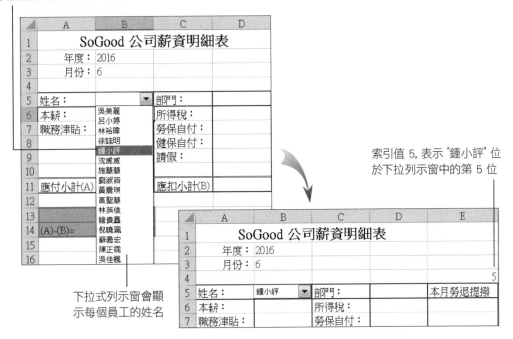

索引值 5, 表示 "鍾小評" 位於下拉列示窗中的第 5 位

下拉式列示窗會顯示每個員工的姓名

# 建立薪資明細表各欄位的公式

接著, 我們就來建立**薪資明細**工作表內各個欄位的公式。由於此工作表內的每一個欄位都可在**員工基本資料**或**薪資表**工作表中找到, 所以我們只要直接到這兩張工作表中, 找出需要的資料即可。

還記得**索引值**吧! 當我們從**姓名**列示窗選出一位員工時, 索引值就是該名員工位於列示窗內的位置, 利用這個值, 再配合 INDEX 函數, 就可找出需要的資料了。

## INDEX 函數的用法

INDEX 函數是用來找出指定範圍 (Array) 內, 位於第幾列 (Row_num)、第幾欄 (Column_num) 儲存格的內容, 其語法為:

```
INDEX (Array, Row_num, Column_num)
```

例如底下的例子, 若在 E1 儲存格中輸入如下的公式:

```
= INDEX (A1:C3, 2, 3)
```

指定範圍 ── 第 2 列 ── 第 3 欄

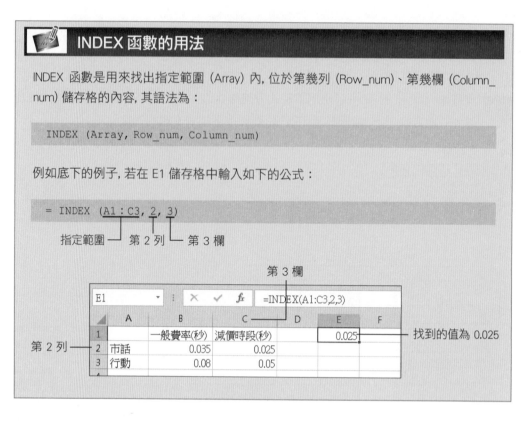

第 3 欄

第 2 列 ──

找到的值為 0.025

現在, 我們就從 D5 儲存格的公式開始建立, 請如下操作:

**STEP 01** D5 儲存格是用來顯示員工的部門資料, 所以必須到**員工基本資料**工作表去尋找, 我們可將公式設計如下:

```
= INDEX (員工基本資料, $E$4, 2)
```

指定尋找的範圍 ──
(已事先定義好名稱)

**薪資明細**工作表中索引值所在的儲
存格, 其中記錄選定員工所處的列數

部門欄位於第 2 欄

將上述公式輸入到 D5 儲存格, 則第 5 名員工 (鍾小評) 所屬的部門就會填入 D5 儲存格了:

公式內容

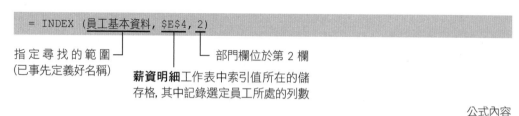

自動填入部門資料

若現在到**下拉式方塊**中選擇其它的員工,則該名員工所屬的部門就會重新提取並填入 D5 儲存格:

改選 "林英俊"　　　　更新為林英俊所屬的部門

**STEP 02** 接下來,我們再以**健保自付欄** (D8 儲存格) 為例,由於健保費用是儲存在**薪資表**工作表中,而且其位於指定範圍 A3:K32 的第 6 欄,所以公式可設計成:

```
= INDEX (薪資表, $E$4 , 6)
```

指定尋找的範圍 ┘　　　　　└ 健保位於第 6 欄

**薪資明細**工作表中的索引值

**TIP** 我們已將**薪資表**工作表中的 A3:K32 定義名稱為「薪資表」。

林英俊的健保費用

**STEP 03** 其它欄位的公式也是以相同的方法來建立, 請您試著自行設計, 並輸入到對應的儲存格中, 所有公式都輸入完畢, 請在 B14 儲存格輸入公式 "=B11-D11", 算出該員工的實領薪水, 薪資明細表就建立完成了。

|  | A | B | C | D | E |
|---|---|---|---|---|---|
| 1 |  | SoGood 公司薪資明細表 |  |  |  |
| 2 | 年度： | 2016 |  |  |  |
| 3 | 月份： | 6 |  |  |  |
| 4 |  |  |  |  | 11 |
| 5 | 姓名： | 林英俊 | 部門： | 經銷部 | 本月勞退提撥 |
| 6 | 本薪： | 43000 | 所得稅： | 0 | 2634 |
| 7 | 職務津貼： | 0 | 勞保自付： | 840 |  |
| 8 |  |  | 健保自付： | 591 |  |
| 9 |  |  | 請假： |  |  |
| 10 |  |  |  |  |  |
| 11 | 應付小計(A) | 43000 | 應扣小計(B) | 1431 |  |
| 12 |  |  |  |  |  |
| 13 |  | 實領金額： |  |  |  |
| 14 | (A)-(B)= | 41569 |  |  |  |

下表為**薪資明細**工作表中各欄位參照到**薪資表**工作表的對照：

| 「薪資明細」工作表 | 公式 | 對應到「薪資表」工作表的欄位 |
| --- | --- | --- |
| 本薪 (B6 儲存格) | =INDEX(薪資表,$E$4,2) | 本薪 |
| 職務津貼 (B7 儲存格) | =INDEX(薪資表,$E$4,3) | 職務津貼 |
| 所得稅 (D6 儲存格) | =INDEX(薪資表,$E$4,5) | 所得稅 |
| 勞保自付 (D7 儲存格) | =INDEX(薪資表,$E$4,7) | 勞保 |
| 健保自付 (D8 儲存格) | =INDEX(薪資表,$E$4,6) | 健保 |
| 請假 (D9 儲存格) | =INDEX(薪資表,$E$4,8) | 請假 |
| 應付小計 (B11 儲存格) | =INDEX(薪資表,$E$4,4) | 薪資總額 |
| 應扣小計 (D11 儲存格) | =INDEX(薪資表,$E$4,9) | 應扣小計 |
| 本月勞退提撥(E6 儲存格) | =INDEX(薪資表,$E$4,11) | 本月勞退提撥 |

日後要查詢或是列印某個員工的薪資明細時, 只要到**下拉式方塊**選定該員工, 就可列出該員工的所有資料了, 您可以開啟範例檔案 Ch14-03 的**薪資明細**工作表來查看。

## 將「索引值」隱藏起來

由於我們利用儲存格 E4 來儲存索引值, 因此在列印薪資明細時, 索引值也會被列印出來, 這會使得明細表看起來有點奇怪。要避免這種狀況, 可將 E4 儲存格的字型色彩改為白色, 這樣在工作表上就看不到索引值, 而且也不會列印出來了。

**2** 將字型色彩設為白色 (實際上該儲存格的內容仍然存在)

**1** 選定 E4 儲存格

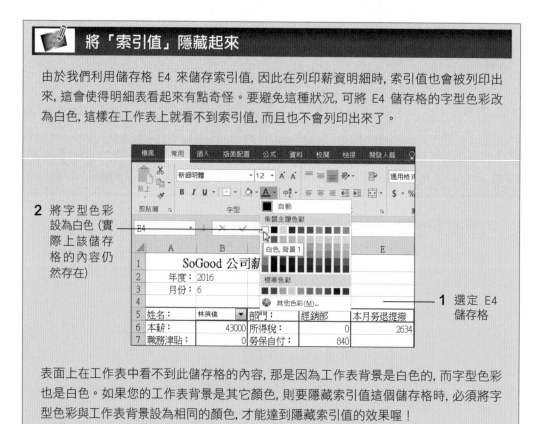

表面上在工作表中看不到此儲存格的內容, 那是因為工作表背景是白色的, 而字型色彩也是白色。如果您的工作表背景是其它顏色, 則要隱藏索引值這個儲存格時, 必須將字型色彩與工作表背景設為相同的顏色, 才能達到隱藏索引值的效果喔！

# 14-3 | 利用 Word 合併列印套印薪資單

在上一節中我們已經做好了員工的薪資明細表, 但是要印製所有員工的薪資單時就有些不方便, 因為一次只能列印一位員工的薪資, 若是員工人數多達數百人或數千人, 那麼一個個點選員工姓名後再列印就太費時了。

因此在這一節中, 我們要教您利用 Word 的**合併列印**功能, 一次列印所有員工的薪資單。請執行『**開始/所有程式/Word 2016**』命令, 先將 Word 啟動。

> **TIP** 由於本節與**實力評量**中會用到 Excel 和 Word 兩種檔案, 因此從現在起我們會在檔名之後加上副檔名以做區分。當您看到 .xlsx 的檔案表示要在 Excel 中開啟, 而 .docx 的檔案則是要使用 Word 開啟。

## 合併列印的用途

簡單來說, **合併列印**就是把文件與資料合併成一份文件。例如我們將一張受訓結業証書透過**合併列印**功能, 與受訓學員資料合併, 產生以下的結果:

| 受訓單位 | 姓名 |
| --- | --- |
| 五強視訊 | 蕭美琳 小姐 |
| 訊飛國際 | 蘇增益 先生 |
| 聯松日報 | 朱安雨 小姐 |

合併列印

以上述的例子而言, 將文件與資料透過合併列印結合在一起, 就可以一次產生大量內容相同、對象不同的文件。

首先, 您必須建立一份「主文件」, 它是每一份合併文件都會具備的相同內容, 例如上一頁範例中的結業証書。另外還要準備一份「資料來源」, 用來提供給每一份合併文件不同的對象資料, 如範例中的受訓學員資料。然後在主文件上插入合併列印的功能變數, 合併列印功能就會在每一份合併文件的相同位置上, 插入不同的資料。

合併列印的程序如下圖所示:

# 1. 建立主文件

請開啟範例檔案 Ch14-04.docx, 這是一份事先在 Word 中建立好的薪資明細表, 我們要大量印製這份文件, 並在裡頭加上每位員工的姓名、部門、本薪、勞保、健保…等資料。這份文件就是合併列印的「主文件」。

| **SoGood 公司薪資明細表** | | |
|---|---|---|
| 年度:2016　月份:6 | | 本月勞退提撥金額 |
| 姓名: | 部門: | |
| 本薪 | 所得稅: | |
| 職務津貼: | 勞保自付: | |
| | 健保自付: | |
| | 請假: | |
| 應付小計 (A) | 應扣小計 (B) | |
| | 實領金額: | |
| (A)-(B)= | | |

首先在 Word 中切換至**郵件**頁次, 接著請如下操作:

**1** 按下**啟動合併列印**區的**啟動合併列印**鈕, 執行『**逐步合併列印精靈**』

**2** 接著便會開啟**合併列印**工作窗格, 請選取此項

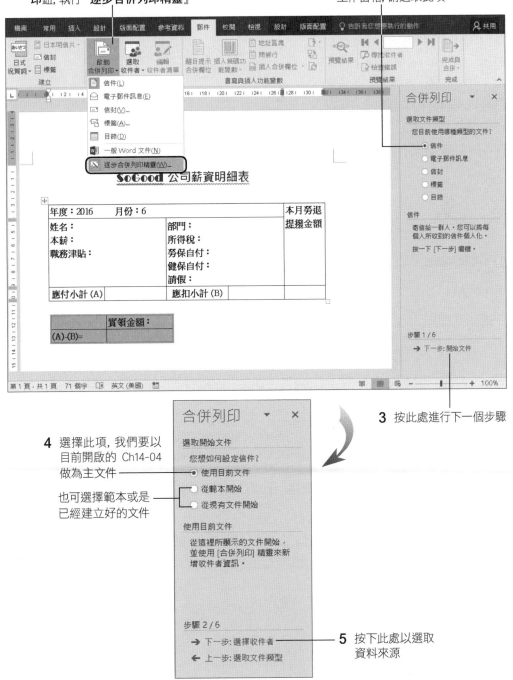

**3** 按此處進行下一個步驟

**4** 選擇此項, 我們要以目前開啟的 Ch14-04 做為主文件

也可選擇範本或是已經建立好的文件

**5** 按下此處以選取資料來源

## 2. 指定資料來源

選擇好主文件後, 接下來要指定資料來源。資料來源可以是 Excel 工作表、Access 資料庫、Word 表格、純文字檔以及 Outlook 連絡人；若是您沒有現成的資料來源檔案, 可以在合併列印的過程中建立清單作為資料來源。

如果您有安裝 Outlook, 可選此項使用 Outlook 連絡人資料

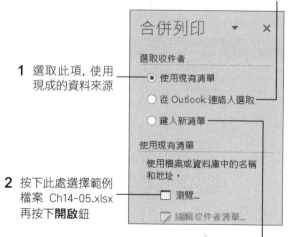

**1** 選取此項, 使用現成的資料來源

**2** 按下此處選擇範例檔案 Ch14-05.xlsx 再按下**開啟**鈕

也可選取此項建立清單

**3** 如圖選擇**薪資表**工作表當做來源資料

勾選此項, 會將工作表中的第一列當做標題

**4** 按下**確定**鈕

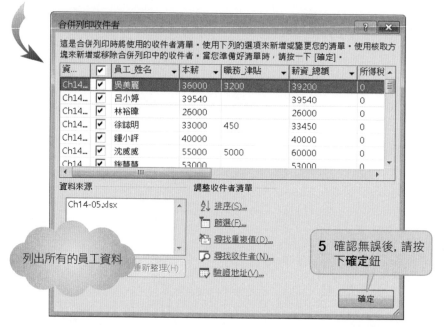

列出所有的員工資料

**5** 確認無誤後, 請按下**確定**鈕

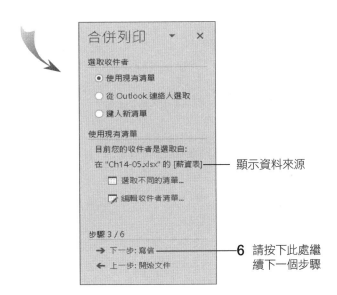

顯示資料來源

6 請按下此處繼
續下一個步驟

## 3. 插入功能變數

建立主文件和指定資料來源之後, 合併列印已經完成一大半, 再來就是插入合併列印的功能變數。插入合併列印功能變數的動作, 就是設定在薪資明細表中放入員工資料的位置。請接續上例再如下操作:

1 請將插入點移到此處　　　　　　　　2 選此項開啟**插入合併功能變數**交談窗

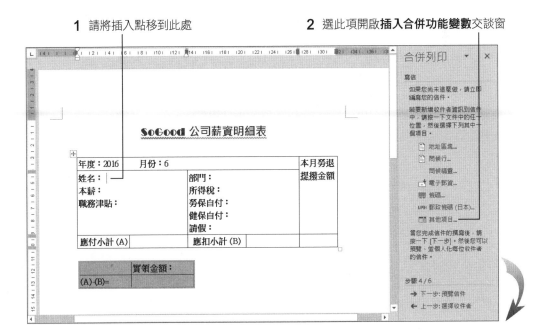

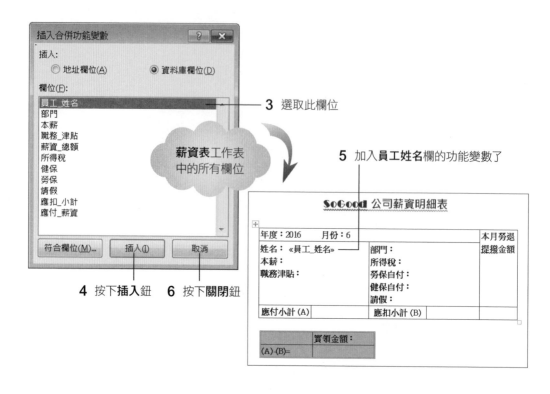

3 選取此欄位

薪資表工作表中的所有欄位

5 加入員工姓名欄的功能變數了

4 按下插入鈕　6 按下關閉鈕

重複上述步驟分別將功能變數插入到文件中的對應欄位。每插入一個欄位, 就得將**插入合併欄位**交談窗關閉, 才能繼續。

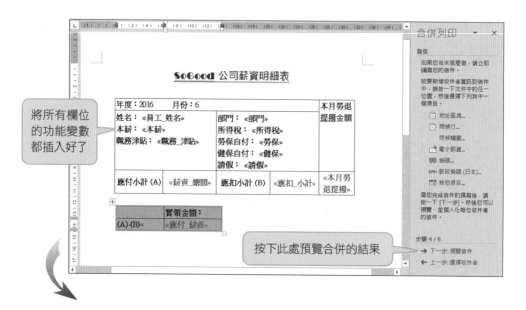

將所有欄位的功能變數都插入好了

按下此處預覽合併的結果

按這 2 個鈕可預覽上一筆、下一筆資料

第一筆合併
文件的內容

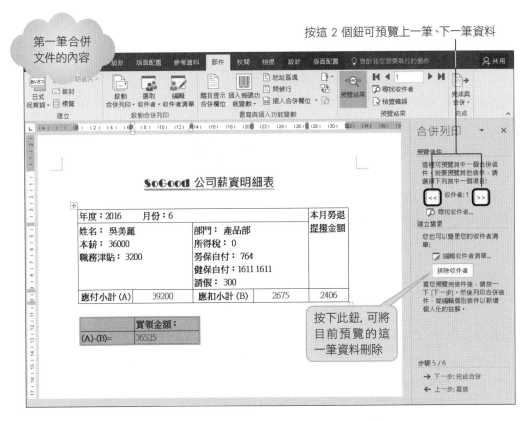

確認要插入的合併列印功能變數都已設定完成, 即可按**下一步：完成合併**繼續下一個步驟。

# 4. 執行合併列印

這個步驟是合併列印的尾聲, 也就是將合併文件列印出來, 員工的薪資單就可一次印製完成了。

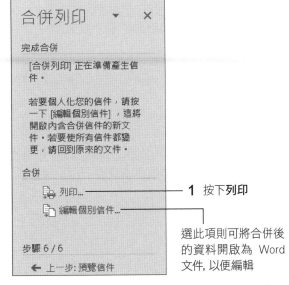

**1** 按下**列印**

選此項則可將合併後的資料開啟為 Word 文件, 以便編輯

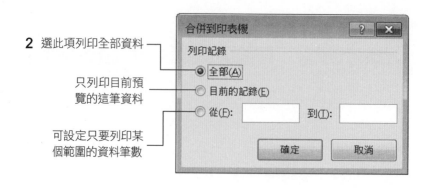

**2** 選此項列印全部資料 ⎯

只列印目前預
覽的這筆資料

可設定只要列印某
個範圍的資料筆數

接著按下**合併到印表機**交談窗的**確定**鈕, 會開啟**列印**交談窗, 讓您進行印表機的設定, 一切無誤後, 你就可以按下**列印**交談窗中的**列印**鈕進行列印了。

## SoGood 公司薪資明細表

| 年度:2016　　月份:6 | | 本月勞退 |
|---|---|---|
| 姓名: 吳美麗<br>本薪: 36000<br>職務津貼: 3200 | 部門: 產品部<br>所得稅: 0<br>勞保自付: 764<br>健保自付:1611<br>請假: 300 | 提撥金額 |
| 應付小計 (A) | 39200 | 應扣小計 (B) | 2675 | 2406 |

| 寶領金額: | |
|---|---|
| (A)-(B)= | 36525 |

▲ 印出來的薪資表

您可以將這份合併列印的檔案儲存下來, 等到下個月在 Excel 做好薪資表之後, 再到 Word 把合併列印的檔案打開, 這時會重新連結並更新 Excel 薪資表的資料, 只要手動修改月份, 就可以將薪資表列印出來了。您可以開啟 Ch14-06.docx 來瀏覽完成結果。

# 14-4 │ 保護活頁簿不被任意開啟

由於在企業中個人的薪資是屬於保密的資料, 因此一定要設防被沒有權限的人任意開啟觀看或是修改, 因此本節將教您保護活頁簿檔案的方法。

要防止別人任意地開啟活頁簿檔案, 進而修改其中的資料。您可以為檔案設定「保護密碼」, 如此一來, 只有輸入正確的密碼才能打開檔案來編輯內容。請開啟範例檔案 Ch14-05.xlsx, 切換到**檔案**頁次然後如下操作:

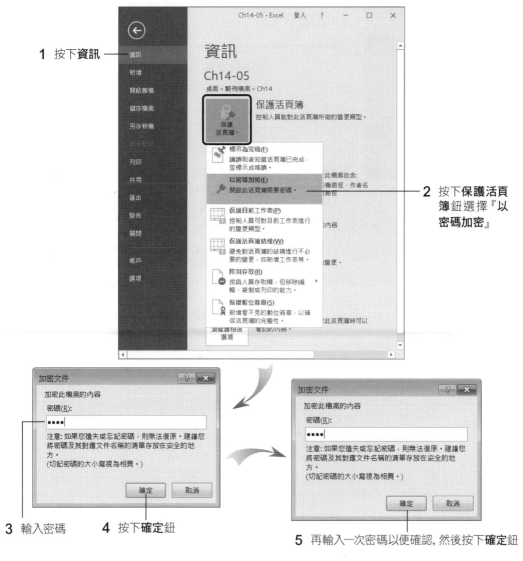

**1** 按下**資訊**

**2** 按下**保護活頁簿**鈕選擇『**以密碼加密**』

**3** 輸入密碼

**4** 按下**確定**鈕

**5** 再輸入一次密碼以便確認, 然後按下**確定**鈕此時在**檔案**頁次中就會看見如下 "開啟此活頁簿需要密碼" 的訊息：

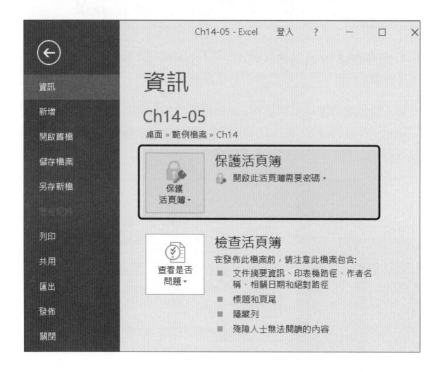

接下來請儲存檔案並關閉。下次
再打開檔案時，就會出現如右這個交談
窗要求你輸入密碼：

輸入正確的密碼才能打開檔案做編輯

若密碼錯誤，則會出現如下的交談窗：

按下此鈕關閉交談窗，且檔案不會開啟

## 取消保護密碼

要取消密碼的設定, 必須先輸入正確的密碼打開檔案, 然後在**另存新檔**時清空**保護密碼**的欄位。現在請開啟要取消密碼設定的檔案：

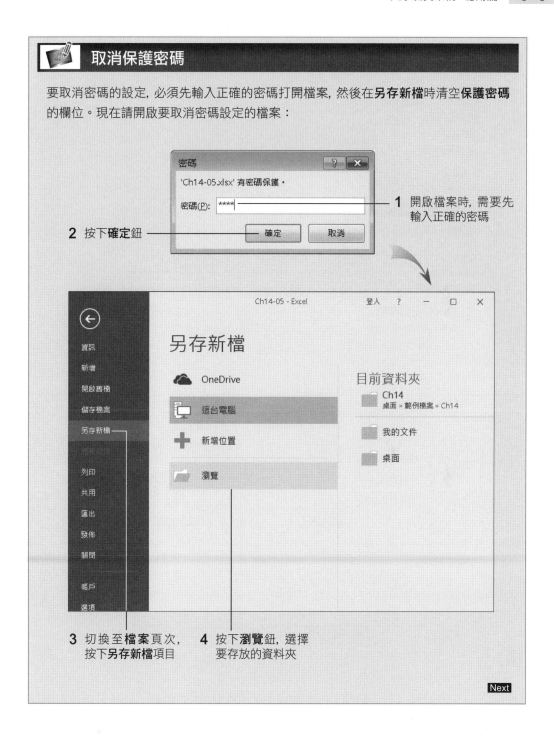

1 開啟檔案時, 需要先輸入正確的密碼

2 按下**確定**鈕

3 切換至**檔案**頁次, 按下**另存新檔**項目

4 按下**瀏覽**鈕, 選擇要存放的資料夾

Next

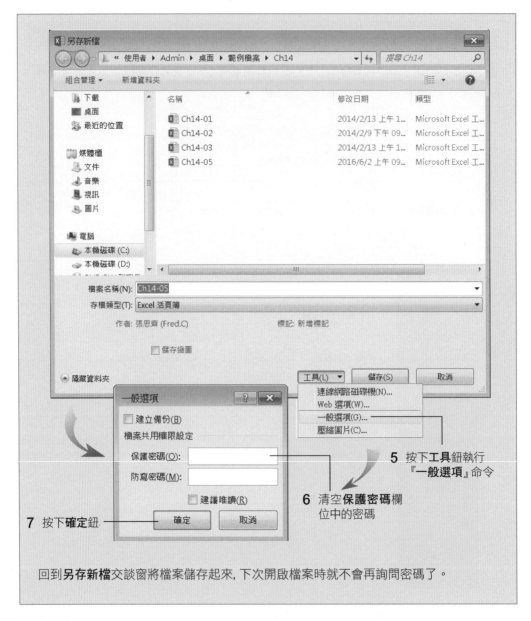

5 按下**工具**鈕執行
『**一般選項**』命令

6 清空**保護密碼**欄
位中的密碼

7 按下**確定**鈕

回到**另存新檔**交談窗將檔案儲存起來,下次開啟檔案時就不會再詢問密碼了。

# 後記

　　員工薪資的計算可是一點都不能馬虎的,在本章中,我們學會了如何製作轉帳明細表,及建立一個小型的薪資查詢選單,簡化您在處理人事薪資上的工作,並利用 Word 的**合併列印**一次列印所有員工的薪資單,相信日後您在處理員工薪資時就會更有效率了。最後還是要提醒您,記得將活頁簿設密碼做保護,以免機密資料外流。

# 實力評量

1. 請開啟練習檔案 Ex14-01.xlsx, 替**熊本公司**的會計人員完成以下工作:

(1) 請切換到**轉帳明細**工作表
中, 利用參照功能, 製作一
份轉帳明細表。

| | A | B | C |
|---|---|---|---|
| 1 | 熊本公司薪資轉帳明細表 | | |
| 2 | 日期 | 本公司帳號 | 轉帳總金額 |
| 3 | 2016/6/15 | 897-898-00211 | |
| 4 | | | |
| 5 | 姓名 | 帳號 | 金額 |
| 6 | 許庭郁 | 205-163401 | |
| 7 | 林玉如 | 205-161403 | |
| 8 | 成偉銘 | 205-163561 | |
| 9 | 包以謙 | 205-161204 | |
| 10 | 李玟玟 | 205-163303 | |

(2) 為方便日後查詢, 請切換到**薪資明細**工作表, 利用表單控制項, 建立一個可供
查詢姓名的下拉式清單, 並利用 INDEX 函數, 將各欄位中的數值填入。

(3) 請開啟練習檔案 Ex14-02.docx, 利用 Word 的**合併列印**功能, 製作一份員工
薪資明細表, 並列印第 5 到 10 筆員工資料。

| 熊本公司薪資明細表 | | | |
|---|---|---|---|
| 年度:2016　　月份:6 | | 本月勞退 | |
| 姓名: | 部門: | 提撥金額 | |
| 本薪: | 所得稅: | | |
| 講師費: | 勞保自付: | | |
| | 健保自付: | | |
| | 請假: | | |
| 應付小計 (A) | | 應扣小計 (B) | |
| 實領金額: | | | |
| (A)-(B)= | | | |

(4) 最後, 請保護 Ex14-01.xlsx 這份活頁簿, 設定 "kumamoto" 為其防寫密碼。

2. **大力銀行**於 3 月 15 日招考今年度的新進行員, 其考試成績已經輸入至 Excel 中了, 請利用 Word 的**合併列印**功能, 列印成績單。

| | A | B | C | D | E | F | G | H | I | J | K | L | M |
|---|---|---|---|---|---|---|---|---|---|---|---|---|---|
| 1 | 准考證號 | 姓名 | 國文 | 英文 | 會計 | 貨幣學 | 票據法 | 筆試總分 | 合格與否 | 口試成績 | 總成績 | 名次 | 備註 |
| 2 | 9343041 | 王勝玉 | 52 | 85 | 97 | 78 | 98 | 80 | 合格 | 90 | 82 | 1 | 錄取 |
| 3 | 9343004 | 黃清德 | 86 | 87 | 74 | 65 | 65 | 75 | 合格 | 95 | 79 | 2 | 錄取 |
| 4 | 9343022 | 張春妹 | 78 | 87 | 55 | 87 | 78 | 77 | 合格 | 90 | 79 | 3 | 錄取 |
| 5 | 9343018 | 王振耀 | 96 | 50 | 63 | 85 | 87 | 79 | 合格 | 80 | 78 | 4 | 錄取 |
| 6 | 9343035 | 陳小東 | 88 | 85 | 68 | 68 | 94 | 81 | 合格 | 55 | 76 | 5 | 錄取 |
| 7 | 9343020 | 李明如 | 63 | 33 | 95 | 85 | 94 | 76 | 合格 | 74 | 75 | 6 | 錄取 |
| 8 | 9343047 | 郭府城 | 85 | 74 | 84 | 47 | 87 | 76 | 合格 | 70 | 75 | 7 | 錄取 |
| 9 | 9343005 | 楊得意 | 91 | 64 | 96 | 32 | 94 | 77 | 合格 | 65 | 74 | 8 | 錄取 |
| 10 | 9343030 | 陳亦盈 | 66 | 77 | 74 | 68 | 96 | 76 | 合格 | 66 | 74 | 9 | 備取 |
| 11 | 9343023 | 李素雯 | 96 | 76 | 88 | 54 | 79 | 80 | 合格 | 50 | 74 | 10 | 備取 |

**銀行招募考試成績單**

| 准考證號碼 | | 姓名 | |
| 國文 | | 英文 | |
| 會計 | | 貨幣學 | |
| 票據法 | |

| 筆試分數 | | 筆試是否合格 | |

| 口試分數 | |
| 總成績 | |
| 名次 | |

| 備註 | |

(1) 請在 Word 中開啟練習檔案 Ex14-03.docx, 將 Ex14-04.xlsx 的**合格成績**工作表中對應的欄位匯進來。

(2) 將資料合併到 Word 後, 請列印前 10 筆資料。

# MEMO

# 15 個人投資理財試算

## 本章學習提要

- 利用 PV 函數計算投資成本
- 以 FV 函數計算固定金額、期數的投資總和
- 利用單變數運算列表, 算出不同外幣利率的本利和
- 利用雙變數運算列表算出不同利率、存款金額下的本利和

有句理財名言「你不理財、財不理你」，看到市面上各種投資理財工具，雖然感興趣卻遲遲不敢跟進？本章將會介紹幾個生活中常見的理財、投資範例，包括計算投資方案的淨現值、外幣存款的本利總和、以及熱門的共同基金收益估算。現在就讓我們運用 Excel 好好的做個人投資理財規劃吧！

| B7 | ▼ | : | × | ✓ | fx | =PV(B3,B4,B5) |
| --- | --- | --- | --- | --- | --- | --- |

| | A | B | C |
| --- | --- | --- | --- |
| 1 | 向陽花店投資計劃 | | |
| 2 | 投資成本 | $500,000 | |
| 3 | 年利率 | 2.0% | |
| 4 | 期數 | 5 | |
| 5 | 每期得款 | $110,000 | |
| 6 | | | |
| 7 | 投資現值 | -$ 518,481 | |

▲ 投資評估

| B6 | ▼ | : | × | ✓ | fx | =FV(B4/12,B3,B2) |
| --- | --- | --- | --- | --- | --- | --- |

| | A | B | C | D |
| --- | --- | --- | --- | --- |
| 1 | 小湯定期定額基金投資計劃 | | | |
| 2 | 每月購買金額 | -10000 | | |
| 3 | 預計購買期數 | 36 | | |
| 4 | 預估報酬率 | 15.0% | | |
| 5 | | | | |
| 6 | 投資收益 | $451,155.05 | | |

▲ 計算基金投資收益

| | A | B | C | D | E | F |
| --- | --- | --- | --- | --- | --- | --- |
| 1 | | 雙變數之本利和 | | | | |
| 2 | 年利率 | 總期數 | 每期存款 | | | |
| 3 | 0.90% | 24 | -10000 | | | |
| 4 | | | | | | |
| 5 | | 年利率 | | 存款金額 | | |
| 6 | | $242,081.43 | -$ 5,000 | -$ 8,000 | -$ 10,000 | -$ 12,000 |
| 7 | 美元 | 0.90% | $ 121,041 | $ 193,665 | $ 242,081 | $ 290,498 |
| 8 | 加拿大幣 | 0.60% | $ 120,693 | $ 193,108 | $ 241,385 | $ 289,662 |
| 9 | 澳幣 | 1.65% | $ 121,917 | $ 195,067 | $ 243,834 | $ 292,600 |
| 10 | 紐西蘭幣 | 1.65% | $ 121,917 | $ 195,067 | $ 243,834 | $ 292,600 |
| 11 | 南非幣 | 4.50% | $ 125,320 | $ 200,512 | $ 250,640 | $ 300,768 |

▲ 計算外幣存款本利和

# 15-1 | 計算投資成本

許多人喜歡自己創業當老闆, 但是當資金不足時, 除了找銀行貸款, 最常見的就是找朋友一起出資。假如朋友找你合股, 但是你沒有時間參與經營, 於是和朋友約定先投資 50 萬元, 然後未來 5 年每年會固定領回 11 萬, 以年利率 2% 來計算的話, 這項投資究竟值不值得呢?

## 建立試算資料

乍聽之下, 這個投資可以帶來 5 萬獲利, 但還是得精打細算一番, 才能做出正確的決定。首先, 我們要建立此方案的相關資料, 請開啟範例檔案 Ch15-01, 如右圖填入上述中的各項數字, 稍後我們要利用 PV 函數來算出投資現值。

|   | A | B |
|---|---|---|
| 1 | 向陽花店投資計劃 | |
| 2 | 投資成本 | $500,000 |
| 3 | 年利率 | 2.0% |
| 4 | 期數 | 5 |
| 5 | 每期得款 | $110,000 |
| 6 | | |
| 7 | 投資現值 | |

### PV 函數的用法

此範例可利用 PV 函數來計算。PV 函數是用來計算一段期間內, 連續支出固定金額的現值。PV 函數的格式為:

```
PV (Rate, Nper , Pmt, Fv, Type)
```

- **Rate**: 各期的利率。
- **Nper**: 付款的總期數。
- **Pmt**: 各期給付的固定金額。
- **Fv**: 最後一次付款後, 所能獲得的現金餘額。若不填則以 0 代替。
- **Type**: 為一邏輯值, 判斷付款日為期初或期末。當 Type 為 1 時, 代表每期期初付款; 為 0 時, 代表每期期末付款。若不填則以 0 代替。

## 用 PV 函數計算投資現值

瞭解 PV 函數後, 我們就可以在 B7 儲存格算出答案了。請接著進行以下的練習。

**STEP 01** 請選定 B7 儲存格, 然後按下**資料編輯列**的**插入函數**鈕 $f_x$ :

選擇**財務**類別
下的 PV 函數

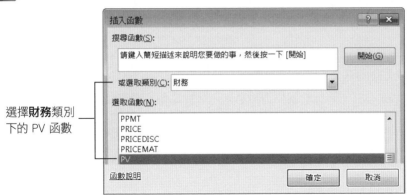

**STEP 02** 按下**確定**鈕後, 在**函數引數**交談窗中, 分別填入各個引數相對應的儲存格 :

利率　期數　各期付款金額

也可以直接
在各引數欄
中輸入數值
來計算

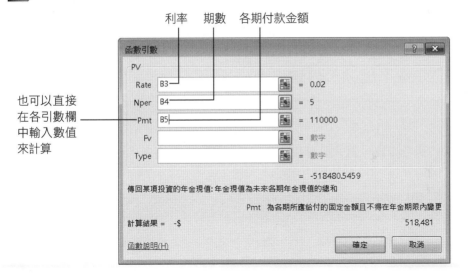

**STEP 03** 按下**確定**鈕, 即可在 B7 得到計算
結果 :

　　結果計算出來了, 此投資方案的現
值有 518,481, 比我們實際要付出的
500,000 元還要高, 表示值得投資喔 ! 切
換到**工作表 2** 可查看計算的結果。

| B7 | | $f_x$ | =PV(B3,B4,B5) | |
|---|---|---|---|---|
| | A | | B | C |
| 1 | 向陽花店投資計劃 | | | |
| 2 | 投資成本 | | $500,000 | |
| 3 | 年利率 | | 2.0% | |
| 4 | 期數 | | 5 | |
| 5 | 每期得款 | | $110,000 | |
| 6 | | | | |
| 7 | 投資現值 | | -$ 518,481 | |

因為要先付出金額, 所以會出現負數

# 15-2 | 計算定期定額投資的獲利

定期定額購買基金是很普遍的投資方式, 在一個持續的期間內, 固定投入相同的金額, 要贖回時再依當時的基金淨值來結算收益。藉由這種方式, 一方面可強迫自己存款; 一方面也可分散風險。這一節我們就要告訴您如何估算定期定額購買基金的收益。

小漫成為社會新鮮人了, 她找到一份工作, 每個月開始有固定的收入, 她計畫每個月定期購買 10,000 元的基金。如果以年報酬率 15% 來估算, 3 年後小漫可以贖回多少錢呢?

## 建立基金試算資料

請開啟範例檔案 Ch15-02, 並將資料填入儲存格中:

此處請輸入負數, 表示支付金額 (將錢存至銀行)

由於為期 3 年, 且每個月存款, 所以共有 36 期

以下我們利用 FV 函數來計算投資後未來存款的總和。

### FV 函數的用法

FV 是一個用來計算未來值的函數, 我們可藉由它來評估某項投資最後可獲得的淨值。

```
FV (Rate, Nper, Pmt, Pv, Type)
```

- **Rate**: 各期的利率。
- **Nper**: 付款的總期數。
- **Pmt**: 各期給付的固定金額。
- **Pv**: 年金淨現值, 若不填則以 0 代替。
- **Type**: 為一邏輯值, 判斷付款日為期初或期末。當 Type 為 1 時, 代表每期期初付款; 為 0 時, 代表每期期末付款。若不填則以 0 代替。

# 計算基金投資收益

接著，我們要在 B6 儲存格計算出 3 年後可贖回多少錢：

**STEP 01** 請選定 B6 儲存格，並按下**資料編輯列**的**插入函數**鈕 $f_x$，選擇**財務**類別下的 FV 函數再按下**確定**鈕，輸入各個引數對應的儲存格：

15% 是年報酬率，而我們是每月購買基金，所以要除以 12

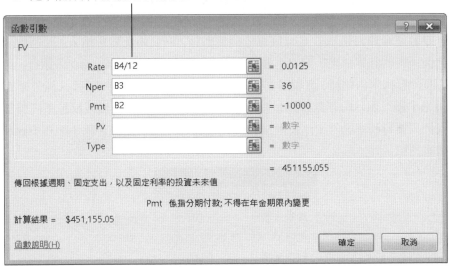

**TIP** 在計算時，**利率**和**期數**必須是相同的單位。以上例來說，由於是每月買一次，所以必須將年利率除以 12，換算成月利率來計算。

**STEP 02** 按下**確定**鈕，即可在 B6 得到存款總和：

3 年後可贖回
451,155 元

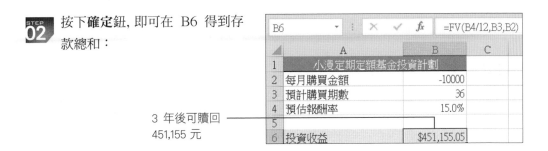

把計算結果扣掉存款的本金 360,000 元 (10,000*36)，算出一共賺得 91155.05 元，獲利很不錯喔！屆時看要買車或遊學，都有一筆積蓄可以運用了。您可以切換**工作表 2** 查看計算結果。

# 15-3 │ 利用「運算列表」計算存款本利和

如果想每個月固定提撥一個金額做儲蓄, 但想知道在不同利率、不同存款金額之下所能得到的本利和, 可以利用**單變數運算列表**及**雙變數運算列表**來幫你做計算。

## 用單變數運算列表算出不同利率的本利和

**單變數運算列表**是指公式中只有一個變數值, 只要將此變數輸入, 即可列出該數值變化後所有的計算結果。例如小漫想要固定每個月將 10,000 元存入銀行, 共存 2 年, 在銀行看利率告牌時, 發現外幣的利率較高, 於是在考量要開哪一種外幣存款帳戶。不過小漫每個月的存款金額是固定的, 所以此例中的唯一變數就是不同幣別的利率。我們只要將利率填入工作表中, 再經過一番計算, 即可求得存款金額在不同利率下的存款本利和。

| 幣別 | 年利率 (%) |
|---|---|
| 美元 | 0.9 |
| 加拿大幣 | 0.6 |
| 澳幣 | 1.65 |
| 紐西蘭幣 | 1.65 |
| 南非幣 | 4.5 |

▲ 外幣存款利率

請開啟範例檔案 Ch15-03, 我們已將幣別和利率資料輸入在工作表中:

此處可填入以下任何一種幣別的利率, 我們以**美元**為例

由於將錢存入銀行, 所以輸入負數

各種幣別的利率

## 建立 FV 公式計算本利和

在建立運算列表之前, 我們必須先建立公式, 讓 Excel 知道這些數字該如何運算。請選定 C6 儲存格, 然後按下**資料編輯列**的**插入函數**鈕 $f_x$, 選擇**財務**類別下的 **FV** 函數, 來運算在年利率 0.9% 條件下的存款總和：

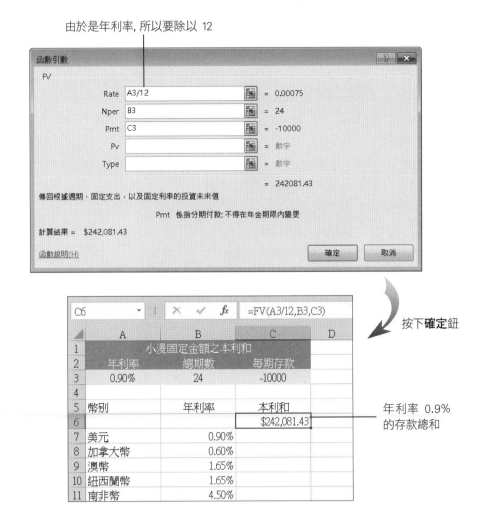

由於是年利率, 所以要除以 12

按下**確定**鈕

年利率 0.9% 的存款總和

## 建立運算列表

接著, 我們就可以建立運算列表了, 請接續上例進行以下的操作：

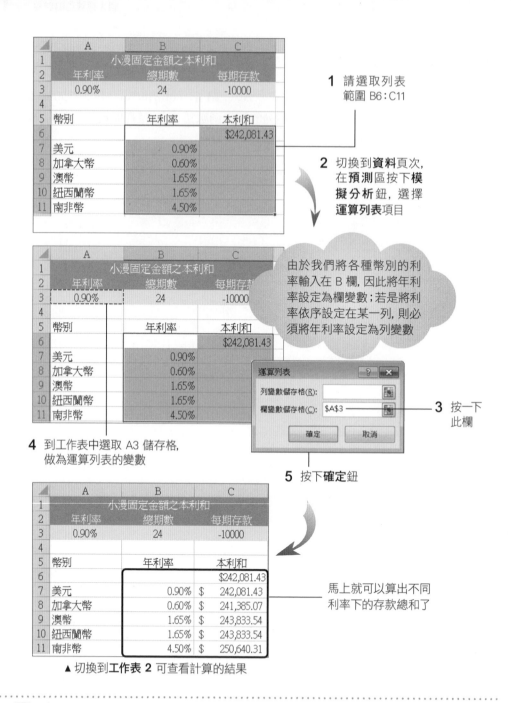

1 請選取列表
　範圍 B6:C11

2 切換到**資料**頁次,
　在**預測**區按下**模**
　**擬分析**鈕, 選擇
　**運算列表**項目

由於我們將各種幣別的利率輸入在 B 欄, 因此將年利率設定為欄變數;若是將利率依序設定在某一列, 則必須將年利率設定為列變數

3 按一下
　此欄

4 到工作表中選取 A3 儲存格,
　做為運算列表的變數

5 按下**確定**鈕

馬上就可以算出不同
利率下的存款總和了

▲ 切換到**工作表 2** 可查看計算的結果

**TIP** **單變數運算列表**最左上角的儲存格並無任何作用, 所以只要保持空白即可。另外, 在設定欄變數時, 設定公式的儲存格必須位於變數值欄的右邊, 且高於第一個變數儲存格一列;設定列變數儲存格時, 設定公式的儲存格則必須位於變數值列的下一列, 且位於第一個列變數的左欄。

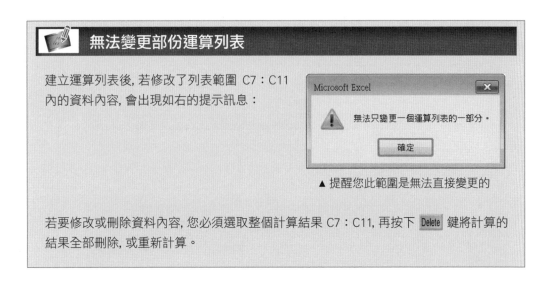

## 無法變更部份運算列表

建立運算列表後, 若修改了列表範圍 C7：C11 內的資料內容, 會出現如右的提示訊息：

> Microsoft Excel
>
> ⚠ 無法只變更一個運算列表的一部分。
>
> 確定

▲ 提醒您此範圍是無法直接變更的

若要修改或刪除資料內容, 您必須選取整個計算結果 C7：C11, 再按下 `Delete` 鍵將計算的結果全部刪除, 或重新計算。

## ▌用雙變數運算列表算出不同利率、存款金額下的本利和

**雙變數運算列表**可以計算有 2 個變數的公式。以上例來說, 如果小漫想知道在這幾種幣別, 每月分別存入 5,000 元、8,000 元、10,000 元、以及 12,000 元的情況下, 兩年後分別可獲得多少存款總和？那麼各種幣別的利率是第 1 個變數；每月存款的金額則是第 2 個變數。請開啟範例檔案 Ch15-04, 並如下圖輸入所需的資料：

| | A | B | C | D | E | F |
|---|---|---|---|---|---|---|
| 1 | 雙變數之本利和 | | | | | |
| 2 | 年利率 | 總期數 | 每期存款 | | | |
| 3 | 0.90% | 24 | -10000 | | | |
| 4 | | | | | | |
| 5 | | 年利率 | | 存款金額 | | |
| 6 | | $242,081.43 | -$ 5,000 | -$ 8,000 | -$ 10,000 | -$ 12,000 |
| 7 | 美元 | 0.90% | | | | |
| 8 | 加拿大幣 | 0.60% | | | | |
| 9 | 澳幣 | 1.65% | | | | |
| 10 | 紐西蘭幣 | 1.65% | | | | |
| 11 | 南非幣 | 4.50% | | | | |

我們已在 B6 儲存格建立好 FV 函數的公式內容

分別填入存款的金額, 由於是存款, 所以填入的是負數

建立**雙變數運算列表**時，同樣請先選定列表的範圍 B6：F11，切換到**資料**頁次，在**預測**區按下**模擬分析**鈕，選擇**運算列表**項目：

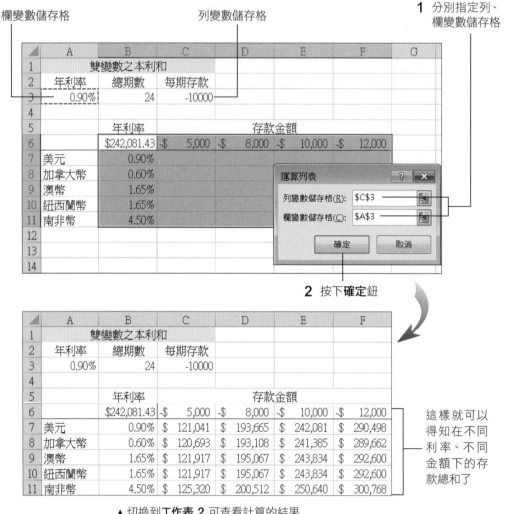

▲ 切換到**工作表 2** 可查看計算的結果

**TIP** 建立**雙變數運算列表**時，必須將公式儲存格建立在最左上角的儲存格中，也就是上圖中 B6 的儲存格位置。

　　雖然我們知道利率愈高，可以賺得的利息相對的愈多，但由於是外幣存款，還是要考量外幣匯率未來的漲跌趨勢喔！

# 實力評量

1. 假設郵局推出一項儲蓄理財方案, 年利率為 2.5%, 只要投資人先繳 120,000 元, 就可在未來 12 年, 每年領回 12,000 元, 請利用 PV 函數評估此項方案是否值得投資?

2. 假設**旗旗銀行**目前存款年利率是 1.2 %, 如果我們每年存款 5 萬元, 那麼 5 年後的存款總額會有多少呢?

   提示 利率與存款期數的單位必須相同。

3. 請利用**運算列表**功能, 建立如圖的九九乘法表:

| | A | B | C | D | E | F | G | H | I |
|---|---|---|---|---|---|---|---|---|---|
| 1 | X | Y | X*Y | | | | | | |
| 2 | 2 | 2 | 4 | | | | | | |
| 3 | | | | | | | | | |
| 4 | 4 | 2 | 3 | 4 | 5 | 6 | 7 | 8 | 9 |
| 5 | 2 | 4 | 6 | 8 | 10 | 12 | 14 | 16 | 18 |
| 6 | 3 | 6 | 9 | 12 | 15 | 18 | 21 | 24 | 27 |
| 7 | 4 | 8 | 12 | 16 | 20 | 24 | 28 | 32 | 36 |
| 8 | 5 | 10 | 15 | 20 | 25 | 30 | 35 | 40 | 45 |
| 9 | 6 | 12 | 18 | 24 | 30 | 36 | 42 | 48 | 54 |
| 10 | 7 | 14 | 21 | 28 | 35 | 42 | 49 | 56 | 63 |
| 11 | 8 | 16 | 24 | 32 | 40 | 48 | 56 | 64 | 72 |
| 12 | 9 | 18 | 27 | 36 | 45 | 54 | 63 | 72 | 81 |

# 16 保險方案評估

**本章學習提要**

- 利用 RATE 函數計算保險投資方案的利率
- 利用 NPV 函數計算投資現值

看準了現在越來越多的月光族, 各家銀行與保險公司攜手合作, 相繼推出兼具保險和理財的投資方案。對於許多想存錢又存不住、或者不善投資理財的人來説, 這種兼顧保險跟投資的方式可説是一舉數得, 比一般保單更具吸引力。但到底市面上琳瑯滿目的各種投資型保單的利率是多少？其投資現值又如何？讓我們看看如何算出各保單投資方案的利率和現值, 以客觀判斷是否值得參加這類投資型保單。

| C6 | × ✓ fx | =RATE(C3,-C2,0,C4,1) | |
|---|---|---|---|
| | A | B | C | D |
| 1 | 保險理財專案名稱 | 8 年穩健儲蓄方案 | |
| 2 | 投資金額 | 24000 | 60000 |
| 3 | 期間 | 8 | 8 |
| 4 | 到期可領回之金額 | 220000 | 560000 |
| 5 | | | |
| 6 | 利率 | 3.02% | 3.42% |

▲ 計算儲蓄型保單的利率

| B15 | × ✓ fx | =NPV(B2,B5:B14) | |
|---|---|---|---|
| | A | B | C |
| 1 | 安心保險投資方案 | | |
| 2 | 年度折扣率 | 0.74% | |
| 3 | 保單金額 | $ 100,000 | |
| 4 | 每年可回收金額 | | |
| 5 | 第 1 年 | $　- | |
| 6 | 第 2 年 | $　- | |
| 7 | 第 3 年 | $　- | |
| 8 | 第 4 年 | $ 12,000 | |
| 9 | 第 5 年 | $ 12,000 | |
| 10 | 第 6 年 | $ 12,000 | |
| 11 | 第 7 年 | $ 15,000 | |
| 12 | 第 8 年 | $ 15,000 | |
| 13 | 第 9 年 | $ 25,000 | |
| 14 | 第 10 年 | $ 25,000 | |
| 15 | 保單現值 | $ 109,702 | |
| 16 | 保單淨現值 | $ 9,702 | |

◀ 計算還本型保險的淨現值

# 16-1 | 計算儲蓄型保險的利率

小玫去銀行存錢, 看到櫃檯上有一份「8 年穩健儲蓄險」的資訊, 提供 2 種儲蓄方案, 每個月存 2,000 元, 8 年期滿可領回 22 萬；若每個月存 5,000 元, 則 8 年期滿可領回 56 萬, 且這 8 年期間可享有 50 萬壽險保障。小玫心想, 每個月強迫自己存個幾千元, 8 年後就有一筆遊學或買車基金。

不過, 像這樣的保單投資方案, 通常都只會告訴我們要繳多少錢, 期滿可領回多少錢, 卻沒有告知利率多少。小玫另一方面也在評估某利率為 3.2% 的外幣存款, 小玫要怎麼知道究竟哪個方案利率較高呢？

## 建立評估資料

請開啟範例檔案 Ch16-01, 我們將運用 RATE 函數來幫小玫算出這張儲蓄保單的利率, 首先要在工作表中建立保單資料：

投資金額與期間的單位要一致, 在此我們以『年』為
單位, 所以月投資金額要乘以 12, 表示年投資金額

| B2 | ⋮ | × ✓ *fx* | =2000*12 | |
|---|---|---|---|---|
| | A | | B | C |
| 1 | 保險理財專案名稱 | | 8 年穩健儲蓄方案 | |
| 2 | 投資金額 | | 24000 | 60000 |
| 3 | 期間 | | 8 | 8 |
| 4 | 到期可領回之金額 | | 220000 | 560000 |
| 5 | | | | |
| 6 | 利率 | | | |

### ✎ RATE 函數的用法

RATE 函數是以每期所繳的金額、期數, 和最後可領回的金額, 來計算出該方案的利率。
RATE 的格式為：

```
RATE ( Nper, Pmt, Pv, Fv, Type, Guess )
```

Next

- **Nper**：付款的總期數。
- **Pmt**：各期給付的固定金額, 由於是付出的金額, 記得在金額前需輸入負號 "-"。
- **Pv**：年金淨現值, 若不填則以 0 代替。
- **Fv**：最後一次付款後, 所能獲得的現金餘額, 若不填則以 0 代替。
- **Type**：為一邏輯值, 判斷付款日為期初或期末。當 Type 為 1 時, 代表每期期初付款；為 0 時, 代表每期期末付款。若不填則以 0 代替。
- **Guess**：對於利率的猜測。若省略此項, 預設會假設為 10% 反覆運算進行求解。

## 利用 RATE 函數計算保單利率

計算時, 請選定 B6 儲存格, 然後輸入如右公式：

由於是付出的金額, 所以需輸入負號 "-"

由於保險費用多是一開始就必須付款 (也就是期初付款), 因此設定為 1

算出每個月存 2,000 元的利率

接著在 C6 儲存格輸入如右公式：

算出每個月存 5,000 元的利率

▲ 計算結果可參考 **評估結果** 工作表

　由計算結果得知, 每個月存 2,000 元的方案, 利率為 3.02%, 但若每個月能存到 5,000 元, 利率就會稍高變為 3.42%, 比小玫正在評估的外幣存款利率 3.2% 還高一些, 所以小玫若能力允許, 可選擇每個月存 5,000 元的方案較為有利, 而且還兼具了保險的功能。

# 16-2 | 計算還本型保險的淨現值

安心保險公司新推出一個 10 年期的還本型保險方案, 只要第 1 年繳 10 萬元, 即可在繳費期滿後的第 4 ~ 6 年間每年領回 12,000 元; 第 7 ~ 8 年間每年領回 15,000 元; 第 9 ~ 10 年間每年領回 25,000 元。初步算起來, 投保人只要投入 10 萬元, 10 年後總共可領回 11.6 萬元, 似乎還不錯, 但可別忽略了現金的年度折扣率喔 (也就是考慮到通貨膨脹等實際會發生的情況)! 我們假設以 0.74% 的通貨膨脹率來計算, 看看這樣的投資報酬率, 其現值到底是多少?

**TIP** 您可以連到 **行政院主計處** 網站 (http://www.dgbas.gov.tw/) 查詢歷年及目前各月份的年度折扣率 (消費者物價指數年增率)。

## 建立評估資料

請先開啟範例檔案 Ch16-02, 我們已經將資料填入表格中了:

| | A | B |
|---|---|---|
| 1 | 安心保險投資方案 | |
| 2 | 年度折扣率 | 0.74% |
| 3 | 保單金額 | $ 100,000 |
| 4 | 每年可回收金額 | |
| 5 | 第 1 年 | $ - |
| 6 | 第 2 年 | $ - |
| 7 | 第 3 年 | $ - |
| 8 | 第 4 年 | $ 12,000 |
| 9 | 第 5 年 | $ 12,000 |
| 10 | 第 6 年 | $ 12,000 |
| 11 | 第 7 年 | $ 15,000 |
| 12 | 第 8 年 | $ 15,000 |
| 13 | 第 9 年 | $ 25,000 |
| 14 | 第 10 年 | $ 25,000 |
| 15 | 保單現值 | |
| 16 | 保單淨現值 | |

## 利用 NPV 函數計算保險現值

此範例可利用 NPV 函數來計算, 我們先來了解 NPV 函數的用法。

**NPV 函數的用法**

NPV 函數是透過現金的年度折扣率 (一般以通貨膨脹率或貼現率來計算) 和未來各期所回收的金額, 計算出該方案的現值。NPV 的格式為:

```
NPV ( Rate, Value1, Value2, . . . )
```

● **Rate**: 現金的年度折扣率, 就是將未來各期現金折算成現值時所用的利率。

● **Value1, Value2...**: 依序表示未來各期的現金流量, 最多可至 29 筆。要注意的是, 每一期的間距必須相同。

計算時, 請選定儲存格 B15, 然後輸入如圖的公式:

| B15 | | ✕ ✓ ƒx | =NPV(B2,B5:B14) | |
|---|---|---|---|---|
| | A | B | C | D |
| 1 | 安心保險投資方案 | | | |
| 2 | 年度折扣率 | 0.74% | | |
| 3 | 保單金額 | $ 100,000 | | |
| 4 | 每年可回收金額 | | | |
| 5 | 第 1 年 | $ - | | |
| 6 | 第 2 年 | $ - | | |
| 7 | 第 3 年 | $ - | | |
| 8 | 第 4 年 | $ 12,000 | | |
| 9 | 第 5 年 | $ 12,000 | | |
| 10 | 第 6 年 | $ 12,000 | | |
| 11 | 第 7 年 | $ 15,000 | | |
| 12 | 第 8 年 | $ 15,000 | | |
| 13 | 第 9 年 | $ 25,000 | | |
| 14 | 第 10 年 | $ 25,000 | | |
| 15 | 保單現值 | $ 109,702 | | |
| 16 | 保單淨現值 | | | |

**TIP** 前一章我們介紹過 PV 函數, 其適用的情況為每年領回的金額為固定值;若每年領回的金額不是固定的, 則必須使用 NPV 函數才能算出現值。

這就是此方案的現值

我們可以直接用計算出來的保險現值減去所投入的保單金額, 例如在儲存格 B16 輸入 "=B15-B3", 便可得知, 淨現值是 9,702 元, 為正數, 所以我們判斷此保險方案是可以投資的。

| B16 | | ✕ | ✓ | $f_x$ | =B15-B3 | |
|---|---|---|---|---|---|---|

| | A | B | C |
|---|---|---|---|
| 1 | 安心保險投資方案 | | |
| 2 | 年度折扣率 | 0.74% | |
| 3 | 保單金額 | $ 100,000 | |
| 4 | 每年可回收金額 | | |
| 5 | 第 1 年 | $ - | |
| 6 | 第 2 年 | $ - | |
| 7 | 第 3 年 | $ - | |
| 8 | 第 4 年 | $ 12,000 | |
| 9 | 第 5 年 | $ 12,000 | |
| 10 | 第 6 年 | $ 12,000 | |
| 11 | 第 7 年 | $ 15,000 | |
| 12 | 第 8 年 | $ 15,000 | |
| 13 | 第 9 年 | $ 25,000 | |
| 14 | 第 10 年 | $ 25,000 | |
| 15 | 保單現值 | $ 109,702 | |
| 16 | 保單淨現值 | $ 9,702 | |

▲ 計算結果可參考**評估結果**工作表

## 後記

　　利用保險儲蓄商品的方式來儲蓄, 其實一定會有部份金額挪用到保險金。如果您已經有足夠的保險保障, 就只需比較該方式的儲蓄會不會比其他如定存的方式來得有利。即使你正好需要保險的保障, 也必須考量定期壽險的方式是否符合你的需求。

　　定期壽險雖然具有保費低、保障高的優點, 對於薪水微薄或手頭不寬裕的人來說, 不啻是種投保的好方法。但如果打算終身都投保定期壽險也有其缺點, 例如, 僅提供保險期間的死亡保障、保費計算是依年齡逐年提高, 以及可能無法續保 (要看保險條款如何訂定)...等等。因此, 了解自己所需要的商品, 考量自己的經濟能力是否可以負擔, 並做適當的規劃, 才能避免因太高的保費造成壓力, 導致中途繳不起而無法存錢與獲得保障的窘境。

# 實力評量

1. 請開啟練習檔案 Ex16-01, 假設目前銀行的定存利率為 1.89%, 而**滿意銀行**與**平安保險公司**聯合推出的保險儲蓄理財方案, 內容是每月投資 5,000 元, 總共投資 8 年, 期滿後可領回 50 萬元, 請利用 RATE 函數算出此方案的利率, 與目前銀行定存利率比較, 看看是否值得投資?

| | A | B |
|---|---|---|
| 1 | 投資金額 | 60000 |
| 2 | 期間 | 8 |
| 3 | 到期可領回之金額 | 500000 |
| 4 | | |
| 5 | 利率 | |

2. 請開啟練習檔案 Ex16-02, 假設小華中了某抽獎活動頭獎, 可選擇一次領回 6,000 萬元;或分 15 年, 前 5 年每年領回 660 萬元, 後 10 年每年領回 300 萬元, 假定目前年利率為 2.12%。請幫小華求出哪種領獎金的方式最有利?

   提示 可先以 NPV 函數求出分期領回的現值, 再與一次領回的金額做比較。

| | A | B |
|---|---|---|
| 1 | 年利率 | 2.12% |
| 2 | 頭彩金額 | $ 60,000,000 |
| 3 | 每年可領回金額 | |
| 4 | 前 5 年可領回金額 | $ 33,000,000 |
| 5 | 後 10 年可領回金額 | $ 30,000,000 |
| 6 | 獎金現值 | |
| 7 | 獎金淨現值 | |

# 17

# 現金卡、信用卡、
# 小額信貸還款評估

- 比較現金卡、信用卡預借現金與小額信貸 3 種貸款的
  還款方式
- 利用**分析藍本**比較各家銀行的小額信貸方案

銀行有許多種借款方式, 例如信用卡、現金卡、小額信貸等, 只要簡易的申請手續就可申辦借款, 然而有些人因借款便利, 結果使借款金額超出個人的經濟能力, 無力償還之下只好「以卡還卡」, 於是同時背負多家銀行的債務, 這也形成社會上俗稱的「卡奴」現象。

其實借款前先規畫好個人的還款計劃, 就不會讓每期的還款金額造成自己太大的負擔, 而我們也可以有效利用銀行貸款, 來幫忙解決一時的燃眉之急。本章我們就以現金卡、信用卡、小額信貸這 3 種貸款方式為例, 教你怎麼比較各家銀行的貸款方式、利率與每期應繳金額, 選出最符合個人經濟能力的方案。

| | A | B 現金卡 | C 預借現金 | D 小額信貸 |
|---|---|---|---|---|
| 1 | | 現金卡 | 預借現金 | 小額信貸 |
| 2 | 借款金額 | 100000 | 120000 | 100000 |
| 3 | 利率 | 15.00% | | 10.55% |
| 4 | 每期最低應繳金額 | 3000 | 5000 | 2000 |
| 5 | 手續費 | 100 | 14400 | 0 |
| 6 | 預計還款時間 | 24期 | 24期 | 24 期 |
| 7 | 利息總額 | 15828 | 14400 | 11358 |
| 8 | 實際支付總額 | 115917 | 134400 | 111316 |

▲ 比較現金卡、信用卡與小額信貸的貸款方案

| | A | B | C | D | E | F | G | H |
|---|---|---|---|---|---|---|---|---|
| 1 | | | | | | | | |
| 2 | | 分析藍本摘要 | | | | | | |
| 3 | | | | 現用值: | 旗旗銀行 | 萬太銀行 | 會峰銀行 | 天山銀行 |
| 5 | | 變數儲存格: | | | | | | |
| 6 | | 貸款金額 | | 100000 | 100000 | 80000 | 120000 | 100000 |
| 7 | | 付款期數 | | 72 | 48 | 36 | 60 | 72 |
| 8 | | 年利率 | | 0.14 | 0.12 | 0.11 | 0.13 | 0.14 |
| 9 | | 目標儲存格: | | | | | | |
| 10 | | $B$6 | | -$2,060.57 | -$2,633.38 | -$2,619.10 | -$2,730.37 | -$2,060.57 |
| 11 | | 備註: 現用值欄位是在建立分析藍本 | | | | | | |
| 12 | | 摘要時所使用變數儲存格的值。 | | | | | | |
| 13 | | 每組變數儲存格均以灰網顯示。 | | | | | | |

▲ 比較各家銀行小額信貸方案, 每期的還款金額

## 17-1 | 銀行小額貸款計劃

　　李小全先生失業了一陣子之後, 最近應徵到一份業務的工作, 需要載送產品給客戶, 沒有車子就無法從事這份工作, 因此小全打算以 10 萬元購買中古車, 可是小全的存款不夠, 於是打算向銀行貸款來買車。

## ▌比較各種貸款方案

　　小全看了看目前銀行的貸款方案, 衡量自己要借的金額不算高, 較適合的方案有現金卡、信用卡預借現金、以及小額信貸這 3 種。小全的月薪為 2 萬 5 千元, 扣除生活費、保險費、會錢…等支出, 每個月可負擔的還款金額約為 5,000 元。我們就來比較看看這 3 種借款方案, 日後要負擔的利息、總計的還款金額有多少？以及需要多久時間可以還清？再來決定要選擇哪一種。

### 現金卡

　　現金卡本身即具有一定金額的信用額度, 申辦核卡後, 可直接使用現金卡提領現金。目前的現金卡年利率約為 15%, 每次借款需收取動用手續費 100 元, 而借款後每期最低還款金額為借款金額的 3%；如果未按照每期最低還款金額還款, 則會另外計算延遲利息。

> **TIP** 有些現金卡的手續費是以借款次數來計算的, 不論借款的金額多少, 都會收取一次手續費。所以若真的有需要使用現金卡來借款時, 務必一次就提領足夠的金額, 以免多次提領, 額外支付多次手續費。

### 信用卡預借現金

　　信用卡預借現金則是可利用信用卡直接提領現金, 使用後所借金額會與信用卡帳單合併計算。目前一般的信用卡預借現金年利率約為 15%, 採每日計息, 且每次借款會收借款金額的約 3%, 再加上 100 ~ 150 元的手續費, 每期最低應繳金額為借款的 2% ~ 5% (若當期有新增的借款金額, 則該筆借款第一期的最低應繳金額為 10%)。

　　此外還有一種預借現金攤還方案, 可依個人還款能力選擇不同的攤還期數, 依選擇的期數收取不同比例的手續費。只要按期繳款, 就不會再另外收取借款利息, 因此會比一般型的預借現金方案划算, 之後的例子我們將以此種方案作示範。以下是分期預借現金方案各期數的繳款資料：

| 期數 | 6 期 | 12 期 | 24 期 |
|------|------|-------|-------|
| 手續費 | 4.5% | 6.5% | 12% |
| 年百分率 | 15.98% | 12.59% | 11.69% |

## 免利率的真相－「年百分率」

部份銀行推出的信用卡分期預借現金方案, 會標榜只要按期還款, 就享有零利率的優惠。然而這樣的方案, 在借款時通常還會依照選擇的還款期數, 收取 4.5% 至 12% 不等的手續費。而將手續費對照借款金額來換算, 推算出的年利率其實不低。

目前銀行的消費性貸款 (包括現金卡、信用卡、小額信貸等), 都會公佈「年百分率」資料, 也就是將各種相關的手續費、管理費換算成年利率。當我們實際要借款前, 務必參考比較各家的「年百分率」數字, 精打細算找出最適合自己的方案, 千萬不要被各種行銷手法給迷惑了。

　　由於小全每月僅能負擔 5,000 元的還款金額, 所以選擇期數 24 期的方案 (假設借款 10 萬元, 除以期數 24, 結果為每月還款 4,167 元, 實際的借款金額, 我們稍後會再計算)。

## 小額信用貸款

　　小額信貸也就是直接向銀行申辦貸款, 可貸款金額約為 30~150 萬。目前小額信貸的利率約為 5~10%, 每期會有最低應繳金額比率, 還款的時間依不同銀行規定約在 1~7 年之間需還清 (本章範例以 5 年為限), 而部份銀行還會收取借貸金額 1.5 % 的手續費 (本章以不收手續費為例)。

　　由於 3 種方案皆有各自的手續費及利率計算方式, 究竟借款之後實際要償還的金額以及利率有多少？哪一種方案最適合小全呢？我們以下就來試算看看。

# 現金卡還款試算

請開啟範例檔 Ch17-01，我們已將現金卡的各條件都建立在工作表中了，以下就來計算現金卡的各期還款明細。

在**現金卡**工作表的上方是各項借款相關資料，下方的表格則用來列出計算出來的每期還款時間、剩餘的借款金額，以及每期還款金額中，所支付的利息與本金的金額。

在此已建立好現金卡的各項條件

還款期數　　每期還款的日期　　　　　　　每期支付的利息與本金

## 計算第 1 期的攤還金額

以下我們就來一一計算、輸入各欄位數字：

**STEP 01** 我們先建立借款日的日期與金額，請選取 B11 儲存格，填入借款日期 "2016/1/8"，接著在 C11 儲存格輸入 "=B1 + B4"，計算借款總金額 (借款金額 + 手續費)。

此列用來填入借款日的資料，所以 D11: F11 範圍與還款相關的欄位會保留為空白

**2** 在 C11 儲存格的**資料編輯列**輸入 "=B1+B4"，按下 Enter 鍵

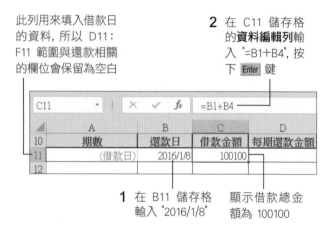

**1** 在 B11 儲存格輸入 "2016/1/8"

顯示借款總金額為 100100

**STEP 02** 接著在 A12 儲存格輸入 "1", 表示第 1 期, 也就是第 1 次還款。由於目前還未得知總還款期數, 所以稍後我們再回來利用**填滿控點**輸入**期數**欄的資料。

| | A | B | C | D | E | F |
|---|---|---|---|---|---|---|
| 10 | 期數 | 還款日 | 借款金額 | 每期還款金額 | 利息 | 還款本金 |
| 11 | (借款日) | 2016/1/8 | 100100 | | | |
| 12 | 1 | | | | | |
| 13 | | | | | | |

在 A12 儲存格輸入 "1", 表示第 1 期

**STEP 03** 我們將第 1 次的還款日期設定為借款日的下個月, 所以請將 B11 儲存格的填滿控點拉曳至 B12 儲存格, 然後如下操作:

| | A | B | C | D |
|---|---|---|---|---|
| 10 | 期數 | 還款日 | 借款金額 | 每期還款金額 |
| 11 | (借款日) | 2016/1/8 | 100100 | |
| 12 | 1 | 2016/2/8 | | |
| 13 | | | | |

- ○ 複製儲存格(C)
- ○ 以數列方式填滿(S)
- ○ 僅以格式填滿(F)
- ○ 填滿但不填入格式(O)
- ○ 以天數填滿(D)
- ○ 以工作日填滿(W)
- ◉ 以月填滿(M)
- ○ 以年填滿(Y)
- ○ 快速填入(F)

將 B11 儲存格拉曳至 B12 儲存格後, 按下**自動填滿選項**按鈕選擇**以月填滿**項目

第 1 期的還款日期為 "2016/2/8"

**STEP 04** 在 D12 儲存格填入我們設定的每期還款金額 "5000", 接著在 E12 儲存格輸入 "=ROUND(C11*$B$2/12,0)", 我們利用 ROUND 函數, 將小數位四捨五入, 計算出每期攤還的利息, 稍後再用此數字去計算每期攤還的本金。

用**借款金額**乘以**利率**, 計算利息　　　將年利率換算成月利率

E12　　　fx　=ROUND(C11*$B$2/12,0)

| | A | B | C | D | E | F |
|---|---|---|---|---|---|---|
| 10 | 期數 | 還款日 | 借款金額 | 每期還款金額 | 利息 | 還款本金 |
| 11 | (借款日) | 2016/1/8 | 100100 | | | |
| 12 | 1 | 2016/2/8 | | 5000 | 1251 | |
| 13 | | | | | | |

算出當期攤還的利息

**STEP 05** 接著我們再點選 F12 儲存格, 輸入 "=D12-E12", 將當期還款金額減掉利息, 就可以算出當期攤還的本金了。

| | A | B | C | D | E | F |
|---|---|---|---|---|---|---|
| 10 | 期數 | 還款日 | 借款金額 | 每期還款金額 | 利息 | 還款本金 |
| 11 | (借款日) | 2016/1/8 | 100100 | | | |
| 12 | 1 | 2016/2/8 | | 5000 | 1251 | 3749 |
| 13 | | | | | | |

算出當期攤還的本金

**STEP 06** 算出當期攤還的本金之後, 就可以將原借款金額減掉已償還的本金, 算出目前剩餘的借款金額。

在 C12 儲存格輸入 "=ROUND(C11-F12,0)"

| C12 | | | × ✓ fx | =ROUND(C11-F12,0) | | |
|---|---|---|---|---|---|---|
| | A | B | C | D | E | F |
| 10 | 期數 | 還款日 | 借款金額 | 每期還款金額 | 利息 | 還款本金 |
| 11 | (借款日) | 2016/1/8 | 100100 | | | |
| 12 | 1 | 2016/2/8 | 96351 | 5000 | 1251 | 3749 |
| 13 | | | | | | |

計算出目前剩餘的借款本金

## 計算各期攤還金額

算出第 1 期剩餘的借款金額之後, 再繼續算出每一期還款的利息與本金。

**STEP 01** 我們利用**填滿控點**一一將各欄位計算出來, 就能得知各期的還款結果了, 以下先計算前 10 期的結果:

| | A | B | C | D | E | F |
|---|---|---|---|---|---|---|
| 10 | 期數 | 還款日 | 借款金額 | 每期還款金額 | 利息 | 還款本金 |
| 11 | (借款日) | 2016/1/8 | 100100 | | | |
| 12 | 1 | 2016/2/8 | 96351 | 5000 | 1251 | |
| 13 | 2 | 2016/3/8 | 92555 | 5000 | 120 | |
| 14 | 3 | 2016/4/8 | 88712 | 5000 | 1157 | |
| 15 | 4 | 2016/5/8 | 84821 | 5000 | 1109 | |
| 16 | 5 | 2016/6/8 | 80881 | 5000 | 1060 | 3940 |
| 17 | 6 | 2016/7/8 | 76892 | 5000 | 1011 | 3989 |
| 18 | 7 | 2016/8/8 | 72853 | 5000 | 961 | 4039 |
| 19 | 8 | 2016/9/8 | 68764 | 5000 | 911 | 4089 |
| 20 | 9 | 2016/10/8 | 64624 | 5000 | 860 | 4140 |
| 21 | 10 | 2016/11/8 | 60432 | 5000 | 808 | 4192 |

計算出前 10 期的還款結果了

**1** 拉曳 A12 儲存格的**填滿控點**至 A21, 按下**自動填滿選項**按鈕選擇**以數列方式填滿**

**2** 拉曳 B12 儲存格的**填滿控點**至 B21, 按下**自動填滿選項**按鈕選擇**以月填滿**

**3** 分別拉曳 C12、D12、E12、F12 的填滿控點至 C21、D21、E21、F21

**STEP 02** 由於每期還款 5,000 元, 所以當「借款金額」欄位小於 5,000 元時, 就可以得知下次繳款就是最後一期了。我們同樣利用填滿控點, 再分別拉曳各欄位, 直到剩餘的借款金額數字小於 5,000 為止。

為了方便對照欄標題, 我們在此利用**凍結窗格**功能, 將列 10 固定在最上方

| | A | B | C | D | E | F |
|---|---|---|---|---|---|---|
| 10 | 期數 | 還款日 | 借款金額 | 每期還款金額 | 利息 | 還款本金 |
| 29 | 18 | 2017/7/8 | 24951 | 5000 | 370 | 4630 |
| 30 | 19 | 2017/8/8 | 20263 | 5000 | 312 | 4688 |
| 31 | 20 | 2017/9/8 | 15516 | 5000 | 253 | 4747 |
| 32 | 21 | 2017/10/8 | 10710 | 5000 | 194 | 4806 |
| 33 | 22 | 2017/11/8 | 5844 | 5000 | 134 | 4866 |
| 34 | 23 | 2017/12/8 | 917 | 5000 | 73 | 4927 |

我們將各欄位拉曳至 34 列, 所得到的結果, 這就是最後一期要繳的金額

**STEP 03** 將最後一期要繳的金額 "917" 填入 D35 儲存格, 再算出攤還的利息和本金。

| | A | B | C | D | E | F |
|---|---|---|---|---|---|---|
| 10 | 期數 | 還款日 | 借款金額 | 每期還款金額 | 利息 | 還款本金 |
| 29 | 18 | 2017/7/8 | 24951 | 5000 | 370 | 4630 |
| 30 | 19 | 2017/8/8 | 20263 | 5000 | 312 | 4688 |
| 31 | 20 | 2017/9/8 | 15516 | 5000 | 253 | 4747 |
| 32 | 21 | 2017/10/8 | 10710 | 5000 | 194 | 4806 |
| 33 | 22 | 2017/11/8 | 5844 | 5000 | 134 | 4866 |
| 34 | 23 | 2017/12/8 | 917 | 5000 | 73 | 4927 |
| 35 | 24 | 2018/1/8 | 0 | 917 | 11 | 906 |

**3** 利用**填滿控點**填入最後的期數和還款日
**4** 最後一期剩餘的借款金額, 此處請填入 "0"
**1** 填入 "917"
**2** 利用填滿控點列出最後一期要繳的利息和本金

**TIP** 雖然現金卡不使用就不會計算利息, 但現金卡也屬於小額信貸的一種, 在申辦核卡後, 就等於占用了個人的信用額度。日後若想向銀行申請其它貸款, 很可能因此影響可申貸額度。如果沒有必要使用現金卡, 最好不要輕易辦理。

### 計算總利息與總支付金額

　　試算出繳款結果後, 我們就可以參考 A35 儲存格計算出來的最後期數 "24", 在 B5 儲存格填入 "24 期", 然後在 B6 儲存格輸入 "=SUM(E12:E35)", 加總每期繳的利息。

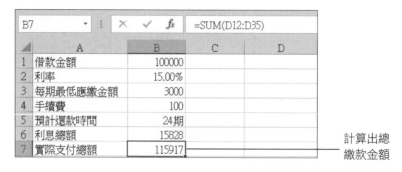

接下來再加總每期還款金額, 算出現金卡方案還款總額。請在 B7 儲存格, 輸入公式 "=SUM(D12:D35)":

| | A | B | C | D | |
|---|---|---|---|---|---|
| | | fx | =SUM(D12:D35) | | |
| 1 | 借款金額 | 100000 | | | |
| 2 | 利率 | 15.00% | | | |
| 3 | 每期最低應繳金額 | 3000 | | | |
| 4 | 手續費 | 100 | | | |
| 5 | 預計還款時間 | 24期 | | | |
| 6 | 利息總額 | 15828 | | | |
| 7 | 實際支付總額 | 115917 | | | 計算出總繳款金額 |

　　如此就完成現金卡的還款試算了:利用現金卡借 10 萬元, 需償還的金額為 115,917 元、利息為 15,828 元, 等於是要多還 3 萬多元。您可以開啟範例檔案 Ch17-02, 切換到**現金卡**工作表來看看計算的結果。

## 信用卡預借現金還款試算

　　接著, 我們繼續來計算信用卡預借現金的各期還款明細。

## 計算每期攤還金額

請開啟範例檔案 Ch17-02, 在**預借現金**工作表我們已經填入預借現金的相關資料。

由於信用卡預借現金的借款金額會先扣掉 12% 的手續費, 例如我們申請借款 10 萬元, 手續費為 12,000 元 (10 萬 × 12%), 實際借得的現金金額要先扣除手續費, 所以只會拿到 88,000 元 (10 萬減 1 萬 2 千), 而需還款金額仍為 10 萬。小全需要借得 10 萬元現金, 考量到預先會扣除的手續費, 就必須申請借款 12 萬 (12 萬-(12 萬 × 12%) = 105,600)。

**STEP 01** 我們先在 C11 儲存格輸入需償還的總借款金額 "120000"。

| | A | B | C | |
|---|---|---|---|---|
| 1 | 借款金額 | 120000 | | ── 借款總金額 |
| 2 | 利率 | | | |
| 3 | 每期最低應繳金額 | 5000 | | ── 每一期的繳款金額 |
| 4 | 手續費 | 14400 | | ── 手續費為借款總金額的 12% |
| 5 | 預計還款時間 | 24期 | | ── 還款期數 24 期 |
| 6 | 利息總額 | | | |
| 7 | 實際支付總額 | | | |
| 8 | | | | |
| 9 | | | | |
| 10 | 期數 | 還款日 | 借款金額 | |
| 11 | (借款日) | 2016/1/8 | 120000 | ── 在此輸入借款金額 "120000" |
| 12 | | | | |

> **TIP** 由於預借現金是以收取手續費來代替利率的換算, 所以在此「利率」欄位我們保留為空白;「利息總額」可視為手續費, 而「實際支付總額」就等於「借款金額」加上「手續費」。不過為了清楚看出還款的進度, 我們仍先計算出各期的支付金額、還款本金等數字, 最後再來輸入「利息總額」與「實際支付總額」的數字。

**STEP 02** 此例預借現金的還款期數為 24 期, 因此我們可以先列出期數與繳款時間。

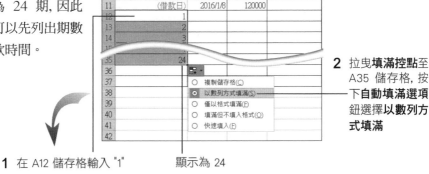

**2** 拉曳**填滿控點**至 A35 儲存格, 按下**自動填滿選項**鈕選擇以**數列方式填滿**

**1** 在 A12 儲存格輸入 "1"　　顯示為 24

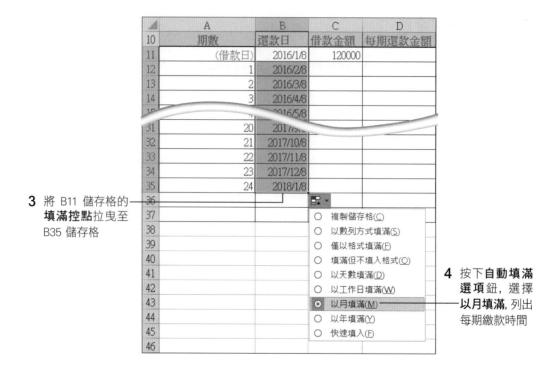

| | A | B | C | D |
|---|---|---|---|---|
| 10 | 期數 | 還款日 | 借款金額 | 每期還款金額 |
| 11 | (借款日) | 2016/1/8 | 120000 | |
| 12 | 1 | 2016/2/8 | | |
| 13 | 2 | 2016/3/8 | | |
| 14 | 3 | 2016/4/8 | | |
| 15 | | 2016/5/8 | | |
| 31 | 20 | 2017/9/8 | | |
| 32 | 21 | 2017/10/8 | | |
| 33 | 22 | 2017/11/8 | | |
| 34 | 23 | 2017/12/8 | | |
| 35 | 24 | 2018/1/8 | | |
| 36 | | | | |

**3** 將 B11 儲存格的**填滿控點**拉曳至 B35 儲存格

- ○ 複製儲存格(C)
- ○ 以數列方式填滿(S)
- ○ 僅以格式填滿(F)
- ○ 填滿但不填入格式(O)
- ○ 以天數填滿(D)
- ○ 以工作日填滿(W)
- ◉ 以月填滿(M)
- ○ 以年填滿(Y)
- ○ 快速填入(F)

**4** 按下**自動填滿選項**鈕,選擇**以月填滿**,列出每期繳款時間

---

**STEP 03** 由於每一期的繳款金額皆為 5,000 元,我們在**每期還款金額**及**還款本金**欄位都填入 "5000"。

由於預借現金不計算利息,**利息**欄位就保留為空白

| | A | B | C | D | E | F |
|---|---|---|---|---|---|---|
| 10 | 期數 | 還款日 | 借款金額 | 每期還款金額 | 利息 | 還款本金 |
| 11 | (借款日) | 2016/1/8 | 120000 | | | |
| 12 | 1 | 2016/2/8 | | 5000 | | 5000 |
| 13 | 2 | 2016/3/8 | | 5000 | | 5000 |
| 14 | 3 | 2016/4/8 | | 5000 | | 5000 |
| 15 | 4 | 2016/5/8 | | 5000 | | 5000 |
| 16 | 5 | 2016/6/8 | | 5000 | | 5000 |
| 32 | 21 | 2017/10/8 | | 5000 | | 5000 |
| 33 | 22 | 2017/11/8 | | 5000 | | 5000 |
| 34 | 23 | 2017/12/8 | | 5000 | | 5000 |
| 35 | 24 | 2018/1/8 | | 5000 | | 5000 |

利用**填滿控點**將 D12：D35 及 F12：F35 儲存格範圍都輸入 "5000"

**STEP 04** 再來計算每期剩餘的借款金額, 請在 C12 儲存格如下輸入計算式, 再拉曳至 C35 儲存格:

**1** 在 C12 儲存格輸入 "=C11-F12", 按下 Enter 鍵

| C12 | | | fx | =C11-F12 | | |
|---|---|---|---|---|---|---|
| | A | B | C | D | E | F |
| 10 | 期數 | 還款日 | 借款金額 | 每期還款金額 | 利息 | 還款本金 |
| 11 | (借款日) | 2016/1/8 | 120000 | | | |
| 12 | 1 | 2016/2/8 | 115000 | 5000 | | 5000 |
| 13 | 2 | 2016/3/8 | 110000 | 5000 | | 5000 |
| 14 | 3 | 2016/4/8 | 105000 | 5000 | | 5000 |
| 15 | 4 | 2016/5/8 | 100000 | 5000 | | 5000 |
| | 5 | 2016/6/8 | 95000 | 5000 | | 5000 |
| 31 | 20 | 2017/9/8 | 20000 | 5000 | | 5000 |
| 32 | 21 | 2017/10/8 | 15000 | 5000 | | 5000 |
| 33 | 22 | 2017/11/8 | 10000 | 5000 | | 5000 |
| 34 | 23 | 2017/12/8 | 5000 | 5000 | | 5000 |
| 35 | 24 | 2018/1/8 | 0 | 5000 | | 5000 |
| 36 | | | | | | |

**2** 將**填滿控點**拉曳至 C35 儲存格, 算出每期還款結果

## 計算總利息與總支付金額

算出每期還款結果後, 請在 B6 與 B7 欄位填入**利息總額**與**實際支付總額**。

| B7 | | fx | =B1+B6 |
|---|---|---|---|
| | A | B | C |
| 1 | 借款金額 | 120000 | |
| 2 | 利率 | | |
| 3 | 每期最低應繳金額 | 5000 | |
| 4 | 手續費 | 14400 | |
| 5 | 預計還款時間 | 24期 | |
| 6 | 利息總額 | 14400 | |
| 7 | 實際支付總額 | 134400 | |
| 8 | | | |

**1** 在 B6 儲存格填入手續費 "14400"

**2** 在 B7 儲存格填入 "=B1+B6", 計算結果為 134400

　　如此就完成信用卡預借現金的還款試算結果了:當借款 12 萬元的需償還總額為 134,400 元、利息為 14,400 元。您可以開啟範例檔案 Ch17-03, 切換到**預借現金**工作表來查看結果。

# 小額信貸還款試算

請開啟範例檔案 Ch17-03，在**小額信貸**工作表中，我們已經填入**小額信貸**的相關資料，接著來計算小額信貸的還款時間，以及利息總共有多少。

## 計算每期攤還金額

**STEP 01** 我們以 PMT 函數來計算每一期應繳金額，首先請在 D12 儲存格輸入 "=PMT($B$2/12,24,-$C$11)"，算出每期的還款金額。

將年利率換算為每一期的利率　　付款的總期數　　填入貸款總金額，由於是付款所以加上 "-" 表示負數

算出每期還款金額

> **TIP** 拉曳期數及還款日欄位的**填滿控點**也可以計算出還款期數和每期還款日，不過我們等到算出最後的還款結果後，再來一併列出期數和還款日，以簡化操作的手續。

**STEP 02** 接著利用 ROUND 函數將小數位四捨五入，計算出每期攤還的利息，稍後再用此數字去計算每期攤還的本金。請選取 E12 儲存格，然後輸入 "=ROUND(C11*$B$2/12,0)"。

借款金額乘以利率，計算利息　　將年利率換算成月利率

計算出每期攤還的利息

**STEP 03** 再點選 F12 儲存格, 輸入 "=D12-E12", 將當期還款金額減掉利息, 計算出當期攤還的本金。

| F12 | | × ✓ ƒx | =D12-E12 | | |
|---|---|---|---|---|---|
| | A | B | C | D | E | F |
| 10 | 期數 | 還款日 | 借款金額 | 每期還款金額 | 利息 | 還款本金 |
| 11 | (借款日) | 2016/1/8 | 100000 | | | |
| 12 | | | | $4,640 | 879 | 3761 |

當期攤還的本金

**STEP 04** 算出當期償還的本金之後, 就可以將原借款金額減掉已償還的本金, 算出當期剩餘的借款金額。請在 C12 儲存格輸入 "=ROUND(C11-F12,0)":

| C12 | | × ✓ ƒx | =ROUND(C11-F12,0) | | |
|---|---|---|---|---|---|
| | A | B | C | D | E | F |
| 10 | 期數 | 還款日 | 借款金額 | 每期還款金額 | 利息 | 還款本金 |
| 11 | (借款日) | 2016/1/8 | 100000 | | | |
| 12 | | | 96239 | $4,640 | 879 | 3761 |

計算出目前剩餘的借款本金

**STEP 05** 算出剩餘的借款本金之後, 再繼續計算出每一期還款的利息與本金。我們利用**填滿控點**分別拉曳各欄位, 直到剩餘的借款金額數字小於 5,000 為止。

| | A | B | C | D | E | F |
|---|---|---|---|---|---|---|
| 10 | 期數 | 還款日 | 借款金額 | 每期還款金額 | 利息 | 還款本金 |
| 11 | (借款日) | 2016/1/8 | 100000 | | | |
| 12 | | | 96239 | $4,640 | 879 | 3761 |
| 13 | | | 92445 | $4,640 | 846 | 3794 |
| 14 | | | 88618 | $4,640 | 813 | 3827 |
| 15 | | | 84757 | $4,640 | 779 | 3861 |
| 16 | | | 80862 | $4,640 | 745 | 3895 |
| 31 | | | 18157 | $4,640 | | 4441 |
| 32 | | | 13677 | $4,640 | 160 | 4480 |
| 33 | | | 9157 | $4,640 | 120 | 4520 |
| 34 | | | 4598 | $4,640 | 81 | 4559 |

我們將各欄位拉曳至 34 列 , 可得到結果, 這就是最後一期要繳的金額

**STEP 06** 將最後一期要繳的金額 "4598" 填入 D35 儲存格, 再算出攤還的利息和本金。然後列出總共要繳的期數與付款日期。

**4** 在 A12 儲存格輸入 "1", 利用拉曳**填滿控點**填入還款的期數為 24 期

| | A | B | C | D | E | F |
|---|---|---|---|---|---|---|
| 10 | 期數 | 還款日 | 借款金額 | 每期還款金額 | 利息 | 還款本金 |
| 11 | (借款日) | 2016/1/8 | 100000 | | | |
| 12 | 1 | 2016/2/8 | 96239 | $4,640 | 879 | 3761 |
| 13 | 2 | 2016/... | 92445 | $4,640 | 846 | 3794 |
| 34 | 23 | 2017/12/8 | 4598 | $4,640 | | 4559 |
| 35 | 24 | 2018/1/8 | 0 | $4,598 | 40 | 4558 |

**5** 將 B11 儲存格的填滿控點拉曳至 B35, 按下**自動填滿選項鈕**, 選擇**以月填滿**, 列出每一期的繳款時間

**3** 最後一期剩餘的借款金額, 此處請填入 "0"

**1** 填入 "4598"

**2** 同樣利用**填滿控點**計算出最後一期要繳的利息和本金

## 計算總利息與總支付金額

算出繳款期數後, 就可以在 B5 儲存格輸入期數 24, 並在 B6 儲存格輸入公式來計算總利息, 然後在 B7 儲存格算出總付款金額:

**1** 在 B5 儲存格輸入 "24 期"

**2** 輸入 "=SUM(E12: E35)", 計算出總利息

| | A | B | C |
|---|---|---|---|
| | B7 | | =SU |
| 1 | 借款金額 | 100000 | |
| 2 | 利率 | 10.55% | |
| 3 | 每期最低應繳金額 | 2000 | |
| 4 | 手續費 | 0 | |
| 5 | 預計還款時間 | 24期 | |
| 6 | 利息總額 | 11358 | |
| 7 | 實際支付總額 | 111316 | |

**3** 在 B7 儲存格輸入"=SUM(D12: D35)", 計算出總付款金額

如此就完成小額信貸的還款試算了: 當借款 10 萬元, 需償還的總金額為 111,316 元、利息為 11,358 元。您可以開啟範例檔案 Ch17-04, 切換到**小額信貸**工作表來看看計算的結果。

小全考量才剛找到工作, 目前手頭還不夠寬裕, 希望以最沒有壓力的繳款方式來還清債務。比較各方案的計算結果, 發現小額信貸的利率較低、實際支付金額最少, 是最可行的貸款方式。

▼ 我們將各方案的計算結果複製到範例檔案 Ch17-04 的**比較**工作表, 以方便對照

| | A | B | C | D |
|---|---|---|---|---|
| 1 | | 現金卡 | 預借現金 | 小額信貸 |
| 2 | 借款金額 | 100000 | 120000 | 100000 |
| 3 | 利率 | 15.00% | | 10.55% |
| 4 | 每期最低應繳金額 | 3000 | 5000 | 2000 |
| 5 | 手續費 | 100 | 14400 | 0 |
| 6 | 預計還款時間 | 24期 | 24期 | 24 期 |
| 7 | 利息總額 | 15828 | 14400 | 11358 |
| 8 | 實際支付總額 | 115917 | 134400 | 111316 |

小額信貸的實際支付金額最低

# 17-2 | 小額信貸借款計劃

小全已經決定選擇小額信貸的借款方案, 然而實際上到各家銀行詢問之後, 每家銀行提供給小全的可貸金額及利率都不同。以下是各家銀行的信貸資料, 小全該如何選擇呢？我們就來試算看看吧！

| 銀行名稱 | 貸款額度 | 利率 | 償還時間 |
|---|---|---|---|
| 旗旗銀行 | 100000 | 12% | 4 年 (48 期) |
| 萬太銀行 | 80000 | 11% | 3 年 (36 期) |
| 會峰銀行 | 120000 | 13% | 5 年 (60 期) |
| 天山銀行 | 100000 | 14% | 6 年 (72 期) |

> **TIP** 銀行在評估個人可貸款金額時, 會參考個人的任職年資、薪資, 以及個人信用狀況、存款等條件, 所以詢問不同的銀行所獲得的貸款、還款條件結果可能都不盡相同。

## ▌利用 PMT 函數計算每期還款金額

以下我們使用 PMT 函數來計算在固定期數、利率的情況下, 每期要償還的貸款金額。請開啟範例檔案 Ch17-05, 然後選定 B6 儲存格, 輸入如下公式：

在 B6 儲存格輸入 "=PMT (年利率/12, 付款期數, 貸款金額)"

B2：B4 尚未輸入資料，因此會有錯誤訊息

> **TIP** 由於我們事先已經將 B2、B3、B4 儲存格定義名稱為 "貸款金額"、"付款金額" 與 "年利率", 所以此處建立公式時就直接輸入各儲存格的名稱。

# 建立分析藍本比較還款金額

分析藍本可讓我們分別輸入各銀行方案的數值, 由 Excel 計算後列出結果, 方便我們分析比較。

**STEP 01** 請切換到**資料**頁次, 按下**預測**區的**模擬分析**鈕, 選擇**分析藍本管理員**, 開啟**分析藍本管理員**交談窗後按下**新增**鈕, 來建立各銀行的資料:

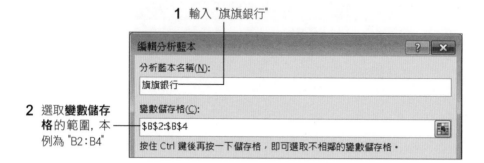

**1** 輸入 "旗旗銀行"

**2** 選取**變數儲存格**的範圍, 本例為 "B2:B4"

**STEP 02** 按下**確定**鈕, 再依序填入**旗旗銀行**的貸款金額、期數及利率:

輸入各項資料

**STEP 03** 輸入完成後, 按下**新增**鈕, 繼續建立其它銀行的相關資料。

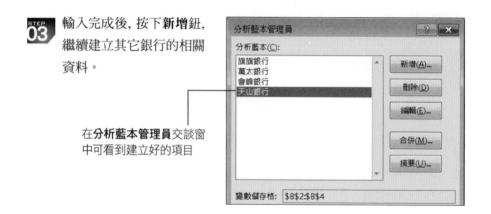

在**分析藍本管理員**交談窗中可看到建立好的項目

　　建立好分析藍本後，只要按下想查看的銀行名稱，再按下**顯示**鈕，就可以看到計算結果了。例如要查看**天山銀行**：

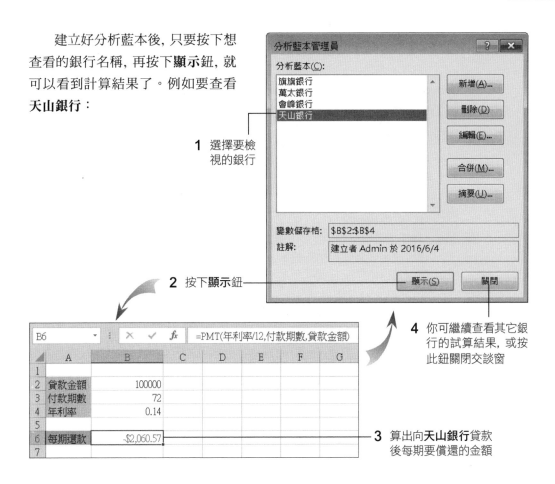

1　選擇要檢視的銀行

2　按下**顯示**鈕

4　你可繼續查看其它銀行的試算結果，或按此鈕關閉交談窗

3　算出向**天山銀行**貸款後每期要償還的金額

　　以後只要切換到**資料**頁次，按下 **預測**區的**模擬分析**鈕，選擇**分析藍本管理員**，開啟**分析藍本管理員**交談窗即可選擇要查看的銀行。

## 製作分析藍本摘要報告

　　先前的檢視方式一次僅能顯示一家銀行的分析結果，不太方便進行比較，我們可以在**分析藍本管理員**交談窗中，按下**摘要**鈕來建立**分析藍本摘要報告**：

1　選此項

2　選擇 B6 儲存格為目標儲存格

3　按下**確定**鈕

| | A | B | C | D | E | F | G | H |
|---|---|---|---|---|---|---|---|---|
| 1 | | | | | | | | |
| 2 | | 分析藍本摘要 | | | | | | |
| 3 | | | | 現用值: | 旗旗銀行 | 萬太銀行 | 會峰銀行 | 天山銀行 |
| 5 | | 變數儲存格: | | | | | | |
| 6 | | 貸款金額 | | 100000 | 100000 | 80000 | 120000 | 100000 |
| 7 | | 付款期數 | | 72 | 48 | 36 | 60 | 72 |
| 8 | | 年利率 | | 0.14 | 0.12 | 0.11 | 0.13 | 0.14 |
| 9 | | 目標儲存格: | | | | | | |
| 10 | | $B$6 | | -$2,060.57 | -$2,633.38 | -$2,619.10 | -$2,730.37 | -$2,060.57 |
| 11 | | 備註: 現用值欄位是在建立分析藍本 | | | | | | |
| 12 | | 摘要時所使用變數儲存格的值。 | | | | | | |
| 13 | | 每組變數儲存格均以灰網顯示。 | | | | | | |

▲ 將 4 家銀行的相關資料全都列出來了

原本小全預計每個月還款 5,000 元, 不過看了分析藍本報告之後發現, 若按照銀行的償還時間還清, 每個月只要負擔 2,000 元左右。小全考量才剛找到工作, 選擇每期繳款金額最低的方案才是最輕鬆的償還方式, 便決定辦理「天山銀行」的貸款方案。您可以開啟範例檔案 Ch17-06 來看看計算的結果。

# 後記

當我們有資金需求要向銀行申請貸款時, 我們一定會希望能以最低的利率借到所需金額。然而, 銀行各式各樣的貸款, 大多會針對客戶的狀況提供不同等級的利率。若個人信用狀況良好、收入穩定, 才有可能得到較優惠的利率; 如果信用狀況不良, 則很有可能面臨銀行拒絕受理貸款的狀況。所以個人平日使用金融商品, 例如信用卡、現金卡等, 一定要十分謹慎, 千萬不能超出自己可償還的額度。

另外, 當我們有資金需求時, 務必事先規畫好還款時間與還款金額, 不僅可以運用銀行所借的金額, 幫助自己渡過一時的難關。一但留下了良好的還款記錄, 往後若還有資金需求時, 也較容易向銀行申辦高額度及優惠利率的貸款方案。

# 實力評量

1. 陳先生打算明年 6 月結婚, 想向銀行申辦小額貸款 30 萬來舉辦婚禮。若銀行的方案為年利率 12%, 5 年內需償還, 請開啟練習檔案 Ex17-01, 試算以下問題：

|  | A | B | C | D | E | F |
|---|---|---|---|---|---|---|
| 1 | 借款金額 | 300000 | | | | |
| 2 | 利率 | 12.00% | | | | |
| 3 | 每期最低應繳金額 | 9000 | | | | |
| 4 | 手續費 | 0 | | | | |
| 5 | 預計還款時間 | | | | | |
| 6 | 利息總額 | | | | | |
| 7 | 實際支付總額 | | | | | |
| 8 | | | | | | |
| 9 | | | | | | |
| 10 | 期數 | 還款日 | 借款金額 | 每期還款金額 | 利息 | 還款本金 |
| 11 | (借款日) | 2014/6/1 | 300000 | | | |
| 12 | | | | | | |

(1) 若最低還款金額為貸款金額的 3% , 每期以最低還款金額償還, 需要多久才能還清？

(2) 還款總金額與支付的利息分別為多少？

(3) 假設陳先生打算每期還款 12,000 元, 則還款的時間需要多久？還款總金額與支付利息分別為多少？

2. 假設**人民銀行**推出 3 種小額信貸方案：

|  | 方案 1 | 方案 2 | 方案 3 |
|---|---|---|---|
| 金額 | 120000 | 150000 | 80000 |
| 還款時間 | 4 年 | 4 年 | 3 年 |
| 年利率 | 11.5% | 12% | 11% |

請開啟練習檔案 Ex17-02, 依序完成以下練習：

(1) 請依序建立 3 個方案的**分析藍本**。

(2) 請練習建立一份分析藍本摘要報告, 並指出哪一個方案每期的應繳金額最低。

# 18

# 購屋貸款計劃

購屋是一件非常重大的決定, 面對鉅額的房價, 再看看手頭有限的積蓄, 要等到存夠了錢再買房子, 只怕是大半輩子也存不到。若想貸款來購屋, 貸太多, 光是利息就足以讓人卻步;貸太少, 根本買不起適合的房子。本章我們就讓 Excel 來幫助我們拿定主意, 根據個人的預算在理想與現實之間取個平衡點。

C12    fx   =C2-C4-C10

| | A | B | C |
|---|---|---|---|
| 1 | 陳先生購屋計劃 | | |
| 2 | 購屋目標 | | $ 6,000,000 |
| 3 | | | |
| 4 | 目前存款 | | $ 1,200,000 |
| 5 | | | |
| 6 | 零存整付存款計劃 | | |
| 7 | 每期付款 | -$ 20,000 | |
| 8 | 期數 (年) | 5 | |
| 9 | 利率 | 1.50% | |
| 10 | 存款總和 | | $ 1,245,339 |
| 11 | | | |
| 12 | 需貸款金額 | | $ 3,554,661 |

B6    fx   =-CUMPRINC(B3/12,C3*12,A3,1,B5,0)

| | A | B | C |
|---|---|---|---|
| 1 | 提前還款試算表 | | |
| 2 | 總貸款金額 | 利率 | 貸款年數 |
| 3 | $3,500,000 | 4.5% | 20 |
| 4 | 已繳貸款 | | |
| 5 | 已繳期數 | 60 | |
| 6 | 已還本金 | $605,500 | |
| 7 | 剩餘貸款 | | |
| 8 | 提前還款 | $1,000,000 | |
| 9 | 剩餘貸款 | $1,894,500 | |
| 10 | 剩餘每期應繳 | $14,493 | |

| | A | B | C | D | E | F |
|---|---|---|---|---|---|---|
| 1 | | 年利率 | 年數 | 貸款金額 | | |
| 2 | | 3.50% | 20 | $ 3,600,000 | | |
| 3 | | | | | | |
| 4 | | 每期還款 | 貸款金額 | | | |
| 5 | | -$20,879 | $3,600,000 | $3,800,000 | $4,000,000 | $4,500,000 |
| 6 | 償還年限 | 15 | -$25,736 | -$27,166 | -$28,595 | -$32,170 |
| 7 | | 18 | -$22,488 | -$23,737 | -$24,986 | -$28,110 |
| 8 | | 20 | -$20,879 | -$22,038 | -$23,198 | -$26,098 |
| 9 | | 25 | -$18,022 | -$19,024 | -$20,025 | -$22,528 |
| 10 | | 30 | -$16,166 | -$17,064 | -$17,962 | -$20,207 |

▲ 利用 Excel 來做存款與購屋計劃

# 18-1 | 購屋計劃

陳先生是個上班族, 工作已有四、五年的時間了, 除每月有固定的收入外, 還做一些小小的投資, 對投資理財有自己的一套方法。隨著年紀的增長, 陳先生也想成家立業了, 於是他開始著手進行購屋計劃。

## 擬定購屋計劃

首先要為購屋訂個目標, 訂出想要購得大概多少房價的房子。陳先生覺得雖然市區交通方便, 對於生活條件、工作都很便利, 但房價太高, 所能購買的坪數也一定比較小; 不如購買離市中心稍遠一點的地方, 除了需要花較長的時間通車上班外, 生活品質、居家環境都比市中心好些, 也可以享有較寬敞的活動空間, 於是他將目標訂在 600 萬上下的房價。

## 開始行動 – 儲蓄計劃

先從自己的身價算起吧!陳先生翻翻手頭上的存款簿, 加上所有的資產, 目前累積到 120 萬了, 距離理想的房價還有一段不小的距離, 所以他決定在貸款前先參加銀行的**零存整付**方案, 為自己多累積點財富, 減輕貸款的壓力。

### 計算零存整付存款總合

如果每個月存入 20,000 萬, 為期 5 年, 並享有 1.5% 的年利率, 這樣 5 年後會有多少購屋基金呢?我們可以利用 FV 函數計算出結果。

> **TIP** FV 函數可根據週期, 固定支出以及固定利率, 傳回投資的未來值。關於 FV 函數的使用, 可以參考第 16 章的說明。

請開啟範例檔案 Ch18-01, 在**購屋計劃書**工作表中, 我們已將購屋目標金額及目前存款分別填入 C2 及 C4 儲存格了。請繼續如下操作, 計算出存款總和:

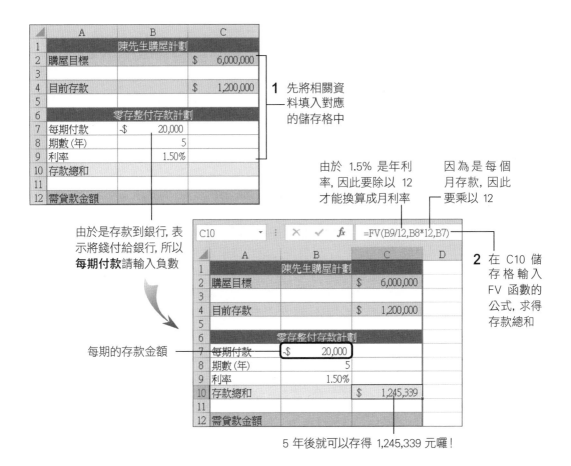

**1** 先將相關資料填入對應的儲存格中

由於 1.5% 是年利率, 因此要除以 12 才能換算成月利率

因為是每個月存款, 因此要乘以 12

由於是存款到銀行, 表示將錢付給銀行, 所以**每期付款**請輸入負數

**2** 在 C10 儲存格輸入 FV 函數的公式, 求得存款總和

每期的存款金額

5 年後就可以存得 1,245,339 元囉!

## 計算需貸款金額

5 年後的存款, 加上現在有的 120 萬, 只要利用簡單的加減運算, 就可以求出距離 600 萬目標差多少了。請選定 C12 儲存格, 並輸入公式 "=C2-C4-C10":

大概還要再貸 360 萬才能買到理想的房屋!

您可以開啟範例檔案 Ch18-02 的**購屋計劃書**工作表觀看計算的結果。

## 18-2 │ 使用「運算列表」評估貸款組合

雖然算出了 5 年後需貸款的金額，但畢竟貸款前要考慮的因素還很多，例如銀行貸款的利率、償還的年限、自己的經濟能力…等。接下來本節就針對貸款方案的計算，教您找出最合適的貸款金額及償還年限。

### 使用 PMT 函數計算每期還款金額

陳先生得知目前銀行購屋貸款的年利率是 3.5%，若貸款 360 萬元，償還年限是 20 年。我們先來算算若如上所述，那麼每一個月得償還銀行多少錢？這可利用 PMT 函數計算出結果。

請開啟範例檔案 Ch18-02，並切換至**運算列表**工作表，然後在 B5 儲存格輸入以下的公式：

```
= PMT (B2/12, C2*12, D2)
```
各期的利率　　付款的總期數　　貸款總金額

每個月要還銀行 20,879 元

### 建立雙變數運算列表比較不同貸款金額

剛剛陳先生算出了貸款 20 年，每個月要償還 2 萬多元的貸款。後來他又評估，購屋後需要準備添購傢具的費用，因此想將貸款金額再提高，也想瞭解不同貸款期間每月需要繳交多少貸款金額。

　　假設想知道貸款金額為 360 萬、380 萬、400 萬、450 萬, 及償還年限分別設為 15、18、20、25、30 的組合下, 每期分別要償還多少錢。我們可以利用 Excel 的**雙變數運算列表**功能算出結果, 請同樣利用 Ch18-02 的**運算列表**工作表完成以下的練習。

**STEP 01** 請分別將貸款金額、年限填入儲存格中:

| | A | B | C | D | E | F |
|---|---|---|---|---|---|---|
| 1 | | 年利率 | 年數 | 貸款金額 | | |
| 2 | | 3.50% | 20 | $3,600,000 | | |
| 3 | | | | | | |
| 4 | | 每期還款 | | 貸款金額 | | |
| 5 | | -$20,879 | $3,600,000 | $3,800,000 | $4,000,000 | $4,500,000 |
| 6 | 償 | | 15 | | | |
| 7 | 還 | | 18 | | | |

**STEP 02** 選取列表範圍 B5：F10, 然後切換至**資料**頁次如下操作:

**1** 按下**預測**區的**模擬分析**鈕

**2** 執行『**運算列表**』命令

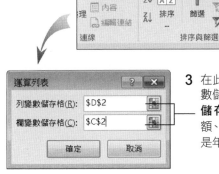

**3** 在此指定欄、列變數儲存格, **列變數儲存格**是貸款金額、**欄變數儲存格**是年限

**STEP 03** 按下**確定**鈕, 即可看到列表的結果:

▶ 這樣就可以從列表中找出最合適的貸款組合了, 您可以開啟範例檔案 Ch18-03 的**運算列表**工作表觀看計算的結果

| | A | B | C | D | E | F |
|---|---|---|---|---|---|---|
| 1 | | 年利率 | 年數 | 貸款金額 | | |
| 2 | | 3.50% | 20 | $3,600,000 | | |
| 3 | | | | | | |
| 4 | | 每期還款 | | 貸款金額 | | |
| 5 | | -$20,879 | $3,600,000 | $3,800,000 | $4,000,000 | $4,500,000 |
| 6 | 償 | 15 | -$25,736 | -$27,166 | -$28,595 | -$32,170 |
| 7 | 還 | 18 | -$22,488 | -$23,737 | -$24,986 | -$28,110 |
| 8 | 年 | 20 | -$20,879 | -$22,038 | -$23,198 | -$26,098 |
| 9 | 限 | 25 | -$18,022 | -$19,024 | -$20,025 | -$22,528 |
| 10 | | 30 | -$16,166 | -$17,064 | -$17,962 | -$20,207 |

　　陳先生衡量自己的經濟能力後, 決定將貸款金額由 360 萬元提高到 380 萬元, 償還年限仍為 20 年, 這樣在購屋後還有 20 萬元可做添購傢具之用, 因此每個月應償還給銀行 22,038 元。

# 計算還款中的利息與本金

剛剛雖然已經計算出每期償還的金額, 但是陳先生還想瞭解一下各期還款中有多少是利息、多少是本金, 此時可以透過 IPMT 函數與 PPMT 函數分別計算出來。

 **IPMT 與 PPMT 函數的用法**

IPMT 函數可傳回當付款方式為定期、定額及固定利率時, 某期的應付利息。其格式為:

```
IPMT (Rate, Per, Nper, Pv, Fv, Type)
```

PPMT 函數可傳回每期付款金額及利率皆固定時, 某期付款的本金金額。其格式為:

```
PPMT (Rate, Per, Nper, Pv, Fv, Type)
```

● **Rate**:各期的利率。

● **Per**:介於 1 與 Nper (付款的總期數) 之間的期數。

● **Nper**:付款的總期數。

● **Pv**:未來各期年金的總淨值, 即貸款總金額。

● **Fv**:最後一次付款後, 所能獲得的現金餘額。若不填則以 0 代替。

● **Type**:為一邏輯值, 判斷付款日為期初或期末。當 Type 為 1 時, 代表每期期初付款;為 0 時, 代表每期期末付款。若不填則以 0 代替。

經過上一節的評估計算, 陳先生最後選擇向銀行貸款 380 萬元, 分 20 年償還, 對於自己來說才是最佳組合。請開啟範例檔案 Ch18-03 的**還款中**工作表, 雖然剛剛已經計算出每期的應繳金額, 但由於表格中分為 240 期 (20 年) 來計算, 因此我們在將該公式填入表格中時, 儲存格位址必須使用絕對參照。請跟著步驟完成以下的練習。

**STEP 01** 先在 B5 儲存格中填入 "=PMT($B$2/12,$C$2*12,$D$2)", 並將**填滿控點**拉曳到 B244 來複製公式:

| B5 | | × ✓ fx | =PMT($B$2/12,$C$2*12,$D$2) | |
|---|---|---|---|---|
| ▲ | A | B | C | D | E |
| 1 | | 年利率 | 年數 | 貸款金額 | |
| 2 | | 3.50% | 20 | $ 3,800,000 | |
| 3 | | | | | |
| 4 | 期數 | 每期應繳金額 | 利息 (IPMT) | 本金 (PPMT) | 驗算 |
| 5 | 1 | -$22,038 | | | |
| 6 | 2 | -$22,038 | | | |

STEP **02** 在 C5 儲存格利用 IPMT 函數計算出利息：

| C5 | | × ✓ fx | =IPMT($B$2/12,A5,$C$2*12,$D$2) |
|---|---|---|---|

輸入 IPMT
函數的公式

| | A | B | C | D | E |
|---|---|---|---|---|---|
| 1 | | 年利率 | 年數 | 貸款金額 | |
| 2 | | 3.50% | 20 | $ 3,800,000 | |
| 3 | | | | | |
| 4 | 期數 | 每期應繳金額 | 利息 (IPMT) | 本金 (PPMT) | 驗算 |
| 5 | 1 | -$22,038 | -$11,083 | | |
| 6 | 2 | -$22,038 | | | |

STEP **03** 在 D5 儲存格利用 PPMT 函數計算出本金：

| D5 | | × ✓ fx | =PPMT($B$2/12,A5,$C$2*12,$D$2) |
|---|---|---|---|

輸入 PPMT
函數的公式

| | A | B | C | D | E |
|---|---|---|---|---|---|
| 1 | | 年利率 | 年數 | 貸款金額 | |
| 2 | | 3.50% | 20 | $ 3,800,000 | |
| 3 | | | | | |
| 4 | 期數 | 每期應繳金額 | 利息 (IPMT) | 本金 (PPMT) | 驗算 |
| 5 | 1 | -$22,038 | -$11,083 | -$10,955 | -$22,038 |
| 6 | 2 | -$22,038 | | | |

為了驗算，在此輸入
"= C5 + D5" (利息 +
本金)，看看是否等於
B 欄的**每期應繳金額**

STEP **04** 將 C、D、E 這 3 欄的公式複製到下方的儲存格：

| 4 | 期數 | 每期應繳金額 | 利息 (IPMT) | 本金 (PPMT) | 驗算 |
|---|---|---|---|---|---|
| 5 | 1 | -$22,038 | -$11,083 | -$10,955 | -$22,038 |
| 6 | 2 | -$22,038 | -$11,051 | -$10,987 | -$22,038 |
| 7 | 3 | -$22,038 | -$11,019 | -$11,019 | -$22,038 |
| 8 | 4 | -$22,038 | -$10,987 | -$11,051 | -$22,038 |
| 9 | 5 | -$22,038 | -$10,955 | -$11,084 | -$22,038 |
| 10 | 6 | -$22,038 | -$10,923 | -$11,116 | -$22,038 |
| 11 | 7 | -$22,038 | -$10,890 | -$11,148 | -$22,038 |
| 12 | 8 | -$22,038 | -$10,858 | -$11,181 | -$22,038 |
| 13 | 9 | -$22,038 | -$10,825 | -$11,213 | -$22,038 |

▲計算出各期還款中的利息與本金了，您可以開啟範
例檔案 Ch18-04 的**還款中**工作表觀看計算的結果

經由 IPMT 與 PPMT 兩個函數的計算，您會發現一開始繳給銀行的利息，比本金高，隨著還款期數增多，還款的本金會變多，利息較少。

TIP PPMT 函數適用於固定利率的貸款方式。

# 18-3 │ 使用「目標搜尋」計算可貸款上限

我們可利用 Excel 的**目標搜尋**功能, 按陳先生目前的償款能力, 推算可貸款金額。

## ▌由償款能力推算可貸款金額

假設目前銀行的貸款年利率是 3.5%, 陳先生希望可以在 20 年內還完所有的貸款。由於剛剛從貸款金額 380 萬元算出每期需償還 22,038 元, 但是陳先生希望每期貸款能控制在 2 萬元, 因此現在我們就從每期償還 20,000 元的情況去反推陳先生到底可以貸款多少金額。

### 建立 PMT 公式

請開啟範例檔案 Ch18-04, 並切換到**償還能力評估**工作表, 其中我們已經將利率和期數填好了, 請選定 B3 儲存格, 並輸入右圖中的公式:

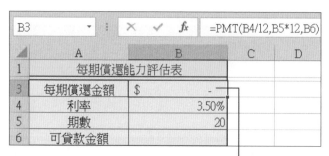

由於還沒有貸款金額, 所以公式沒有計算結果

### 執行目標搜尋

接著, 我們就可以依據償還能力, 計算貸款上限了。請切換至**資料**頁次, 按下**預測**區的**模擬分析**鈕, 執行『**目標搜尋**』命令, 便會開啟**目標搜尋**交談窗:

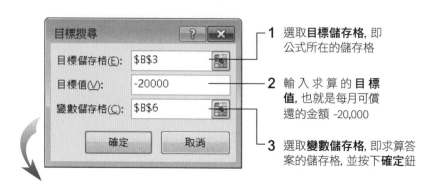

**1** 選取**目標儲存格**, 即公式所在的儲存格

**2** 輸入求算的**目標值**, 也就是每月可償還的金額 -20,000

**3** 選取**變數儲存格**, 即求算答案的儲存格, 並按下**確定**鈕

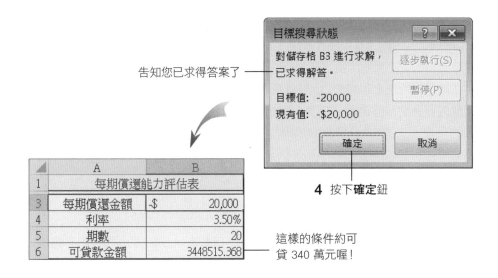

告知您已求得答案了

**目標搜尋狀態**

對儲存格 B3 進行求解, 已求得解答。

目標值: -20000
現有值: -$20,000

逐步執行(S)
暫停(P)
確定　取消

**4** 按下**確定**鈕

| | A | B |
|---|---|---|
| 1 | 每期償還能力評估表 | |
| 3 | 每期償還金額 | -$　　20,000 |
| 4 | 利率 | 3.50% |
| 5 | 期數 | 20 |
| 6 | 可貸款金額 | 3448515.368 |

這樣的條件約可
貸 340 萬元喔!

如果想算算每個月償還 15,000 元時的可貸款上限, 請再執行一次『**目標搜尋**』命令, 並如下設定:

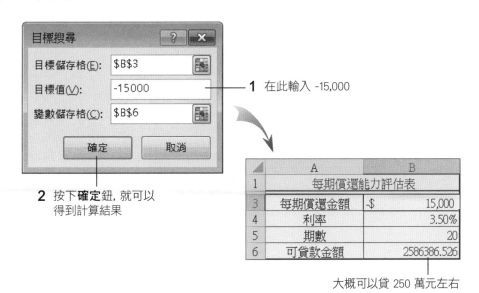

**目標搜尋**

目標儲存格(E): $B$3
目標值(V): -15000
變數儲存格(C): $B$6

確定　取消

**1** 在此輸入 -15,000

**2** 按下**確定**鈕, 就可以得到計算結果

| | A | B |
|---|---|---|
| 1 | 每期償還能力評估表 | |
| 3 | 每期償還金額 | -$　　15,000 |
| 4 | 利率 | 3.50% |
| 5 | 期數 | 20 |
| 6 | 可貸款金額 | 2586386.526 |

大概可以貸 250 萬元左右

您可以開啟範例檔案 Ch18-05 的**償還能力評估**工作表觀看每期償還金額為 20,000 元的結果。

## 18-4 | 寬限期與提前還款的貸款試算

在繳房貸的幾十年當中, 還是有許多的變化狀況, 例如繳到第 5 年的時候, 想要拿出閒餘的資金提前償還部分貸款, 那麼到底還剩下多少貸款要繳?另外有些銀行提供寬限期的繳款方式, 也就是貸款的前幾年只先還利息, 這時候又該怎麼計算房貸呢?這些疑惑底下都將為您說明。

## 寬限期與非寬限期的貸款

假設王先生向銀行貸款 350 萬元來購屋, 利率是 4.5%, 要分成 20 年攤還, 但是王先生想要挪用部分資金來投資股票, 因此就跟銀行商量房貸的前 3 年做為寬限期, 每月只先償還利息給銀行, 後面的 17 年再來償還本息。要計算如何償還貸款, 請開啟範例檔案 Ch18-06 即可看到**寬限期還款**工作表:

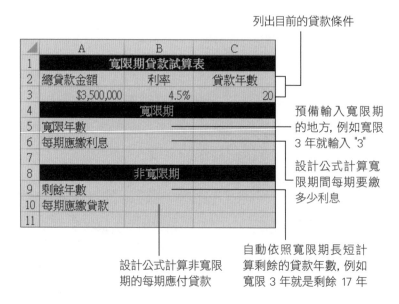

列出目前的貸款條件

預備輸入寬限期的地方, 例如寬限 3 年就輸入 "3"

設計公式計算寬限期間每期要繳多少利息

自動依照寬限期長短計算剩餘的貸款年數, 例如寬限 3 年就是剩餘 17 年

設計公式計算非寬限期的每期應付貸款

### 計算寬限期的利息

首先我們在 B5 儲存格輸入 "3" 表示要寬限 3 年, 然後在 B6 儲存格輸入前 3 年每個月要繳的利息公式 "=A3*(B3/12)":

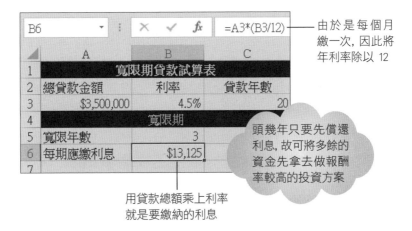

由於是每個月
繳一次,因此將
年利率除以 12

頭幾年只要先償還
利息,故可將多餘的
資金先拿去做報酬
率較高的投資方案

用貸款總額乘上利率
就是要繳納的利息

## 計算非寬限期的貸款

B9 儲存格的**剩餘年數**就是**貸款年數**減掉**寬限年數**, 因此請輸入公式 "=C3-B5"。 再於 B10 儲存格使用 PMT 函數來計算 350 萬以 17 年攤還, 每個月要繳多少 貸款:

貸款期數等於剩餘年數乘上一年有 12 期

| | A | B | C | D |
|---|---|---|---|---|
| | | fx | =PMT(B3/12,B9*12,A3) | |
| 1 | | 寬限期貸款試算表 | | |
| 2 | 總貸款金額 | 利率 | 貸款年數 | |
| 3 | $3,500,000 | 4.5% | 20 | |
| 4 | | 寬限期 | | |
| 5 | 寬限年數 | 3 | | |
| 6 | 每期應繳利息 | $13,125 | | |
| 7 | | | | |
| 8 | | 非寬限期 | | |
| 9 | 剩餘年數 | 17 | | |
| 10 | 每期應繳貸款 | -$24,579 | | |
| 11 | | | | |
| 12 | | | | |

公式 "=C3-B5"
的計算結果

從第 4 年到第 20 年, 每個月都要繳這麼多的貸款

使用 PMT 函數計算應繳貸款時, 由於是計算要付出的貸款, 因此結果會是一個負 數。若為了報表的美觀, 可仿照上圖在公式前面加上負號 "-", 以便讓運算結果變成正 值。您可以開啟範例檔案 Ch18-07 的**寬限期還款**工作表觀看計算的結果。

# 提前償還本金

接續上例, 假設王先生第 6 年初的時候, 想將這 5 年當中在股市獲利的 100 萬拿出來償還貸款本金, 這時候又要重新做一次貸款試算工作囉！請開啟範例檔案 Ch18-07 並切換至**提前還款**工作表:

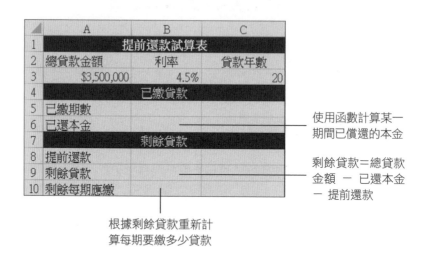

使用函數計算某一期間已償還的本金

剩餘貸款＝總貸款金額 － 已還本金 － 提前還款

根據剩餘貸款重新計算每期要繳多少貸款

要計算某一開始期數到結束期數之間所累積償還的貸款本金, 可以使用 CUMPRINC 函數。

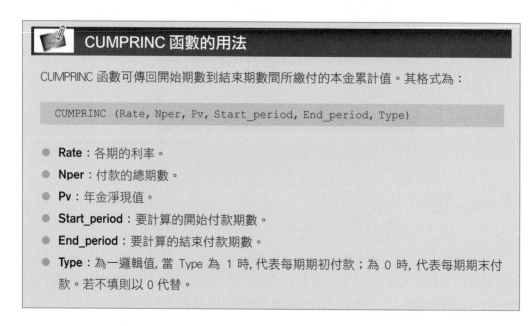

## CUMPRINC 函數的用法

CUMPRINC 函數可傳回開始期數到結束期數間所繳付的本金累計值。其格式為:

```
CUMPRINC (Rate, Nper, Pv, Start_period, End_period, Type)
```

- **Rate**: 各期的利率。
- **Nper**: 付款的總期數。
- **Pv**: 年金淨現值。
- **Start_period**: 要計算的開始付款期數。
- **End_period**: 要計算的結束付款期數。
- **Type**: 為一邏輯值, 當 Type 為 1 時, 代表每期期初付款; 為 0 時, 代表每期期末付款。若不填則以 0 代替。

接下來, 我們就可以在**提前還款**工作表中輸入適當的資料與公式了:

在公式前面加上負號 "-", 讓計算結果變成正值

要計算第 1 期到第 60 期之間的已償還本金

1 輸入已繳期數, 例如本例已繳 5 年, 也就是繳了 60 期, 因此輸入 "60"

2 使用 CUMPRINC 函數建立公式, 算出第 1 到 60 期總共償還了這麼多的本金

3 輸入提前還款的金額為 "1,000,000"

4 輸入公式 "=A3-B6-B8" 即可算出剩餘的貸款

5 根據剩餘貸款, 利用 PMT 函數重算第 61 期開始每期應繳多少貸款, 公式為 "=-PMT(B3/12,C3*12-B5,B9)"

您可開啟範例檔案 Ch18-08 來觀看計算結果。

## 後記

本章以個人購屋為主軸, 教您從定額儲蓄開始做理財規劃, 然後依照購屋計劃與銀行的貸款條件, 計算出可貸款的金額, 以及每個月所要負擔的貸款。其實除了個人購屋貸款之外, 還有企業機構因購買固定資產所發生的定期定額還本付息行為也屬於此類, 可以完全適用本章的試算技巧。

另外, 還可以將 18-2 節介紹的**雙變數運算列表**加以延伸與變化, 先蒐集數家銀行不同的貸款條件, 然後計算出在不同的利率、不同的貸款金額與還款期限之下, 每一期所要償還的金額, 以便選擇最符合自己需求的貸款方案。

# 實力評量

1. 假設銀行的年利率為 1.25%, 您從現在起, 每個月固定儲蓄 25,000 元, 那麼 3 年後您總共會有多少存款呢?

2. **台華電子**的張老闆正在思考要向銀行貸款多少錢來購置一批昂貴的儀器設備, 於是在工作表中列出心目中的各個貸款金額與償還年限的組合列表。請您開啟練習檔案 Ex18-01, 幫忙張老闆計算出每一種貸款組合所要繳納的貸款金額。

| | A | B | C | D | E | F | G |
|---|---|---|---|---|---|---|---|
| 1 | | 年利率 | 5.50% | | | | |
| 2 | | 貸款年數 | 36 | | | | |
| 3 | | 貸款金額 | 5000000 | | | | |
| 4 | | | | | | | |
| 5 | | | | | | | |
| 6 | | 每月還款 | | | 貸款金額 | | |
| 7 | | $150,979.51 | 8,000,000 | 10,000,000 | 13,000,000 | 15,000,000 | 20,000,000 |
| 8 | | 3 | | | | | |
| 9 | 償還年限 | 5 | | | | | |
| 10 | | 7 | | | | | |
| 11 | | 10 | | | | | |

提示 使用**運算列表**功能。

3. 曹先生是**連划電子公司**的負責人, 他每年年初都會設定一個年度營業淨利目標, 做為全體員工努力的指標。假設營業淨利為營業額的 35%, 同時曹先生要拿出營業淨利的 5% 做為愛心捐款。如果曹先生希望扣除捐款之後還要淨賺 5 千萬元, 那麼**連划公司**今年的營業額必須達到多少才可以呢?

提示 使用**目標搜尋**功能。

4. 陳老闆向**台鑫銀行**貸款 2,500 萬元來購置廠房, 年利率是 7.3%, 要分成 10 年攤還。陳老闆與**台鑫銀行**約定前 2 年每個月只先償還利息, 後面的 8 年再來付息兼還本。現在, 請您幫陳老闆分別計算前 2 年與後 8 年每個月要繳多少貸款給銀行。

5. 王太太向銀行貸款 500 萬元, 年利率為 6.5%, 每個月償還一次, 共以 20 年來攤還本息。到了第 8 年底的時候, 王太太中了一筆 200 萬元的獎金, 於是把這筆獎金全數拿出來償還貸款。請問從第 9 年開始, 王太太每個月只要繳多少貸款呢？

# 19

## 錄製巨集加速
## 完成重複性
## 工時統計作業

**本章學習提要**

- 認識巨集
- 巨集的使用時機
- 錄製與執行工時統計巨集
- 將巨集做成按鈕以便快速執行
- 巨集病毒及安全層級設定

Maggie 是一家外商公司的人事專員，每個星期都必須使用 Excel 製作一份員工工時記錄表，計算每位員工的實際上班時數，以便核算每月薪資。在這份員工工時記錄表中，除了記錄每位員工的工時以外，還必須計算每位員工的加班時數與差勤，並且算出每月工時的加班時數等等。

這些例行的工作，每個星期都耗掉 Maggie 不少時間，還好 Allen 傳授了巨集的技巧給 Maggie，現在 Maggie 只要先輸入資料後，選取好要處理範圍的範圍，按下事先錄製好的巨集按鈕，工時記錄表差勤上就可以完成了！

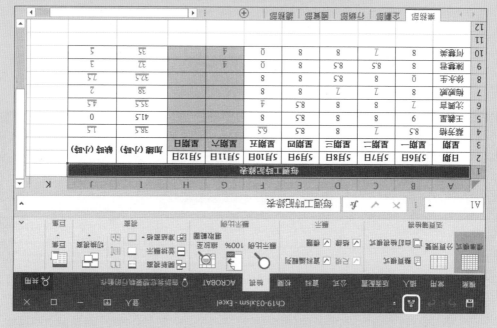

▶ 使用巨集並且要錄製，按一下即可一次處理完所有的工作（包括計算公式、套用格式等）

# 19-1 | 認識巨集

　　什麼是巨集？簡單地說，巨集就是一群指令的集合。我們可以事先將操作步驟錄製成巨集，再指定該巨集名稱，日後要使用這些指令時，只要執行該巨集，即可完成所有的指令。以下就來看看什麼時候可以使用巨集來簡化工作流程。

● **重複性高的作業**：如果要處理的資料量很大，且需要不斷重複執行 Excel 的某些功能來達成作業時，就可以使用巨集來簡化人工處理的時間。

● **避免人工疏失**：在以人工的方式處理繁複的作業流程時，可能會發生失誤的情況，例如一時疏忽打錯字、計算錯誤、甚至誤刪了某筆記錄、…等。若將這些繁瑣的工作交給巨集處理，就可避免掉一些人工的疏失。

● **龐雜的處理流程**：假如有一份報告，我們想將這份報告裡的所有標題都設定成 "16" 字級、字體設定成 "粗體"、顏色改為 "紅色"；雖然您可以使用不同的方法來達成，但是這些方法都需要經過好幾個步驟，若將這些步驟全部製作成一個巨集，就可以簡化複雜的步驟了！

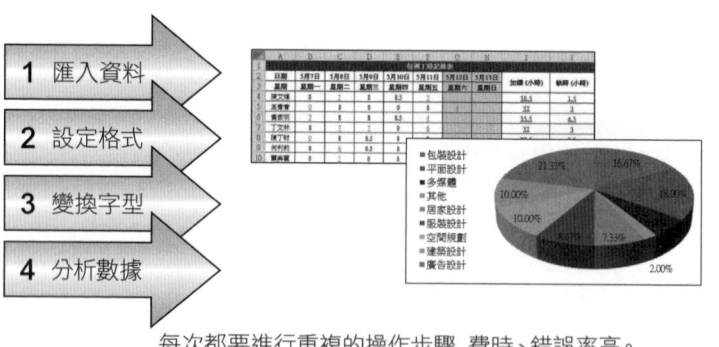

每次都要進行重複的操作步驟，費時、錯誤率高。

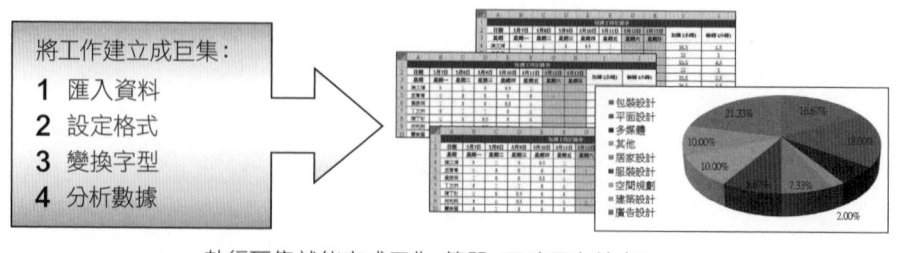

執行巨集就能完成工作，簡單、正確又有效率！

# 19-2 | 錄製巨集

　　了解什麼是巨集以及巨集的使用時機後，下面我們以一個簡單的例子來示範巨集的錄製。請開啟範例檔案 Ch19-01，並切換到**業務部**工作表，我們要將以下的工作製作成巨集：

● 利用**設定格式化的條件**功能，將單日未滿 8 小時的工作時數，以紅色加單底線標示。

● 計算每人每週的總工作時數及不足的時數。

● 將總工作時數不足 40 者，以藍色粗體加雙底線標示出來。

**STEP 01**　了解巨集要進行的工作之後，請切換至**檢視**頁次再如下進行操作：

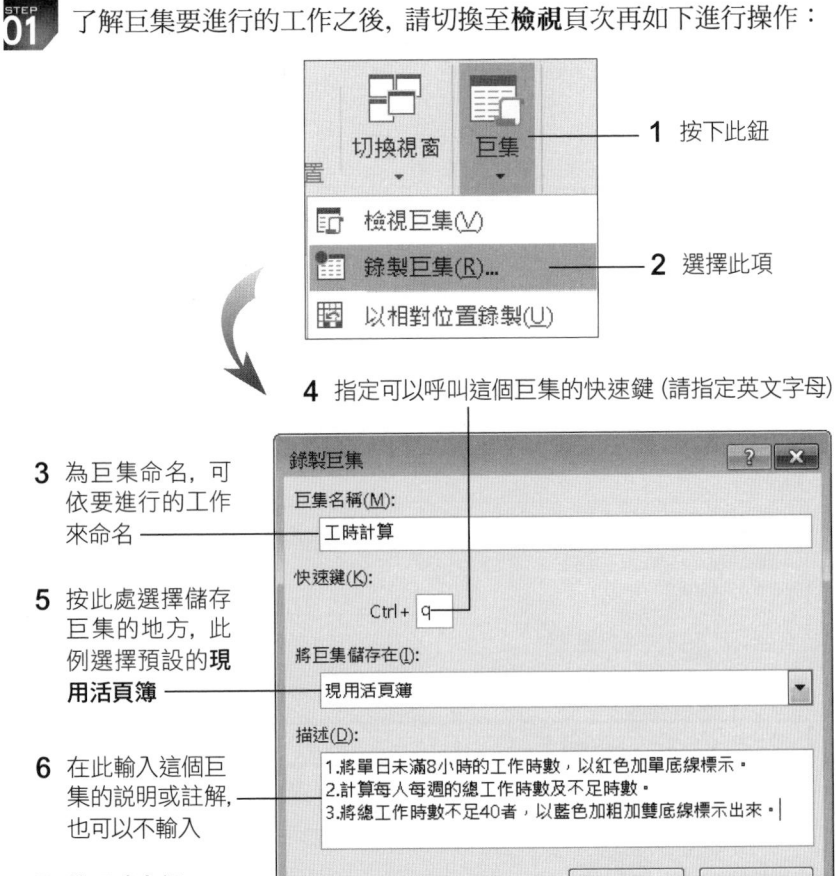

**1** 按下此鈕

**2** 選擇此項

**4** 指定可以呼叫這個巨集的快速鍵 (請指定英文字母)

**3** 為巨集命名，可依要進行的工作來命名

**5** 按此處選擇儲存巨集的地方，此例選擇預設的**現用活頁簿**

**6** 在此輸入這個巨集的說明或註解，也可以不輸入

**7** 按下**確定**鈕

錄製巨集

巨集名稱(M)：
工時計算

快速鍵(K)：
Ctrl + q

將巨集儲存在(I)：
現用活頁簿

描述(D)：
1.將單日未滿8小時的工作時數，以紅色加單底線標示。
2.計算每人每週的總工作時數及不足時數。
3.將總工作時數不足40者，以藍色加粗加雙底線標示出來。

確定　　取消

這時活頁簿視窗左下角的**狀態列**會出現**停止錄製**按鈕, 表示已經在錄製巨集的狀態 (按一下即可停止錄製)

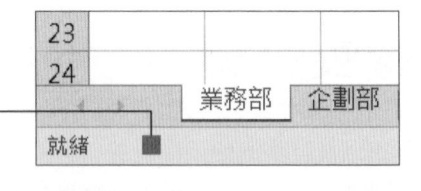

| 23 | | |
| 24 | | |
| | 業務部 | 企劃部 |

就緒

---

### 巨集的儲存位置

巨集預設的儲存位置是在**現用活頁簿**中, 您可以依需求變更巨集的儲存位置, 以下就來說明三種位置的差異:

- **現用活頁簿**:將巨集儲存在現用活頁簿中, 則此活頁簿中所有的工作表都可以使用該巨集, 當您儲存活頁簿時, 巨集也會一併儲存在活頁簿中。

- **新的活頁簿**:若是想將巨集與活頁簿的資料分開, 則可選擇此項。以此方式錄製好巨集之後, Excel 會自動產生一個新的活頁簿, 記得將此活頁簿儲存下來, 日後要使用巨集時, 必須先開啟這個活頁簿。

- **個人巨集活頁簿**:若您希望 Excel 所有的活頁簿, 都能使用錄製好的個人巨集檔, 則請選擇此方式, 將巨集儲存在 PERSONAL.XLSB 中。這樣一來, 在啟動 Excel 時就會自動載入 PERSONAL.XLSB, 並將其隱藏起來, 讓所有開啟的活頁簿都能使用該巨集。

---

**STEP 02** 開始錄製巨集後, 請選取儲存格 B4：H10, 然後按下**常用**頁次**樣式**區的**設定格式化的條件**鈕, 執行『**新增規則**』命令:

新增格式化規則

選取規則類型(S):
- ► 根據其值格式化所有儲存格
- ► 只格式化包含下列的儲存格 ——— **1** 選擇此項
- ► 只格式化排在最前面或最後面的值
- ► 只格式化高於或低於平均的值
- ► 只格式化唯一或重複的值
- ► 使用公式來決定要格式化哪些儲存格

**2** 將條件設定為**儲存格值小於 8**

編輯規則說明(E):

只格式化下列的儲存格(O):

| 儲存格值 ▼ | 小於 ▼ | 8 |

**3** 按下此鈕, 進行文字格式的設定, 將文字色彩指定為紅色, 並加上單底線的效果

預覽: 　未設定格式　　　格式(F)...

確定　　取消

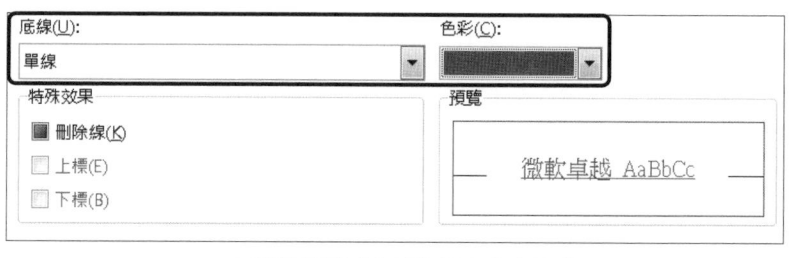

| 底線(U): | 色彩(C): |
|---|---|
| 單線 ▼ | ▼ |

**特殊效果**

■ 刪除線(K)
☐ 上標(E)
☐ 下標(B)

**預覽**

微軟卓越 AaBbCc

▲ 在**儲存格格式**交談窗設定文字格式

**STEP 03** 返回**新增格式化規則**交談窗後，按下**確定**鈕，上班時數小於 8 小時的記錄已經全部標示為紅色並加上單底線了，也就是完成了第一項的工作。

| | A | B | C | D | E | F | G | H |
|---|---|---|---|---|---|---|---|---|
| 1 | | | | 每週工時記錄表 | | | | |
| 2 | 日期 | 5月6日 | 5月7日 | 5月8日 | 5月9日 | 5月10日 | 5月11日 | 5月12日 |
| 3 | 星期 | 星期一 | 星期二 | 星期三 | 星期四 | 星期五 | 星期六 | 星期日 |
| 4 | 蔡芳榕 | 8.5 | 7 | 8 | 8.5 | 6.5 | | |
| 5 | 王義星 | 9 | 8 | 8 | 8.5 | 8 | | |
| 6 | 沈興言 | 7 | 8 | 8 | 8.5 | 4 | | |
| 7 | 梅威威 | 8 | 7 | 7 | 8 | 8 | | |
| 8 | 徐永生 | 0 | 8 | 8.5 | 8 | 8 | | |
| 9 | 陳慧君 | 8 | 8.5 | 8.5 | 8 | 0 | 4 | |
| 10 | 何慧美 | 8 | 7 | 8 | 8 | 0 | 4 | |

◀ 工時小於 8 小時的記錄已經全部標示為紅色並加上單底線了

**STEP 04** 接下來我們要進行第二項的計算工作。請選取 I4 儲存格，寫入公式 "=SUM(B4：H4)"，然後將此公式複製到 I5：I10 儲存格：

| I4 | | × ✓ fx | =SUM(B4:H4) | | | | | |
|---|---|---|---|---|---|---|---|---|
| | A | B | C | D | E | F | G | H | I |

| | A | B | C | D | E | F | G | H | I |
|---|---|---|---|---|---|---|---|---|---|
| 1 | | | | 每週工時記錄表 | | | | | |
| 2 | 日期 | 5月6日 | 5月7日 | 5月8日 | 5月9日 | 5月10日 | 5月11日 | 5月12日 | 加總 (小時) |
| 3 | 星期 | 星期一 | 星期二 | 星期三 | 星期四 | 星期五 | 星期六 | 星期日 | |
| 4 | 蔡芳榕 | 8.5 | 7 | 8 | 8.5 | 6.5 | | | 38.5 |
| 5 | 王義星 | 9 | 8 | 8 | 8.5 | 8 | | | |

在 I4 儲存格寫入公式，計算出第一位員工當週工時總和為 38.5 小時

| | A | B | C | D | E | F | G | H | I |
|---|---|---|---|---|---|---|---|---|---|
| 1 | | | | 每週工時記錄表 | | | | | |
| 2 | 日期 | 5月6日 | 5月7日 | 5月8日 | 5月9日 | 5月10日 | 5月11日 | 5月12日 | 加總 (小時) |
| 3 | 星期 | 星期一 | 星期二 | 星期三 | 星期四 | 星期五 | 星期六 | 星期日 | |
| 4 | 蔡芳榕 | 8.5 | 7 | 8 | 8.5 | 6.5 | | | 38.5 |
| 5 | 王義星 | 9 | 8 | 8 | 8.5 | 8 | | | 41.5 |
| 6 | 沈興言 | 7 | 8 | 8 | 8.5 | 4 | | | 35.5 |
| 7 | 梅威威 | 8 | 7 | 7 | 8 | 8 | | | 38 |
| 8 | 徐永生 | 0 | 8 | 8.5 | 8 | 8 | | | 32.5 |
| 9 | 陳慧君 | 8 | 8.5 | 8.5 | 8 | 0 | 4 | | 37 |
| 10 | 何慧美 | 8 | 7 | 8 | 8 | 0 | 4 | | 35 |

將公式複製至其他儲存格，立刻計算出所有人的工時總和

**STEP 05** 算出工時總和後，我們要來計算每位員工不足的工時。請在 J4 儲存格寫入公式 "=IF(I4>40,0,40-I4)"，當總工時超過 40 則顯示為 0；總工時不足 40 者，則算出缺少的時數，再將公式複製到 J5:J10 儲存格：

| J4 | | ✕ ✓ *fx* | =IF(I4>40,0,40-I4) | | | | | | |
|---|---|---|---|---|---|---|---|---|---|
| ▲ | A | B | C | D | E | F | G | H | I | J |
| 1 | | | | | 每週工時記錄表 | | | | | |
| 2 | 日期 | 5月6日 | 5月7日 | 5月8日 | 5月9日 | 5月10日 | 5月11日 | 5月12日 | 加總 (小時) | 缺時 (小時) |
| 3 | 星期 | 星期一 | 星期二 | 星期三 | 星期四 | 星期五 | 星期六 | 星期日 | | |
| 4 | 蔡芳格 | 8.5 | 7 | 8 | 8.5 | 6.5 | | | 38.5 | 1.5 |
| 5 | 王義星 | 9 | 8 | 8 | 8.5 | 8 | | | 41.5 | |

在 J4 儲存格寫入公式, 計算出第一位員工不足的時數為 1.5 小時

| J4 | | ✕ ✓ *fx* | =IF(I4>40,0,40-I4) | | | | | | |
|---|---|---|---|---|---|---|---|---|---|
| ▲ | A | B | C | D | E | F | G | H | I | J |
| 1 | | | | | 每週工時記錄表 | | | | | |
| 2 | 日期 | 5月6日 | 5月7日 | 5月8日 | 5月9日 | 5月10日 | 5月11日 | 5月12日 | 加總 (小時) | 缺時 (小時) |
| 3 | 星期 | 星期一 | 星期二 | 星期三 | 星期四 | 星期五 | 星期六 | 星期日 | | |
| 4 | 蔡芳格 | 8.5 | 7 | 8 | 8.5 | 6.5 | | | 38.5 | 1.5 |
| 5 | 王義星 | 9 | 8 | 8 | 8.5 | 8 | | | 41.5 | 0 |
| 6 | 沈興言 | 7 | 8 | 8 | 8.5 | 4 | | | 35.5 | 4.5 |
| 7 | 梅威威 | 8 | 7 | 7 | 8 | 8 | | | 38 | 2 |
| 8 | 徐永生 | 0 | 8 | 8.5 | 8 | 8 | | | 32.5 | 7.5 |
| 9 | 陳慧君 | 8 | 8.5 | 8.5 | 8 | 0 | 4 | | 37 | 3 |
| 10 | 何慧美 | 8 | 7 | 8 | 8 | 0 | 4 | | 35 | 5 |

總工時超過 40 者, 缺時為 0

將公式複製到其他儲存格, 即可算出該部門所有人不足的工時

**STEP 06** 算出該部門所有人的總工時及不足的工時後，我們可以比照前面的做法，分別選取 I4：I10、J4：J10 儲存格，設定格式化規則：

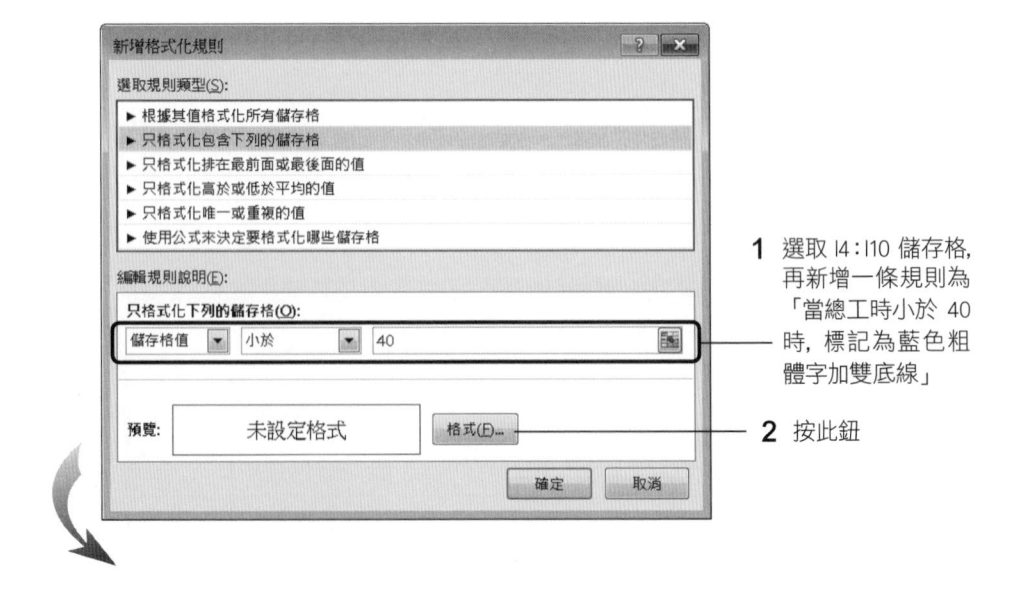

**新增格式化規則**　? ✕

選取規則類型(S):

► 根據其值格式化所有儲存格
► 只格式化包含下列的儲存格
► 只格式化排在最前面或最後面的值
► 只格式化高於或低於平均的值
► 只格式化唯一或重複的值
► 使用公式來決定要格式化哪些儲存格

編輯規則說明(E):

只格式化下列的儲存格(O):

| 儲存格值 ▼ | 小於 ▼ | 40 | 🔢 |

預覽: 未設定格式　格式(F)...

確定　取消

**1** 選取 I4:I10 儲存格, 再新增一條規則為「當總工時小於 40 時, 標記為藍色粗體字加雙底線」

**2** 按此鈕

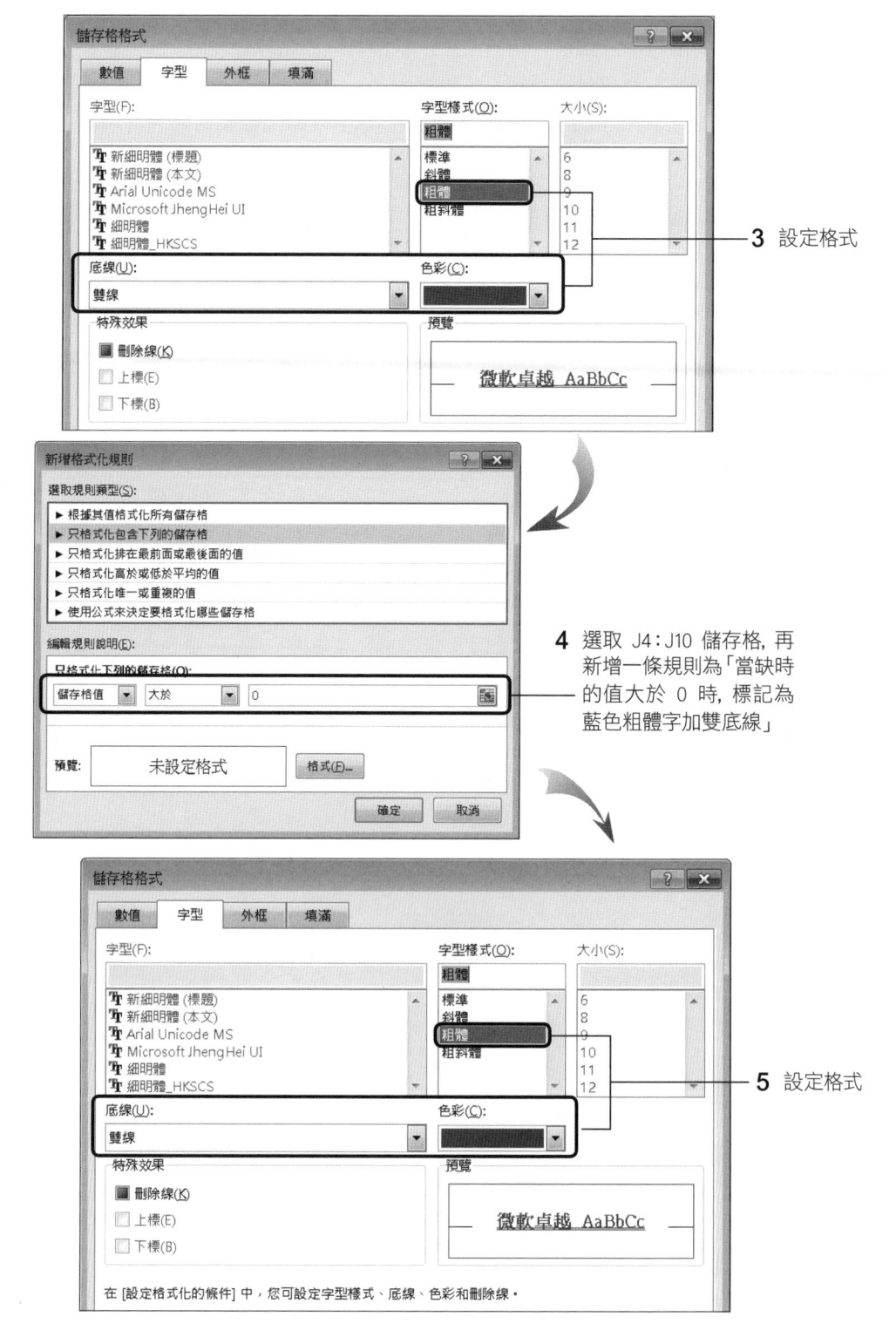

3　設定格式

4　選取 J4：J10 儲存格, 再新增一條規則為「當缺時的值大於 0 時, 標記為藍色粗體字加雙底線」

5　設定格式

在 [設定格式化的條件] 中, 您可設定字型樣式、底線、色彩和刪除線。

完成所有要執行的設定之後，只要按下**狀態列**的**停止錄製** ■ ，就完成巨集的錄製了。最後請記得要儲存檔案，才能將巨集儲存起來哦！儲存檔案時，注意要將檔案儲存為 Excel 啟用巨集的活頁簿，也就是 .xlsm 檔案格式：

| | A | B | C | D | E | F | G | H | I | J |
|---|---|---|---|---|---|---|---|---|---|---|
| 1 | | | | | 每週工時記錄表 | | | | | |
| 2 | 日期 | 5月6日 | 5月7日 | 5月8日 | 5月9日 | 5月10日 | 5月11日 | 5月12日 | 加總 (小時) | 缺時 (小時) |
| 3 | 星期 | 星期一 | 星期二 | 星期三 | 星期四 | 星期五 | 星期六 | 星期日 | | |
| 4 | 蔡芳榕 | 8.5 | 7 | 8 | 8.5 | 6.5 | | | 38.5 | 1.5 |
| 5 | 王義星 | 9 | 8 | 8 | 8.5 | 8 | | | 41.5 | 0 |
| 6 | 沈興言 | 7 | 8 | 8 | 8.5 | 4 | | | 35.5 | 4.5 |
| 7 | 梅威威 | 8 | 7 | 7 | 8 | 8 | | | 38 | 2 |
| 8 | 徐永生 | 0 | 8 | 8.5 | 8 | 8 | | | 32.5 | 7.5 |
| 9 | 陳慧君 | 8 | 8.5 | 8.5 | 8 | 0 | 4 | | 37 | 3 |
| 10 | 何慧美 | 8 | 7 | 8 | 8 | 0 | 4 | | 35 | 5 |

▲ 完成了所有的設定

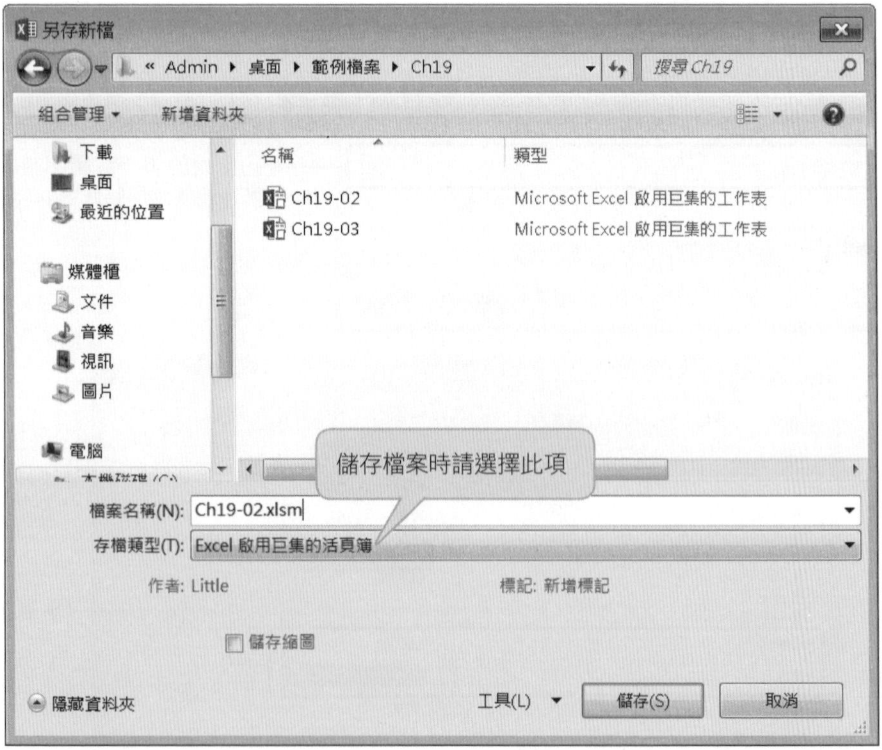

![另存新檔對話框，檔案名稱(N): Ch19-02.xlsm，存檔類型(T): Excel 啟用巨集的活頁簿，標註「儲存檔案時請選擇此項」]

---

**TIP** 停止錄製巨集時，也可以切換到**檢視**頁次，按下**巨集**鈕下半部執行『**停止錄製**』命令。

# 19-3 | 執行錄製好的巨集

　　錄製好巨集後，接下來我們要來看看如何執行做好的巨集，請利用剛才已建立巨集的檔案來練習。如果您未照上一節的說明錄製好巨集，請先開啟範例檔案 Ch19-02. xlsm，依照以下步驟來執行巨集。

## 巨集的安全性警告

　　為了防止巨集病毒的侵襲，Excel 預設會停用巨集功能，以免使用者誤開含有巨集病毒的檔案。因此當您開啟含有巨集的活頁簿時，視窗上會出現**安全性警告**訊息，提醒您該巨集已經停用，您可以按下訊息旁的**啟用內容**鈕，將巨集啟用：

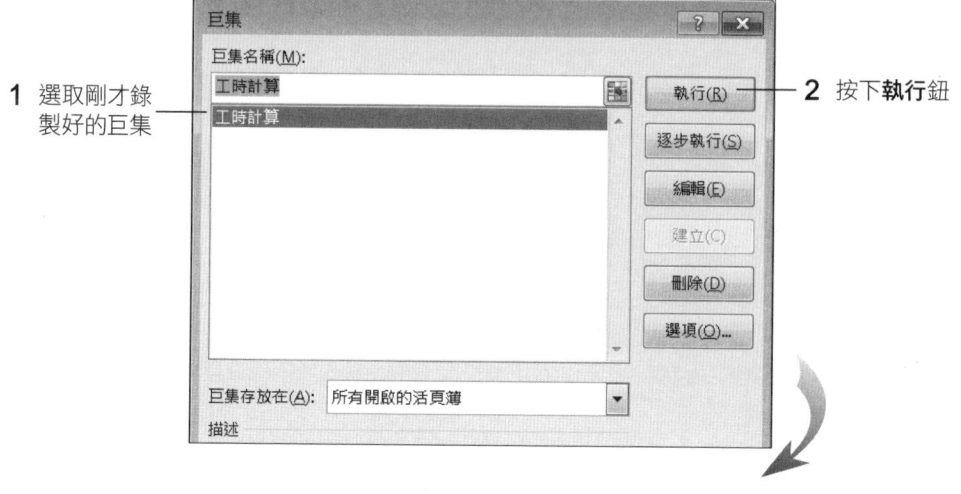

## 執行巨集

　　啟用巨集後，請切換至**企劃部**工作表，按下**檢視**頁次的**巨集**鈕（上半部），開啟**巨集**交談窗：

| | A | B | C | D | E | F | G | H | I | J |
|---|---|---|---|---|---|---|---|---|---|---|
| 1 | 每週工時記錄表 | | | | | | | | | |
| 2 | 日期 | 5月6日 | 5月7日 | 5月8日 | 5月9日 | 5月10日 | 5月11日 | 5月12日 | 加總 (小時) | 缺時 (小時) |
| 3 | 星期 | 星期一 | 星期二 | 星期三 | 星期四 | 星期五 | 星期六 | 星期日 | | |
| 4 | 陳文輝 | 8 | 7 | 8 | 8.5 | 7 | | | 38.5 | 1.5 |
| 5 | 王青青 | 0 | 8 | 8 | 9 | 8 | 4 | | 37 | 3 |
| 6 | 黃家明 | 7 | 8 | 8 | 8.5 | 4 | | | 35.5 | 4.5 |
| 7 | 丁文林 | 8 | 7 | 7 | 9 | 6 | | | 37 | 3 |
| 8 | 陳丁財 | 0 | 8 | 8.5 | 8 | 8 | | | 32.5 | 7.5 |
| 9 | 何利莉 | 8 | 6 | 8.5 | 8 | 0 | 4 | | 34.5 | 5.5 |
| 10 | 蕭美麗 | 8 | 7 | 8 | 8 | 8 | | | 39 | 1 |

▲ **企劃部**工作表立刻套用了巨集中的設定

執行巨集功能後是無法復原操作的。因此若您對執行的結果不滿意，可以不儲存並關閉檔案，然後再重新開啟檔案來操作。

你可以繼續切換到其它工作表，並按**巨集**鈕來完成工時處理，也可以按剛剛設定的快速鍵 Ctrl + Q 來執行巨集。不過剛才我們在錄製巨集時，是選取整份活頁簿中資料筆數最多的儲存格範圍，所以在資料筆數較少的工作表中執行巨集 (如**行銷部**工作表) 時，會發現**加總**欄及**缺時**欄會多出幾筆資料，這並不影響正確性，只要將這些多餘的資料刪除即可。

## ┃ 刪除巨集

若是想刪除錄製好的巨集，只要直接在**巨集**交談窗中，選擇要刪除的巨集名稱，然後按下**刪除**鈕即可。

您只能刪除啟用中的巨集。因此若在**巨集**交談窗中發現無法刪除該巨集，可以重新開啟活頁簿，啟用該巨集後再行刪除。

## 19-4 | 將巨集製作成按鈕以便快速執行

若您常常需要使用某一組巨集指令，每次都要打開**巨集**交談窗來選取並執行，或記不住快速鍵，不如將巨集製作成按鈕，之後只要按一下按鈕，即可完成所需的工作，方便又有效率。

### 將巨集按鈕放到「快速存取」工具列

現在就讓我們來練習這個好用的功能，請開啟範例檔案 Ch19-03，然後如下進行設定：

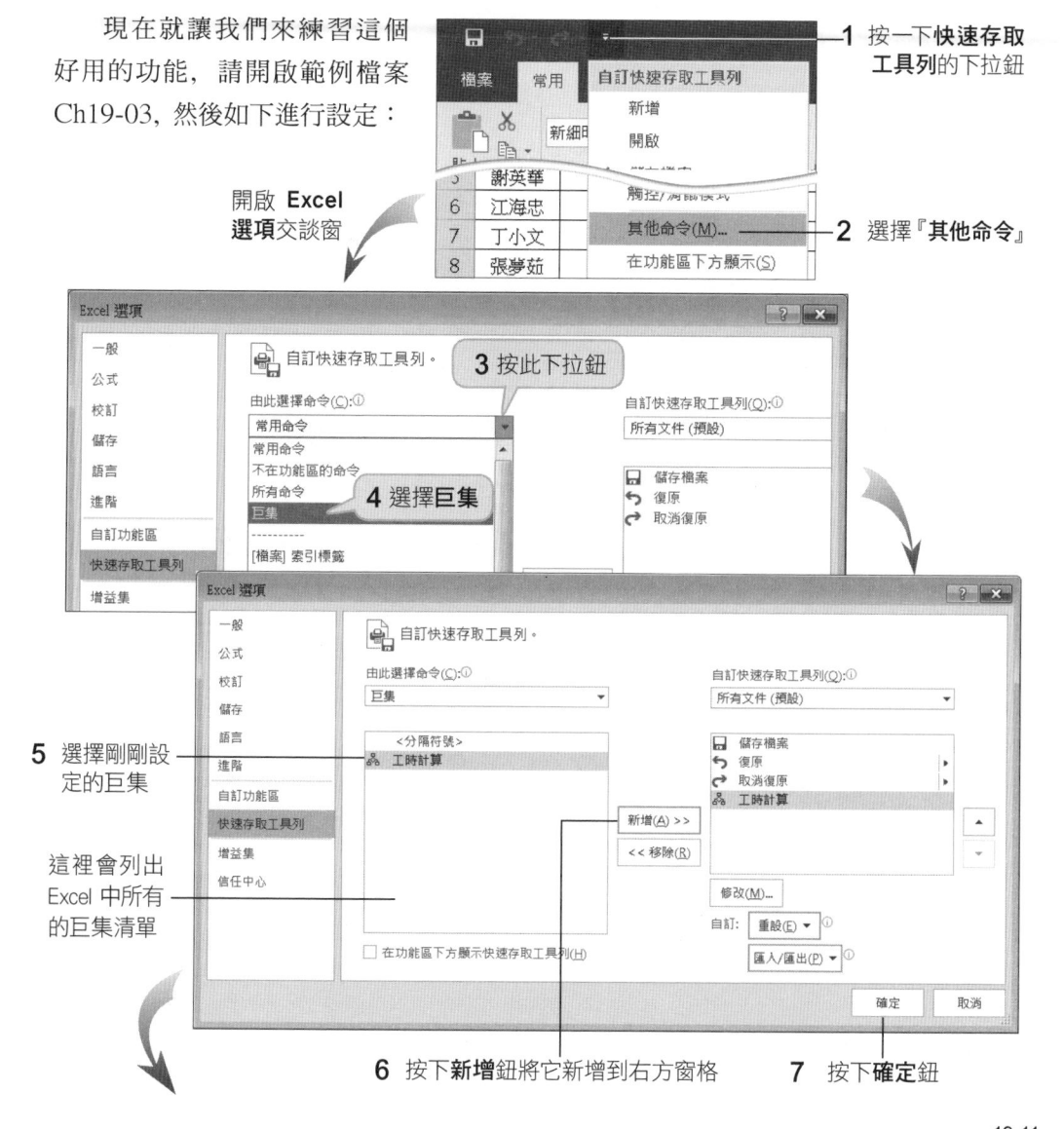

開啟 Excel **選項**交談窗

**1** 按一下**快速存取工具列**的下拉鈕

**2** 選擇『**其他命令**』

**3** 按此下拉鈕

**4** 選擇**巨集**

**5** 選擇剛剛設定的巨集

這裡會列出 Excel 中所有的巨集清單

**6** 按下**新增**鈕將它新增到右方窗格

**7** 按下**確定**鈕

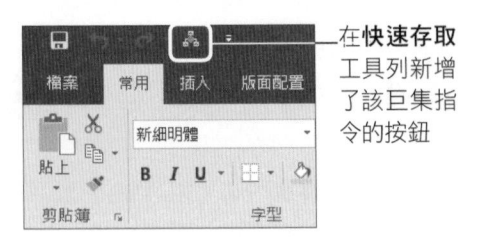

在**快速存取**工具列新增了該巨集指令的按鈕

# 更改巨集按鈕的圖示

若您有好幾組常用的巨集，可以將它們都製作成按鈕，但是巨集按鈕的預設圖示都是 ，反而不容易辨識要使用的巨集。這時您就可以修改巨集按鈕的圖示，讓每個巨集都使用不同的圖示，並加上巨集的說明文字，以便區別。請按下**快速存取工具列**旁的下拉鈕，執行『**其他命令**』再如下進行設定：

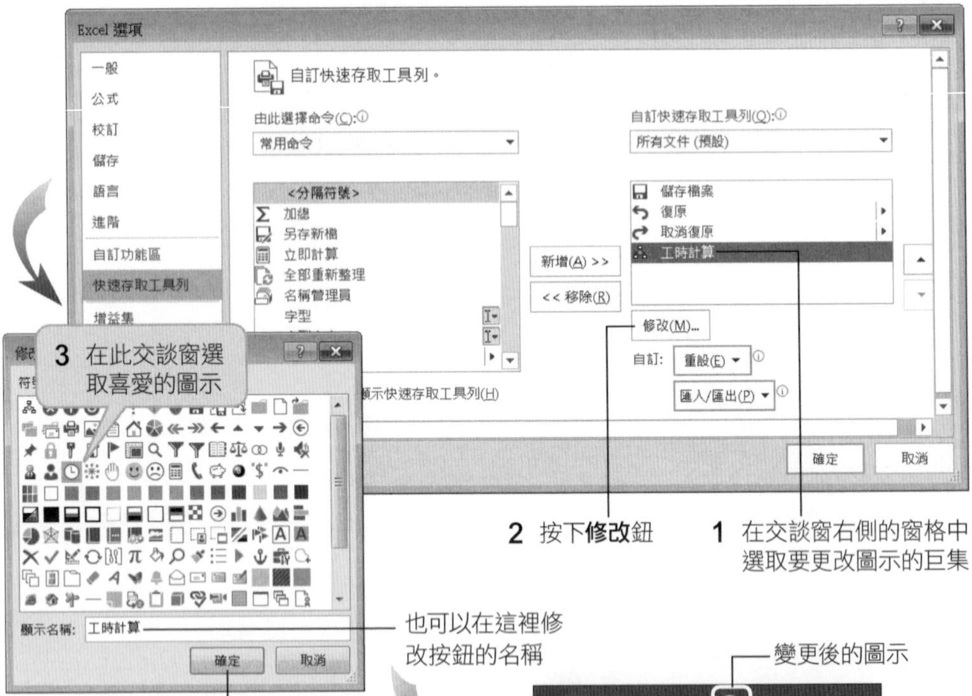

**3** 在此交談窗選取喜愛的圖示

也可以在這裡修改按鈕的名稱

**2** 按下**修改**鈕

**1** 在交談窗右側的窗格中選取要更改圖示的巨集

變更後的圖示

**4** 按下**確定**鈕回到 Excel 選項交談窗再按一次**確定**鈕

當您將滑鼠移到按鈕上，還會顯示該按鈕的名稱，幫助你了解按鈕用途：

工時計算

> **TIP** 在**快速存取**工具列中預設就有的**儲存檔案**、**復原**、**取消復原**命令，無法修改圖示。

# 19-5 | 巨集病毒及安全層級設定

巨集病毒是電腦病毒的一種，主要是儲存在活頁簿或是增益集程式的巨集中。若我們不小心開啟了一個含有巨集病毒的活頁簿，或是執行一個可能驅動病毒的動作，就會讓活頁簿檔案自動感染到巨集病毒，並且摧毀檔案中的資料，所以在開啟含有巨集的活頁簿時必須小心謹慎。

## Excel 的巨集防護措施

Excel 雖然不像專業防毒軟體一樣具有檢查毒的能力，但是它可以降低活頁簿感染巨集病毒的機會。每當您開啟含有巨集的活頁簿檔案時，Excel 便會出現 19-3 節提過的安全性警告訊息。若您無視此訊息，仍可進入 Excel 主視窗，但無法使用巨集。若您確定巨集是安全的，就可以按下**啟用內容**鈕啟用巨集。

安全性警告訊息

| | | 安全性警告 已經停用巨集。 | 啟用內容 | | | | |
|---|---|---|---|---|---|---|---|
| B2 | | ✕ ✓ fx | 2013/5/6 | | | | |
| | A | B | C | D | E | F | G | H |
| 1 | | | | 每週工時記錄表 | | | | |
| 2 | 日期 | 5月6日 | 5月7日 | 5月8日 | 5月9日 | 5月10日 | 5月11日 | 5月12日 |
| 3 | 星期 | 星期一 | 星期二 | 星期三 | 星期四 | 星期五 | 星期六 | 星期日 |
| 4 | 王勝良 | 8 | | 7 | 8 | 9 | 7 | |

## 變更安全性層級

若您確認所要開啟的活頁簿檔案中沒有巨集病毒，就可以將它啟用，但是每次開啟該活頁簿時都必須再啟用一次，可能會有點不便。由於 Excel 是根據安全性層級來決定是否顯示巨集病毒警示訊息，因此您可以修改 Excel 的安全性層級，讓警示訊息不再出現。請按下**檔案**頁次左側的**選項**鈕進入細部設定：

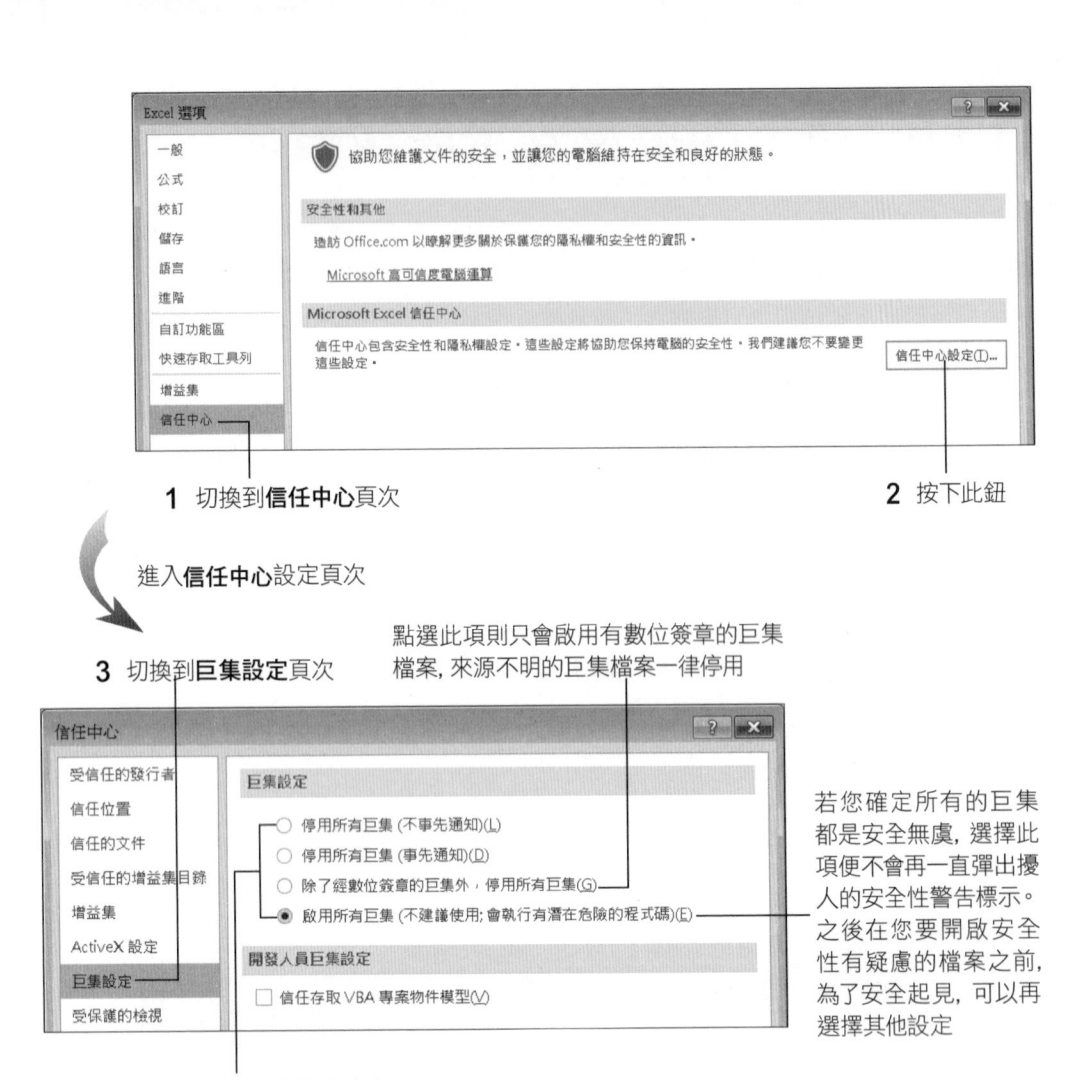

**1** 切換到**信任中心**頁次

**2** 按下此鈕

進入**信任中心**設定頁次

**3** 切換到**巨集設定**頁次

點選此項則只會啟用有數位簽章的巨集
檔案, 來源不明的巨集檔案一律停用

若您確定所有的巨集
都是安全無虞, 選擇此
項便不會再一直彈出擾
人的安全性警告標示。
之後在您要開啟安全
性有疑慮的檔案之前,
為了安全起見, 可以再
選擇其他設定

**4** 在此點選顯示安全性警告的方
式, 有 4 種安全性層級供您選擇

**TIP** 若是更改過巨集的安全層級, 但仍然無法使用巨集, 請關閉 Excel 再啟動一次就可以了。

## 後記

　　看完了本章的介紹後, 相信您日後在處理一些重複性高的工作時, 會更有效率。若
是對程式設計有興趣的話, 可以學學 VBA 語法, 自已撰寫巨集程式, 讓巨集發揮更大
的效力哦！使用巨集雖然簡化不少操作步驟, 但我們也得提防巨集病毒的侵襲, 所以再
次提醒您, 在開啟巨集檔案時, 還是得小心謹慎才好。

# 實力評量

1. 請開啟練習檔案 Ex19-01，這是某外商公司各部門五月第四週的工時記錄表，請錄製一個名為**每週工時計算**的巨集，並將該巨集儲存在現用活頁簿中。巨集需包含下列工作：

| | A | B | C | D | E | F | G | H | I | J | K |
|---|---|---|---|---|---|---|---|---|---|---|---|
| 1 | 每週工時記錄表 | | | | | | | | | | |
| 2 | 日期 | 5月6日 | 5月7日 | 5月8日 | 5月9日 | 5月10日 | 5月11日 | 5月12日 | 加總 (小時) | 缺時 (小時) | 加班時數 |
| 3 | 星期 | 星期一 | 星期二 | 星期三 | 星期四 | 星期五 | 星期六 | 星期日 | | | |
| 4 | 王勝良 | 8 | 7 | 8 | 9 | 7 | | | | | |
| 5 | 謝英華 | 8.5 | 8 | 8 | 9 | 8 | 2 | | | | |
| 6 | 江海忠 | 8 | 8 | 8 | 8.5 | 8 | | | | | |
| 7 | 丁小文 | 8 | 7 | 8.5 | 9 | 7 | | | | | |
| 8 | 張夢茹 | 8 | 8 | 8.5 | 8 | 8 | | | | | |
| 9 | 吳培祥 | 7 | 7 | 8 | 8 | 8 | 2 | | | | |
| 10 | 李大全 | 8 | 7 | 8 | 8 | 8 | | | | | |

(1) 為錄製好的巨集，設定快速鍵 `Ctrl` + `W`。

(2) 計算每人每週的總工作時數及不足的時數 (以基本工時 40 小時為標準值)。

(3) 篩選出總工時數未滿 40 的工時記錄，將儲存格填上灰色。

(4) 計算每位員工週六、日的加班時數。

(5) 錄製好巨集後，請將此巨集套用至活頁簿中每一個工作表。

2. 請開啟練習檔案 Ex19-02, 切換到**七月份**工作表, 為**豪立書局**建立一個名為**美化**的巨集, 並將巨集儲存在**現用活頁簿**, 巨集需包含下列工作:

| | A | B | C | D |
|---|---|---|---|---|
| 1 | 七月份暢銷書排行榜 | | | |
| 2 | | | | |
| 3 | 排名 | 書名 | 作者 | 出版社 |
| 4 | 1 | QBQ!問題背後的問題 | 約翰・米勒 | 遠流 |
| 5 | 2 | 隨手義大利麵・焗烤:最簡 | 洪嘉妤 | 朱雀 |
| 6 | 3 | 搞定男人:男同志給女人的 | 丹・安德森・瑪姬・柏曼 | 大辣 |
| 7 | 4 | 我就是喜歡這樣的你 | 堀川 波 | 方智 |
| 8 | 5 | 漂亮・YOGA | 堂娜 | 如何 |
| 9 | 6 | 從20萬到10億:張松允的獨 | 張松允 | 時報出版 |
| 10 | 7 | 倒數第2個女朋友 | 王文華 | 時報出版 |
| 11 | 8 | 達文西密碼-預售贈品版 | 時報文化 | 時報出版 |
| 12 | 9 | 投資啟示錄 | 呂宗輝 | 財訊 |
| 13 | 10 | 大長今(下) | 金榮晛、柳敏珠 | 麥田 |
| 14 | 11 | 這城市 | 藤井樹 | 商周 |
| 15 | 12 | 10分鐘聽懂ICRT:神奇聽力 | 趙美惠、邱智鑫、謝豪 | 多語國文化 |
| 16 | 13 | 我要一年四季晶瑩剔透:知 | 陳衍良、賴碧芬 | 如何 |
| 17 | 14 | 在世界的中心呼喊愛情 | 片山恭一 | 時報出版 |
| 18 | 15 | 漂亮身體:能量YOGA(附3) | 堂娜 | 如何 |

(1) 將儲存格 A1 的資料跨欄置中, 範圍為 A1:D1。

(2) 更改儲存格 A3:D3 的字體格式為:標楷體、紅色、置中對齊, 加上外框。

(3) 將所有欄位依儲存格內容自動調整大小。

(4) 將這個錄製好的巨集加到**快速存取工具列**中。

(5) 錄製好巨集後, 請切換到**八月份**工作表, 執行您剛剛設定的巨集。